现代永磁电机
理论与设计

Modern Permanent Magnet Machines
—Theory and Design

唐任远　等著

机 械 工 业 出 版 社

与电励磁电机相比，永磁电机，特别是稀土永磁电机具有结构简单、运行可靠，体积小、质量轻，损耗小、效率高，电机的形状和尺寸可以灵活多样等显著优点，因而应用范围极为广泛，几乎遍及航空航天、国防、工农业生产和日常生活的各个领域。

本书是沈阳工业大学特种电机研究所多年来从事水磁电机研究和开发的科研成果的整理和总结。书中阐述了近年来形成的适于运用计算机的永磁电机研究分析方法，它以等效磁路解析求解为主、结合电磁场数值计算等现代设计方法。书中分析了多种基本类型现代永磁电机的运行原理、结构、计算方法和设计特点。书中以稀土永磁电机为重点，但其基本内容同样适用于铝镍钴永磁、铁氧体永磁等其他永磁电机。

全书力求贯彻理论联系实际的原则，既阐明基本原理和基本概念，又提供在设计、制造和运行中需要的基本公式、参考数据和曲线，同时力求反映所述永磁电机的新技术、新成就和实际应用动态。其中有四种基本类型永磁电机附有可供实用的电磁计算程序和算例，还提供了两种永磁电机电磁计算的计算机源程序。

本书可供从事永磁电机研究、设计、制造、试验和运行的科技人员参考；也可作为高等学校电机和电器专业的研究生教材；还可作为电工类专业、自动控制类专业的师生和有关技术人员的教学参考书或继续教育教材。

图书在版编目（CIP）数据

现代永磁电机理论与设计/唐任远等著. —北京：机械工业出版社，2015.12（2025.2 重印）
ISBN 978-7-111-52537-0

Ⅰ.①现… Ⅱ.①唐… Ⅲ.①永磁式电机-设计 Ⅳ.①TM351

中国版本图书馆 CIP 数据核字（2015）第 309383 号

机械工业出版社（北京市百万庄大街 22 号　邮政编码 100037）
责任编辑：付承桂　封面设计：路恩中　责任印制：常天培
北京机工印刷厂有限公司印刷
2025 年 2 月第 1 版第 10 次印刷
140mm×203mm · 15.375 印张 · 397 千字
标准书号：ISBN 978-7-111-52537-0
定价：46.00 元

凡购本书，如有缺页、倒页、脱页，由本社发行部调换

电话服务	网络服务
服务咨询热线：010-88361066	机 工 官 网：www.cmpbook.com
读者购书热线：010-68326294	机 工 官 博：weibo.com/cmp1952
010-88379203	金 书 网：www.golden-book.com
封面无防伪标均为盗版	教育服务网：www.cmpedu.com

前　言

国民经济的发展、科学技术的进步和人民生活水平的提高，都对电机的性能提出了许多新的更高的要求。而新材料，特别是高性能稀土永磁材料的问世和不断完善，以及电力电子技术的发展，为满足这些要求提供了可能。

电机内赖以进行机电能量转换的气隙磁场，可以由电流励磁产生，也可以由永磁体产生，世界上第一台电机就是永磁电机，但当时所用永磁材料的磁性能很低，不久被电励磁电机所取代。近几十年来，随着铝镍钴永磁、铁氧体永磁，特别是稀土永磁的相继问世，磁性能有了很大提高，许多电励磁电机又纷纷改用永磁体励磁。与电励磁电机相比，永磁电机，特别是稀土永磁电机具有结构简单、运行可靠，体积小、质量轻，损耗小、效率高，电机的形状和尺寸可以灵活多样等显著优点。它不仅可以部分替代传统的电励磁电机，而且可以实现电励磁电机难以达到的高性能。目前永磁电机的功率小至mW级，大至1000kW级，在工农业生产、航空航天、国防和日常生活中得到广泛应用，产量急剧增加。

与此同时，随着计算机硬件和软件技术的迅猛发展，以及电磁场数值计算、优化设计和仿真技术等现代设计方法的不断完善，经过电机学术界和工程界的共同努力，在永磁电机的设计理论、计算方法、结构工艺和控制技术等方面都取得了突破性进展，形成了以电磁场数值计算和等效磁路解析求解相结合的一整套分析研究方法和计算机辅助分析、设计软件。

为了促进永磁电机性能的进一步提高和有关设计计算理论

的进一步完善，也为了推动我国具有丰富资源的稀土永磁在电机领域大量推广和应用，特将沈阳工业大学特种电机研究所多年来从事永磁电机研究和开发的科研成果进行整理总结。期望本书的出版能对我国永磁电机的进一步发展做出贡献。

在撰写中力求贯彻理论联系实际的原则，既阐明基本原理和基本概念，又提供在设计制造和运行中需要的基本公式、参考数据和曲线，同时力求反映所述永磁电机的新技术、新成就和实际应用动态。其中四种基本类型的永磁电机附有可供实用的电磁计算程序和算例，还提供了两种永磁电机电磁计算的计算机源程序。书中以稀土永磁电机为重点进行论述，但其基本内容（包括结构、计算公式、设计特点和计算程序）同样适用于铝镍钴永磁、铁氧体永磁等其他永磁电机。

本书的名词术语全部采用最新国家标准，单位全部采用法定计量单位，并力求全书统一。

作为本书撰写基础的科研工作，得到了中国科学院院士褚应璜、丁舜年、汪耕，中国工程院院士梁维燕、饶芳权、王震西、朱英浩等的热情关怀和帮助，得到了国家自然科学基金委员会、国家高技术（863）新材料领域专家委员会、国家计划委员会稀土办公室、原机械工业部科技司、教育司和稀土办公室、辽宁省科学技术委员会、沈阳市科学技术委员会等的大力支持，得到了哈尔滨电机有限责任公司、东方电机股份有限公司、上海电机厂、上海电器科学研究所、闽东电机（集团）股份有限公司、中国科学院北京三环新材料高技术公司、浙江调速电机厂、本溪市微型电机厂等单位的积极配合。本书撰写过程中承原机械工业部科技信息研究院高庆荣高工、机械科学研究院郭春生高工、哈尔滨工业大学陆永平教授、沈阳工业大学李德成教授等仔细审阅并提出许多宝贵意见。在此一并表示衷心感谢。

本书的主要内容由唐任远撰写，参加撰定的还有徐广人、郭振宏、孙建中、赵丹群、田立坚、蔡伟、朱红伟、崔建丽和雷钧，协助整理文稿和绘图的有田立坚和胡素华。全书由唐任远负责定稿。

著者学识有限，且永磁电机仍在发展中，书中难免有失误或不当之处，尚祈广大读者不吝批评指正。

著　者

目　　录

前言

主要符号表

第 1 章　绪论 …… 1

1　永磁电机的发展概况 …… 1

2　永磁电机的主要特点和应用 …… 3

2.1　永磁同步发电机 …… 4

2.2　高效永磁同步电动机 …… 4

2.3　调速永磁同步电动机和无刷直流电动机 …… 6

2.4　永磁直流电动机 …… 8

2.5　永磁特种电机 …… 10

3　永磁电机的研究推动了电机学科的发展 …… 11

第 2 章　永磁材料的性能和选用 …… 13

1　永磁材料磁性能的主要参数 …… 13

1.1　退磁曲线 …… 13

1.2　回复线 …… 15

1.3　内禀退磁曲线 …… 17

1.4　稳定性 …… 18

2　铝镍钴永磁材料 …… 21

3　铁氧体永磁材料 …… 24

4　稀土永磁材料 …… 26

4.1　稀土钴永磁材料 …… 26

4.2　钕铁硼永磁材料 …… 28

5　粘结永磁材料 …… 32

5.1　粘结铁氧体永磁 …… 32

5.2　粘结稀土钴永磁 …… 33

5.3　粘结钕铁硼永磁 …… 34

6　永磁材料的选择和应用注意事项 …… 34

6.1 永磁材料的选择 …… 34
6.2 应用注意事项 …… 35
第3章 永磁电机磁路计算基础 …… 37
1 永磁电机的等效磁路 …… 38
1.1 永磁体等效成磁通源或磁动势源 …… 38
1.2 外磁路的等效磁路 …… 41
1.3 永磁电机的等效磁路 …… 42
1.4 主磁导和漏磁导 …… 43
1.5 漏磁系数和空载漏磁系数 …… 44
2 等效磁路的解析法 …… 45
2.1 等效磁路各参数的标幺值 …… 45
2.2 等效磁路的解析解 …… 46
2.3 解析法的应用 …… 48
3 等效磁路的图解法 …… 50
4 永磁体的最佳工作点 …… 53
4.1 最大磁能的永磁体最佳工作点 …… 54
4.2 最大有效磁能的永磁体最佳工作点 …… 54
4.3 永磁体最佳工作点的应用 …… 56
5 永磁体体积的估算 …… 57
第4章 永磁电机电磁场数值计算 …… 61
1 电磁场有限元法基本原理 …… 62
1.1 条件变分问题及其离散化 …… 62
1.2 边界条件的确定 …… 70
1.3 网格剖分与运动问题的处理 …… 71
2 永磁电机电磁场数值计算的特点 …… 74
2.1 永磁体的面电流模型 …… 74
2.2 永磁体平行充磁和径向充磁的模拟 …… 76
2.3 永磁电机的局部失磁问题 …… 78
3 永磁电机参数计算 …… 78
3.1 气隙磁通密度 …… 78
3.2 空载励磁电动势 …… 79
3.3 电枢反应电抗与负载励磁电动势 …… 80
3.4 漏磁系数和波形系数 …… 82

3.5 电磁转矩的电磁场数值计算 …… 83
4 通过电磁场数值计算进行永磁电机优化设计 …… 85
4.1 电机的电磁场逆问题研究 …… 85
4.2 通过电磁场数值计算进行永磁电机磁路结构形状和尺寸的优化 …… 86
5 永磁电机的瞬态电磁场计算 …… 88
5.1 瞬态电磁场基本方程 …… 88
5.2 场路方程耦合及其空间与时间离散模型 …… 91
第5章 永磁直流电动机 …… 93
1 概述 …… 93
2 永磁直流电动机基本方程和稳态运行特性 …… 93
2.1 电磁转矩和感应电动势 …… 93
2.2 基本方程 …… 94
2.3 稳态运行特性 …… 96
2.4 永磁电机运行特性的温度敏感性 …… 98
3 永磁直流电动机的磁极结构 …… 98
4 永磁电机磁路计算中的主要系数 …… 104
4.1 空载漏磁系数 …… 104
4.2 电枢计算长度 …… 111
4.3 计算极弧系数 …… 113
4.4 气隙系数 …… 121
5 永磁直流电动机的电枢反应 …… 123
5.1 交轴电枢磁动势和电枢反应 …… 123
5.2 直轴电枢磁动势和电枢反应 …… 126
5.3 少槽永磁直流电动机电枢反应的特点 …… 128
5.4 最大去磁时永磁体工作点校核计算 …… 131
6 永磁直流电动机的设计特点 …… 132
6.1 主要尺寸选择 …… 133
6.2 定子尺寸选择 …… 134
6.3 电枢冲片设计 …… 136
7 永磁直流电动机的动态特性 …… 139
7.1 永磁直流电动机的动态方程 …… 140
7.2 永磁直流电动机的传递函数和时间常数 …… 141

7.3 永磁直流电动机的转矩脉动和低速平稳性 …… 143
8 永磁直流电动机电磁计算程序和算例 …… 144
第6章 永磁同步电动机基本理论和异步起动永磁同步电动机 …… 161
1 概述 …… 161
2 永磁同步电动机的结构 …… 162
2.1 永磁同步电动机的总体结构 …… 162
2.2 永磁同步电动机转子磁路结构 …… 163
2.3 隔磁措施 …… 168
3 永磁同步电动机的稳态性能 …… 170
3.1 稳态运行和相量图 …… 170
3.2 稳态运行性能分析计算 …… 172
3.3 损耗分析计算 …… 175
4 永磁同步电动机磁路分析与计算 …… 176
4.1 磁路计算特点 …… 176
4.2 空载漏磁系数 …… 180
4.3 永磁体工作点的计算 …… 185
5 永磁同步电动机参数计算和分析 …… 187
5.1 空载反电动势 …… 188
5.2 交、直轴电枢反应电抗 …… 189
5.3 交、直轴电枢磁动势折算系数 …… 193
6 异步起动永磁同步电动机的起动过程 …… 193
6.1 起动过程中的电磁转矩 …… 193
6.2 起动过程中的定子电流 …… 202
6.3 牵入同步过程 …… 202
7 异步起动永磁同步电动机的设计特点 …… 206
7.1 主要尺寸和气隙长度的选择 …… 207
7.2 定、转子槽数的选择 …… 207
7.3 转子设计 …… 208
7.4 永磁体设计 …… 210
7.5 电枢绕组设计 …… 211
7.6 提高异步起动永磁同步电动机功率密度和起动性能的措施 …… 211

7.7 提高异步起动永磁同步电动机效率和功率因数的措施…… 212
8 异步起动永磁同步电动机电磁计算程序和算例…… 215
第7章 调速永磁同步电动机 …… 234
1 矩形波永磁同步电动机的运行原理…… 234
2 矩形波永磁同步电动机的调速运行和控制…… 238
2.1 矩形波电流控制系统…… 238
2.2 开-关（斩波）矩形波电流控制器 …… 240
3 正弦波永磁同步电动机的 dq 轴数学模型 …… 244
4 正弦波永磁同步电动机的矢量控制原理…… 248
4.1 永磁同步电动机矢量控制原理简介…… 248
4.2 正弦波永磁同步电动机矢量控制运行时的基本电磁关系…… 249
5 正弦波永磁同步电动机的矢量控制方法…… 252
5.1 $i_d=0$ 控制 …… 252
5.2 最大转矩/电流控制 …… 255
5.3 弱磁控制…… 258
5.4 最大输出功率控制…… 261
5.5 定子电流的最佳控制…… 262
6 正弦波永磁同步电动机控制系统…… 264
7 调速永磁同步电动机的设计特点…… 265
7.1 主要尺寸的选择…… 267
7.2 转子磁路结构的选择…… 268
7.3 永磁体设计…… 269
7.4 定位力矩的抑制和低速平稳性的改善…… 270
7.5 提高永磁同步电动机弱磁扩速能力的措施…… 270
第8章 永磁同步发电机 …… 273
1 概述…… 273
2 永磁同步发电机转子磁路结构…… 274
2.1 切向式转子磁路结构…… 274
2.2 径向式转子磁路结构…… 276
2.3 混合式转子磁路结构…… 278
2.4 轴向式转子磁路结构…… 279
3 永磁同步发电机的运行性能…… 281
3.1 励磁电动势和气隙合成电动势…… 282

3.2　交、直轴电枢反应和电枢反应电抗 …… 284
3.3　固有电压调整率和降低措施 …… 287
3.4　短路电流倍数计算 …… 289
3.5　永磁同步发电机电动势波形 …… 290
4　永磁同步发电机电磁计算程序和算例 …… 292
第9章　盘式永磁电动机 …… 308
1　盘式永磁电动机基本结构和特点 …… 308
1.1　盘式永磁直流电动机结构和特点 …… 308
1.2　盘式永磁同步电动机结构和特点 …… 311
1.3　盘式无刷直流电动机 …… 314
2　盘式永磁电动机空载磁场计算 …… 314
2.1　主磁路结构 …… 314
2.2　空载工作点确定 …… 315
2.3　盘式永磁直流电动机三维磁场分析 …… 317
2.4　空载漏磁系数计算 …… 320
2.5　气隙磁密分布系数 …… 326
3　线绕盘式永磁直流电动机的设计特点 …… 326
3.1　基本电磁关系 …… 326
3.2　主要尺寸 …… 328
3.3　磁极设计 …… 329
4　线绕盘式永磁直流电动机电磁计算程序和算例 …… 330
第10章　永磁电机电磁计算 CAD …… 342
1　概述 …… 342
2　电磁计算源程序的编制 …… 343
2.1　计算机程序设计语言的选择 …… 343
2.2　计算机源程序与手算程序的区别 …… 343
2.3　程序的易读性和可维护性 …… 345
3　永磁直流电动机电磁计算源程序及说明 …… 349
3.1　源程序说明 …… 349
3.2　源程序 …… 353
3.3　算例 …… 380
4　异步起动永磁同步电动机电磁计算源程序及说明 …… 382
4.1　源程序说明 …… 382

4.2 源程序 …… 383
4.3 算例 …… 420
第11章 永磁电机测试技术 …… 424
1 永磁同步电机电抗参数的测试 …… 424
1.1 用直接负载法测量永磁同步电机稳态饱和参数 …… 425
1.2 用直流衰减法测量永磁同步电机稳态和瞬态参数 …… 432
1.3 用电压积分法测量永磁同步电机稳态参数 …… 434
1.4 参数测试方法的比较 …… 438
2 永磁同步电动机转矩、转速曲线的测试 …… 439
2.1 转矩、转速测试系统简介 …… 439
2.2 转矩、转速变化曲线的测试 …… 441
2.3 转矩-转速特性曲线和转矩值的测试 …… 442
2.4 永磁同步电动机牵入同步能力的测试 …… 444
附录1 导线规格表 …… 445
附录2 导磁材料磁化曲线表和损耗曲线表 …… 448
附录3 磁路和参数计算用图 …… 461
附录4 常用定、转子槽比漏磁导计算 …… 467
参考文献 …… 470

主要符号表

A　电负荷,面积,磁矢位

A_B　导条截面积

A_m　永磁体提供每极磁通的截面积

A_R　端环截面积

A_s　槽面积

A_δ　每极气隙有效面积

a　电枢绕组的并联支路对数(永磁直流电机),并联支路数(永磁同步电机)

B　磁感应强度,又称磁通密度(简称磁密)

B_i　内禀磁感应强度

B_j　轭部磁密

B_m　永磁体工作点磁通密度

B_r　剩余磁感应强度(简称剩磁密度)

B_t　齿部磁密

B_δ　气隙磁密,气隙磁密最大值

$B_{\delta 1}$　气隙磁密基波幅值

$(BH)_{max}$　最大磁能积

b_0　槽口宽度

b_e　最大有效磁能的永磁体最佳工作点磁通密度标幺值

b_K　端环厚度

b_{Kr}　换向区宽度

b_k　永磁材料退磁曲线拐点处磁通密度标幺值

b_M　永磁体宽度

b_m　永磁体工作点磁通密度标幺值

b_p　极弧长度

b_t　齿宽

C　电容,永磁体磁能利用系数

C_T　转矩常数

C_e　电动势常数

C_i　槽绝缘厚度

C_K　端环宽度

D_1　定子外径

D_2　转子外径

D_a　电枢直径

D_{i1}　定子内径

D_{i2}　转子内径

D_j　机壳外径

D_{mo}　永磁体外径

D_{mi}　永磁体内径

D_R　端环平均直径

d　轴的直径,导线直径

E　电场强度，电动势
E_1　定子绕组的相电动势
E_0　空载反电动势，励磁电动势
E_a　电枢电动势
E_d　直轴内电动势
E_δ　气隙合成电动势

F　磁动势，力
F_{ad}　直轴电枢磁动势
F_{aq}　交轴电枢磁动势
F_c　永磁体磁动势源的计算磁动势
F_j　轭部磁位差
F_m　永磁体向外磁路提供的磁动势
F_t　齿部磁位差
F_δ　气隙磁位差
f　频率，磁动势标幺值，力
f_{ad}　直轴电枢磁动势标幺值

G　传递函数

H　磁场强度
H_c　磁感应强度矫顽力（简称矫顽力）
H_{ci}　内禀矫顽力
H_j　轭部磁场强度
H_K　永磁材料的临界磁场强度
H_m　磁极极身中的磁场强度，永磁体工作点的退磁磁场强度
H_t　齿部磁场强度

h_0　槽口高度
h_j　轭部高度，机壳厚度
h_k　永磁材料退磁曲线拐点处退磁磁场强度标幺值
h_M　永磁体磁化方向长度（又称厚度）
h_{Mp}　每对极磁路中永磁体磁化方向长度
h_m　永磁体工作点退磁磁场强度标幺值
h_p　极靴高度
h_s　槽高度

I　电流
I_0　空载电流
I_a　电枢电流
I_N　额定电流
I_k　短路电流，堵转电流
I_{st}　起动电流
IL　剩磁密度的不可逆损失率

J　电流密度，转动惯量，磁极化强度

K　换向片数
K_a　永磁体利用系数
K_{ad}　直轴电枢磁动势折算系数
K_{aq}　交轴电枢磁动势折算系数
K_d　分布因数
K_{dp}　绕组因数
K_E　额定负载时感应电动势与相电压的比值
K_{Fe}　铁心叠压系数

K_F	气隙磁密分布系数
K_f	气隙磁密的波形系数
K_p	短距因数
K_s	磁路饱和系数
K_{sk}	斜槽系数
K_{st}	磁路齿饱和系数
K_t	转矩系数
K_u	电压系数
K_α	对应于极靴下磁通的修正系数
K_δ	气隙系数
K_Φ	气隙磁通的波形系数
k	机械特性曲线的斜率
k_u	电压波形正弦性畸变率
L	电感
L_a	电枢铁心长度
L_{av}	线圈平均半匝长度
L_{ef}	电枢计算长度
L_j	机壳长度
L_{j1}	机壳计算长度
L_M	永磁体轴向长度，磁极极身长度
l_B	导条长度
l_E	定子绕组端部长度
l_p	磁极极靴长度
M	磁化强度
m	相数，质量
m_j	轭部质量
m_t	齿部质量
N	电枢绕组总导体数(永磁直流电机)，电枢绕组每相串联匝数(永磁同步电机)
N_s	每槽导体数
N_t	线圈的并绕根数
N_ϕ	每相绕组匝数
n	转速
P	有功功率，比磁导
P_1	输入功率
P_2	输出功率
P'	计算功率
P_{em}	电磁功率
P_m	机械功率
P_N	额定功率
p	极对数
p_0	空载损耗
p_b	电刷接触电阻损耗
p_{Cua}	电枢绕组铜耗
p_{Fe}	铁心损耗
p_{fw}	机械摩擦损耗
p_s	杂散损耗
Q	无功功率，槽数
q	每极每相槽数
R	电阻
R_a	电枢回路电阻
R_Ω	阻力系数
S	距离
S_f	槽满率
s	转差率

T 转矩,温度

T_0 由于损耗而产生的转矩

T_2 输出转矩

T_C 居里温度

T_{em} 电磁转矩

T_g 永磁体发电制动转矩

T_k 堵转转矩

T_L 负载转矩

T_N 额定转矩

T_{po} 失步转矩

T_{st} 起动转矩

T_w 永磁材料的最高工作温度

t 齿距,时间,温度

U 电压

U_L 线电压

U_{Nl} 额定端电压

U_N 额定相电压

u 电压

V 速度,体积

V_m 永磁体体积

v 速度

W_s 换向元件匝数

W'_m 磁共能

w_m 磁场能量密度

X 电抗

X_1 定子漏抗

X_2 转子漏抗

X_{ad} 直轴电枢反应电抗

X_{uq} 交轴电枢反应电抗

X_d 直轴同步电抗

X_E 端部漏抗

X_m 主电抗,励磁电抗

X_q 交轴同步电抗

X_s 同步电抗

y_1 用槽数表示的初级绕组节距

α 电流超前角

α_{Br} 剩磁密度的温度系数

α_{Hci} 内禀矫顽力的温度系数

α_i 计算极弧系数

α_p 极弧系数

β 绕组节距比

ΔL_a^* 电枢计算长度增量的相对值

ΔL_m^* 永磁体轴向外伸长度的相对值

Δn 转速调整率

ΔU 电压调整率

ΔU_b 一对电刷接触压降

$\Delta \tau$ 温升

δ 气隙长度

δ_e 等效气隙长度

δ_i 计算气隙长度

δ_2 第二气隙长度

η 效率

θ 转矩角,位置角

Λ 磁导

Λ_0 永磁体的内磁导

Λ_n 合成磁导

Λ_δ 主磁导

Λ_σ 漏磁导

λ 磁导标幺值,主要尺寸比

λ_0 永磁体内磁导标幺值

λ_E 端部比漏磁导

λ_n 合成磁导标幺值

λ_s 槽部比漏磁导

λ_t 齿顶比漏磁导

λ_δ 主磁导标幺值

λ_σ 漏磁导标幺值

γ 电导率,电枢直径比

μ 材料的磁导率,摩擦系数

μ_0 真空磁导率

μ_r 永磁材料相对回复磁导率

ν 定子谐波磁场次数

ρ 电阻率,密度

ΣF 每对极主磁路的总磁位差

σ 漏磁系数

σ_0 空载漏磁系数

σ_1 极间漏磁系数,径向漏磁系数

σ_2 端部漏磁系数,轴向漏磁系数

σ_s 槽宽缩减因子

τ 极距,时间常数

τ_e 电气时间常数

τ_m 机械时间常数

Φ 磁通

Φ_1 每极气隙基波磁通

Φ_0 永磁体虚拟内漏磁通

Φ_{ad} 直轴电枢反应磁通

Φ_{aq} 交轴电枢反应磁通

Φ_m 永磁体向外磁路提供的每极磁通

Φ_r 永磁体虚拟内禀磁通

Φ_δ 每极气隙磁通

φ 阻抗角,功率因数角

Ψ 磁链

ψ 磁链,内功率因数角

Ω 机械角速度

ω 交变电流的角频率,电角速度

第1章 绪 论

众所周知，电机是以磁场为媒介进行机械能和电能相互转换的电磁装置。为了在电机内建立进行机电能量转换所必需的气隙磁场，可以有两种方法。一种是在电机绕组内通以电流来产生磁场，例如普通的直流电机和同步电机。这种电励磁的电机既需要有专门的绕组和相应的装置，又需要不断供给能量以维持电流流动；另一种是由永磁体来产生磁场。由于永磁材料的固有特性，它经过预先磁化（充磁）以后，不再需要外加能量就能在其周围空间建立磁场。这既可简化电机结构，又可节约能量。这就是本书要阐述的永磁电机。

1 永磁电机的发展概况

永磁电机的发展是与永磁材料的发展密切相关的。我国是世界上最早发现永磁材料的磁特性并把它应用于生产实践的国家。早在两千多年前，我国就已利用永磁材料的磁特性制成了指南针，在航海、军事等领域发挥了巨大的作用，成为我国古代四大发明之一。

19 世纪 20 年代出现的世界上第一台电机就是由永磁体产生励磁磁场的永磁电机。但当时所用的永磁材料是天然磁铁矿石(Fe_3O_4)，磁能密度很低，用它制成的电机体积庞大，不久被电励磁电机所取代。

由于各种电机迅速发展的需要和电流充磁器的发明，人们对永磁材料的机理、构成和制造技术进行了深入研究，相继发现了碳钢、钨钢(最大磁能积约 2.7kJ/m^3)、钴钢(最大磁能积约 7.2kJ/m^3）等多种永磁材料。特别是 20 世纪 30 年代出现的铝镍钴永磁(最大磁能积现可达 85 kJ/m^3）和 50 年代出现的铁氧体永磁（最

大磁能积现可达 $40kJ/m^3$)，磁性能有了很大提高，各种微型和小型电机又纷纷使用永磁体励磁。永磁电机的功率小至数毫瓦，大至几十千瓦，在军事、工农业生产和日常生活中得到广泛应用，产量急剧增加。相应地，这段时期在永磁电机的设计理论、计算方法、充磁和制造技术等方面也都取得了突破性进展，形成了以永磁体工作图图解法为代表的一套分析研究方法。

但是，铝镍钴永磁的矫顽力偏低（36～160kA/m)，铁氧体永磁的剩磁密度不高(0.2～0.44T)，限制了它们在电机中的应用范围。一直到20世纪 60 年代和 80 年代，稀土钴永磁和钕铁硼永磁（二者统称稀土永磁）相继问世，它们的高剩磁密度、高矫顽力、高磁能积和线性退磁曲线的优异磁性能特别适合于制造电机，从而使永磁电机的发展进入一个新的历史时期。

稀土永磁材料的发展大致分为三个阶段。1967 年美国 K. J. Strnat 教授发现的钐钴永磁为第一代稀土永磁，其化学式可表示成 RCo_5（其中 R 代表钐、镨等稀土元素），简称 1∶5 型稀土永磁，产品的最大磁能积现已超过 $199kJ/m^3$ (25MG·Oe)。1973 年又出现了磁性能更好的第二代稀土永磁，其化学式为 R_2Co_{17}，简称 2∶17 型稀土永磁，产品的最大磁能积现已达 $258.6kJ/m^3$ (32.5MG·Oe)。1983 年日本住友特殊金属公司和美国通用汽车公司各自研制成功钕铁硼 (NdFeB) 永磁，在实验室中的最大磁能积现高达 $431.3kJ/m^3$ (54.2MG·Oe)，商品生产现已达 $397.9kJ/m^3$ (50MG·Oe)，称为第三代稀土永磁。由于钕铁硼永磁的磁性能高于其他永磁材料，价格又低于稀土钴永磁材料，在稀土矿中钕的含量是钐的十几倍，而且不含战略物资——钴，因而引起了国内外磁学界和电机界的极大关注，纷纷投入大量人力物力进行研究开发。目前正在研究新的更高性能的永磁材料，如钐铁氮永磁、纳米复合稀土永磁等，希望能有新的更大的突破。

与此相对应，稀土永磁电机的研究和开发大致可以分成三个阶段。

1）60 年代后期和 70 年代，由于稀土钴永磁价格昂贵，研究开发重点是航空、航天用电机和要求高性能而价格不是主要因素的高科技领域。

2）80年代，特别是1983年出现价格相对较低的钕铁硼永磁后，国内外的研究开发重点转到工业和民用电机上。稀土永磁的优异磁性能，加上电力电子器件和微机控制技术的迅猛发展，不仅使许多传统的电励磁电机纷纷用稀土永磁电机来取代，而且可以实现传统的电励磁电机所难以达到的高性能。

3）进入90年代以来，随着永磁材料性能的不断提高和完善，特别是钕铁硼永磁的热稳定性和耐腐蚀性的改善和价格的逐步降低以及电力电子器件的进一步发展，加上永磁电机研究开发经验的逐步成熟，除了大力推广和应用已有研究成果，使永磁电机在国防、工农业生产和日常生活等方面获得越来越广泛的应用外，稀土永磁电机的研究开发进入一个新阶段。一方面，正向大功率化（高转速、高转矩）、高功能化和微型化方向发展。目前，稀土永磁电机的单台容量已超过1000kW，最高转速已超过300000r/min，最低转速低于0.01r/min，最小电机的外径只有0.8mm，长1.2mm。另一方面，促使永磁电机的设计理论、计算方法、结构工艺和控制技术等方面的研究工作出现了崭新的局面，有关的学术论文和科研成果大量涌现，形成了以电磁场数值计算和等效磁路解析求解相结合的一整套分析研究方法和计算机辅助设计软件。

我国的稀土资源丰富，稀土不稀，稀土矿的储藏量为世界其他各国总和的4倍左右，号称“稀土王国”。稀土矿石和稀土永磁的产量都居世界前列。稀土永磁材料和稀土永磁电机的科研水平都达到了国际先进水平。因此，充分发挥我国稀土资源丰富的优势，大力研究和推广应用以稀土永磁电机为代表的各种永磁电机，对实现我国社会主义现代化具有重要的理论意义和实用价值。

2　永磁电机的主要特点和应用

与传统的电励磁电机相比，永磁电机，特别是稀土永磁电机具有结构简单，运行可靠；体积小，质量轻；损耗少，效率高；电机的形状和尺寸可以灵活多样等显著优点。因而应用范围极为广泛，几乎遍及航空航天、国防、工农业生产和日常生活的各个领域。下面介绍几种典型永磁电机的主要特点及其主要应用场合。

2.1 永磁同步发电机

永磁同步发电机不需要励磁绕组和直流励磁电源，也就取消了容易出问题的集电环和电刷装置，成为无刷电机，因此，结构简单，运行更为可靠。采用稀土永磁后还可以增大气隙磁密，并把电机转速提高到最佳值。这些都可以缩小电机体积，减轻质量，提高功率质量比。目前，航天用高速稀土永磁同步发电机的功率质量比可高达 20kW/kg。这特别适合于航空、航天（在现代高空、高速飞行中，每 kg 设备约需 15～20kg 的辅助质量来支持）和其他要求高可靠性和高功率质量比的场合。因而现代航空、航天用发电机几乎全部采用稀土钴永磁发电机。其典型产品为美国通用电气公司制造的 150kVA14 极 12000～21000r/min 和 100kVA60000r/min 的稀土钴永磁同步发电机。

稀土永磁发电机的另一重要应用是用作大型汽轮发电机的副励磁机。我国于 80 年代初期率先研制成功 40～160kVA 稀土永磁发电机，用以配备 200～600MW 汽轮发电机后大大提高了电站运行的可靠性，深受国内外电力运行部门的欢迎。以 75kVA、3000r/min 的稀土钴永磁发电机为例，固有电压调整率只有 9.78%，空载线电压波形正弦性畸变率只有 0.7%。每 kVA 的用钴量仅为相应规格铝镍钴永磁发电机的 50.24%。

在风力发电、余热发电、小型水力发电、小型内燃发电机组等场合也正在逐步推广应用永磁发电机。图 1-1 为国产第一台稀土永磁发电机的转子结构图，转速高达 20000r/min。

永磁发电机制成后难以调节磁场以控制其输出电压和功率因数，从而限制了它的应用范围。

2.2 高效永磁同步电动机

永磁同步电动机与感应电动机相比，不需要无功励磁电流，

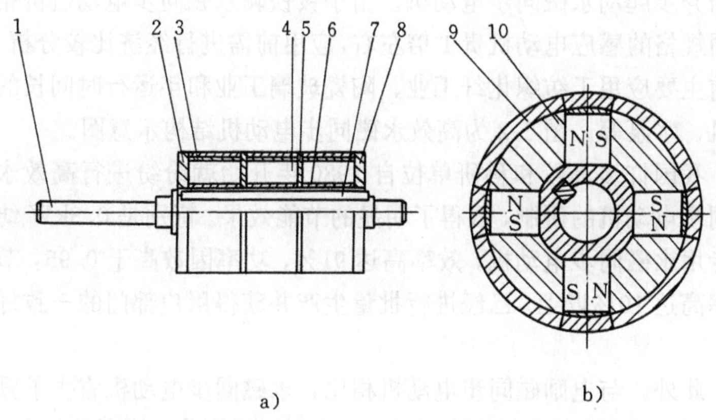

图 1-1　20000r/min 稀土永磁发电机转子结构图

1—转轴　2—转子端板　3—垫片　4—稀土永磁体　5—隔板　6—衬套　7—键　8—转子端板　9—套环　10—极靴

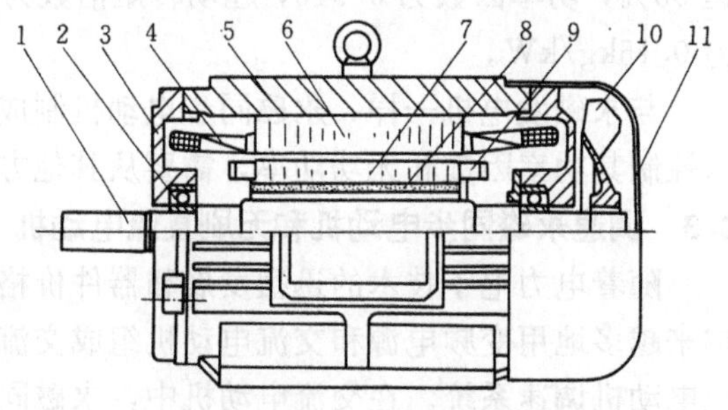

图 1-2　高效永磁同步电动机结构示意图

1—转轴　2—轴承　3—端盖　4—定子绕组　5—机座　6—定子铁心　7—转子铁心　8—永磁体　9—起动笼　10—风扇　11—风罩

可以显著提高功率因数（可达到 1、甚至容性），减少了定子电流和定子电阻损耗，而且在稳定运行时没有转子电阻损耗，进而可以因总损耗降低而减小风扇（小容量电机甚至可以去掉风扇）和相应的风摩损耗，从而使其效率比同规格感应电动机可提高 2～8 个百分点。而且，永磁同步电动机在 25％～120％额定负载范围内均可保持较高的效率和功率因数，使轻载运行时节能效果更为显著。这类电机一般都在转子上设置起动绕组，具有在某一频率和电压下直接起动的能力，又称为异步起动永磁同步电动机。由于钕铁硼永磁同步电动机价格比同规格的感应电动机贵1倍左右，应用前需进行经济比较分析。目前主要应用于纺织化纤工业、陶瓷玻璃工业和年运行时间长的风机、水泵等。图1-2为高效永磁同步电动机结构示意图。

我国许多高校和科研单位自1980年开始就纷纷进行高效永磁同步电动机的研制，取得了明显的节能效果。特别是0.8kW纺织专用永磁同步电动机，效率高达91%，功率因数高于0.95，节电率高达10%以上，已经进行批量生产并获得用户部门的一致好评。

此外，与电励磁同步电动机相比，永磁同步电动机省去了励磁功率，提高了效率，简化了结构，实现了无刷化。特别是100～1000kW电动机，还可省去励磁柜，总成本增加不多，成为高效永磁同步电动机的又一重要应用场合。我国已制成了110kW和250kW的永磁同步电动机。以110kW8极电动机为例，其效率高达95%，功率因数为0.916，起动转矩倍数为1.52，永磁体用量为0.15kg/kW。

与永磁发电机一样，永磁同步电动机制成后也难以调节磁场以控制其功率因数和无功功率，需要从其他方面采取措施。

2.3 调速永磁同步电动机和无刷直流电动机

随着电力电子技术的迅猛发展和器件价格的不断降低，人们越来越多地用变频电源和交流电动机组成交流调速系统来替代直流电动机调速系统。在交流电动机中，永磁同步电动机的转速在稳定运行时与电源频率保持恒定的关系，这一固有特性使得它可直接用于开环的变频调速系统，尤其适用于由同一变频电源供电的多台电机要求准确同步的传动系统中，这可以简化控制系统，还可以实现无刷运行，而且较高的效率和功率因数可以减小价格昂贵的配套变频电源的容量，因而在各种调速系统中的应用越来越广泛。这类电机通常由变频器频率的逐步升高来起动，在转子上可以不设置起动绕组。德国制成6相变频电源供电的1095kW、230r/min稀土永磁同步电动机（见图1-3），用于舰船的推进。与过去使用的直流电动机相比，体积减少60%左右，总损耗降低20%左右，而且省去了电刷和换向器，维护方便。

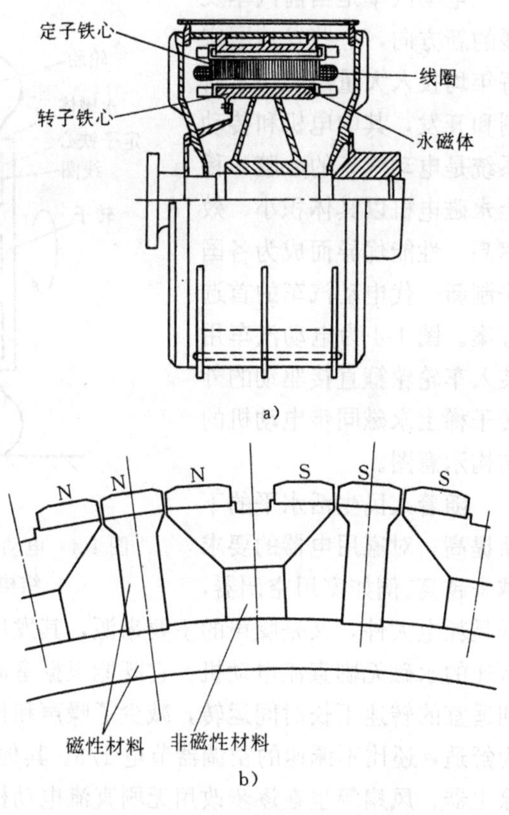

图1-3　1095kW永磁同步电动机

a）剖面图　b）磁极结构图

变频器供电的永磁同步电动机加上转子位置闭环控制系统构成自同步永磁电动机，既具有电励磁直流电动机的优异调速性能，又实现了无刷化，这在要求高控制精度和高可靠性的场合，如航空、航天、数控机床、加工中心、机器人、电动汽车、计算机外围设备和家用电器等方面都获得了广泛应用。其中反电动势波形和供电电流波形都是矩形波的电动机，通常又称为无刷直流电动机；反电动势波形和供电电流波形都是正弦波的电动机，称为正弦波永磁同步电动机，简称永磁同步电动机。美国制成驱动航天飞机升降副翼用的12.6kW、9000r/min稀土永磁无刷直流电动机，效率为95%，仅重7.65kg。法国开发的100kW无刷直流电动机，在线圈端侧装入逆变器，总重只有28kg。我国也已批量生产数控机床用的稀土永磁无刷直流电动机，调速比高达1：10000。

电动汽车是当前汽车发展的新方向，一些发达国家每年均投入大量经费用于研制和开发，其中电机和传动系统是电动汽车的心脏，稀土永磁电机以其体积小、效率高、性能优异而成为各国研制新一代电动汽车的首选方案。图1-4为电动汽车用装入车轮轮箍直接驱动的外转子稀土永磁同步电动机的结构示意图。

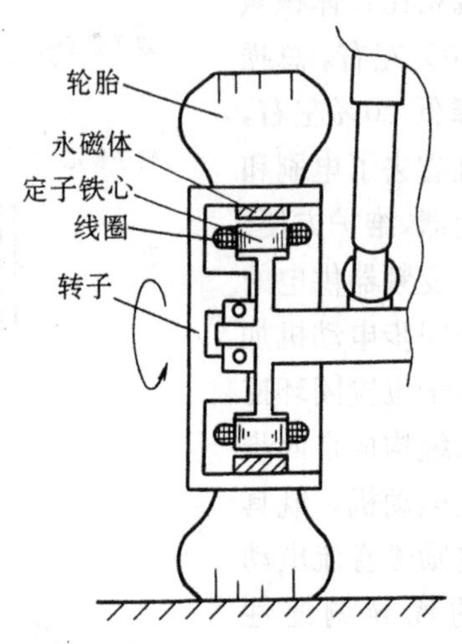

图1-4　电动车用轮箍电动机结构示意图

随着人民生活水平的不断提高，对家用电器的要求越来越高。例如家用空调器，既是耗电大件，又是噪声的主要来源，其发展趋势是使用能无级调速的永磁无刷直流电动机。它既能根据室温的变化，自动调整到适宜的转速下长时间运转，减少了噪声和振动，使人的感觉更为舒适，还比不调速的空调器节电1/3。其他如电冰箱、洗衣机、除尘器、风扇等也在逐步改用无刷直流电动机。

2.4　永磁直流电动机

直流电动机采用永磁励磁后，既保留了电励磁直流电动机良好的调速特性和机械特性，还因省去了励磁绕组和励磁损耗而具有结构工艺简单、体积小、用铜量少、效率高等特点。图1-5为永磁直流电动机的结构示意图。

功率在300W以内时，永磁直流电动机的效率比同规格电励磁直流电动机的高10%～20%。而且，电机功率越小，励磁结构占总体积的比例和励磁损耗占总损耗比例都越大，永磁直流电动机的优点尤为突出。采用铁氧体永磁时总成本一般比电励磁电机低。因而从家用电器、便携式电子设备、电动工具到要求有良好动态性能的精密速度和位置传动系统（如计算机外围设备、录像机等）都大量应用永磁直流电动机。据资料报导，500W 以下的微型直流电动机中，永磁电机占 92%，而 10W 以下的永磁电机占 99%。

我国已开发出功率为 0.55～220kW、电压为 160V 和 400V 的钕铁硼永磁直流电动机系列，与同规格的电励磁直流电动机相比，效率可提高 6%，还可节约铜材 30%～40%、硅钢片 10%～20%。

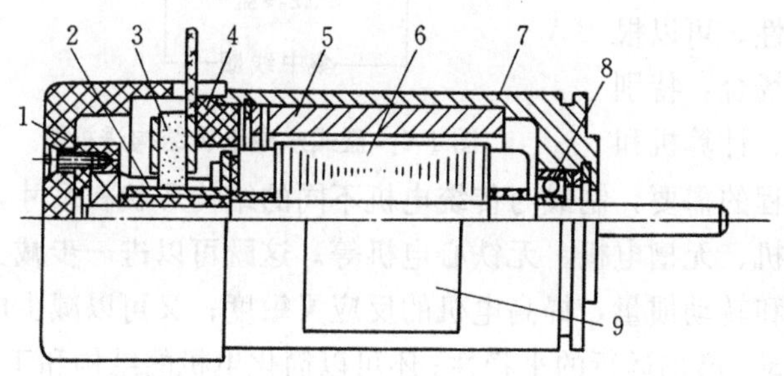

图 1-5　永磁直流电动机结构图

1—端盖　2—换向器　3—电刷　4—电刷架　5—永磁磁极　6—电枢
7—机壳　8—轴承　9—铭牌

汽车工业是永磁电机的最大用户。汽车用电机的要求是质量轻、效率高、控制性能好、可靠性高，永磁直流电动机正好能满足这些要求，有的价格也最便宜。电机是汽车的关键部件，可以说，离开了电机就谈不上汽车的现代化。一辆超豪华轿车上，各种不同用途的电机达 70 余台，其中绝大多数是低压永磁直流微电机。

我国已有多家企业批量生产铁氧体永磁和钕铁硼永磁的汽车、摩托车用起动机电动机。采用钕铁硼永磁并采用减速行星齿轮后，可使起动机电动机的质量减轻一半。

2.5 永磁特种电机

控制电机和特种电机的种类很多，其共同的发展趋势之一是永磁化，以高性能的永磁体励磁逐步取代电励磁。

由于稀土永磁具有高剩磁密度、高矫顽力和高磁能积的特点，可以容许所制成的电机具有较大的气隙长度和气隙磁密，因而在永磁体安放和磁路结构设计上有很大灵活性，可以根据使用场合，特别是汽车、计算机和航天工程的需要，制成与传统电机不同的结构形状和尺寸，例如盘式电机、无槽电机、无铁心电机等。这既可以进一步减少电机的质量和转动惯量，提高电机的反应灵敏度；又可以减少电机转矩的脉动，增加运行的平稳性；还可以简化电机的结构和工艺。因而在计算机外围设备、办公设备和要求精确定位控制的场合得到广泛应用。图 1-6 所示为一多段盘式永磁电机结构透视图。

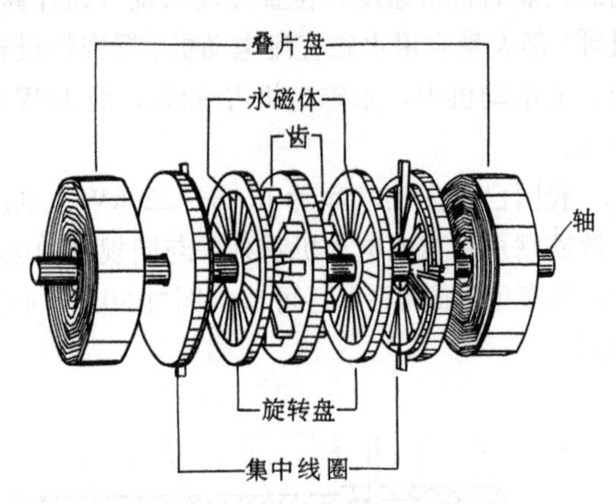

图 1-6 盘式永磁电机结构透视图

计算机磁盘驱动器中用以驱动读写磁头作往复运动的动圈式直线电动机——音圈电动机需要高性能磁体，以保证足够的灵敏度，缩小体积和减轻质量。钕铁硼永磁正好能满足这一要求。60 年代采用铁氧体永磁研制的是 14 in[⊖]磁盘驱动器用音圈电动机。自采用钕铁硼永磁后，驱动器尺寸不断缩小，存取时间明显减少，存储容量增加。1984 年磁盘驱动器缩小到以 5.25in 盘为主；进入 90 年代，3.5 in 磁盘驱动器迅速增长，成为主体。今后几年内 2.5

⊖ in 为非法定单位，1in＝2.54cm。

in 和 1.8 in 磁盘驱动器将大为发展。因此，日、美等国钕铁硼永磁销售量的一半左右用于制造音圈电动机。

利用电机定、转子表面开槽引起气隙磁导变化的原理工作的，不需经过机械减速而获得低转速的低速同步电动机（又称电磁减速同步电动机）；将数字脉冲信号转换成相应的机械角位移或线性位移的步进电动机；它们采用高性能的永磁体后形成永磁低速同步电动机、永磁步进电动机和混合式（又称永磁感应子式）步进电动机，其技术经济性能、动态响应特性等都有明显的改进和提高，其应用领域也不断地被拓宽。

3　永磁电机的研究推动了电机学科的发展

在设计、制造和应用永磁电机时，需要对下列问题着重进行研究分析。

1）磁路结构和设计计算　为了充分发挥各种永磁材料的磁性能，特别是稀土永磁的优异磁性能，用最少的永磁材料和加工费用制造出高性能的永磁电机，就不能简单套用传统的永磁电机或电励磁电机的结构和设计计算方法。必须建立新的设计概念，重新分析和改进磁路结构和控制系统；必须应用现代设计方法，研究新的分析计算方法，以提高设计计算的准确度；必须研究采用先进的测试方法和制造工艺。

2）控制问题　永磁电机制成后不需外界能量即可维持其磁场，但也造成从外部调节、控制其磁场极为困难。永磁发电机难以从外部调节其输出电压和功率因数，永磁直流电动机不再能用改变励磁的办法来调节其转速。这些使永磁电机的应用范围受到了限制。但是，随着 MOSFET、IGBT 等电力电子器件和控制技术的迅猛发展，大多数永磁电机在应用中，可以不必进行磁场控制而只进行电枢控制。设计时需要把稀土永磁材料、电力电子器件和微机控制三项新技术结合起来，使永磁电机在崭新的工况下运行。

3）不可逆退磁问题　如果设计或使用不当，永磁电机在过高

（钕铁硼永磁）或过低（铁氧体永磁）温度时，在冲击电流产生的电枢反应作用下，或在剧烈的机械震动时有可能产生不可逆退磁，或叫失磁，使电机性能降低，甚至无法使用。因而，既要研究开发适于电机制造厂使用的检查永磁材料热稳定性的方法和装置，又要分析各种不同结构形式的抗去磁能力，以便在设计和制造时，采用相应措施保证永磁电机不失磁。

4）成本问题　铁氧体永磁电机，特别是微型永磁直流电动机，由于结构工艺简单、质量减轻，总成本一般比电励磁电机低，因而得到了极为广泛的应用。由于稀土永磁目前价格还比较贵，稀土永磁电机的成本一般比电励磁电机高，这需要用它的高性能和运行费用的节省来补偿。在某些场合，例如计算机磁盘驱动器的音圈电动机，采用钕铁硼永磁后性能提高，体积质量显著减小，总成本反而降低。在设计时既需根据具体使用场合和要求，进行性能、价格的比较后决定取舍，又要进行结构工艺的创新和设计优化以降低成本。

研究和解决上述新课题，将引起电机的变革，推动电机学科不断向前发展。本书就是在总结国内外从事永磁电机研制和开发经验的基础上，对上述内容，特别是稀土永磁电机的基本理论、磁路结构特点和设计计算方法进行深入分析和探讨，希望能为永磁电机，特别是稀土永磁电机的进一步发展作出贡献。

本书内容以稀土永磁电机为主，但所述基本内容和设计计算方法同样可以应用于其他永磁电机。

第 2 章　永磁材料的性能和选用

永磁电机的性能、设计制造特点和应用范围都与永磁材料的性能密切相关。永磁材料种类众多，性能差别很大，只有全面了解后才能做到设计合理，使用得当。因此，本书在研究永磁电机之前，首先从设计制造电机的需要出发，扼要介绍电机中最常用的三种主要永磁材料的基本性能，包括磁性能、物理性能。另外，也扼要介绍选用时的注意事项。

本书所有内容和计算公式的单位全部采用法定计量单位。考虑到部分工厂仍习惯使用非法定单位，故在必要时用括号或注的方式列出相应的公式和数值，以供参考。

1　永磁材料磁性能的主要参数

永磁材料的磁性能比较复杂，需要用多项参数来表示。

1.1　退磁曲线

与其他磁性材料一样，永磁材料首先用磁滞回线来反映和描绘其磁化过程的特点和磁特性，即用 $B=f(H)$ 曲线来表示永磁体的磁感应强度 B 随磁场强度 H 改变的特性，如图 2-1 所示。该回线包含的面积随最大充磁磁场强度 H_{max} 的大小而变，H_{max}越大，回线面积就

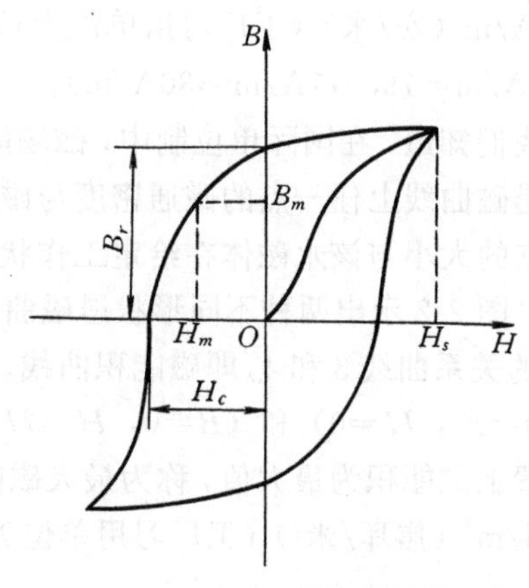

图 2-1　磁滞回线

越大。当 H_{max} 达到或超过饱和磁场强度 H_s 时，回线面积渐近地达到一个最大值，而且磁性能最为稳定。面积最大的回线被称为饱和磁滞回线，并常简称为磁滞回线。

磁滞回线在第二象限的部分称为退磁曲线，它是永磁材料的基本特性曲线。退磁曲线中磁感应强度 B_m 为正值而磁场强度 H_m 为负值。这说明永磁材料中磁感应强度 B_m 与磁场强度 H_m 的方向相反，磁通经过永磁体时，沿磁通方向的磁位差不是降落而是升高。这就是说，永磁体是一个磁源，类似于电路中的电源。退磁曲线的磁场强度 H_m 为负值还表明，此时作用于永磁体的是退磁磁场强度。退磁磁场强度 $|H_m|$ 越大，永磁体的磁感应强度就越小。为表述方便起见，本书以后都取 H 的绝对值，或者说，把 H 轴的正方向改变，负轴改为正轴。

退磁曲线的两个极限位置是表征永磁材料磁性能的两个重要参数。退磁曲线上磁场强度 H 为零时相应的磁感应强度值称为剩余磁感应强度，又称剩余磁通密度，简称剩磁密度，符号为 B_r，单位为 T（特斯拉）（工厂习用单位为 Gs 或 G（高斯），$1Gs=10^{-4}$ T）。退磁曲线上磁感应强度 B 为零时相应的磁场强度值称为磁感应强度矫顽力，简称矫顽力，符号为 H_{cB} 或 $_BH_c$，常简写为 H_c，单位为 A/m（安/米）（工厂习用单位为 Oe（奥斯特），1Oe=1000/（4π） A/m=79.577A/m≈80A/m）。

我们知道，在国际单位制中，磁场能量密度 $w_m=BH/2$[⊖]。因此，退磁曲线上任一点的磁通密度与磁场强度的乘积被称为磁能积，它的大小与该永磁体在给定工作状态下所具有的磁能密度成正比。图 2-2 示出两种不同形状退磁曲线 1 和 2 的磁能积（BH）与 B 的关系曲线 3 和 4，即磁能积曲线。在退磁曲线的二个极限位置（$B=B_r$，$H=0$）和（$B=0$，$H=H_c$）磁能积为零。在中间某个位置上磁能积为最大值，称为最大磁能积，符号为 $(BH)_{max}$，单位为 J/m^3（焦耳/米³）（工厂习用单位为 G·Oe（高·奥），1G·

⊖ 在 CGSM 制中，$w_m=BH/(8\pi)$。

Oe＝1/(40π) J/m³＝7.9577×10⁻³J/m³≈8×10⁻³J/m³ 或 1MG·Oe≈8kJ/m³)，它也是表征永磁材料磁性能的重要参数。对于退磁曲线为直线的永磁材料，显然在 ($B_r/2$，$H_c/2$) 处磁能积最大，为

$$(BH)_{\max} = \frac{1}{4}B_rH_c \tag{2-1}$$

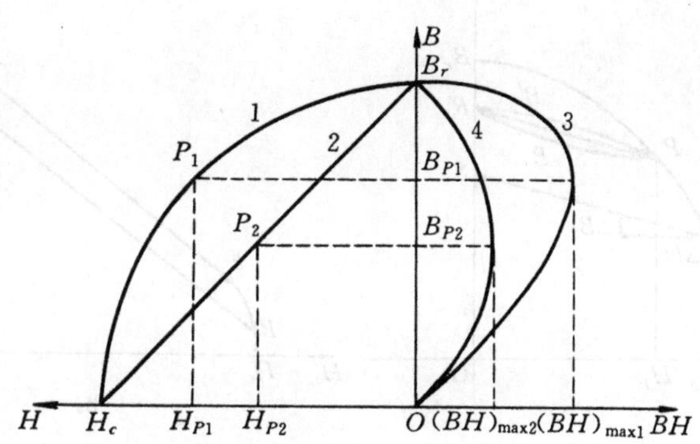

图 2-2 退磁曲线和磁能积曲线

1，2—退磁曲线 3，4—磁能积曲线

1.2 回复线

退磁曲线所表示的磁通密度与磁场强度间的关系，只有在磁场强度单方向变化时才存在。实际上，永磁电机运行时受到作用的退磁磁场强度是反复变化的。当对已充磁的永磁体施加退磁磁场强度时，磁通密度沿图 2-3a 中的退磁曲线 B_rP 下降。如果在下降到 P 点时消去外加退磁磁场强度 H_P，则磁密并不沿退磁曲线回复，而是沿另一曲线 PBR 上升。若再施加退磁磁场强度，则磁密沿新的曲线 $RB'P$ 下降。如此多次反复后形成一个局部的小回线，称为局部磁滞回线。由于该回线的上升曲线与下降曲线很接近，可以近似地用一条直线$\overline{PR}$来代替，称为回复线。P 点为回复线的起始点。如果以后施加的退磁磁场强度 H_Q 不超过第一次的值 H_P，则磁密沿回复线$\overline{PR}$作可逆变化。如果 $H_Q>H_P$，则磁密下降到新的起始点 Q，沿新的回复线$\overline{QS}$变化，不能再沿原来的回

复线$\overline{PR}$变化。这种磁密的不可逆变化将造成电机性能的不稳定，也增加了永磁电机电磁设计计算的复杂性，因而应该力求避免发生。

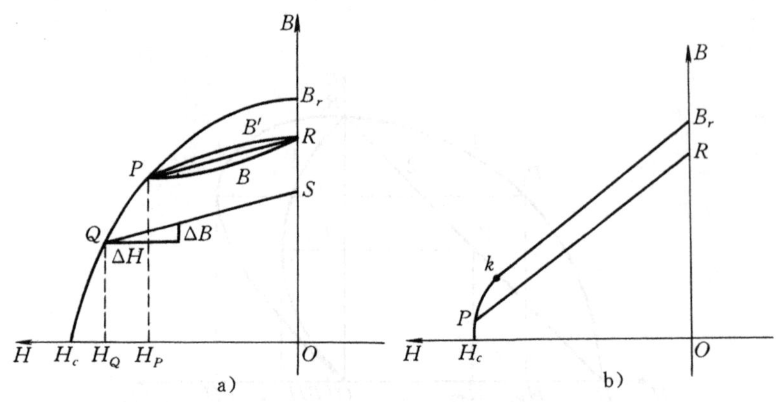

图 2-3　回复线

回复线的平均斜率与真空磁导率 μ_0 的比值称为相对回复磁导率，简称回复磁导率，符号为 μ_{rec}，简写为 μ_r。

$$\mu_r = \frac{1}{\mu_0} \times \left| \frac{\Delta B}{\Delta H} \right| \tag{2-2}$$

式中　μ_0——真空磁导率，又称磁性常数，$\mu_0 = 4\pi \times 10^{-7}\mathrm{H/m}$[⊖]。

当退磁曲线为曲线时，μ_r 的值与起始点的位置有关，是个变数。但通常情况下变化很小，可以近似认为是一个常数，且近似等于退磁曲线上（B_r，0）处切线的斜率值。换句话说，各点的回复线可近似认为是一组平行线，它们都与退磁曲线上（B_r，0）处的切线相平行。利用这一近似特性，在实际工作中求取不同工作温度、不同工作状态的回复线就方便得多。

有的永磁材料，如部分铁氧体永磁的退磁曲线的上半部分为

⊖ 在 CGSM 制中，$\mu_0 = 1\mathrm{Gs/Oe}$。

直线，当退磁磁场强度超过一定值后，退磁曲线就急剧下降，开始拐弯的点称为拐点。当退磁磁场强度不超过拐点 k 时，回复线与退磁曲线的直线段相重合。当退磁磁场强度超过拐点后，新的回复线 RP 就不再与退磁曲线重合了（见图 2-3b）。有的永磁材料，如大部分稀土永磁的退磁曲线全部为直线，回复线与退磁曲线相重合，可以使永磁电机的磁性能在运行过程中保持稳定，这是在电机中使用时最理想的退磁曲线。

1.3 内禀退磁曲线

退磁曲线和回复线表征的是永磁材料对外呈现的磁感应强度 B 与磁场强度 H 之间的关系。还需要另一种表征永磁材料内在磁性能的曲线。由铁磁学理论可知，在真空中磁感应强度与磁场强度间的关系为

$$\boldsymbol{B} = \mu_0 \boldsymbol{H} \tag{2-3}$$

而在磁性材料中

$$\boldsymbol{B} = \mu_0 \boldsymbol{M} + \mu_0 \boldsymbol{H}$$

在均匀的磁性材料中，上式的矢量和可改成代数和

$$B = \mu_0 M + \mu_0 H \tag{2-4}$$ ㊀

式中 M 为磁化强度，是单位体积磁性材料内各磁畴磁矩的矢量和，单位为 A/m，它是描述磁性材料被磁化程度的一个重要物理量。式（2-4）表明，磁性材料在外磁场作用下被磁化后大大加强了磁场。这时磁感应强度 B 含有两个分量，一部分是与真空中一样的分量 $\mu_0 H$；另一部分是由磁性材料磁化后产生的分量 $\mu_0 M$。后一部分是物质磁化后内在的磁感应强度，称为内禀磁感应强度 B_i，又称磁极化强度 J。描述内禀磁感应强度 B_i（J）与磁场强度 H 关系的曲线 $B_i = f(H)$ 称为内禀退磁曲线，简称内禀曲线。由式(2-4)可得

$$B_i = B - \mu_0 H$$

㊀ 在 CGSM 制中，$B = 4\pi M + H$。

在本书中，退磁曲线的 H 取绝对值，上式变为

$$B_i = B + \mu_0 H \tag{2-5}$$

或

$$B = B_i - \mu_0 H \tag{2-6}$$

上式表明了内禀退磁曲线与退磁曲线之间的关系，如图 2-4 所示。由此可以看出，$B_i = f(H)$ 与 $B = f(H)$ 二条特性曲线中，只要知道其中的一条，另一条就可由式(2-5)或(2-6)求出来。

内禀退磁曲线上磁极化强度 J 为零时，相应的磁场强度值称为内禀矫顽力，又称磁化强度矫顽力，其符号为 H_{ci}、$_JH_c$ 或 $_MH_c$，单位为 A/m。H_{ci} 的值反映永磁材料抗去磁能力的大小。过去，铝镍钴永磁的内禀退磁曲线与退磁曲线很接近，H_{ci} 与 H_{cB} 相近且很小，故一般书上没有强调内禀退磁曲线。现在，稀土永磁的内禀退磁曲线与退磁曲线相差很大，H_{ci} 远大于 H_{cB}，这正是表征稀土永磁抗去磁能力强的一个重要参数。

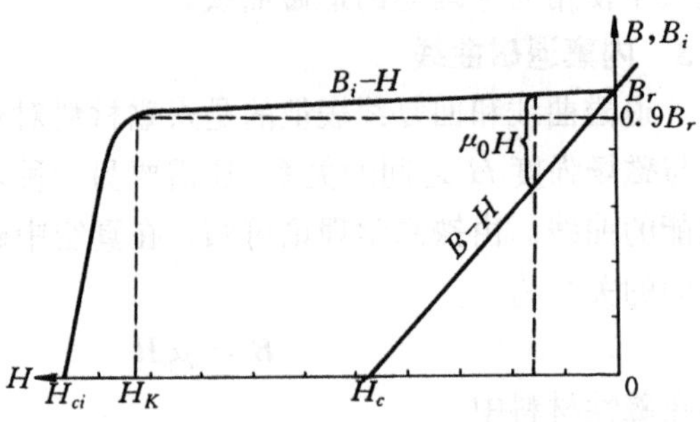

图 2-4　内禀退磁曲线与退磁曲线的关系

除 H_{ci} 值外，内禀退磁曲线的形状也影响永磁材料的磁稳定性。曲线的矩形度越好，磁性能越稳定。为标志曲线的矩形度，特地定义一个参数 H_K，称为临界场强，H_K 等于内禀退磁曲线上当 $B_i = 0.9B_r$ 时所对应的退磁磁场强度值（见图 2-4），单位为 A/m。H_K 应当成为稀土永磁材料的必测参数之一。

1.4　稳定性

为了保证永磁电机的电气性能不发生变化，能长期可靠地运行，要求永磁材料的磁性能保持稳定。通常用永磁材料的磁性能随环境、温度和时间的变化率来表示其稳定性，主要包括热稳定性、磁稳定性、化学稳定性和时间稳定性。

1.4.1 热稳定性

热稳定性是指永磁体由所处环境温度的改变而引起磁性能变化的程度，故又称温度稳定性，如图 2-5 所示。当永磁体的环境温度从 t_0 升至 t_1 时，磁密从 B_0 降为 B_1；当温度从 t_1 回到 t_0 时，磁密回升至 B'_0，而不是 B_0；以后温度在 t_0 和 t_1 间变化，则磁密在 B'_0 和 B_1 间变化。从图 2-5 可以看出，磁性能的损失可以分为两部分：

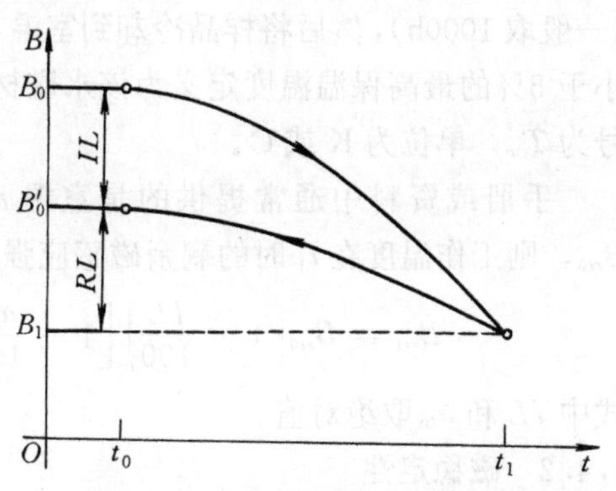

图 2-5 可逆损失与不可逆损失

1. 可逆损失 这部分损失是不可避免的。各种永磁材料的剩余磁感应强度随温度可逆变化的程度可用温度系数 α_{Br} 以％表示，单位为 K^{-1}。

$$\alpha_{Br}=\frac{B_1-B'_0}{B'_0(t_1-t_0)}\times 100 \tag{2-7}$$

同样，还常用 α_{Hci} 以％表示永磁材料的内禀矫顽力随温度可逆变化的程度，单位也是 K^{-1}。

$$\alpha_{Hci}=\frac{H_{ci}-H'_{ci}}{H_{ci}'(t_1-t_0)}\times 100 \tag{2-8}$$

2. 不可逆损失 温度恢复后磁性能不能回复到原有值的部分，称为不可逆损失，通常以其损失率 IL（％）表示。

$$IL=\frac{B'_0-B_0}{B_0}\times 100 \tag{2-9}$$

不可逆损失又可分为不可恢复损失和可恢复损失。前者是指永磁体重新充磁也不能复原的损失，一般是因为较高的温度引起永磁体微结构的变化（如氧化）而造成的。后者是指永磁体重新充磁后能复原的损失。

永磁材料的温度特性还可用居里温度和最高工作温度来表

示。随着温度的升高，磁性能逐步降低，升至某一温度时，磁化强度消失，该温度称为该永磁材料的居里温度，又称居里点，符号为 T_C，单位为K或℃。最高工作温度的定义是将规定尺寸（稀土永磁为 $\phi10\times7$mm）的样品加热到某一恒定的温度，长时间放置（一般取1000h），然后将样品冷却到室温，其开路磁通不可逆损失小于5%的最高保温温度定义为该永磁材料的最高工作温度，符号为 T_w，单位为K或℃。

手册或资料中通常提供的是室温 t_0 时的剩余磁感应强度 B_{rt0}，则工作温度在 t_1 时的剩余磁感应强度

$$B_{rt1}=B_{rt0}\left(1-\frac{IL}{100}\right)\left[1-\frac{\alpha_{Br}}{100}(t_1-t_0)\right] \tag{2-10}$$

式中 IL 和 α_{Br} 取绝对值。

1.4.2　磁稳定性

磁稳定性表示在外磁场干扰下永磁材料磁性能变化的大小。理论分析和实践证明，一种永磁材料的内禀矫顽力 H_{ci} 越大，内禀退磁曲线的矩形度越好（或者说 H_K 越大），则这种永磁材料的磁稳定性越高，即抗外磁场干扰能力越强。当 H_{ci} 和 H_K 大于某定值后，退磁曲线全部为直线，而且回复线与退磁曲线相重合，在外施退磁磁场强度作用下，永磁体的工作点在回复线上来回变化，不会造成不可逆退磁。

1.4.3　化学稳定性

受酸、碱、氧气和氢气等化学因素的作用，永磁材料内部或表面化学结构会发生变化，将严重影响材料的磁性能。例如钕铁硼永磁的成分中大部分是铁和钕，容易氧化，故在生产过程中需采取各种工艺措施来防止氧化，要尽力提高永磁体的密度以减少残留气隙来提高其抗腐蚀能力，同时要在成品表面涂敷保护层，如镀锌、镀镍、电泳等。

1.4.4　时间稳定性

永磁材料充磁以后在通常的环境条件下，即使不受周围环境或其他外界因素的影响，其磁性能也会随时间而变化，通常以一

定尺寸形状的样品的开路磁通随时间损失的百分比来表示，叫做时间稳定性，或叫自然时效。研究表明，它与材料的内禀矫顽力H_{ci}和永磁体的尺寸比L/D有关。对永磁材料而言，随时间的磁通损失与所经历时间的对数基本上成线性关系，因此可以从较短时间的磁通损失来推算出长时间的磁通损失，从而判断出永磁体的使用寿命。下面分别介绍电机中最常用的三种主要永磁材料的基本性能。

2　铝镍钴永磁材料

铝镍钴（AlNiCo）永磁是20世纪30年代研制成功的。当时，它的磁性能最好，温度系数又小，因而在永磁电机中应用得最多、最广。60年代以后，随着铁氧体永磁和稀土永磁的相继问世，铝镍钴永磁在电机中的应用逐步被取代，所占比例呈下降趋势。

按加工工艺的不同，铝镍钴永磁分铸造型和粉末烧结型两种。铸造型的磁性能较高。粉末烧结型的工艺简单，可直接压制成所需形状。在永磁电机中常用的是铸造型。

铝镍钴永磁的显著特点是温度系数小，α_{Br}仅为$-0.02\%K^{-1}$左右，因此，随着温度的改变磁性能变化很小，目前仍被广泛应用于仪器仪表类要求温度稳定性高的永磁电机中。

这种材料的剩余磁感应强度较高，最高可达1.35T，但是它的矫顽力很低，通常小于160kA/m。它的退磁曲线呈非线性变化，如图2-6所示（图中虚线为等磁能积曲线）。由于铝镍钴永磁的回复线与退磁曲线并不重合，在磁路设计制造时要注意它的特殊性，由它构成的磁路必须事先对永磁体进行稳磁处理，即事先人工预加可能发生的最大去磁效应，人为地决定回复线的起始点P的位置，使永磁电机在规定或预期的运行状态下，回复线的起始点不再下降。铝镍钴永磁电机一旦拆卸、维修之后再重新组装时，还必须进行再次整体饱和充磁和稳磁处理，否则永磁体工作点将下降，磁性能大大下降。为此铝镍钴永磁电机的磁极上通常都有极靴且备有再充磁绕组，使其可以再次充磁来恢复应有的磁能。

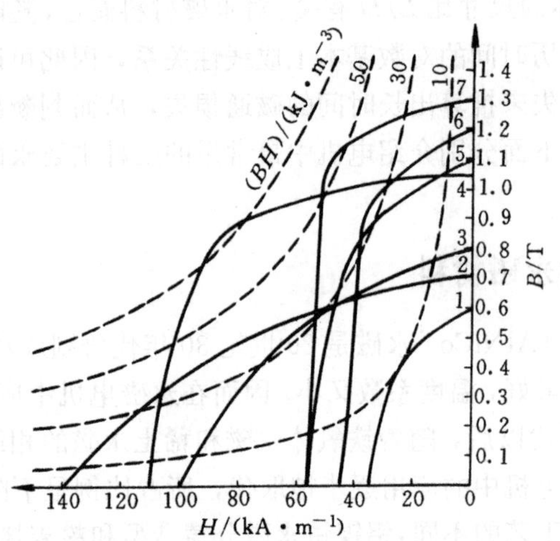

图 2-6 铝镍钴永磁的退磁曲线

1—LN10 2—LNGT40 3—LNGT32 4—LNGT72

5—LNG32H 6—LNG32 7—LNG52

依据铝镍钴永磁材料矫顽力低的特点，在使用过程中，严格禁止它与任何铁器接触，以免造成局部的不可逆退磁或磁通分布的畸变。另外，为了加强它的抗去磁能力，铝镍钴永磁磁极往往设计成长柱体或长棒形。

铝镍钴永磁硬而脆，可加工性能较差，仅能进行少量磨削或电火花加工，因此加工成特殊形状比较困难。

表 2-1 列出了我国常用铝镍钴永磁材料的牌号及主要磁性能，表 2-2 列出部分牌号的物理和力学性能，供选用时参考。

1971 年研制成功的铁铬钴（FeCrCo）永磁是与铝镍钴永磁的磁性能相近而具有可加工优点的可塑性变形永磁材料，其典型磁性能见表 2-3。它的突出优点是具有韧性，可以热加工，也可以进行切削等机械加工，可以铸造、粉末冶金，也可以轧带或拉丝，而且加工后磁性能并不变化。但价格较贵。它可以制成特殊形状的永磁体用于永磁电机，还可作为磁滞材料用于磁滞电机。

表 2-1　铝镍钴永磁材料牌号及其主要磁性能

牌号	剩余磁感应强度 B_r		磁感应矫顽力 H_c		最大磁能积 $(BH)_{max}$		B_r 温度系数 α_{Br}	回复磁导率
	T	(kG)	kA/m	(kOe)	kJ/m³	(MG·Oe)	%K⁻¹	μ_r
LN10	0.60	6.0	36	0.45	10	1.25	−0.022	6.0～7.0
LNG13	0.68	6.8	48	0.60	13	1.6		6.0～6.7
LNG32	1.20	12.0	44	0.55	32	4.0	−0.016	3.5～4.8
LNG32H	1.10	11.0	56	0.70	32	4.0		3.2～4.5
LNGT32	0.80	8.0	100	1.25	32	4.0	−0.020	2.4～3.6
LNGT40	0.72	7.2	140	1.76	40	5.0		
LNG52	1.30	13.0	56	0.70	52	6.5	−0.016	2.4～3.6
LNG60	1.35	13.5	60	0.75	60	7.5		2.4～3.6
LNGT56	0.95	9.5	104	1.30	56	7.0	−0.02～0.025	2.4～3.6
LNGT70	0.90	9.0	145	1.82	70	8.8		
LNGT72	1.05	10.5	111	1.40	72	9.0	−0.02～0.025	2.0～3.2
LNGT85	1.08	10.8	120	1.50	85	10.7		2.0～3.0
LNS9	0.5	5.0	35	0.44	9	1.1		6.0～6.7
LNGS25	1.05	10.5	46	0.58	25	3.1		3.2～4.3
LNGTS28	0.7	7.0	95	1.20	28	3.5		

注：1. L 代表铝，N 代表镍，G 代表钴，T 代表钛，S 代表烧结。

2. 括号内单位为非法定单位。

表 2-2　铝镍钴永磁部分牌号的物理和力学性能

牌号	密度	电阻率	线膨胀系数	硬度	抗拉强度
	g/cm³	μΩ·cm	×10⁻⁶K⁻¹	HRC	N/mm²
LN 10	7.0	60～65	13.0	45～47	
LNG 13	7.2	65	12.4	52	2
LNG 32	7.3	47	11.2	50	4
LNG 52	7.3	50	11.2	50	
LNGT 32	7.4	62	11.0	58～59	21
LNGT 72	7.4		11.0	58～59	
LNS 9	6.7～6.8		13.0	43	
LNGS 25	7.0	50	11.3	45	

表 2-3 铁铬钴永磁的主要磁性能

牌号	类别	剩磁密度 B_r	矫顽力 H_c	最大磁能积 $(BH)_{max}$
		T	kA/m	kJ/m^3
2J83	各向异性	1.05	48	24～32
2J84	各向异性	1.20	52	32～40
2J85	各向异性	1.30	44	40～48

3 铁氧体永磁材料

铁氧体永磁材料属于非金属永磁材料，在电机中常用的有两种，钡铁氧体（$BaO \cdot 6Fe_2O_3$）和锶铁氧体（$SrO \cdot Fe_2O_3$）。它们的磁性能相差不多，而锶铁氧体的 H_c 值略高于钡铁氧体，更适于在电机中使用。

铁氧体永磁的突出优点：价格低廉，不含稀土元素、钴、镍等贵金属；制造工艺也较为简单；矫顽力较大，H_c 为 128～320kA/m，抗去磁能力较强；密度小，只有 4～5.2g/cm³，质量较轻；退磁曲线接近于直线，或者说退磁曲线的很大一部分接近直线（见图 2-7），回复线基本上与退磁曲线的直线部分重合，可以不需要象铝镍钴永磁那样进行稳磁处理，因而在电机中应用最为广泛，是目前电机中用量最大的永磁材料。

铁氧体永磁的主要缺点：剩磁密度不高，B_r 仅为 0.2～0.44T，最大磁能积 $(BH)_{max}$ 仅为 6.4～40kJ/m³。因而需要加大提供磁通的截面积，使电机体积增大；环境温度对磁性能的影响大，剩磁温度系数 α_{Br} 为 $-(0.18\sim0.20)\%K^{-1}$，矫顽力温度系数 α_{Hci} 为 $(0.4\sim0.6)\%K^{-1}$。必须指出，铁氧体永磁的 α_{Hci} 为正值，其矫顽力随温度的升高而增大，随温度降低而减小，这与其他几种常用永磁材料不同。因此，铁氧体永磁在使用时要进行最低环境温度时最大去磁工作点的校核计算，以防止在低温时产生不可逆退磁。

另外，铁氧体永磁材料硬而脆，且不能进行电加工，仅能切片和进行少量磨加工。通常采用软质砂轮，最好选用 R_3 碳化硅砂

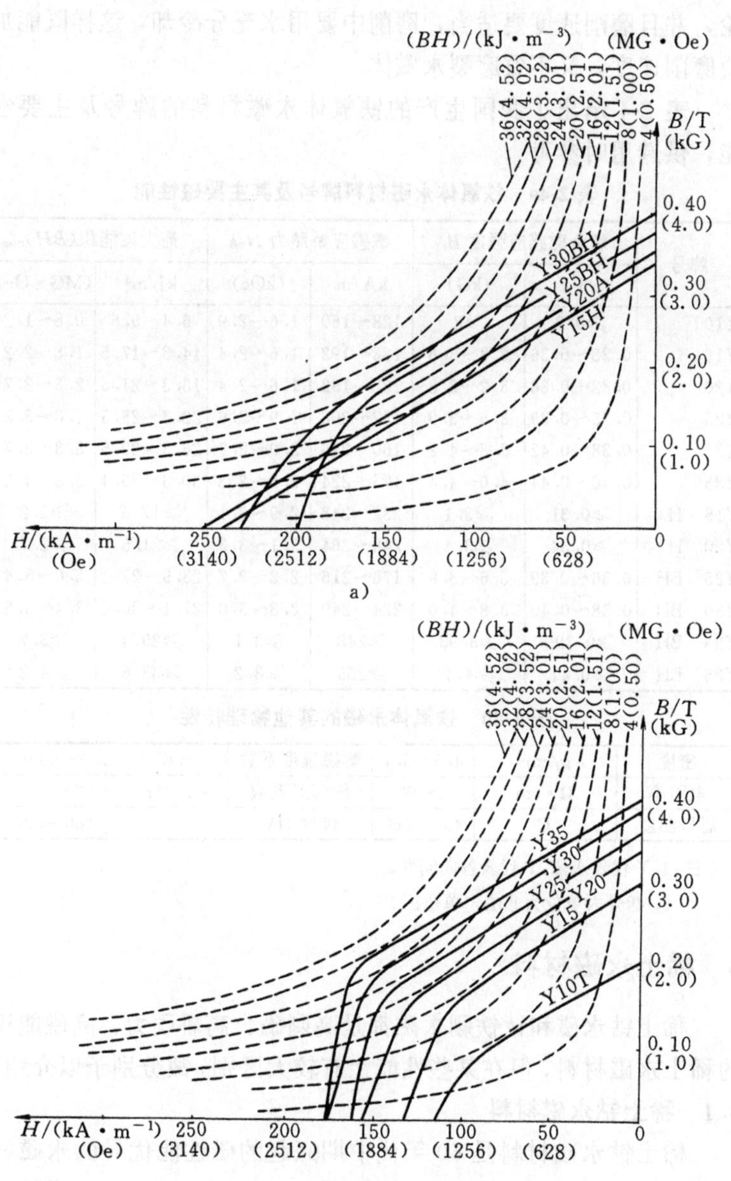

图 2-7 铁氧体永磁的退磁曲线

轮，并且磨削速度要适当，磨削中要用水充分冷却，这样既能加快磨削速度，又不致磨裂永磁体。

表 2-4 示出了我国生产的铁氧体永磁材料的牌号及主要性能，供选用时参考。

表 2-4a　铁氧体永磁材料牌号及其主要磁性能

牌号	剩余磁感应强度 B_r		磁感应矫顽力 H_{cB}		最大磁能积 $(BH)_{max}$	
	T	(kG)	kA/m	(kOe)	kJ/m³	(MG·Oe)
Y10T	≥0.2	≥2	128～160	1.6～2.0	6.4～9.6	0.8～1.2
Y15	0.28～0.36	2.8～3.6	128～192	1.6～2.4	14.3～17.5	1.8～2.2
Y20	0.32～0.38	3.2～3.8	128～192	1.6～2.4	18.3～21.5	2.3～2.7
Y25	0.35～0.39	3.5～3.9	152～208	1.9～2.6	22.3～25.5	2.8～3.2
Y30	0.38～0.42	3.8～4.2	160～216	2.0～2.7	26.3～29.5	3.3～3.7
Y35	0.40～0.44	4.0～4.4	176～224	2.2～2.8	30.3～33.4	3.8～4.2
Y15　H	≥0.31	≥3.1	232～248	2.9～3.1	≥17.5	≥2.2
Y20　H	≥0.34	≥3.4	248～264	3.1～3.3	≥21.5	≥2.7
Y25　BH	0.36～0.39	3.6～3.9	176～216	2.2～2.7	23.9～27.1	3.0～3.4
Y30　BH	0.38～0.40	3.8～4.0	224～240	2.8～3.0	27.1～30.3	3.4～3.8
Y33　BH	≥0.395	≥3.93	≥248	≥3.1	≥29.4	≥3.7
Y35　BH	≥0.41	≥4.1	≥255	≥3.2	≥33.6	≥4.2

表 2-4b　铁氧体永磁的其他物理特性

密度	g/cm³	4.5～5.1	剩磁温度系数	%K⁻¹	−0.20
电阻率	Ω·cm	$>10^6$	线膨胀系数	$\times10^{-6}K^{-1}$	7～15
居里温度	℃	450～460	硬度 HV		480～580

注：1. Y 代表永磁，T 代表各向同性。

2. 括号内单位为非法定单位。

4　稀土永磁材料

稀土钴永磁和钕铁硼永磁都是高剩磁、高矫顽力、高磁能积的稀土永磁材料，但在某些性能上有较大区别，故分别予以介绍。

4.1　稀土钴永磁材料

稀土钴永磁材料是 60 年代中期兴起的磁性能优异的永磁材料。其特点是剩余磁感应强度 B_r、磁感应矫顽力 H_c 及最大磁能积 $(BH)_{max}$ 都很高。1∶5 型 (RCO_5) 永磁体的最大磁能积现已超过

199kJ/m³（25MG·Oe），2∶17型（R_2CO_{17}）永磁体的最大磁能积现已达258.6kJ/m³（32.5MG·Oe），剩余磁感应强度 B_r 一般高达0.85～1.15T，接近铝镍钴永磁水平；磁感应矫顽力 H_c 可达480～800kA/m，大约是铁氧体永磁的3倍。稀土钴永磁的退磁曲线基本上是一条直线，回复线基本上与退磁曲线重合，抗去磁能力强。另外稀土钴永磁材料 B_r 的温度系数比铁氧体永磁材料低，通常为－0.03%K^{-1}左右，并且居里温度较高，一般为710～880℃。因此这种永磁材料的磁稳定性最好，很适合用来制造各种高性能的永磁电机。缺点是目前的价格还比较昂贵，致使电机的造价较高。

由于稀土钴永磁材料硬而脆，抗拉强度和抗弯强度均较低，仅能进行少量的电火花或线切割加工，所以在永磁体尺寸的设计上要避免过多的加工余量以免造成浪费和增加成本。

其次，由于这种永磁材料的磁性很强，磁极相互间的吸引力和排斥力均很大，因此磁极在充磁后运输和装配时都要采取措施，

表2-5 稀土钴永磁材料部分牌号及其主要磁性能

牌号	剩余磁感应强度 B_r		磁感应矫顽力 H_c		最大磁能积 $(BH)_{max}$		B_r 温度系数 α_{B_r} 20℃～100℃	回复磁导率 μ_r	密度
	T	(kG)	kA/m	(kOe)	kJ/m³	(MG·Oe)	%K^{-1}		g/cm³
XGS-80	0.60～0.70	6.0～7.0	320～384	4.0～4.8	72～76	9.0～9.5	－0.09	1.05～1.10	8.2～8.3
XGS-144	0.80～0.90	8.0～9.0	520～640	6.5～8.0	120～152	15～19	－0.05	1.05～1.10	8.2～8.3
XGS-160	0.90～1.00	9.0～10.0	640～720	8.0～9.0	152～176	19～22	－0.05	1.05～1.10	8.2～8.3
XGS-184	0.95～1.05	9.5～10.5	560～640	7.0～8.0	160～192	20～24	－0.03	1.05～1.10	8.1～8.3
XGS-200	1.00～1.10	10.0～11.0	640～720	8.0～9.0	192～208	24～26	－0.03	1.05～1.10	8.1～8.3

注：1. X代表稀土，G代表钴。

2. 括号内单位为非法定单位。

以免发生人身危险。

表 2-5 是国产稀土钴永磁材料的部分牌号及主要性能，供选用时参考。

4.2 钕铁硼永磁材料

钕铁硼永磁材料是 1983 年问世的高性能永磁材料。它的磁性能高于稀土钴永磁。室温下剩余磁感应强度 B_r 现可高达 1.47T，磁感应矫顽力 H_c 可达 992kA/m（12.4kOe），最大磁能积高达 397.9kJ/m^3（50MG·Oe），是目前磁性能最高的永磁材料。由于钕在稀土中的含量是钐的十几倍，资源丰富，铁、硼的价格便宜，又不含战略物资钴，因此钕铁硼永磁的价格比稀土钴永磁便宜得多，问世以来，在工业和民用的永磁电机中迅速得到推广应用。

钕铁硼永磁材料的不足之处是居里温度较低，一般为 310～410℃左右；温度系数较高，B_r 的温度系数可达－0.13%K^{-1}，H_{ci} 的温度系数达－（0.6～0.7）%K^{-1}。因而在高温下使用时磁损失较大。由于其中含有大量的铁和钕，容易锈蚀也是它的一大弱点。所以要对其表面进行涂层处理，目前常用的涂层有环氧树脂喷涂、电泳和电镀等，一般涂层厚度为 10～40μm。不同涂层的抗腐蚀能力不一样，环氧树脂涂层抗溶剂、抗冲击能力、抗盐雾腐蚀能力良好；电泳涂层抗溶剂、抗冲击能力良好，抗盐雾能力极好；电镀有极好的抗溶剂、抗冲击能力，但抗盐雾能力较差。因此需根据磁体的使用环境来选择合适的保护涂层。

另外，由于钕铁硼永磁材料的温度系数较高，造成其磁性能热稳定性较差。一般的钕铁硼永磁材料在高温下使用时，其退磁曲线的下半部分要产生弯曲（见图 2-8），为此使用普通钕铁硼永磁材料时，一定要校核永磁体的最大去磁工作点，以增强其可靠性。对于超高矫顽力钕铁硼永磁材料，内禀矫顽力已可大于 2000kA/m，国内有的厂家已有试制产品，其退磁曲线在 150℃时仍为直线，见图 2-9。

表 2-6 给出了国产钕铁硼永磁材料的部分牌号及主要磁性能，供选用时参考。

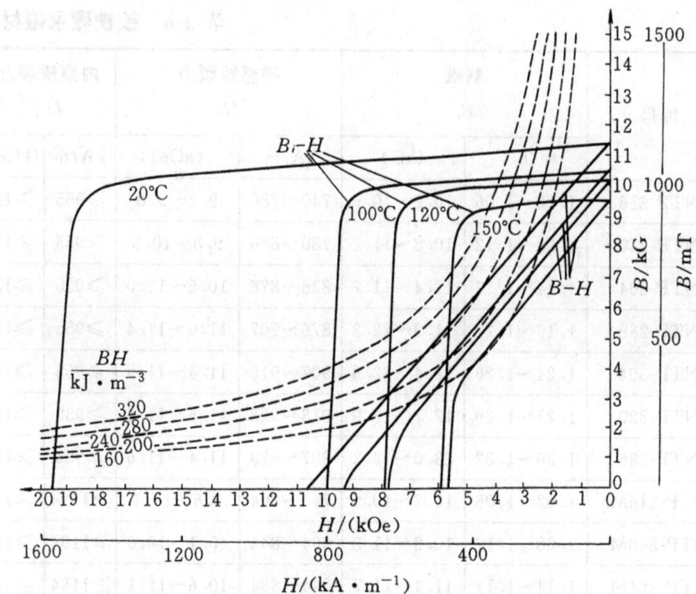

图 2-8　不同温度下钕铁硼永磁的内禀退磁曲线和退磁曲线（NTP-256H）

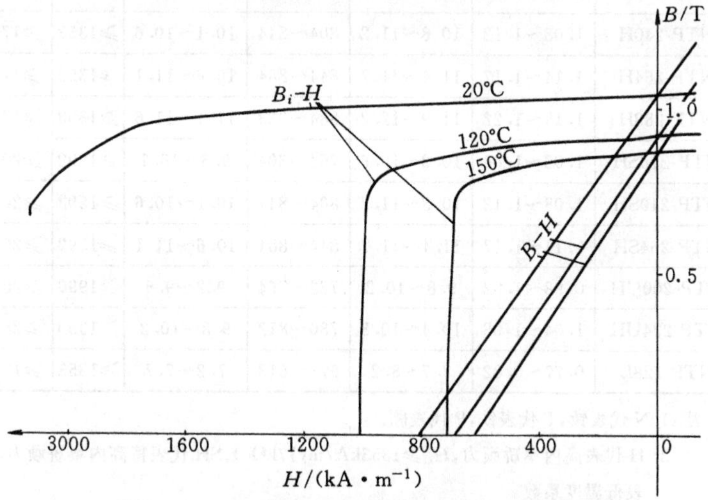

图 2-9　不同温度下钕铁硼永磁的内禀退磁曲线和退磁曲线（NTP-208UH）

表 2-6　钕铁硼永磁材料

牌号	剩磁 B_r		磁感矫顽力 H_c		内禀矫顽力 H_{ci}	
	T	(kG)	kA/m	(kOe)	kA/m	(kOe)
NTP-216	1.02～1.06	10.2～10.6	740～780	9.3～9.8	≥955	≥12
NTP-240	1.08～1.12	10.8～11.2	780～836	9.8～10.5	≥955	≥12
NTP-264	1.14～1.17	11.4～11.7	836～876	10.5～11.0	≥955	≥12
NTP-288	1.19～1.22	11.9～12.2	876～907	11.0～11.4	≥955	≥12
NTP-304	1.24～1.26	12.4～12.6	907～915	11.4～11.5	≥955	≥12
NTP-320	1.27～1.29	12.7～12.9	915～923	11.5～11.6	≥955	≥12
NTP-336	1.30～1.32	13.0～13.2	907～923	11.4～11.6	≥955	≥12
NTP-216M	1.02～1.06	10.2～10.6	764～804	9.6～10.1	≥1194	≥15
NTP-240M	1.08～1.12	10.8～11.2	804～844	10.1～10.6	≥1194	≥15
NTP-264M	1.14～1.17	11.4～11.7	844～884	10.6～11.1	≥1194	≥15
NTP-288M	1.19～1.22	11.9～12.2	884～923	11.1～11.6	≥1194	≥15
NTP-216H	1.02～1.06	10.2～10.6	764～804	9.6～10.1	≥1353	≥17
NTP-240H	1.08～1.12	10.8～11.2	804～844	10.1～10.6	≥1353	≥17
NTP-264H	1.14～1.17	11.4～11.7	844～884	10.6～11.1	≥1353	≥17
NTP-288H	1.19～1.22	11.9～12.2	884～923	11.1～11.6	≥1353	≥17
NTP-216SH	1.02～1.06	10.2～10.6	764～804	9.6～10.1	≥1592	≥20
NTP-240SH	1.08～1.12	10.8～11.2	804～844	10.1～10.6	≥1592	≥20
NTP-264SH	1.14～1.17	11.4～11.7	844～884	10.6～11.1	≥1592	≥20
NTP-200UH	0.98～1.02	9.8～10.2	732～764	9.2～9.6	≥1990	≥25
NTP-224UH	1.04～1.08	10.4～10.8	780～812	9.8～10.2	≥1990	≥25
NTP-128L	0.77～0.82	7.7～8.2	573～613	7.2～7.7	≥1353	≥17

注：1. N 代表钕，T 代表铁，P 代表硼。

2. H 代表高内禀矫顽力，H_{ci}≥1353kA/m(17kOe)；SH 代表特高内禀矫顽力，表低温度系数。

3. 括号内单位为非法定单位。

4. 从 NTP-216M 至 NTP-128L 为目前国内常用的非标准牌号。

部分牌号及其主要磁性能

最大磁能积 $(BH)_{max}$		温度系数(20℃～T_w)		密度	居里温度
		α_{Br}	α_{Hci}	ρ	T_C
kJ/m³	(MG·Oe)	%K⁻¹	%K⁻¹	g/cm³	℃
199～215	25～27	−0.12	−0.6	7.3～7.5	310
223～239	28～30	−0.12	−0.6	7.3～7.5	310
247～263	31～33	−0.12	−0.6	7.3～7.5	310
271～287	34～36	−0.12	−0.6	7.3～7.5	310
295～303	37～38	−0.12	−0.6	7.3～7.5	310
310～318	39～40	−0.12	−0.6	7.3～7.5	310
326～334	41～42	−0.12	−0.6	7.3～7.5	310
199～215	25～27	−0.11	−0.6	7.3～7.5	320
223～239	28～30	−0.11	−0.6	7.3～7.5	320
247～263	31～33	−0.11	−0.6	7.3～7.5	320
271～287	34～36	−0.11	−0.6	7.3～7.5	320
199～215	25～27	−0.11	−0.6	7.3～7.5	320～340
223～239	28～30	−0.11	−0.6	7.3～7.5	320～340
247～263	31～33	−0.11	−0.6	7.3～7.5	320～340
271～287	34～36	−0.11	−0.6	7.3～7.5	320～340
199～215	25～27	−0.10	−0.6	7.3～7.5	340～400
223～239	28～30	−0.10	−0.6	7.3～7.5	340～400
247～263	31～33	−0.10	−0.6	7.3～7.5	340～400
183～199	23～25	−0.10	−0.6	7.3～7.5	340～400
207～223	26～28	−0.10	−0.6	7.3～7.5	340～400
111～127	14～16	−0.02	−0.6	7.3～7.5	

H_{ci}≥1592kA/m(20kOe)；UH 表示超高内禀矫顽力，H_{ci}≥1990kA/m(25kOe)；L 代

5 粘结永磁材料

上述三种常用的永磁材料都可以制成粘结永磁，它们有许多共同的特点，故本书单列一节予以介绍。

粘结永磁材料是用树脂、塑料或低熔点合金等材料为粘结剂，与永磁材料粉末均匀混合，然后用压缩、注射或挤压成形等方法制成的一种复合型永磁材料。按所用永磁材料种类不同，分为粘结铁氧体永磁、粘结铝镍钴永磁、粘结稀土钴永磁和粘结钕铁硼永磁。同通常的铸造或烧结永磁体相比，粘结磁体因含有粘结剂而使磁性能稍差，但却具有如下的显著优点：

1）形状自由度大　容易制成形状复杂的磁体或薄壁环、薄片状磁体。注射成形时还能嵌入其他零件一起成形。

2）尺寸精度高，不变形　烧结磁体的收缩率为13%～27%，而粘结磁体的收缩率只有0.2%～0.5%。不需要二次加工就能制成高精度的磁体。

3）产品性能分散性小　合格率高，适于大批量生产。

4）机械强度高　不易破碎，可进行切削加工。

5）电阻率高、易于实现多极充磁。

6）原材料利用率高　浇口、边角料、废品等进行退磁处理，粉碎后能简单地再生使用。

7）密度小、质量轻。

因此，采用粘结永磁体，可以简化电机制造工艺，并且能获得良好的电机性能，特别是对于一次成形的多极转子或多极定子，采用粘结永磁体有它得天独厚的优点，深受用户欢迎。下面简要介绍几种常用粘结永磁材料。

5.1 粘结铁氧体永磁

粘结铁氧体永磁主要是粘结锶和钡铁氧体，各向同性产品可做到4.0～5.5kJ/m^3，B_r 为0.15～0.17T，H_c 为110～135kA/m，而各向异性粘结铁氧体可做到15.0～16.5kJ/m^3，B_r 为0.28～0.30T，H_c 可达180～210kA/m，主要用于微电机中。

5.2 粘结稀土钴永磁

粘结稀土钴永磁的制备工艺比粘结铁氧体永磁复杂，制备磁粉的热处理必须在真空中或氩气保护下进行。这样处理后，可使 H_c 明显提高。目前粘结 1∶5 型稀土钴永磁 $(BH)_{max}$ 可做到 80～95kJ/m³，B_r 为 0.7T，H_c 为 320kA/m。粘结 2∶17 型稀土钴永

表 2-7 粘结永磁材料部分牌号及其主要磁性能

牌号	剩余磁感应强度 B_r		磁感应矫顽力 H_c		最大磁能积 $(BH)_{max}$		B_r 温度系数 α_{Br}	回复磁导率 μ_r	密度
	T	(kG)	kA/m	(kOe)	kJ/m³	(MG·Oe)	%K⁻¹		g/cm³
NJY-5	0.15～0.17	1.5～1.7	110～135	1.38～1.69	4.0～5.5	0.5～0.6			3.4
NJY-15	0.28～0.30	2.8～3.0	180～210	2.26～2.64	15.0～16.5	1.88～2.07			3.7
NJXG-35	0.40～0.45	4.0～4.5	280～300	3.52～3.77	35～40	4.4～5.0	−0.05	1.15	6.6
NJXG-40	≥0.4	≥4.0	≥280	≥3.52	35～50	4.0～6.3	−0.05	1.15	5.5
NJXG-55	≥0.5	≥5.0	≥320	≥4.0	50～65	6.3～8.2	−0.04	1.15	6.0
NJXG-70	≥0.6	≥6.0	≥360	≥4.5	65～80	8.2～10	−0.04	1.15	6.0
NJXG-90	≥0.7	≥7.0	≥400	≥5.0	80～95	10～11.9	−0.04	1.15	6.0
NJXG-90L	≥0.7	≥7.0	≥320	≥4.0	80～95	10～11.9	−0.04	1.15	6.0
NJNT-48	0.55～0.60	5.5～6.0	380～400	4.75～5.00	48～63	6.0～7.9	−0.126	1.15	6.0
NJNT-55	0.6～0.65	6.0～6.5	380～400	4.75～5.0	55～79	6.9～9.9	−0.10	1.15	6.0
NJNT-64	0.6～0.8	6.0～8.0	480～560	6.0～7.0	64～80	8.0～10	−0.07	1.15	6.3

注：1. NJ 代表粘结。

2. 括号内单位为非法定单位。

磁的 $(BH)_{max}$可达 160kJ/m³，B_r=0.73～0.88T，H_c=477.6～541.3kA/m。粘结稀土钴永磁主要用于家用电器、石英钟表、计量器、微特电机中。

5.3 粘结钕铁硼永磁

粘结钕铁硼永磁材料是近几年发展起来的新产品。目前生产这种永磁材料的磁粉有两种工艺：一是快淬工艺；二是氢化-歧化-脱氧-再组合法，简称 HDDR 法，应用这两种方法制备的钕铁硼磁粉采用专门设备及工艺再制成粘结钕铁硼磁体。目前用 HDDR 法生产的产品的磁性能仍低于用快淬法生产的产品。磁体性能还与磁体成型方法和所含磁粉填充率有关。模压成型的磁体密度为 6～6.3g/cm³，磁性能是磁粉磁性能的 60%～70%，而注射成型磁体的密度仅为 5～5.3g/cm³，其磁性能只有模压成型磁体的 60%～70%。按照制造工艺和性能的不同，习惯上将粘结钕铁硼永磁分为三型。Ⅰ型为模压成型的环氧树脂粘结各向同性磁体；Ⅱ型为热压的各向同性磁体；Ⅲ型为热变形的各向异性磁体，最大磁能积已接近 320kJ/m³。目前国内生产的这种粘结磁体产品最大磁能积为 64～80kJ/m³，B_r 为 0.6～0.8T，H_c 为 480～560kA/m，H_{ci}为 880～1040kA/m，B_r 的温度系数为−(0.07～0.126)%K⁻¹，H_{ci}的温度系数为−0.4%K⁻¹。

表 2-7 给出了国产粘结永磁体的部分牌号及主要磁性能，供选用时参考。

6 永磁材料的选择和应用注意事项

6.1 永磁材料的选择

永磁材料的种类多种多样，性能相差很大，因此在设计永磁电机时首先要选择好适宜的永磁材料品种和具体的性能指标。归纳起来，选择的原则为：

1）应能保证电机气隙中有足够大的气隙磁场和规定的电机性能指标。

2）在规定的环境条件、工作温度和使用条件下应能保证磁性能的稳定性。

3）有良好的机械性能，以方便加工和装配。

4）经济性要好，价格适宜。

根据现有永磁材料的性能和电机的性能要求，一般说来，

1）随着性能的不断完善和相对价格的逐步降低，钕铁硼永磁在电机中的应用将越来越广泛。不仅在部分应用场合有可能取代其他永磁材料，还可能逐步取代部分传统的电励磁电机。

2）对于性能和可靠性要求很高而价格不是主要因素的场合，优先选用高矫顽力的2∶17型稀土钴永磁。1∶5型稀土钴永磁的应用场合将有所缩小，主要用于在高温情况下使用和退磁磁场大的场合。

3）对于性能要求一般，体积质量限制不严，价格是考虑的主要因素，优先采用价格低廉的铁氧体永磁。

4）在工作温度超过300℃的场合或对温度稳定性要求严的场合，如各种测量仪器用电机，优先采用温度系数低的铝镍钴永磁。铝镍钴永磁在永磁材料总量中的比例将逐步下降。

5）在生产批量大且磁极形状复杂的场合，优先采用粘结永磁材料。

具体选用时，应进行多种方案的性能、工艺、成本的全面分析比较后确定。

6.2　应用注意事项

在应用时除前面提到的以外还应注意：

1）本书提供的各种永磁材料磁性能，摘自国家标准或工厂企业标准的典型数据。应该指出，永磁材料的实际磁性能与生产厂的具体制造工艺有关，其值与标准规定的数据之间往往存在一定的偏差。同一种牌号的永磁材料，不同工厂或同一工厂不同批号之间都会存在一定的磁性能差别。而且，标准中规定的性能数据是以特定形状和尺寸的试样（例如钕铁硼永磁的标准试样为$\phi10\times7$mm的圆柱）的测试性能为依据的，对于电机中实际采用的永磁体形状和尺寸，其磁性能与标准数据之间也会存在一定的差别。

另外，充磁机的容量大小和充磁方法都会影响永磁体磁化状态的均匀性，影响磁性能。因此，为提高电机设计计算的准确性，需要向生产厂家索取该批号的实际尺寸的永磁体在室温和工作温度下的实测退磁曲线，在有条件时最好能抽样直接测量出退磁曲线，比较稳妥。对于一致性要求高的电机，更需对永磁材料逐片进行检测。

2）永磁材料的磁性能除与合金成分和制造工艺有关外，还与磁场热处理工艺有关。所谓磁场热处理，就是永磁材料在分解反应过程中施加外加磁场。经过磁场热处理后，永磁材料的磁性能提高，而且带有方向性，顺磁场方向最大，垂直磁场方向最小，这叫做各向异性。对于没有经过磁场热处理的永磁材料，磁性能没有方向性，称为各向同性。应该注意，对于各向异性的永磁体，充磁时的磁场方向应与磁场热处理时的磁场方向一致，否则磁性能反而会有所降低。

3）根据规定，永磁材料由室温升到最高工作温度并保温一定时间后再冷却到室温，其开路磁通允许有不大于5%的不可逆损失。因此为了保证永磁电机在运行过程中性能稳定，不发生明显的不可逆退磁，在使用前应先进行稳磁处理（或叫老化处理），其办法是将充磁后的永磁材料升温至预计最高工作温度并保温一定时间（一般为2～4h），以预先消除这部分不可逆损失。铁氧体永磁则不同，由于它的矫顽力温度系数为正值，温度越低、矫顽力越小，故需进行负温稳磁处理。其办法是将充磁后的铁氧体永磁放在低温箱中，冷冻至使用环境的最低温度（最好再低10℃左右）保温2～4h。需要指出的是，经过高温或负温稳磁处理后，不能再对永磁体充磁；如有必要再次充磁，则需重新进行高温和负温稳磁处理。

第3章　永磁电机磁路计算基础

永磁电机与电励磁电机的最大区别在于它的励磁磁场是由永磁体产生的。永磁体在电机中既是磁源，又是磁路的组成部分。永磁体的磁性能不仅与生产厂的制造工艺有关，还与永磁体的形状和尺寸、充磁机的容量和充磁方法有关，具体性能数据的分散性很大。而且永磁体在电机中所能提供的磁通量和磁动势还随磁路其余部分的材料性能、尺寸和电机运行状态而变化。此外，永磁电机的磁路结构多种多样，漏磁路十分复杂而且漏磁通占的比例较大，铁磁材料部分又比较饱和，磁导是非线性的。这些都增加了永磁电机电磁计算的复杂性，使计算结果的准确度低于电励磁电机。

在永磁电机内部实际存在的是多种形式的三维交变电磁场，要想准确地弄清它在空间的分布情况和随时间的变化规律，从而求出电机的动稳态性能比较困难。随着计算机技术和电磁场数值解法的迅速发展，目前在某些场合已开始用直接求解电磁场的方法来分析磁场分布和永磁电机的性能。这将在本书第4章进行介绍。

为了简化分析计算，目前在许多工程问题中仍常采用“场化路”的方法，将空间实际存在的不均匀分布的磁场转化成等效的多段磁路，并近似认为在每段磁路中磁通沿截面和长度均匀分布，将磁场的计算转化为磁路的计算，然后用各种系数来进行修正，使各段磁路的磁位差等于磁场中对应点之间的磁位差。这样可以大大减少计算所需的时间，在方案估算、初始方案设计和类似结构的方案比较时更为实用。在积累了一定的经验，取得各种实际的修正系数后，其计算精度可以满足工程实际的需要。

在永磁电机发展的早期，由于当时所用永磁材料的退磁曲线大多是曲线，磁路的解析求解比较困难，因而形成了以永磁体工作图图解法为主的磁路计算方法。近年来，由于新出现的稀土永磁和铁氧体永磁的退磁曲线为直线或部分为直线，回复线与其直线段相重合，也由于计算机的普及应用，经过电机学术界的努力，逐步发展和形成了适于应用计算机求解的以等效磁路解析求解为主，用电磁场计算和实验验证得出的各种系数进行修正的一整套分析计算方法和计算机辅助设计软件。本章在总结国内外关于永磁电机磁路计算理论和方法的基础上，先从分析永磁体的模拟模型着手，导出两种等效磁路；然后建立以标么值表示的解析算法和永磁体工作图法；同时阐述与磁路计算有关的基本概念。这样建立的磁路计算方法既适于用计算机求解，又概念清楚，与电磁场计算和实验验证相结合后还可大大提高计算精度。至于各种修正系数，则在后续各章中针对各种永磁电机分别予以介绍。

1 永磁电机的等效磁路

1.1 永磁体等效成磁通源或磁动势源

为了便于分析研究，先从退磁曲线为直线、回复线与退磁曲线重合的稀土永磁材料的模拟着手，导出磁通源和磁动势源两种等效磁源，然后推广应用到其他永磁材料。

前面已介绍，在均匀磁性材料中，磁感应强度 B、磁化强度 M 和磁场强度 H 间的关系为

$$B = \mu_0 M + \mu_0 H$$

内禀磁感应强度

$$B_i = \mu_0 M = B - \mu_0 H$$

进一步研究表明，永磁材料的磁化强度 $M = M_r + \chi H$。式中 M_r 为剩余磁化强度，对于特定的永磁材料是个常量。χ 为永磁材料的磁化系数，一般情况下是磁场强度的函数，与相对回复磁导率间存在的关系为 $\mu_r = 1 + \chi$。由此，上两式变为

$$B = \mu_0(M_r + \chi H) + \mu_0 H = \mu_0 M_r + \mu_r \mu_0 H$$

$$B_i = \mu_0(M_r + \chi H) = \mu_0 M_r + (\mu_r - 1)\mu_0 H$$

磁场强度取绝对值时

$$B=\mu_0 M_r-\mu_r\mu_0 H=B_{ir}-\mu_r\mu_0 H$$

$$B_i=B_{ir}-(\mu_r-1)\mu_0 H \tag{3-1}$$

图 3-1a 示出了稀土永磁材料典型的内禀曲线及退磁曲线。由图可知，在 $0\sim H_c$ 范围内，内禀曲线为略微下垂的直线 1，下垂斜率为 $(\mu_r-1)\mu_0$。为便于分析，引入一个虚拟内禀曲线，它在 $0\sim H_c$ 范围内为 $B_i=B_{ir}=\mu_0 M_r$ 的一条水平直线，如图 3-1a 中虚线 1′所示。

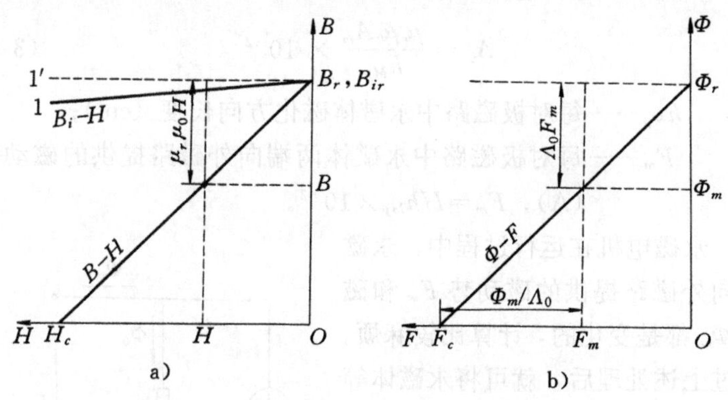

图 3-1 永磁材料的内禀曲线和退磁曲线

在计算永磁电机磁路时，更常用的是磁通 Φ 和磁动势 F 这两个物理量，即使用 $\Phi=f(F)$ 曲线。实际上，只要将 $B=f(H)$ 曲线的纵坐标乘以永磁体提供每极磁通的截面积，横坐标乘以每对极磁路中永磁体磁化方向长度，也就将图 3-1a 的 $B=f(H)$ 曲线转换为图 3-1b 的 $\Phi=f(F)$ 曲线。由式（3-1）得

$$\left.\begin{aligned}BA_m\times10^{-4}&=B_{ir}A_m\times10^{-4}-\mu_r\mu_0 HA_m\times10^{-4}\\ \Phi_m&=\Phi_r-\Phi_0\end{aligned}\right\} \tag{3-2}$$

即

式中 A_m——永磁体提供每极磁通的截面积（cm^2）；

Φ_m——永磁体向外磁路提供的每极总磁通（Wb），$\Phi_m=BA_m\times10^{-4}$；

Φ_r——永磁体虚拟内禀磁通（Wb），对于给定的永磁体性

能和尺寸，它是一个常数，

$$\Phi_r = B_{ir}A_m \times 10^{-4} = B_r A_m \times 10^{-4} \tag{3-3}$$

Φ_0——永磁体的虚拟内漏磁通，或叫虚拟自退磁磁通(Wb)㊀，

$$\Phi_0 = \mu_r\mu_0 HA_m \times 10^{-4} = \frac{\mu_r\mu_0 A_m}{h_{Mp}} \times 10^{-2} \times Hh_{Mp} \times 10^{-2} = \Lambda_0 F_m \tag{3-4}$$

式中 Λ_0——永磁体的内磁导 (H)，对于给定的永磁体性能和尺寸，它是一个常数，

$$\Lambda_0 = \frac{\mu_r\mu_0 A_m}{h_{Mp}} \times 10^{-2} \tag{3-5}$$

h_{Mp}——每对极磁路中永磁体磁化方向长度 (cm)；

F_m——每对极磁路中永磁体两端向外磁路提供的磁动势 (A)，$F_m = Hh_{Mp} \times 10^{-2}$。

永磁电机在运行过程中，永磁体向外磁路提供的磁动势 F_m 和磁通 Φ_m 都是变化的，计算比较麻烦。经过上述处理后，就可将永磁体等效成一个恒磁通源 Φ_r 与一个恒定的内磁导 Λ_0 相并联的磁通源，如图 3-2 所示，这就大大简化了磁路计算。

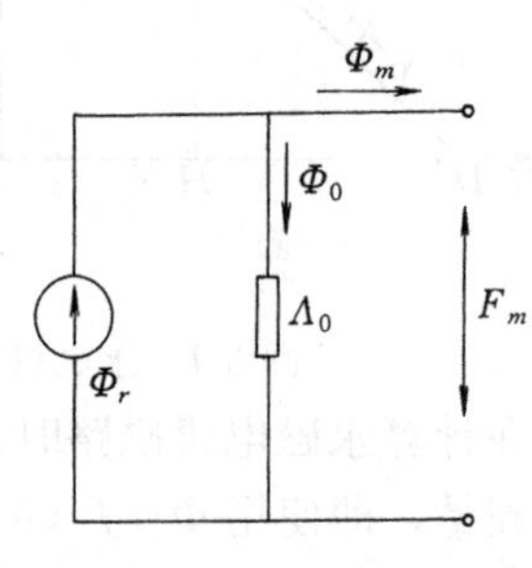

图 3-2 永磁体等效成磁通源

正如电路中电压源和电流源可以等效互换一样，磁路中的磁通源也可等效变换成磁动势源。由式 (3-2) 得

$$\begin{aligned}\Phi_m &= \Phi_r - \Phi_0 = \frac{\mu_r\mu_0 A_m}{h_{Mp}} H_c h_{Mp} \times 10^{-4} - \frac{\mu_r\mu_0 A_m}{h_{Mp}} Hh_{Mp} \times 10^{-4} \\ &= \Lambda_0 F_c - \Lambda_0 F_m\end{aligned}$$

㊀ 实际的自退磁磁通为 $\Phi'_0 = \mu_0 HA_m$。

或
$$F_m = F_c - \frac{\Phi_m}{\Lambda_0} \tag{3-6}$$

式中 F_c——永磁体磁动势源的计算磁动势（A），对于给定的永磁体性能和尺寸，它是一个常数，

$$F_c = H_c h_{Mp} \times 10^{-2} \tag{3-7}$$

因此，永磁体也可以等效成一个恒磁动势源 F_c 与一个恒定的内磁导 Λ_0 相串联的磁动势源，如图 3-3 所示。它与图 3-2 所示的磁通源是等效的，二者可以互换。在应用时可以根据不同的使用场合，从方便出发进行选择。

1.2　外磁路的等效磁路

永磁体向外磁路所提供的总磁通 Φ_m 可分为两部分，一部分与电枢绕组匝链，称为主磁通（即每极气隙磁通）Φ_δ；另一部分不与电枢绕组匝链，称为漏磁通 Φ_σ。相应地将永磁体以外的磁路（以后称外磁路）分为主磁路和漏磁路，相应的磁导分别为主磁导 Λ_δ 和漏磁导 Λ_σ。永磁电机实际的外磁路比较复杂，分析时可根据其磁通分布情况分成许多段，再经串、并联进行组合。主磁导和漏磁导是各段磁路磁导的合成。在空载情况下外磁路的等效磁路如图 3-4 所示。

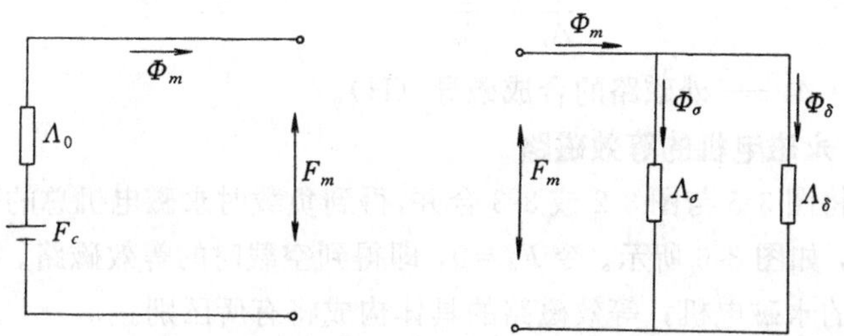

图 3-3　永磁体等效成磁动势源　　图 3-4　空载时外磁路的等效磁路

在负载运行时，根据电机原理可知，主磁路中增加了电枢磁动势，设每对极磁路中的电枢磁动势为 F_a（既有直轴电枢磁动势的作用，又有交轴电枢磁动势的等效作用，具体计算公式见后续

各章)，其相应的等效磁路如图 3-5a 所示。根据对励磁磁场作用的不同，F_a 起增磁或去磁作用。本书规定，起去磁作用时，F_a 为正值；起增磁作用时，F_a 为负值。

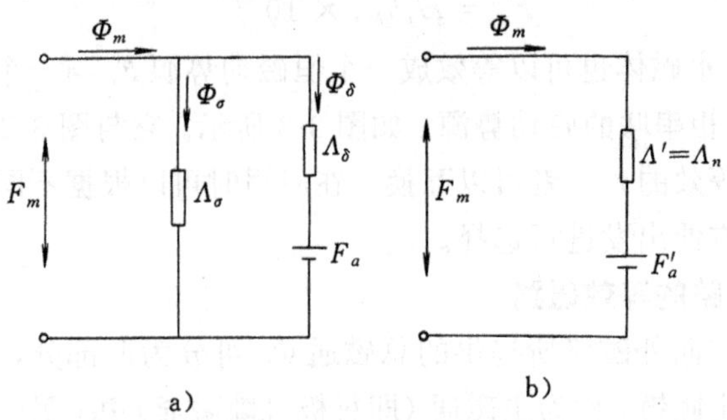

图 3-5 负载时外磁路的等效磁路

为便于分析计算，可以应用电工理论中的戴维南定理㊀，将图 3-5a 的等效磁路变换成图 3-5b，其中

$$\Lambda' = \Lambda_\delta + \Lambda_\sigma = \Lambda_n = \frac{\Lambda_\delta + \Lambda_\sigma}{\Lambda_\delta}\Lambda_\delta = k_\sigma \Lambda_\delta \tag{3-8}$$

$$F'_a = F_a \frac{\dfrac{1}{\Lambda_\sigma}}{\dfrac{1}{\Lambda_\sigma} + \dfrac{1}{\Lambda_\delta}} = F_a \frac{\Lambda_\delta}{\Lambda_\delta + \Lambda_\sigma} = \frac{F_a}{k_\sigma} \tag{3-9}$$

式中 Λ_n——外磁路的合成磁导 (H)。

1.3 永磁电机的等效磁路

将图 3-5 与图 3-2 或 3-3 合并，得到负载时永磁电机总的等效磁路，如图 3-6 所示。令 $F_a=0$，即得到空载时的等效磁路。对于不同的永磁电机，等效磁路的具体构成将有所区别。

下面对等效磁路中的磁导和漏磁系数进行分析和讨论。

㊀ 戴维南定理指出：任何一个线性含源一端口网络，对外电路来说，可以用一条有源支路来等效替代，该有源支路的电动势等于含源一端口网络的开路电压，其电阻等于含源一端口网络化成无源网络后的入端电阻。

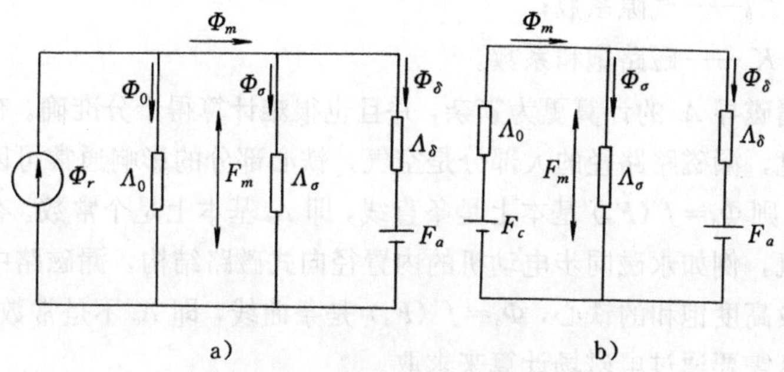

图 3-6　负载时永磁电机的等效磁路

a）磁通源等效磁路　b）磁动势源等效磁路

1.4　主磁导和漏磁导

永磁电机的主磁路通常包括气隙、定（转）子齿、轭等几部分。可以用通常的磁路计算法求取在主磁通 Φ_δ 情况下各段磁路磁位差的总和 ΣF，得出 $\Phi_\delta=f$（ΣF）曲线。则在某一 Φ_δ 时主磁路的主磁导（H）

$$\Lambda_\delta=\frac{\Phi_\delta}{\Sigma F} \tag{3-10}$$

式中　Φ_δ——每极气隙磁通（Wb）；

ΣF——每对极主磁路的总磁位差（A）。

由于主磁路中有铁磁材料，其磁位差通常不能忽略，因此，主磁导 Λ_δ 不是常数，随主磁路的饱和程度不同而变化。为便于分析 Λ_δ 与磁位差中主要部分——气隙的参数和磁路饱和程度的关系，Λ_δ 可表示成

$$\Lambda_\delta=\frac{\mu_0 A_\delta}{2\delta K_s K_\delta}\times 10^{-2}=\frac{\mu_0 \alpha_i \tau L_{ef}}{2\delta K_\delta K_s}\times 10^{-2} \tag{3-11}$$

式中　A_δ——每极气隙有效面积（cm^2）；

α_i——计算极弧系数；

τ——极距（cm）；

L_{ef}——电枢计算长度（cm）；

δ——气隙长度（cm）；

K_δ——气隙系数；

K_s——磁路饱和系数。

漏磁导 Λ_σ 的计算更为繁杂，并且也很难计算得十分准确。有的电机，漏磁路路径的大部分是空气，铁心部分的影响通常可以忽略，则 $\Phi_\sigma=f(F_\sigma)$ 基本上是条直线，即 Λ_σ 基本上是个常数。有的电机，例如永磁同步电动机的内置径向式磁路结构，漏磁路中有一段高度饱和的铁心，$\Phi_\sigma=f(F_\sigma)$ 是条曲线，即 Λ_σ 不是常数。通常这需要通过电磁场计算来求取。

1.5　漏磁系数和空载漏磁系数

永磁体向外磁路提供的总磁通 Φ_m 与外磁路的主磁通 Φ_δ 之比被称为漏磁系数 σ。

$$\sigma=\frac{\Phi_m}{\Phi_\delta}=\frac{\Phi_\delta+\Phi_\sigma}{\Phi_\delta}=1+\frac{\Phi_\sigma}{\Phi_\delta} \tag{3-12}$$

在电机永磁材料的形状和尺寸、气隙和外磁路尺寸一定的情况下，σ 还随负载情况不同，即主磁路和漏磁路的饱和程度不同而变化，不是常数。

空载时，$F_a=0$。从等效磁路图可以看出，在此情况下空载总磁通与空载主磁通之比在数值上等于外磁路的合成磁导与主磁导之比。因此，空载时的漏磁系数 σ_0 还可以用磁导表示为

$$\sigma_0=\frac{\Lambda_\delta+\Lambda_\sigma}{\Lambda_\delta}=1+\frac{\Lambda_\sigma}{\Lambda_\delta} \tag{3-13}$$

式（3-8）和（3-9）表示的是负载时外磁路的等效变换，而其变换系数 k_σ 的表达式正好等于空载漏磁系数 σ_0 以磁导表示的表达式（3-13）。因此式（3-8）和（3-9）还常表示为

$$\Lambda'=\Lambda_n=\sigma_0\Lambda_\delta$$

$$F'_a=\frac{F_a}{\sigma_0}$$

请注意，σ_0 有二个不同的含意和用法。首先，就 σ_0 的原始定义来说，它是空载时的漏磁系数，是空载时的总磁通与主磁通之

比。它反映的是空载时永磁体向外磁路提供的总磁通的有效利用程度。本书后面提供的曲线指的就是这种情况。其次，σ_0 以磁导表示的表达式(3-13)又正好是负载时外磁路应用戴维南定理进行等效变换的变换系数，此时 σ_0 是负载时外磁路的合成磁导与主磁导之比。从等效磁路图 3-5 可以看出，由于负载时 $F_a \neq 0$，合成磁导与主磁导之比并不等于总磁通与主磁通之比，此时的 σ_0 已不再是原来意义的漏磁系数。同时由于负载情况不同，电枢磁动势 F_a 的大小不同，磁路的饱和程度也随着改变，Λ_δ、Λ_σ 和 σ_0 都不是常数。因此，σ_0 在作为变换系数使用时需要选用与负载时磁路饱和程度相对应的合成磁导与主磁导之比，而不是选用空载时的 σ_0 值，也不是负载时的 σ 值。只有在某些可以忽略磁路饱和影响的永磁电机中，负载时作为变换系数的 σ_0 才等于空载时的 σ_0。

由式 (3-8)、(3-9) 和 (3-13) 可以看出，空载漏磁系数 σ_0 是一个很重要的参数。一方面，σ_0 大表明漏磁导 Λ_σ 相对较大，$\Lambda_\sigma=(\sigma_0-1)\Lambda_\delta$，在永磁体提供总磁通一定时，漏磁通相对较大而主磁通相对较小，永磁体的利用率就差。另一方面，σ_0 大表明对电枢反应的分流作用大，电枢反应对永磁体两端的实际作用值 F'_a 就小，永磁体的抗去磁能力就强。因此设计时要综合考虑，选取合适的 σ_0 值。

2 等效磁路的解析法

研究分析表明，采用标幺值可使永磁电机磁路计算和分析得到进一步简化，既可使不同单位制的物理量在数值上相同，简化计算；又可使不同类型和容量的电机性能数据在一定范围内变动，数量级的概念比较清楚，表达式可以简化，分析比较方便。下面以图 3-6 所示的等效磁路阐述其求解过程。

2.1 等效磁路各参数的标幺值

标幺值是各物理量的实在值与其基值（二者单位相同）的比值。永磁磁路中有关物理量的基值选为：

磁通基值

$$\Phi_b = \Phi_r = B_r A_m \times 10^{-4} \tag{3-14}$$

磁动势基值

$$F_b = F_c = H_c h_{Mp} \times 10^{-2} \tag{3-15}$$

磁导基值

$$\Lambda_b = \frac{\Phi_b}{F_b} = \frac{\Phi_r}{F_c} = \frac{B_r A_m}{H_c h_{Mp}} \times 10^{-2} = \frac{\mu_r \mu_0 A_m}{h_{Mp}} \times 10^{-2} = \Lambda_0 \tag{3-16}$$

通常用小写字母表示各相应物理量的标幺值，即

$$\varphi_m = \frac{\Phi_m}{\Phi_r} = \frac{B_m}{B_r} = b_m \tag{3-17}$$

$$\varphi_r = \frac{\Phi_r}{\Phi_r} = 1 = b_r \tag{3-18}$$

$$f_m = \frac{F_m}{F_c} = \frac{H_m}{H_c} = h_m \tag{3-19}$$

$$f'_a = \frac{F'_a}{F_c} = h'_a \tag{3-20}$$

$$f_c = \frac{F_c}{F_c} = 1 = h_c \tag{3-21}$$

$$\lambda_\delta = \frac{\Lambda_\delta}{\Lambda_b} \tag{3-22}$$

$$\lambda_0 = \frac{\Lambda_0}{\Lambda_b} = 1 \tag{3-23}$$

$$\lambda_\sigma = \frac{\Lambda_\sigma}{\Lambda_b} \tag{3-24}$$

用标幺值表示时，直线的回复线（或退磁曲线）可用解析式表示成

$$\varphi_m = 1 - f_m$$

或

$$b_m = 1 - h_m \tag{3-25}$$

于是其相应的以标幺值表示的等效磁路如图 3-7 所示。

2.2 等效磁路的解析解

先分析磁路不饱和，即 λ_δ、λ_σ 和 λ_n 都是常数的情况。此时可

以直接用解析法求解。

电机空载时，电枢磁动势的标幺值 $f_a=0$，式（3-25）变为

$$\varphi_{m0}=1-f_{m0}$$

外磁路的有关各参数可表示为

$$\frac{\varphi_{m0}}{f_{m0}}=\lambda_\delta+\lambda_\sigma=\lambda_n=\sigma_0\lambda_\delta$$

联立求解得

$$\left.\begin{aligned}\varphi_{m0}&=\frac{\lambda_n}{\lambda_n+1}=b_{m0}\\ f_{m0}&=\frac{1}{\lambda_n+1}=h_{m0}\end{aligned}\right\}\quad(3\text{-}26)$$

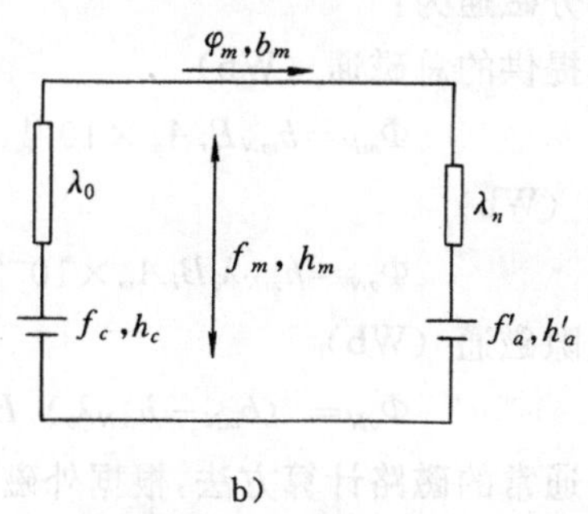

图 3-7 以标幺值表示的等效磁路

a）磁通源等效磁路 b）磁动势源等效磁路

得出空载永磁体工作点（b_{m0}，h_{m0} 或 φ_{m0}，f_{m0}）后，可求出空载时各部分磁通为：

永磁体提供的总磁通（Wb）

$$\Phi_{m0}=b_{m0}B_rA_m\times10^{-4}$$

漏磁通（Wb）

$$\Phi_{\sigma0}=h_{m0}\lambda_\sigma B_rA_m\times10^{-4}$$

每极气隙磁通（Wb）

$$\Phi_{\delta0}=(b_{m0}-h_{m0}\lambda_\sigma)B_rA_m\times10^{-4}=\frac{b_{m0}B_rA_m}{\sigma_0}\times10^{-4}\quad(3\text{-}27)$$

负载时的联立方程组为

$$\left.\begin{aligned}\varphi_{mN} &= 1 - f_{mN} \\ \frac{\varphi_{mN}}{f_{mN} - f'_a} &= \lambda_n\end{aligned}\right\} \tag{3-28}$$

求解上式可得

$$\left.\begin{aligned}\varphi_{mN} &= \frac{\lambda_n(1 - f'_a)}{\lambda_n + 1} = b_{mN} \\ f_{mN} &= \frac{1 + \lambda_n f'_a}{\lambda_n + 1} = h_{mN}\end{aligned}\right\} \tag{3-29}$$

根据负载时永磁体工作点（b_{mN}，h_{mN}或 φ_{mN}，f_{mN}）可以计算出负载时各部分磁通为：

永磁体提供的总磁通（Wb）

$$\Phi_{mN} = b_{mN} B_r A_m \times 10^{-4}$$

漏磁通（Wb）

$$\Phi_{\sigma N} = h_{mN} \lambda_\sigma B_r A_m \times 10^{-4} \tag{3-30}$$

每极气隙磁通（Wb）

$$\Phi_{\delta N} = (b_{mN} - h_{mN}\lambda_\sigma) B_r A_m \times 10^{-4}$$

然后用通常的磁路计算方法，根据外磁路尺寸和材质的磁化特性，求出磁路各部分的磁密和磁位差，并用以检查永磁电机设计的合理性和调整磁路设计。

以上分析的是线性等效磁路时的情况。但通常情况下，永磁电机的磁路是饱和的，λ_n 不是常数。此时可采取下列方法进行处理：

1）当磁路的饱和程度不高时，λ_n 的变化范围不大。此时可进行近似线性化处理，即计算出额定工况时的 λ_n，近似认为它是一个常数，以此代入上面各式进行计算。

2）当磁路比较饱和时，空载、额定工况和最大去磁时的 λ_n 随饱和程度不同而变化较大，而且 φ_m 和 λ_n 又互相制约。此时需利用迭代方法求解，图 3-8 示出了计算 b_{m0}的框图。

2.3 解析法的应用

以上为了推导过程简洁，是从退磁曲线为直线、回复线与退磁曲线重合的稀土永磁材料这一特例着手的。实际上，上述推导结果可以推广应用于所有永磁材料。研究实践表明，在永磁电机运行时，永磁体工作点是变化的，直接决定永磁体的磁密与场强关系的是回复线。或者说，永磁体在电机内的基本工作曲线是回复线，并不是退磁曲线。而所有永磁材料的回复线都近似认为是直线，区别在于它们并不都象稀土永磁那样在第二象限内全部是直线，而是在退磁场强超过一定值后出现拐点；而且，采用不同的稳磁处理引起起始点 P 的位置不同，导致回复线与纵轴的交点随之改变；这些增加了分析计算的复杂性。经过分析研究可知，只要区别以下不同情况进行处理仍可应用上述方法。

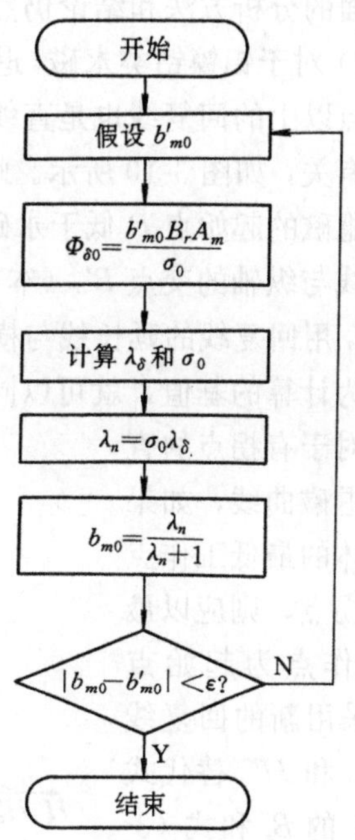

图 3-8　计算 b_{m0} 框图

1）对于铁氧体永磁和部分高温下工作的钕铁硼永磁，退磁曲线的上半部分为直线，回复线与拐点以上的直线段退磁曲线相重合，如图 3-9 所示。此时，只要在设计中采取措施，保证永磁体的最低工作点不低于拐点，并且改用回复线的延长线与横轴的交点 H'_c（本书称为计算矫顽力）替代式（3-7）的 H_c，

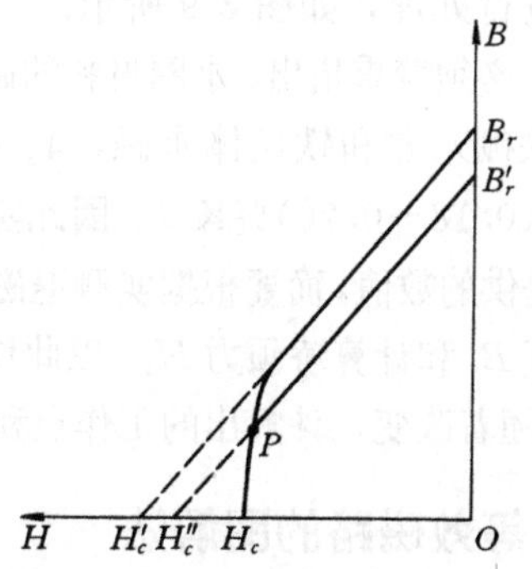

图 3-9　具有拐点的直线型退磁曲线和回复线

则前面的分析方法和结论仍然适用。

2) 对于铝镍钴类永磁，退磁曲线为曲线，但经过稳磁处理后，起始点以上的回复线也是直线，仅是回复线的高低与起始点 P 的位置有关，如图 3-10 所示。此时，需要先进行稳磁处理计算，并且使稳磁的起始点 P 低于永磁体的最低工作点，然后改用此时的回复线与纵轴的交点 B'_r（本书称为计算剩磁密度）替代式（3-3）的 B_r，用回复线的延长线与横轴的交点 H'_c 替代式（3-7）的 H_c㊀，并作为计算的基值，就可以同样应用前面的分析方法与结论。

对于有拐点的直线型退磁曲线，如果永磁体的最低工作点低于拐点，则应以最低工作点为起始点 P，采用新的回复线的 B'_r 和 H''_c 替代式（3-3）的 B_r 和式（3-7）的 H_c，用同样的方法进行处理，如图 3-9 所示。

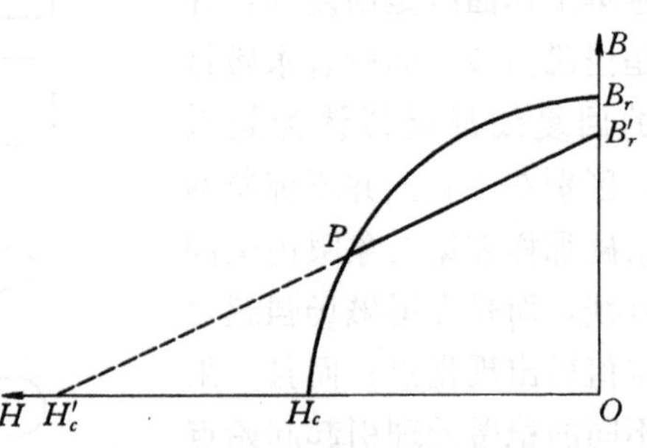

图 3-10　曲线型退磁曲线和回复线

必须着重指出，永磁材料的磁性能对温度的敏感性很大，尤其是钕铁硼永磁和铁氧体永磁，其 B_r 的温度系数达 $-0.126\%\mathrm{K}^{-1}$ 和 $-(0.18\sim0.20)\%\mathrm{K}^{-1}$。因此实际应用时，不能直接引用材料生产厂提供的数值，而要根据实测退磁曲线换算到工作温度时的计算剩磁密度 B_r 和计算矫顽力 H_c，以此作为基值进行计算。温度不同，B_r 和 H_c 随着改变，计算出的工作点和磁通也不相同。

3　等效磁路的图解法

本书介绍的采用标幺值的解析法的优点是计算简单，适于应

㊀ 为简洁起见，在不致发生混淆的情况下，本书以后在计算公式中用 B_r 和 H_c 来代替 B'_r 和 H'_c。

用计算机求解，但也存在不足，即不够直观，尤其是当退磁曲线为曲线或具有拐点和磁路饱和程度较高时。而应用图解法直接画出永磁体工作图，则可以清晰地看出各种因素的影响程度和工作点与拐点间的关系。故工程上在应用解析法进行计算机求解的同时，还常采用图解法进行补充分析。

从等效磁路的推导过程可以看出，在空载情况下外磁路的 $\Phi_m=f(F_m)$ 曲线反映的是主磁路和漏磁路总的磁化特性，也可表示成 $\Lambda_n=f(\Phi_m)$ 曲线，在磁路计算中称为合成磁导线。而 Φ_m 和 F_m 又是由永磁体作为磁源所提供的，二者关系是由回复线决定的。因此用图解法求解等效磁路就是求出回复线与合成磁导线的交点，如图 3-11 所示。

作图时先在 Φ-F 坐标中画出永磁体的回复线及其延长线 $\Phi_rF'_c$。再根据外磁路的结构形式、尺寸及磁路饱和程度，画出主磁导线 $\Lambda_\delta=f(\Phi_m)$，即主磁路的磁化特性曲线 $\Phi_\delta=f(\Sigma F)$。并根据漏磁通情况，画出漏磁导线 $\Lambda_\sigma=f(\Phi_m)$，即漏磁路的磁化特性曲线 $\Phi_\sigma=f(\Sigma F)$；或者由 $\Lambda_\sigma=(\sigma_0-1)\Lambda_\delta$ 求出漏磁导线。然后将二条磁导线沿纵轴方向相加，得合成磁导线 $\Lambda_n=f(\Phi_m)$，即外磁路合成磁化特性曲线 $\Phi_m=f(\Sigma F)$。它与回复线的交点 a 即为空载时永磁体的工作点。其纵坐标表示永磁体所提供的磁通 Φ_{m0}，横坐标表示永磁体所提供的磁动势 F_{m0}。a 点的垂线与 Λ_δ 和 Λ_σ 线的交点分别表示空载主磁通 $\Phi_{\delta0}$和空载漏磁通 $\Phi_{\sigma0}$。

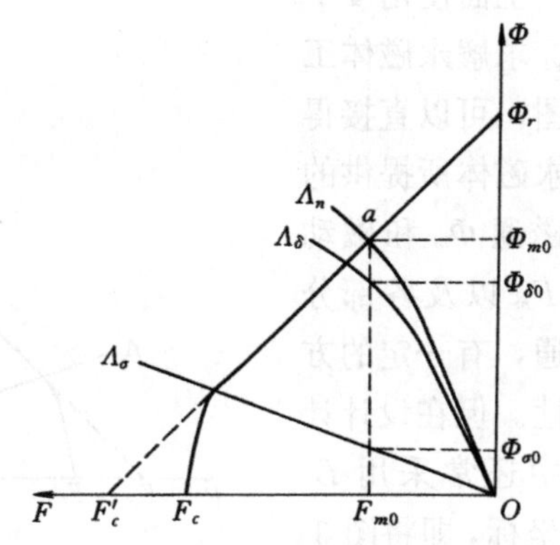

图 3-11　空载时等效磁路图解法

负载时，在外磁路中存在电枢磁动势 F_a 或等效磁动势 $F'_a=F_a/\sigma_0$，由图 3-5b 可知，此时作用于外磁路合成磁导 Λ_n 的磁动势为 $F_m-F'_a$。因此作图时只要将合成磁导线从原点向左平移 $|F'_a|$

距离，合成磁导线与回复线的交点 N 即为负载时永磁体工作点，其垂线与合成磁导线和漏磁导线的交点分别表示负载时的总磁通 Φ_{mN}和漏磁通 $\Phi_{\sigma N}$，二者之差即为气隙磁通 $\Phi_{\delta N}$，如图 3-12 所示。如 F_a 起增磁作用，作用于外磁路磁导 Λ_n 的磁动势为 $F_m+F'_a$，则将合成磁导线从原点向右移动$|F'_a|$的距离即得。

当永磁材料的退磁曲线有拐点时，要进行去磁校核计算，即计算出电机运行时可能出现的最大去磁电流，用以求出该时的工作点 h，如 h 点低于退磁曲线的拐点，则将产生不可逆退磁。此时，或者调整磁路设计，使 h 点高于拐点，或者据此重新确定回复线起始点和新的回复线，重新求解。

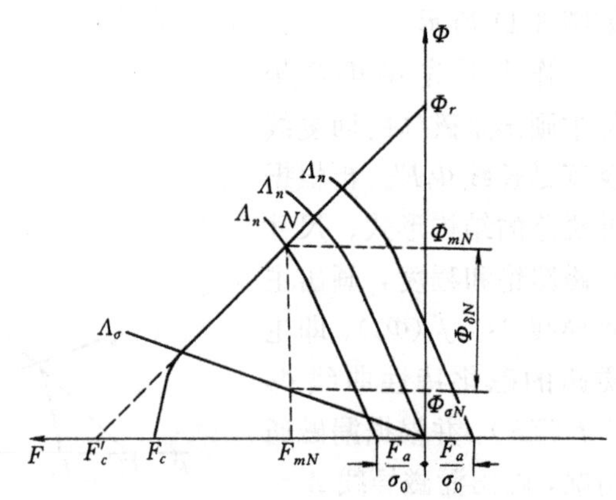

图 3-12　负载时等效磁路图解法

上面使用 Φ-F 坐标求解永磁体工作图，可以直接得出永磁体所提供的总磁通 Φ_m 和磁动势 F_m 以及各部分磁通，有一定的方便性。但在设计计算中还常采用 B-H 坐标，即将图 3-12 的纵坐标除以 A_m，横坐标除以 h_{Mp}，得到图 3-13。相应地将磁导 Λ 乘以 h_{Mp}/A_m 得到其相对值，称为比磁导 P，即

$$P_\delta = \Lambda_\delta \frac{h_{Mp}}{A_m} \times 10^2 \tag{3-31}$$

$$P_n = \Lambda_n \frac{h_{Mp}}{A_m} \times 10^2 = \frac{B_m}{H_m} \tag{3-32}$$

这样，对于同一种永磁材料以 $B=f(H)$ 表示的回复线是相同的，以相对值表示的比磁导线的变化范围不大，在比较各种因素的影响和分析判断设计的合理性时比较方便。

进一步采用标幺值表示，如图 3-14 所示。此时不仅 $\varphi=f(f)$ 和 $b=f(h)$ 相同，所有永磁材料的回复线及其延长线可以用同一条直线表示（但拐点位置不同），都可以用式（3-25）表示，而且 λ_n、λ_δ 和 λ_σ 的变化范围都不大，计算和分析比较时都更为方便。

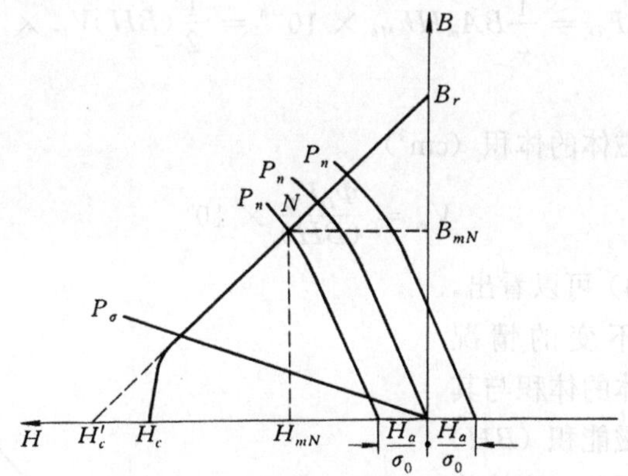

图 3-13　B-H 坐标的永磁体工作图

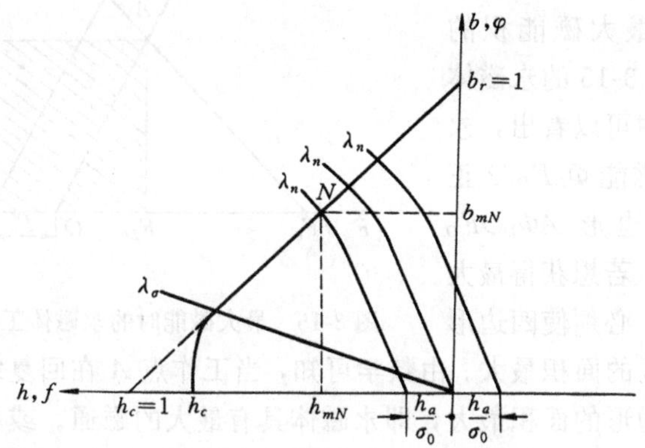

图 3-14　以标幺值表示的永磁体工作图

4　永磁体的最佳工作点

在设计永磁电机时，为了充分利用永磁材料，缩小永磁体和整个电机的尺寸，应该力求用最小的永磁体体积在气隙中建立具有最大磁能的磁场。

4.1 最大磁能的永磁体最佳工作点

为分析简明起见，从退磁曲线为直线的永磁材料着手分析。设永磁体所提供的磁通为 Φ_D，磁动势为 F_D，则磁能（J）为

$$\frac{1}{2}\Phi_D F_D = \frac{1}{2}BA_m H h_{Mp} \times 10^{-6} = \frac{1}{2}(BH)V_m \times 10^{-6} \tag{3-33}$$

由此得永磁体的体积（cm^3）

$$V_m = \frac{\Phi_D F_D}{(BH)} \times 10^6 \tag{3-34}$$

由式（3-34）可以看出，在 $\Phi_D F_D$ 不变的情况下，永磁体的体积与其工作点的磁能积（BH）成反比。因此，应该使永磁体工作点位于回复线上有最大磁能积的点。从图 3-15 的永磁体工作图中可以看出，永磁体的磁能 $\Phi_D F_D/2$ 正比于四边形 $A\Phi_D OF_D$ 的面积。若想获得最大的磁能，必须使四边形 $A\Phi_D OF_D$ 的面积最大。由数学可知，当工作点 A 在回复线的中点时，四边形的面积最大，即永磁体具有最大的磁通。或者说，具有最大磁能的永磁体最佳工作点的标幺值

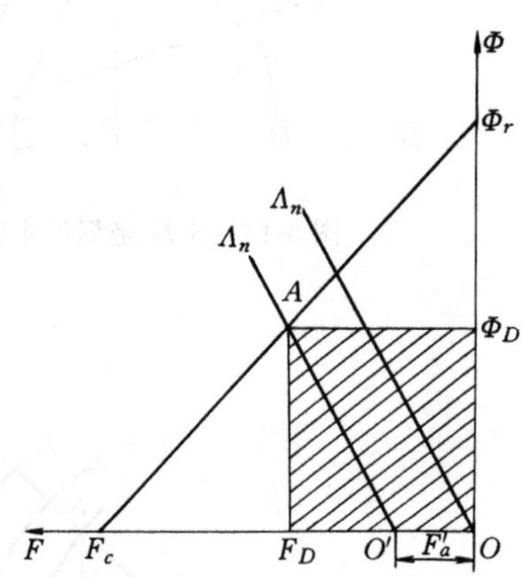

图 3-15 最大磁能时的永磁体工作图

$$b_D = \varphi_D = 0.5 \tag{3-35}$$

4.2 最大有效磁能的永磁体最佳工作点

然而在永磁电机中存在有漏磁通，实际参与机电能量转换的是气隙磁场中的有效磁能，并不是永磁体的总磁能。因此永磁体

的最佳工作点应该选在有效磁能 $W_e=\Phi_e F_e/2$ 最大的点。由图 3-16a 可知，有效磁能正比于四边形 $ABB'A'$的面积。为使四边形 $ABB'A'$的面积最大，由数学可知，永磁体最佳工作点应是 $\Phi_r K$ 的中点 A。从图可以看出

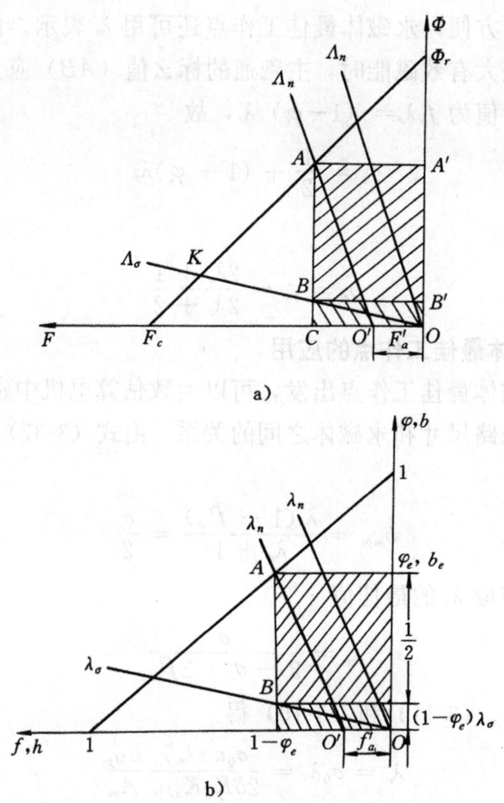

图 3-16　最大有效磁能时的永磁体工作图

$$AB=A'B'=\frac{1}{2}\Phi_r$$

而
$$\frac{AC}{AB}=\frac{\Phi_m}{\Phi_\delta}=\sigma \tag{3-36}$$

故
$$A'O=AB\frac{AC}{AB}=\frac{\sigma}{2}\Phi_r$$

则具有最大有效磁能的永磁体最佳工作点的标幺值

$$b_e = \varphi_e = \frac{\sigma}{2} \tag{3-37}$$

需要指出，式（3-37）中的 σ 是负载漏磁系数，并不是空载漏磁系数 σ_0。在开始设计时，σ 尚是未知数，且其值与 b_e 值有关。

为分析方便，永磁体最佳工作点还可用 λ_σ 表示。由图 3-16b 可知，在最大有效磁能时，主磁通的标幺值（AB）应为 1/2，漏磁通的标幺值为 $f_e\lambda_\sigma=（1-\varphi_e）\lambda_\sigma$，故

$$\varphi_e = \frac{1}{2} + (1-\varphi_e)\lambda_\sigma$$

整理得

$$b_e = \varphi_e = \frac{2\lambda_\sigma + 1}{2\lambda_\sigma + 2} \tag{3-38}$$

4.3 永磁体最佳工作点的应用

从永磁体最佳工作点出发，可以大致估算电机中永磁体最佳利用时外磁路尺寸和永磁体之间的关系。由式（3-37）和（3-29）得

$$b_{mN} = \frac{\lambda_n(1-f'_a)}{\lambda_n + 1} = \frac{\sigma}{2}$$

故设计中应取 λ_n 的最佳值

$$\lambda_n = \frac{\sigma}{2-\sigma-2f'_a} \tag{3-39}$$

由式（3-8）、（3-11）和（3-16）得

$$\lambda_n = \sigma_0\lambda_\delta = \frac{\sigma_0\alpha_i\tau L_{ef}}{2\delta K_\delta K_s\mu_r}\frac{h_{Mp}}{A_m} \tag{3-40}$$

由上两式可以看出，为了求得永磁体的最佳利用，必须正确选择永磁体尺寸、外磁路的结构和尺寸以及两者之间的配合关系。

以上分析的是理想情况，在实际应用时要受到其他因素的制约，有时就不得不偏离最佳工作点，例如：

1）当退磁曲线具有拐点时，首先要进行最大去磁工作点（b_{mh}，h_{mh}）的校核，使其高于退磁曲线（或回复线）的拐点（b_k，h_k），即

$b_{mh}>b_k$ 或 $h_{mh}<h_k$，并留有充分余地，以防止永磁体产生不可逆退磁。在保证不失磁的前提下追求尽可能大（通常不是最大）的有效磁能。

2）永磁体的最佳利用不一定导致电机的最佳设计，因为影响电机设计的因素除永磁体尺寸外，还要考虑结构、工艺和某些性能的特殊要求。因此在设计电机时首先着眼于最佳电机设计，有时只好放弃永磁体的最佳利用。一般取 $b_{mN}=0.60\sim0.85$，这需要根据对电机的具体要求，经过方案比较后确定。

5　永磁体体积的估算

设计普通电励磁电机时，通常先根据待设计电机的技术经济性能要求和设计经验选择合适的电磁负荷 A、B_δ 值，而后计算确定电机的主要尺寸。但是，永磁电机的气隙磁通密度 B_δ 是由永磁材料性能、磁路结构形式、永磁体体积和尺寸以及外磁路的材质和尺寸决定的，难以象电励磁电机那样进行选择。因此，设计永磁电机时，在选择永磁材料牌号和磁路结构形式后要先确定永磁体的体积和尺寸。而且稀土永磁的价格很贵，单位输出功率所需永磁体体积通常是衡量电机设计优劣的重要指标之一。因此，需要分析永磁体体积的确定与哪些因素有关。

下面以隐极永磁同步电机为例，运用前面介绍的磁路计算方法和概念，具体推导计算永磁体体积的公式。

永磁同步发电机的额定容量(kVA)

$$P_N = mU_NI_N \times 10^{-3} \tag{3-41}$$

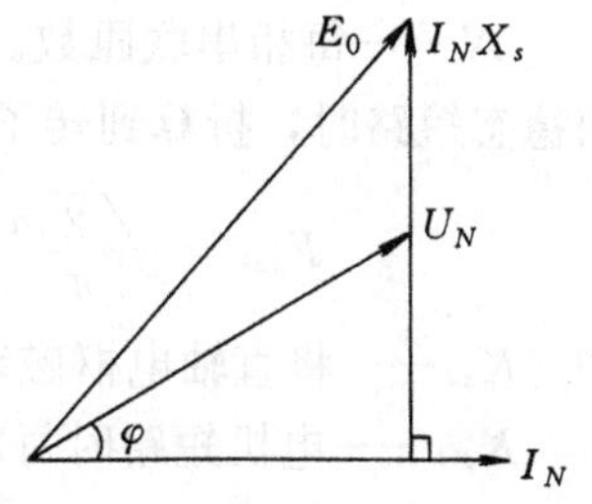

图 3-17　隐极同步发电机相量图

式中　m——相数；

U_N——发电机的额定相电压（V）；

I_N——发电机的额定相电流（A）。

为便于求得空载感应电动势 E_0（V）与 U_N 之间的关系，可近似应用隐极同步发电机的相量图（图 3-17），并假设电枢绕组电阻 $R_1=0$，得

$$E_0^2=(U_N\cos\varphi)^2+(I_NX_s+U_N\sin\varphi)^2 \tag{3-42}$$

$$I_N=\frac{\sqrt{E_0^2-U_N^2\cos^2\varphi}-U_N\sin\varphi}{X_s} \tag{3-43}$$

式中 X_s——同步电抗（Ω）。

将式（3-43）代入式（3-41），并将分子和分母都乘以 E_0，则

$$\begin{aligned}P_N&=mE_0\frac{U_N}{E_0}\frac{E_0}{X_s}\left[\sqrt{1-\left(\frac{U_N}{E_0}\right)^2\cos^2\varphi}-\frac{U_N}{E_0}\sin\varphi\right]\times10^{-3}\\&=mE_0I_kK_u\times10^{-3}\end{aligned} \tag{3-44}$$

式中 K_u——电压系数，$K_u=\frac{U_N}{E_0}\left[\sqrt{1-\left(\frac{U_N}{E_0}\right)^2\cos^2\varphi}-\frac{U_N}{E_0}\sin\varphi\right]$，它由相对电压 U_N/E_0 和功率因数 $\cos\varphi$ 的大小决定，即取决于发电机外特性的硬度；

I_k——三相稳定短路电流（A），$I_k=E_0/X_s$。

又
$$E_0=4.44fNK_{dp}\Phi_{\delta0}K_\Phi=\frac{4.44fNK_{dp}K_\Phi\Phi_{m0}}{\sigma_0} \tag{3-45}$$

式中 K_Φ——气隙磁通的波形系数；

K_{dp}——绕组因数；

N——每相串联匝数。

三相稳态短路时，折算到转子的直轴电枢磁动势（A）

$$F_{adk}=\frac{\sqrt{2}\,m}{\pi}\frac{NK_{dp}}{p}I_kK_{ad}=\frac{F_{mk}}{2K_{Fd}} \tag{3-46}$$

式中 K_{ad}——将直轴电枢磁动势折算到转子磁动势的折算系数；

K_{Fd}——电机短路时每对极的永磁体磁动势 F_{mk}(A)为直轴电枢磁动势 $2F_{adk}$的倍数，$K_{Fd}=\frac{F_{mk}}{2F_{adk}}$。

故
$$I_k=\frac{\pi}{2\sqrt{2}\,m}\frac{pF_{mk}}{NK_{dp}K_{ad}K_{Fd}} \tag{3-47}$$

从前面的分析得

$$\Phi_{m0} = b_{m0} B_r A_m \times 10^{-4} \tag{3-48}$$

$$F_{mk} = h_{mk} H_c h_{Mp} \times 10^{-2} \tag{3-49}$$

式中　h_{mk}——电机短路时永磁体工作点退磁磁场强度标幺值。

永磁体体积（cm^3）

$$V_m = p h_{Mp} A_m \tag{3-50}$$

将式(3-45)～(3-50)代入式(3-44)并加整理后得

$$V_m = 51 \frac{P_N \sigma_0 K_{ad} K_{Fd}}{f K_u K_\Phi C (BH)_{max}} \times 10^6 \tag{3-51}$$

式中　C——永磁体磁能利用系数，

$$C = b_{m0} h_{mk} \tag{3-52}$$

从式（3-51）可以看出：

1）永磁体体积与永磁材料的最大磁能积和磁能利用系数有关，最大磁能积越大，体积越小；磁能利用系数越大，体积越小，利用情况最好。必须指出的是，磁能利用系数 C 是电机空载时磁感应强度标幺值 b_{m0} 与电机短路时退磁磁场强度标幺值 h_{mk} 的乘积，并不是同一工作点的二者乘积。设计时需要根据电机性能的要求，从电机最佳设计出发选择合适的 C 值。一般 $b_{m0} \approx 0.60 \sim 0.85$，$h_{mk} = 0.6 \sim 0.7$。

2）永磁体体积与电压系数 K_u 成反比，即永磁发电机的外特性越硬，所需的永磁体体积越大。因此对永磁同步发电机外特性的要求应该适当，要求过严将大大增加永磁体用量。

3）永磁体体积与漏磁系数成正比，为了减少永磁体用量，应尽可能减少漏磁。

系数 σ_0、K_{ad}、K_{Fd}、K_u 和 K_Φ 均在一定范围内，变化不大。设计时可根据给定的额定容量 P_N 和频率 f，根据选用永磁材料的最大磁能积（BH）$_{max}$ 和预计磁能利用系数 C，就可以估算出所需永磁体的体积。在实际选用时，尚需留出适当的余量，一般可加大 20%左右。

永磁体的长细比 h_{Mp}/A_m 选择也非常重要，从式（3-40）可以看出，它的选择与外磁路尺寸的配合关系将影响合成磁导标幺值

λ_n，影响永磁体工作点的位置，即决定永磁体磁能的利用程度。同时，永磁体的尺寸受转子等其他结构尺寸的制约，它影响极弧系数的大小，也就影响转子漏磁情况。设计时要综合考虑多方面的因素，进行分析比较后确定。

第4章 永磁电机电磁场数值计算

第3章阐述的是永磁电机等效磁路的计算方法，计算中的许多系数需利用电磁场计算和实验得出。由于永磁电机的磁路结构多种多样，而且继续有所创新，当进行新结构电机设计计算时，为了提高计算的准确程度，需要直接进行电磁场数值计算和分析。而且，永磁电机中一些特殊的电磁过程和一些专门问题如永磁电机磁极结构形状与尺寸的优化、永磁体的局部失磁问题和永磁同步电动机的起动过程等，也需要运用电磁场数值计算才能进行定量分析。不仅如此，随着计算机技术的迅猛发展，目前正逐步形成以电磁场数值计算为基础的永磁电机设计方法。

电机电磁场数值计算方法已有专门著作介绍。但是，永磁电机结构复杂多样，媒质交界面曲直交错，永磁材料的磁特性为各向异性，这些特点使永磁电机电磁场计算与普通电机有较大的差别。

电机电磁场数值分析主要采用有限元法、边界元法和有限差分法。其中，最有效、因而目前应用最广泛的是有限元法。与其他方法相比，有限元法具有以下突出优点：

1）系数矩阵对称、正定且具有稀疏性，因而目前普遍采用不完全乔累斯基分解共轭梯度法（ICCG 法）结合非零元素压缩存贮解有限元方程，可节约大量的计算机内存和 CPU 时间。

2）处理第二类边界条件和内部媒质交界条件非常方便，对于第二类齐次边界条件和不具有面电流密度的媒质交界条件可不作任何处理。对于由多种材料组成、内部具有较多媒质分界面的电机电磁场来说，有限元法非常适用。

3）几何剖分灵活，适于解决电机这类几何形状复杂的问题。

4）可较好地处理非线性问题。

5）方法的各个环节统一，程序易于实现标准化。随着前、后处理技术的发展，已逐步形成了一些功能齐全、便于操作的通用或专用软件。

本章主要阐述用有限元法计算永磁电机磁场的基本内容。为了便于部分读者阅读，下面首先对电磁场有限元法的基本原理进行简单回顾。

1　电磁场有限元法基本原理

1.1　条件变分问题及其离散化

1.1.1　边界条件

电磁场的分析和计算通常归结为求微分方程的解。对于常微分方程，只要由辅助条件决定任意常数之后，其解就是唯一的。对于偏微分方程，使其解成为唯一的辅助条件可分为两种：一种是表达场的边界所处的物理情况，称为边界条件；另一种是确定场的初始状态，称为初始条件。边界条件和初始条件合称为定解条件。未附加定解条件的描写普遍规律的微分方程称为泛定方程。泛定方程是解问题的依据，但不能确定具体的物理过程，它的解有无限多个。泛定方程和定解条件作为一个整体，称为定解问题。能得到唯一而稳定的解，定解问题才称为适定的。目前，电机电磁场问题主要研究的是没有初始条件而只有边界条件的定解问题——边值问题。

边界条件通常有三种情况：

1）边界上的物理条件规定了物理量 u 在边界 Γ 上的值

$$u|_{\Gamma} = f_1(\Gamma) \tag{4-1}$$

这称为第一类边界条件。当物理量在边界上的值为零时，称为第一类齐次边界条件。

2）边界上的物理条件规定了物理量 u 的法向微商在边界上的值

$$\left.\frac{\partial u}{\partial n}\right|_{\Gamma} = f_2(\Gamma) \tag{4-2}$$

这称为第二类边界条件。当 u 的法向微商为零时，称为第二类齐次边界条件。

3）边界上的物理条件规定了物理量 u 及其法向微商在边界上的某一线性关系

$$\left(\eta u + \beta \frac{\partial u}{\partial n}\right)\bigg|_{\Gamma} = f_3(\Gamma) \tag{4-3}$$

式中 η、β—常数，称为第三类边界条件。

研究磁场问题时，一般用第一类和第二类边界条件。并且，这两种边界条件的划分与求解函数的选择有关。

1.1.2 边值问题和条件变分问题

电磁场的经典描述是麦克斯韦方程组，电机电磁场分析一般采用位函数表示，位函数比场量本身更容易建立边界条件。位函数包括磁矢位 $\boldsymbol{A}$ 和磁标位 ϕ，由于使用磁矢位可以很方便地绘出磁力线分布并求出磁通，目前二维电磁场计算大都采用磁矢位。

电机电磁场一般不考虑位移电流的影响，属于似稳场。电机中分析得最多的是垂直于电机轴的平行平面场，这时电流密度和磁矢位只有 z 轴方向的分量。对于稳态情况，平面场域 Ω 上的电磁场问题可表示成边值问题为

$$\begin{cases} \Omega: \dfrac{\partial}{\partial x}\left(\nu \dfrac{\partial A}{\partial x}\right) + \dfrac{\partial}{\partial y}\left(\nu \dfrac{\partial A}{\partial y}\right) = -J_z \\ \Gamma_1: A = A_0 \\ \Gamma_2: \nu \dfrac{\partial A}{\partial n} = -H_t \end{cases} \tag{4-4}$$

式中 ν——磁阻率，$\nu=1/\mu$，μ 为磁导率；

A——磁矢位，因为 $\boldsymbol{A}$ 只有 z 轴分量，故可写成标量形式；

J_z——源电流密度；

H_t——磁场强度的切向分量；

Γ_1——第一类边界；

Γ_2——第二类边界。

这时磁力线全部在 xy 平面内，磁场只有 x 轴和 y 轴方向的分量，

它们的表达式分别为

$$B_x = \frac{\partial A}{\partial y} \qquad B_y = -\frac{\partial A}{\partial x} \tag{4-5}$$

在确定边界条件时，还常常用到边界上切线方向的磁密 B_t 和法线方向的磁密 B_n，一般规定切线 t 的正方向为由外法线 n 的正方向逆时针转过 90°，此时

$$B_n = \frac{\partial A}{\partial t} \qquad B_t = -\frac{\partial A}{\partial n} \tag{4-6}$$

式（4-4）等价为以下条件变分问题

$$\begin{cases} W(A) = \iint_{\Omega}\left(\int_0^B \nu B\mathrm{d}B - J_z A\right)\mathrm{d}x\mathrm{d}y - \int_{\Gamma_2}(-H_t)A\mathrm{d}l = \min \\ \Gamma_1: A = A_0 \end{cases} \tag{4-7}$$

式中 $B=\sqrt{\left(\frac{\partial A}{\partial x}\right)^2+\left(\frac{\partial A}{\partial y}\right)^2}$

1.1.3 剖分插值

条件变分问题式（4-7）可离散为代数方程组。首先将计算区域剖分为有限多个小单元，有限单元的种类很多，其中以图 4-1 所示的一阶线性三角形单元最为普遍。然后，对单元构造插值函数

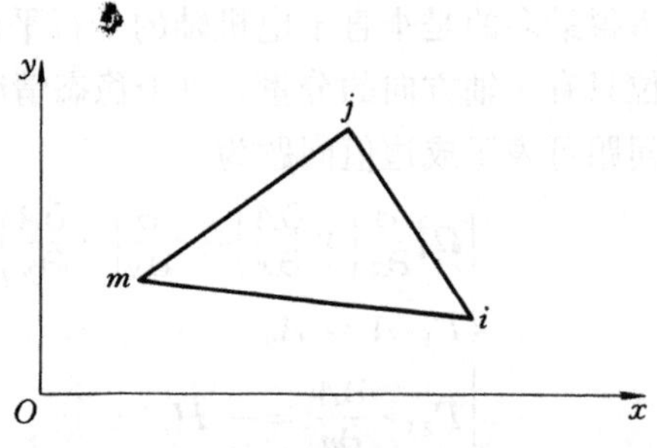

图 4-1 三角形单元示意图

$$A = N_i A_i + N_j A_j + N_m A_m \tag{4-8}$$

对于图 4-1 所示的三角形单元，通常要求单元的三节点 i、j、m 按逆时针方向编号。此时

$$N_h = \frac{1}{2\Delta}(a_h + b_h x + c_h y) \qquad (h = i, j, m) \tag{4-9}$$

式中

$$\begin{cases} a_i = x_j y_m - x_m y_j & a_j = x_m y_i - x_i y_m & a_m = x_i y_j - x_j y_i \\ b_i = y_j - y_m & b_j = y_m - y_i & b_m = y_i - y_j \\ c_i = x_m - x_j & c_j = x_i - x_m & c_m = x_j - x_i \end{cases} \tag{4-10}$$

Δ——三角形单元的面积，

$$\Delta = \frac{1}{2}\begin{vmatrix} 1 & x_i & y_i \\ 1 & x_j & y_j \\ 1 & x_m & y_m \end{vmatrix} = \frac{1}{2}(b_i c_j - b_j c_i) \tag{4-11}$$

由于Δ、a_h、b_h、c_h都是仅与三角形三节点坐标有关的函数，故称N_h为形状函数。将A对x和y分别求一阶偏导数，可得

$$\begin{cases} \dfrac{\partial A}{\partial x} = \dfrac{1}{2\Delta}(b_i A_i + b_j A_j + b_m A_m) \\ \dfrac{\partial A}{\partial y} = \dfrac{1}{2\Delta}(c_i A_i + c_j A_j + c_m A_m) \end{cases} \tag{4-12}$$

式中　A_i、A_j、A_m——三角形单元三节点的磁矢位。

可见，一阶线性三角形单元中的磁通密度B为常数，当然，另外一个单元中B是另一个常数。这就是说，一阶三角形单元离散使得场量不连续。为减少这种误差，需要采用较密的离散网格，或者采用高阶插值单元。

1.1.4　条件变分问题离散化

将插值函数及其对x、y的一阶偏导数代入能量泛函中，变分问题转化为能量函数W求极值，从而得到节点函数的代数方程组。

对一个单元分析的结果，写成矩阵形式为

$$\begin{bmatrix} \dfrac{\partial W}{\partial A_i} \\ \dfrac{\partial W}{\partial A_j} \\ \dfrac{\partial W}{\partial A_m} \end{bmatrix} = \begin{bmatrix} k_{ii} & k_{ij} & k_{im} \\ k_{ji} & k_{jj} & k_{jm} \\ k_{mi} & k_{mj} & k_{mm} \end{bmatrix} \begin{bmatrix} A_i \\ A_j \\ A_m \end{bmatrix} - \begin{bmatrix} p_i \\ p_j \\ p_m \end{bmatrix} \tag{4-13}$$

式中

$$\begin{cases} k_{ii} = \dfrac{\nu}{4\Delta}(b_i^2 + c_i^2) \\ k_{jj} = \dfrac{\nu}{4\Delta}(b_j^2 + c_j^2) \\ k_{nm} = \dfrac{\nu}{4\Delta}(b_m^2 + c_m^2) \\ k_{ij} = k_{ji} = \dfrac{\nu}{4\Delta}(b_i b_j + c_i c_j) \\ k_{jm} = k_{mj} = \dfrac{\nu}{4\Delta}(b_j b_m + c_j c_m) \\ k_{mi} = k_{im} = \dfrac{\nu}{4\Delta}(b_m b_i + c_m c_i) \end{cases} \tag{4-14}$$

$$p_h = \frac{J_z \Delta}{3} \qquad (h = i, j, m) \tag{4-15}$$

将整个计算域上各单元的能量函数对同一节点磁位的一价偏导数加在一起，并根据极值原理令其和为零，得线性代数方程组为

$$\begin{bmatrix} k_{11} & k_{12} & \cdots & k_{1n} \\ k_{21} & k_{22} & \cdots & k_{2n} \\ \vdots & \vdots & \vdots & \vdots \\ k_{n1} & k_{n2} & \cdots & k_{nn} \end{bmatrix} \begin{bmatrix} A_1 \\ A_2 \\ \vdots \\ A_n \end{bmatrix} = \begin{bmatrix} p_1 \\ p_2 \\ \vdots \\ p_n \end{bmatrix} \tag{4-16}$$

式中　n——求解域上节点总数。

考虑边界条件，方程组需作修改。第二类齐次边界条件及不同媒质分界面上的交界条件，在变分问题中自然得到满足。若三角形单元的节点 j 和 m 落在第二类边界上，则单元分析中右端项应修改为

$$\begin{cases} p_i = \dfrac{J_z \Delta}{3} \\ p_i = \dfrac{J_z \Delta}{3} - \dfrac{H_t l_i}{2} \\ p_m = \dfrac{J_z \Delta}{3} - \dfrac{H_t l_i}{2} \end{cases} \tag{4-17}$$

式中　l_i——三角形单元中落在第二类边界上的边 jm 的长度，即 $l_i=jm$。如为齐次边界条件，式（4-16）右端向量不变。

第一类边界条件又称为强加边界条件，设在 n 个总节点中有一个第一类边界点，边界上节点的磁位值已知，其编号为 t，那么，方程组中应减去已知磁位的方程，同时将其他方程修改为

$$\begin{bmatrix} k_{11} & k_{12} & \cdots & 0 & \cdots & k_{1n} \\ k_{21} & k_{22} & \cdots & 0 & \cdots & k_{2n} \\ \vdots & \vdots & & \vdots & & \vdots \\ 0 & 0 & \cdots & 1 & \cdots & 0 \\ \vdots & \vdots & & \vdots & & \vdots \\ k_{n1} & k_{n2} & \cdots & 0 & \cdots & k_{nn} \end{bmatrix} \begin{bmatrix} A_1 \\ A_2 \\ \vdots \\ A_t \\ \vdots \\ A_n \end{bmatrix} = \begin{bmatrix} p_1 - k_{1t}A_t \\ p_2 - k_{2t}A_t \\ \vdots \\ A_t \\ \vdots \\ p_n - k_{nt}A_t \end{bmatrix} \tag{4-18}$$

当有多个第一类边界点时，可以对各个边界点用以上方法逐个处理。

1.1.5　非线性问题的求解

有限元方程的系数矩阵是对称、正定的且具有稀疏性，通常用 ICCG 法结合非零元素压缩存贮求解。

对于非线性问题，由于系数矩阵中磁阻率 ν 是变量，得到的是一个非线性方程组，通常用牛顿-拉斐森迭代法求解。具体过程如下：

设条件变分问题式(4-7)对应的非线性有限元离散化方程组

$$[k]\{A\} = \{p\} \tag{4-19}$$

令 $\{f(A)\}=[k]\{A\}$，将其按泰勒级数展开，并略去高次项，得到原非线性方程组的牛顿-拉斐森迭代格式

$$[J]^k\{\Delta A\} = \{\Delta p\} \tag{4-20}$$

式中　$\{\Delta A\}$——两次迭代节点磁位差，$\{\Delta A\}=\{A\}^{k+1}-\{A\}^k$；

$\{\Delta p\}$——剩余向量，$\{\Delta p\}=\{p\}-\{f(A)\}$；

$[J]^k$——第 k 次迭代的雅可宾矩阵，同有限元方程的系数矩阵一样，总体雅可宾矩阵是单元雅可宾矩阵的叠加，其单元计算公式为

$$[J]_e=\begin{bmatrix}\dfrac{\partial f_i}{\partial A_i} & \dfrac{\partial f_i}{\partial A_j} & \dfrac{\partial f_i}{\partial A_m}\\ \dfrac{\partial f_j}{\partial A_i} & \dfrac{\partial f_j}{\partial A_j} & \dfrac{\partial f_j}{\partial A_m}\\ \dfrac{\partial f_m}{\partial A_i} & \dfrac{\partial f_m}{\partial A_j} & \dfrac{\partial f_m}{\partial A_m}\end{bmatrix} \tag{4-21}$$

$$\{\Delta p\}_e=\begin{bmatrix}p_i-f_i\\ p_j-f_j\\ p_m-f_m\end{bmatrix} \tag{4-22}$$

式中

$$\begin{cases}f_i=k_{ii}A_i+k_{ij}A_j+k_{im}A_m\\ f_j=k_{ji}A_i+k_{jj}A_j+k_{jm}A_m\\ f_m=k_{mi}A_i+k_{mj}A_j+k_{mm}A_m\end{cases} \tag{4-23}$$

$$\begin{cases}\dfrac{\partial f_t}{\partial A_t}=k_{tt}+\dfrac{f_t^2}{\nu^2 B\Delta}\dfrac{\partial\nu}{\partial B} & (t=i,j,m)\\ \dfrac{\partial f_h}{\partial A_t}=k_{ht}+\dfrac{f_t f_h}{\nu^2 B\Delta}\dfrac{\partial\nu}{\partial B} & (h,t=i,j,m;\text{且 } h\neq t)\end{cases} \tag{4-24}$$

可见，线性媒质时的系数矩阵［k］就是雅可宾矩阵［J］。对于非线性问题，只要根据所用材料的磁化曲线得到 $\partial\nu/\partial B$，就可以求得雅可宾矩阵。

在有限元法中，通常采用线性插值法和抛物线插值法对磁化曲线进行数学处理。将磁化曲线表示为 $H=f(B)$，取 n 个插值节点 B_i 和对应函数值 H_i（$i=1，2，\cdots，n$）。

采用线性插值法时，设最靠近插值点 B 的两个插值节点的编号分别为 k 和 $k+1$，那么插值函数为

$$H=H_k+\frac{(B-B_k)}{(B_{k+1}-B_k)}(H_{k+1}-H_k) \tag{4-25}$$

k 的决定办法是，在 i 从 1 到 $n-1$ 的范围内，当 $B_i\leqslant B\leqslant B_{i+1}$ 时，取 $k=i$；当 $B\geqslant B_n$ 时，取 $k=n-1$。则

$$\frac{\partial\nu}{\partial B}=\frac{\partial}{\partial B}\left(\frac{H}{B}\right)=\frac{B_kH_{k+1}-B_{k+1}H_k}{B^2(B_{k+1}-B_k)} \tag{4-26}$$

采用抛物线插值法时，设最靠近插值点 B 的三个插值节点的编号分别为 k、$k+1$ 和 $k+2$，那么插值函数为

$$H=\frac{(B-B_{k+1})(B-B_{k+2})}{(B_k-B_{k+1})(B_k-B_{k+2})}H_k+\frac{(B-B_{k+2})(B-B_k)}{(B_{k+1}-B_{k+2})(B_{k+1}-B_k)}H_{k+1}+\frac{(B-B_k)(B-B_{k+1})}{(B_{k+2}-B_k)(B_{k+2}-B_{k+1})}H_{k+2} \tag{4-27}$$

k 的决定办法是：在 i 从 1 到 $n-2$ 的范围内，当 $B_i\leqslant B<B_{i+1}$时，取 $k=i$；当 $B\geqslant B_{n+1}$时，取 $k=n-2$。则

$$\frac{\partial\nu}{\partial B}=\frac{\partial}{\partial B}\left(\frac{H}{B}\right)=\frac{(B^2-B_{k+1}B_{k+2})}{B^2(B_k-B_{k+1})(B_k-B_{k+2})}H_k+\frac{(B^2-B_{k+2}B_k)}{B^2(B_{k+1}-B_{k+2})(B_{k+1}-B_k)}H_{k+1}+\frac{(B^2-B_kB_{k+1})}{B^2(B_{k+2}-B_k)(B_{k+2}-B_{k+1})}H_{k+2} \tag{4-28}$$

在形成$[J]$和$\{\Delta p\}$之后，式(4-20)就可以求解了。经过适当次数的迭代后，其右端项接近于零，从而使解趋于收敛。解得节点磁位值以后，可通过后处理求得所需场量。

1.1.6 磁矢位的应用

磁矢位不仅是一个过渡函数，而且还有其他实用意义。现列举几种 A 的应用如下：

1. 计算磁通 Φ 根据斯托克斯定理可得

$$\Phi=\int_a \boldsymbol{B}\cdot \mathrm{d}\boldsymbol{a}=\int_a \mathrm{rot}\boldsymbol{A}\cdot \mathrm{d}\boldsymbol{a}=\oint_\Gamma \boldsymbol{A}\cdot \mathrm{d}\boldsymbol{l} \tag{4-29}$$

这就是说，通过曲面 a 的磁通等于磁矢位沿这个面的边界线的闭合线积分。这常常比用磁密 $\boldsymbol{B}$ 计算容易得多。对于平行平面场，两点间磁矢位差的绝对值就是在 z 轴单位长度范围内两点之间的磁通量。

2. 计算感应电动势　感应电动势

$$e=-\frac{\partial \Phi}{\partial t}=-\frac{\partial}{\partial t}\oint_{\Gamma} \boldsymbol{A}\cdot \mathrm{d}\boldsymbol{l}=-\oint_{\Gamma}\frac{\partial \boldsymbol{A}}{\partial t}\cdot \mathrm{d}\boldsymbol{l} \tag{4-30}$$

由于$-\partial \boldsymbol{A}/\partial t$代表由磁场交变引起的感应电场强度，所以它的线积分代表感应电动势。这实质上就是麦克斯韦第二方程的积分形式。

3. 画二维磁场　二维磁场的$\boldsymbol{B}$只有两个分量，比如说B_x和B_y，而$\boldsymbol{A}$只有一个分量A_z，简写为A。在二维场中，磁力线就是等A线，说明如下。在平面场中磁力线的方程是

$$\boldsymbol{B}\times \mathrm{d}\boldsymbol{l}=0$$

$$\boldsymbol{B}=B_x\boldsymbol{i}+B_y\boldsymbol{j}=\frac{\partial A}{\partial y}\boldsymbol{i}-\frac{\partial A}{\partial x}\boldsymbol{j}$$

$$\mathrm{d}\boldsymbol{l}=\mathrm{d}x\boldsymbol{i}+\mathrm{d}y\boldsymbol{j}$$

所以

$$\boldsymbol{B}\times \mathrm{d}\boldsymbol{l}=\left(\frac{\partial A}{\partial y}\boldsymbol{i}-\frac{\partial A}{\partial x}\boldsymbol{j}\right)\times(\mathrm{d}x\boldsymbol{i}+\mathrm{d}y\boldsymbol{j})=$$

$$\left(\frac{\partial A}{\partial y}\mathrm{d}y+\frac{\partial A}{\partial x}\mathrm{d}x\right)\boldsymbol{k}=0 \tag{4-31}$$

而等A线就是A=常数的轨迹，它的全微分是

$$\mathrm{d}A=\left(\frac{\partial A}{\partial x}\mathrm{d}x+\frac{\partial A}{\partial y}\mathrm{d}y\right)=0 \tag{4-32}$$

这与磁力线方程完全相同，说明了等A线就是磁力线。

1.2　边界条件的确定

应用有限元法求解电机电磁场时，应尽量缩小求解区域范围，一般可取电机外侧表面作为边界面，当然这是一个强加的边界面。由于铁磁物质的磁导率远远大于空气磁导率，这种近似在工程上是合理的。一般情况下认为磁力线沿电机外侧表面闭合，这条边界属于第一类齐次边界。很多情况下电机轴的外表面也被取为第一类齐次边界。以永磁直流电机为例，其求解区域如图 4-2 所示，边界条件为

$$A|_{BFD}=A|_{AEC}=0$$

如果定子铁心十分饱和需考虑外部漏磁，或者定子永磁磁极为切向结构时，这条人工边界应适当向外扩充。外移扩充范围没有十分严格的界限，因为这部分磁场很弱，衰减也很快。

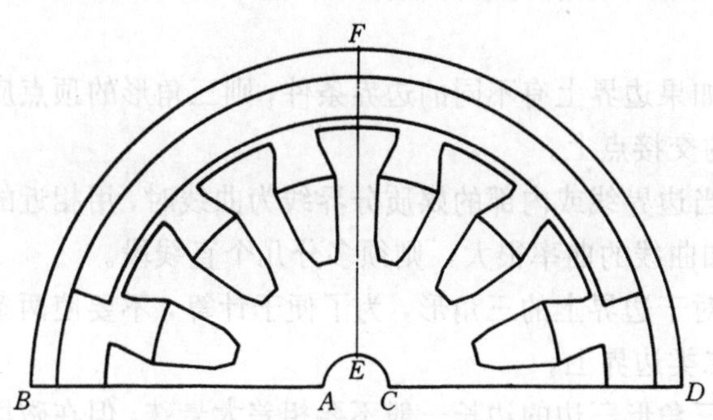

图 4-2　永磁直流电机求解区域

由于电机结构的对称性，旋转电机磁场沿周向是周期变化的，具有周期性条件，这使计算时可以只计算电磁场的一部分。一般可取电机的一个极距范围作求解区域，此时在两条径向线上满足半周期边界条件，即

$$A|_{AB} = -A|_{CD}$$

当然，如果只分析电机的空载磁场时，可以取半个极距为求解区，此时在磁极中心线 EF 上满足第一类齐次边界条件

$$A|_{EF} = 0$$

而在电机的相邻两极之间的中性线上，磁力线都是垂直穿过，磁位沿极间几何中性线法线方向的变化率为零，即满足第二类齐次边界条件

$$\frac{\partial A}{\partial n}\Big|_{AB} = 0$$

1.3　网格剖分与运动问题的处理

网格剖分是有限元法求解的基础，离散网格的质量决定有限元计算的精度。一般来说，高质量的离散网格不仅要求有足够多的节点数，同时还必须保证单元的疏密配置合理。有限元区域剖

分应遵循下列原则：

1）任一三角形的顶点必须同时是其相邻三角形的顶点，而不是相邻三角形边上的点。

2）如果区域内媒质有间断，则三角形的边应落在媒质间的分界线上。

3）如果边界上有不同的边界条件，则三角形的顶点应落在不同边界的交接点上。

4）当边界线或内部的媒质分界线为曲线时，用相近的直线段代替；如曲线的曲率很大，则须多分几个直线段。

5）对于边界上的三角形，为了便于计算，不要使两条边同时落在第二类边界上。

6）三角形三边的边长一般不要相差太悬殊，但在磁场变化较小的方向上，三角形可相对长一些。

7）为了保证计算精度，并适当节约计算的工作量，在事先估计磁场较强或磁场变化较大的地方，三角形要取得小一些，其他地方则可以适当地取得大一些。为使三角形的三边边长不致相差过大，三角形由小到大必须逐步过渡。

区域剖分后，将所有单元和节点按一定的顺序编号。编号的次序可以是任意的，不会影响计算结果。

永磁电机结构较复杂，因而其剖分也较复杂。但齿槽结构具有重复性，可以仅对一个齿槽进行分析，然后通过旋转、映射得到求解区域内其他齿槽部分的网格；对一个具体电机问题进行剖分时，可将定、转子部分分别离散，再经过径向拼接得到整个求解域的网格。这样处理可降低永磁电机网格剖分的复杂度。

用有限元法计算旋转电机的电磁场，需要计及电机定、转子之间的相对运动。对电机定、转子相对运动的处理有许多方法，如边界积分法、耦合单元法、预存贮剖分法、运动边界法和气隙单元法等。其中，用运动边界法处理电机定、转子相对运动，不会改变有限元方程的稀疏性，而且程序易于实现，是一种方便而行之有效的处理方法。

运动边界法的实质是在静止的定子部分采用静止坐标系，在转动的转子部分采用旋转坐标系，分别列出方程，利用运动边界将静止部分和转动部分连接起来，以得到整个场域的解。实施技巧如下：

在定、转子间的气隙中设置一条运动边界，在每个时间步转子转动后，定子和转子部分的有限元网格保持不变，仅需对运动边界作特殊处理。在定子和转子运动边界上分别编号(重合处是双重编号)，并将运动边界上的节点设置为等距离，如图 4-3 所示，定、转子运动边界上的节点数相等，令节点数为 N_{rs}。

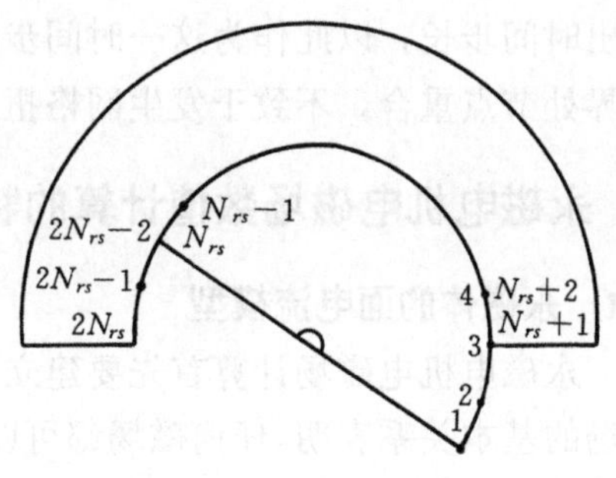

图 4-3 运动边界的设置

选择适当的转动步长，使每个转动步长运动边界移过整数个节点。根据运动边界上节点的具体情况，自动用约束条件（包括整周期和半周期边界条件）进行处理。在转子旋转角 0°<θ<360°时，运动边界分布如图 4-4 所示，此时

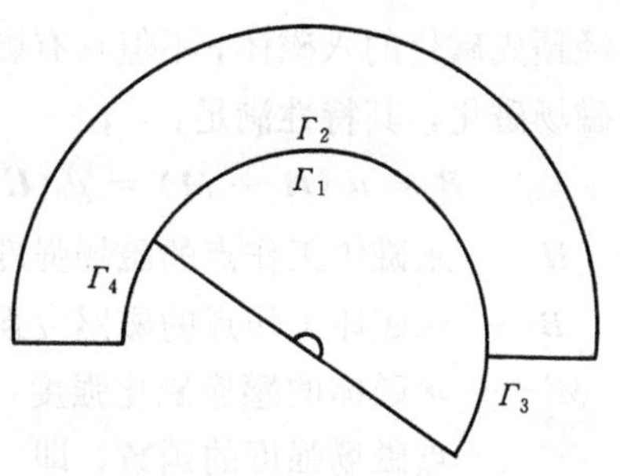

图 4-4 0°<θ<360°时运动边界分布

$$\begin{cases} A|_{\Gamma_1} = A|_{\Gamma_2} \\ A|_{\Gamma_3} = -A|_{\Gamma_4} \end{cases} \tag{4-33}$$

当 $\theta=360°$时，正好转过一个周期；当 $\theta>360°$时，将重复前面的讨论情况。

对转速恒定问题，选择一定的时间步长，使转子转动的每一

步都在运动边界上转过整数个节点。对于电机转速变化的问题，转子边的运动边界节点可能与定子边运动边界节点不重合，这时应对步长进行调整。具体做法是根据给定的时间步长，求出旋转角位置 θ；然后修正 θ 角，使其角度正好包含整数个节点；最后再反求出时间步长，以此作为这一时间步的步长。从而保证定、转子交界处节点重合，不致于发生网格扭斜。

2　永磁电机电磁场数值计算的特点

2.1　永磁体的面电流模型

永磁电机电磁场计算首先要建立永磁体的数学模型。电流与磁场的基本关系表明，任何磁场都可以认为是由分布电流产生的。永磁体有两种电流模拟方法：1）在永磁体区域内充满电流的模拟——体电流模拟；2）仅在永磁体边界上存在电流的模拟——面电流模拟。

经预先磁化的永磁体，不但具有剩余磁化强度 $\boldsymbol{M}_r$，而且还能被外磁场磁化，其特性满足：

$$\boldsymbol{B} = \mu_0(\boldsymbol{H} + \boldsymbol{M}) = \mu_0(\boldsymbol{H} + \boldsymbol{M}_r + \boldsymbol{M}') \tag{4-34}$$

式中　$\boldsymbol{H}$——永磁体工作点的磁场强度；

$\boldsymbol{B}$——永磁体工作点的磁感应强度；

$\boldsymbol{M}'$——永磁体的感应磁化强度，一般情况下是永磁体工作点磁场强度的函数，即

$$\boldsymbol{M}' = \chi\boldsymbol{H} \tag{4-35}$$

式中　χ——永磁体的磁化系数，它与相对回复磁导率 μ_r 之间存在固定关系，$\mu_r=1+\chi$。将式（4-35）代入式（4-34）得

$$\boldsymbol{B} = \mu_r\mu_0\boldsymbol{H} + \mu_0\boldsymbol{M}_r \tag{4-36}$$

上式既适用于各向同性材料，又适用于各向异性材料。区别在于：对于前者，μ_r 是一标量；对于后者，μ_r 是一矢量。对上式两边取旋度，并考虑永磁体内无宏观电流，则有

$$\mathrm{rot}\left(\frac{\boldsymbol{B}}{\mu_r\mu_0}\right)=\mathrm{rot}\left(\frac{\boldsymbol{M}_r}{\mu_r}\right) \tag{4-37}$$

上式右端具有电流密度的量纲，它体现了永磁体的励磁作用，可用体电流密度 $\boldsymbol{J}_p$ 来表示，即

$$\boldsymbol{J}_p=\mathrm{rot}\left(\frac{\boldsymbol{M}_r}{\mu_r}\right) \tag{4-38}$$

在二维场中，$\boldsymbol{J}_p$ 只有 z 轴分量。

用体电流模拟永磁体，可以考虑永磁体各向异性的磁特性，可全面考虑整个磁场对永磁体磁状态的影响和永磁体本身的磁特性，这与实际情况比较接近。但是，这种模型磁导率和体电流需在求解过程中逐步迭代确定，求解过程比较复杂，而且收敛的稳定性较差。

如果永磁体被均匀磁化，磁体内部各点上的 $\boldsymbol{M}_r$ 的大小及方向都相同，永磁体内的等效体电流密度为零，而在平行于 $\boldsymbol{M}_r$ 的永磁体侧面上，存在一层等效面电流，如图 4-5 所示。这是由于永磁体与其以外区域的交界面上，$\boldsymbol{M}_r$ 出现不连续，$\boldsymbol{M}_r$ 的旋度不再为零。等效面电流可用面电流密度 $\boldsymbol{J}_s$ 来表示

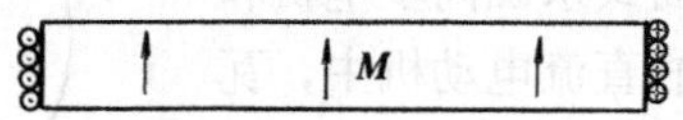

图 4-5　永磁体的面电流模型

$$\boldsymbol{J}_s=\frac{\boldsymbol{M}_r\times\boldsymbol{n}}{\mu_r} \tag{4-39}$$

式中　$\boldsymbol{n}$——永磁体侧面外法向单位向量。

用磁矢位描述场时，在模拟永磁体的等效面电流层与其他媒质的交界线上，满足以下交界条件：

$$\left(\nu_1\frac{\partial A}{\partial n}\right)\Big|_{l^-}-\left(\nu_2\frac{\partial A}{\partial n}\right)\Big|_{l^+}=J_s \tag{4-40}$$

其中，l 为永磁材料的等效面电流层与其他材料的交界。内部交界条件的处理，与普通的第二类边界条件处理有所不同。第二类边界条件仅与内侧单元有关，而内部交界条件与两侧单元有关。通常有限元离散过程是按单元顺序完成的，但在内部交界面上一

侧的单元作用无法形成右端项，要由两侧单元才能确定。因此，要按下列方式处理内部交界条件。如图 4-6 所示，与交界面有关的项为

$$W_e^- = \int_l \left(\nu_1 \frac{\partial A}{\partial n} \right) A \mathrm{d}l$$

$$W_e^+ = \int_l (- \nu_2 \frac{\partial A}{\partial n}) A \mathrm{d}l$$

$$W_e = W_e^- + W_e^+ = \int_l \left[(\nu_1 \frac{\partial A}{\partial n}) - (\nu_2 \frac{\partial A}{\partial n}) \right] A \mathrm{d}l = \int_l J_s A \mathrm{d}l \tag{4-41}$$

2.2 永磁体平行充磁和径向充磁的模拟

在永磁直流电机、表面式永磁同步电机和无刷直流电动机中，瓦片形磁极应用最广，瓦片形磁极有平行充磁和径向充磁两种，如图 4-7 所示。平行充磁时磁化方向平行于瓦片形磁体的中心线，沿磁体表面 AB 与 CD 的电流层方向相反，其大小为

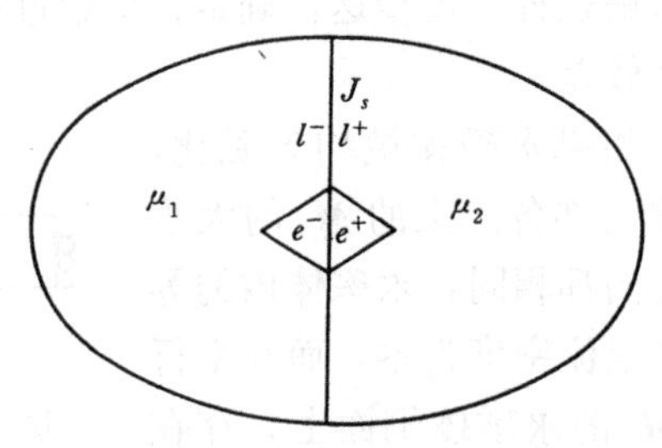

图 4-6　交界条件的处理

$$J_{SR} = J_s \cos \frac{\alpha}{2} \tag{4-42}$$

式中　α——瓦片形磁体的机械夹角；

J_s——式（4-39）中等效面电流密度之值。

沿 BC 和 AD 边的磁化强度矢量 $\boldsymbol{M}$ 和单位法向矢量 $\boldsymbol{n}$ 是连续变化的，其变化的电流层可用下式表示

$$J_{SC} = J_s \sin\theta \tag{4-43}$$

式中　θ——BC 和 AD 边上某点处 $\boldsymbol{M}$ 沿逆时针转向 $\boldsymbol{n}$ 所构成的夹角。

径向充磁时瓦片形磁极各点的磁化强度矢量 $\boldsymbol{M}$ 均为径向，沿

BC 和 AD 边的电流层为

$$\boldsymbol{J}_{SC} = \boldsymbol{M} \times \boldsymbol{n} = 0 \tag{4-44}$$

在 AB 和 CD 边上，$\boldsymbol{M}$ 与 $\boldsymbol{n}$ 的夹角与 α 无关，恒为 90°，其电流层为

$$J_{SR} = J_s \tag{4-45}$$

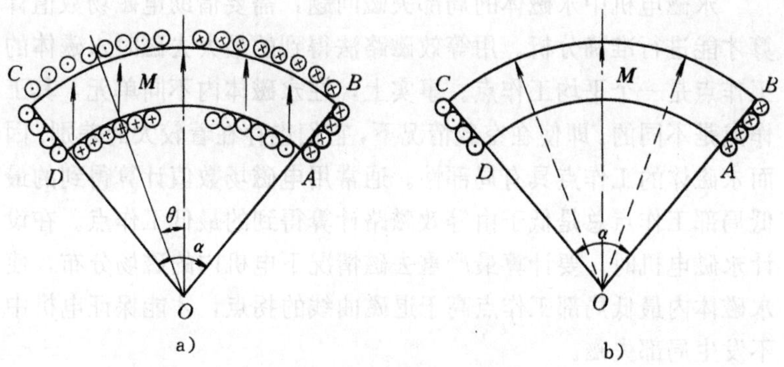

图 4-7　平行充磁和径向充磁

a）平行充磁　b）径向充磁

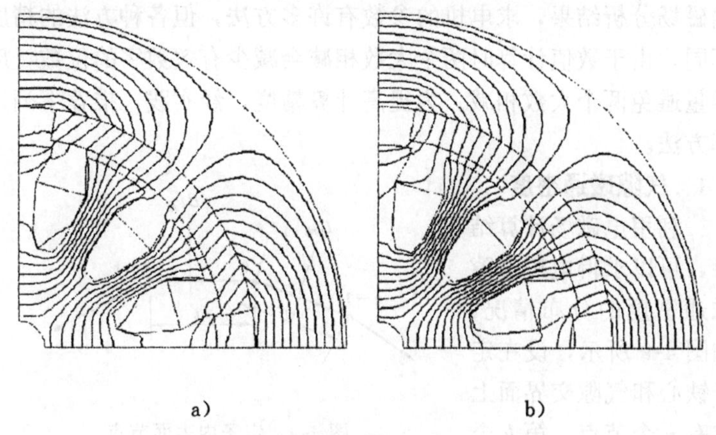

图 4-8　平行充磁和径向充磁时磁场分布

a）平行充磁　b）径向充磁

图 4-8a、b 分别为一永磁直流电机平行充磁和径向充磁时磁场分布。通过计算发现，对于极弧系数为 0.6～0.9 的 2 极直流电机，径向充磁时每极磁通量比平行充磁时高出 17%～33%，随着极数增加，两者趋于接近。

2.3 永磁电机的局部失磁问题

永磁电机中永磁体的局部失磁问题，需要借助电磁场数值计算才能进行准确分析。用等效磁路法得到的最大去磁时永磁体的工作点是一个平均工作点。事实上，在永磁体内不同单元，其工作点是不同的。即使在空载情况下，它们也存在着较大的差别。因而永磁体的工作点具有局部性。通常用电磁场数值计算得到的最低局部工作点总是低于由等效磁路计算得到的最低工作点。在设计永磁电机时，要计算最严重去磁情况下电机内的磁场分布，使永磁体内最低局部工作点高于退磁曲线的拐点，才能保证电机中不发生局部失磁。

3 永磁电机参数计算

本节以永磁同步电机为例，介绍永磁电机的参数计算方法。根据磁场分析结果，求电机的参数有许多方法，但各种方法的精度不同。由于数值计算时两个大数相减会减少有效数字的位数，应尽量避免两个大数相减。为提高计算精度，经实践，推荐下列计算方法。

3.1 气隙磁通密度

利用电磁场计算结果，可以求得电机气隙磁通密度的分布情况，如图 4-9 所示，设在定子铁心和气隙交界面上共有 n 个节点，第 k 个节点与第 $k+1$ 个节点之间的圆弧长度为 b_k，依次类推。由式（4-6），当剖分足够细时，可以认为在第k段弧上的径向气隙磁密

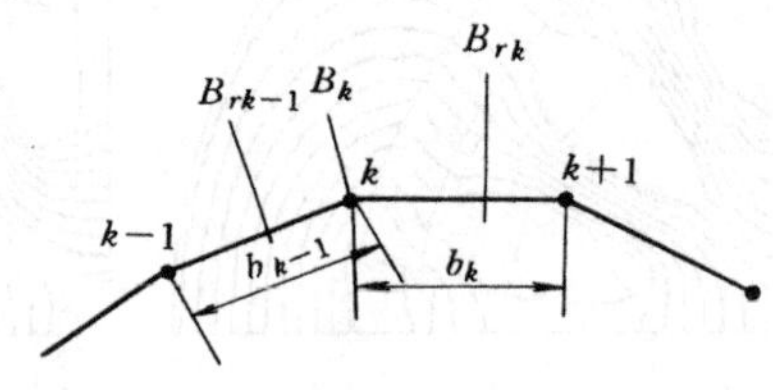

图 4-9 定子内表面节点

$$B_{rk} = \frac{A_k - A_{k+1}}{b_k} \tag{4-46}$$

式中　A_k、A_{k+1}——分别为第 k 个节点与第 $k+1$ 个节点处的磁矢位。

节点 k 处的径向磁密可通过节点 k 左、右两条单元边上径向磁密的加权平均得到

$$B_k = \frac{b_{k-1}B_{rk-1} + b_kB_{rk}}{b_{k-1} + b_k} \tag{4-47}$$

对径向气隙磁密进行谐波分析，可得到气隙磁密的基波和各次谐波幅值，图 4-10 给出了一台样机气隙磁密及其基波的分布曲线。

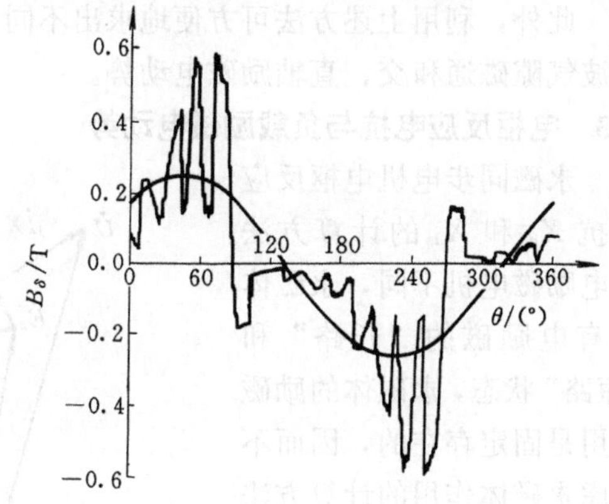

图 4-10　气隙磁密分布曲线

3.2　空载励磁电动势

空载励磁电动势可通过计算空载气隙磁密和相绕组磁链等方法求得。但用式（4-46）求 B 时出现了两个大数相减，要尽量避免。此处介绍一种计算简便、精度较高的方法——根据定子内圆上节点磁矢位的傅里叶分解直接计算励磁电动势。

以一个周期内定子内表面上节点的磁位 A_1、A_2，…，A_{n-1} 为纵坐标进行傅里叶分解，得到分布曲线 A（x）

$$A(x) = \frac{a_0}{2} + \sum_{\nu=1}^{\infty}\left(a_\nu \cos\frac{\nu\pi}{l} + b_\nu \sin\frac{\nu\pi}{l}\right) \tag{4-48}$$

式中　l——半周期的圆弧长（每极）。

由于两点间磁矢位差的绝对值就是单位长度内两点之间的磁

通量，所以上式第一个余弦项系数 a_1 代表电机单位长度每极 q 轴基波磁通的 1/2，正弦项系数 b_1 代表电机单位长度每极 d 轴基波磁通的 1/2。这样，每极下空载基波气隙磁通

$$\Phi_{10} = 2L_{ef}\sqrt{a_1^2 + b_1^2} \tag{4-49}$$

空载励磁电动势

$$E_0 = \sqrt{2}\pi f N K_{dp1}\Phi_{10} \tag{4-50}$$

式中 f——电机额定频率；

N——电枢绕组每相串联匝数。

此外，利用上述方法可方便地求出不同负载情况下交、直轴基波气隙磁通和交、直轴励磁电动势。

3.3 电枢反应电抗与负载励磁电动势

永磁同步电机电枢反应电抗 X_{ad}和 X_{aq}的计算方法与电励磁电机不同，永磁体没有电励磁的“开路”和“短路”状态，永磁体的励磁作用是固定存在的，因而不考虑永磁体作用的计算方法显然没有实际意义。同时，电枢磁动势不同，电机内磁场的饱和程度就不同，因而电枢反应电抗也就不同。而且交、直轴磁路同时经由定、转子齿部和定子轭部闭合，因而交、直轴磁路之间的相互影响也不容忽略。电抗参数必须根据永磁同步电机内部磁场的实际分布状态来求取。为此，需要用“负载法”准确计算永磁同步电机的电枢反应电抗。具体过程如下：

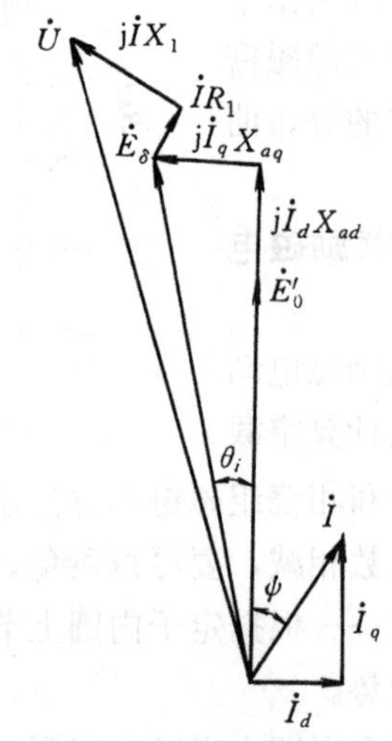

图 4-11 永磁同步电动机相量图

3.3.1 额定负载场的计算

对于电流已知的情况，电磁场数值计算比较直观，只要改变 ψ 角，即可计算电机的不同运行状态，但一般电机都是端电压已知，而满足一定端电压 U_0 的电流 I_m 只有通过解场以后才能得到。可以先假设一个电流的幅值与 ψ 角，解场求得交、直轴电动势，然后根据图 4-11 所示的永磁同步电机相量图，通过相量运算求得相应电压 U，再求得电机的电磁功率 P_{em}，如果所求出的电压和功率与额定值之差大于预先给定的误差，则需修改假定值，重新计算。如此经过若干次迭代，得到满足端电压 U_0 的额定电流 I_m。其迭代过程如图 4-12 所示。

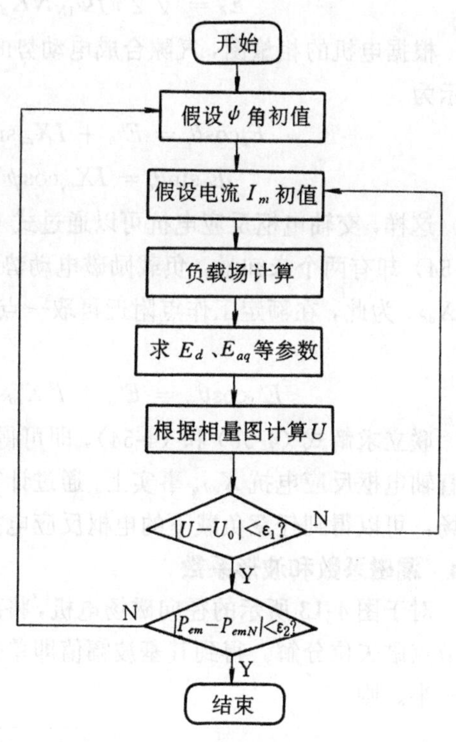

图 4-12　负载法迭代过程

也可以利用后面介绍的场路耦合法，直接解出额定负载场。

3.3.2　电枢反应电抗与负载励磁电动势

求出额定负载磁场之后，对定子内圆表面节点磁位进行谐波分析，得到基波的正弦项系数 b_1 和余弦项系数 a_1，它们分别代表单位长度内 d、q 轴每极基波磁通的 1/2。额定负载时基波气隙磁通 Φ_{1N}、内功率角 θ_i 和气隙合成电动势 E_δ 可由下式求出：

$$\Phi_{1N} = 2L_{ef}\sqrt{a_1^2 + b_1^2} \tag{4-51}$$

$$\theta_i = \arctan\frac{a_1}{b_1} \tag{4-52}$$

$$E_\delta = \sqrt{2}\,\pi f \Phi_{1N} N K_{dp1} \tag{4-53}$$

根据电机的相量图，气隙合成电动势的 d、q 轴分量分别可以表示为

$$E_\delta \cos\theta_i = E'_0 + IX_{ad}\sin\psi \tag{4-54}$$

$$E_\delta \sin\theta_i = IX_{aq}\cos\psi \tag{4-55}$$

这样，交轴电枢反应电抗可以通过式（4-55）求出，但对于式（4-54）却有两个未知量：负载励磁电动势 E'_0 和直轴电枢反应电抗 X_{ad}。为此，在额定工作点附近再取一点，计算相应的磁场，得出

$$E'_\delta \cos\theta'_i = E'_0 + I' X_{ad}\sin\psi' \tag{4-56}$$

联立求解式（4-56）和（4-54），即可得出负载励磁电动势 E'_0 和直轴电枢反应电抗 X_{ad}。事实上，通过计算运行范围内所有点的磁场，可以得到任意负载下的电枢反应电抗 X_{ad} 和 X_{aq}。

3.4 漏磁系数和波形系数

对于图 4-13 所示的径向磁场电机，将磁场计算所得的定子内圆节点磁矢位分解，得到其基波幅值即单位长度内每极基波磁通的一半。则

$$\Phi_1 = 2L_{ef}\sqrt{a_1^2 + b_1^2} \tag{4-57}$$

气隙磁场的波形系数

$$K_\Phi = \frac{\Phi_1}{\Phi_\delta} = \frac{2\sqrt{a_1^2 + b_1^2}}{|A_3 - A_4|} \tag{4-58}$$

漏磁系数为永磁体提供的总磁通 Φ_m 与进入电枢的气隙主磁通 Φ_δ 之比：

$$\sigma = \frac{\Phi_m}{\Phi_\delta} = \frac{|A_1 - A_2|}{|A_3 - A_4|} \tag{4-59}$$

式中　A_1、A_2、A_3、A_4——节点 1、2、3、4 的磁矢位值；

Φ_1——气隙基波磁通。

对于其他结构的电机，漏磁系数和磁场波形系数的计算方法相似，此处不再一一分析。

3.5 电磁转矩的电磁场数值计算

电磁力和电磁转矩是电机的重要性能指标，计算电磁力和电磁转矩的基本方法有麦克斯韦应力张量法和虚位移法两种。由于虚位移法计算时采用了两个相近大数相减，目前较多采用的是麦克斯韦应力张量法。利用同步电机内部相量关系，可得到一种独有的转矩计算法——磁通法。

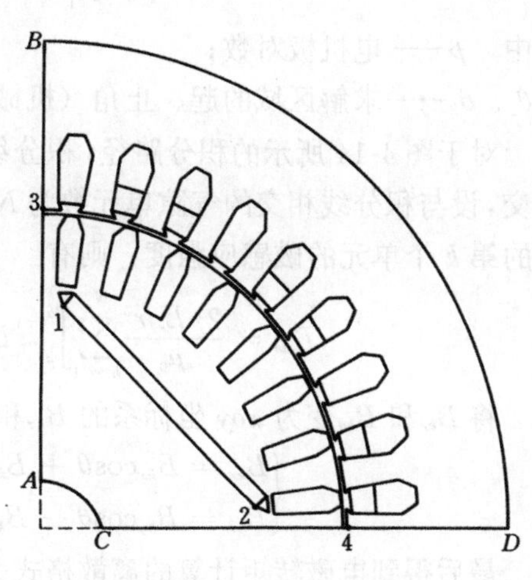

图 4-13 电机冲片示意图

3.5.1 用麦克斯韦应力张量法计算转矩

麦克斯韦应力张量法是由力学理论推导出的转矩计算方法。在二维电磁场中，作用于电机定子或转子上的切向电磁力密度

$$f_t = \frac{1}{\mu_0} B_n B_t \tag{4-60}$$

电磁转矩由切向力产生，如果沿半径为 r 的圆周积分，则电磁转矩的表达式为

$$T_{em} = \frac{L_{ef}}{\mu_0} \oint r^2 B_r B_\theta \mathrm{d}\theta \tag{4-61}$$

式中 r——位于气隙中的任意圆周半径；

B_r、B_θ——分别为半径 r 处气隙磁密的径向和切向分量。对于选定的半径，r 作为常数放到积分号外。实际上，因气隙中没有载流导体和铁磁物质，其力密度为 0，体积分为 0，因而圆柱面可取任意一个半径，其结果是相同的。

如果以一个极距的范围为求解域，则

$$T_{em} = \frac{2pL_{ef}}{\mu_0}\int_{\theta_1}^{\theta_2} r^2 B_r B_\theta \mathrm{d}\theta \tag{4-62}$$

式中 p——电机极对数；

θ_1、θ_2——求解区域的起、止角（机械弧度）。

对于图 4-14 所示的积分路径，积分线与三角形单元的两条边相交，设与积分线相交的气隙单元数为 N_g，用 B_k 表示与积分线相交的第 k 个单元的磁感应强度，则有

$$T_{em} = \frac{2pL_{ef}r^2}{\mu_0}\sum_{k=1}^{N_g}\int_{\theta_k}^{\theta_{k+1}} B_{kr}B_{k\theta}\mathrm{d}\theta \tag{4-63}$$

将 B_{kr}和 $B_{k\theta}$变为 xoy 坐标系的 B_{kx}和 B_{ky}

$$\begin{cases} B_{kr} = B_{kx}\cos\theta + B_{ky}\sin\theta \\ B_{k\theta} = B_{ky}\cos\theta - B_{kx}\sin\theta \end{cases} \tag{4-64}$$

最后得到电磁转矩计算的离散格式为

$$T_{em} = \frac{2pL_{ef}r^2}{\mu_0}\sum_{k=1}^{N_g}\Big[\frac{1}{2}(B_{ky}^2 - B_{kx}^2)\sin(\theta_{k+1}+\theta_k)\sin(\theta_{k+1}-\theta_k) + B_{kx}B_{ky}\cos(\theta_{k+1}+\theta_k)\sin(\theta_{k+1}-\theta_k)\Big] \tag{4-65}$$

3.5.2 磁通法计算转矩

磁通法计算转矩的原理与用负载法计算电枢反应电抗类似，首先对负载场定子内表面节点磁位分解，求出气隙基波磁通 Φ_1、内功率角 θ_i 和气隙合成电动势 E_δ。电磁功率

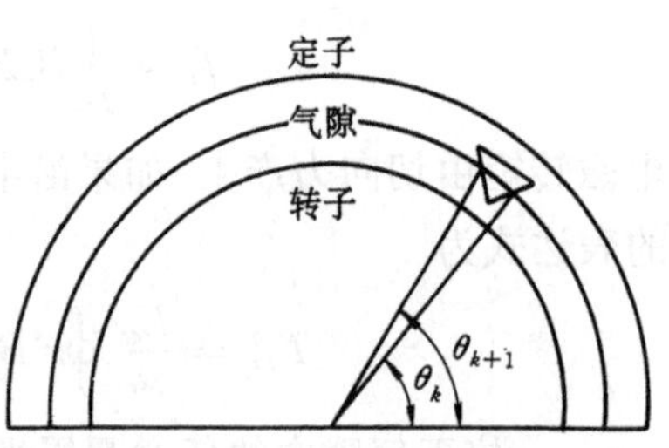

图 4-14 电磁转矩积分路径

$$P_{em} = mE_\delta(I_q\cos\theta_i - I_d\sin\theta_i) \tag{4-66}$$

电磁转矩

$$T_{em}=\frac{mE_\delta}{\Omega}(I_q\cos\theta_i-I_d\sin\theta_i) \tag{4-67}$$

式中　Ω——电机的机械角速度，$\Omega=2\pi n/60$。

麦克斯韦应力法对剖分的疏密程度较为敏感，其解的精度取决于所选积分路径和网格剖分质量；而磁通法受剖分疏密程度影响不很显著，它是由一个极距内磁通决定的，受局部误差影响较小。同时，磁通法得到的转矩是一种基波转矩，而麦克斯韦应力法考虑了气隙各次谐波磁场效应，因而这两种方法在气隙剖分很密时也会存在着差别。

4　通过电磁场数值计算进行永磁电机优化设计

电磁场数值计算不仅是电机 CAD 的一个高级辅助分析手段，随着大容量计算机的出现和计算方法的发展，正逐步形成通过电磁场有限元分析直接进行电机设计的现代设计方法。本节简要介绍电磁场数值计算在永磁电机优化设计中的应用。

4.1　电机的电磁场逆问题研究

在开发一种新的电机时，借助电磁场数值分析，可以判别设计方案的合理性，辅助设计者对设计方案进行合理调整。同时，对已成型的产品，也可借助电磁场数值分析，改进现有结构，使电机结构更趋合理。

如某厂的一种钕铁硼永磁直流电动机，原设计采用普通的瓦片形磁极结构。由于通常烧结钕铁硼永磁材料的毛坯为长方体，一般采用线切割方法加工，传统的瓦片形磁极为同心式瓦片形，其加工流程如图 4-15a 所示，永磁材料的利用率很低，一般只有 40%～60%左右。为了提高永磁材料的利用率，改用图 4-15b 所示的等半径瓦片形磁极结构，永磁材料的利用率提高到 80%以上，还可以简化加工工艺。但这样改变后，会对电机的性能造成什么影响？如何确定磁极尺寸，才能保证电机的性能？这需要借助电磁场数值计算的方法进行分析。在保证电机性能的前提下，以节约永磁材料为目的，经过反复计算，得到了较合理的新结构磁极尺寸。

借助有限元计算结果，对电机结构进行调整，需要人工试探，不仅工作繁琐，而且很难达到设计最佳值。这就促使人们把优化技术和有限元计算结合起来，通过有限元计算直接进行电磁装置结构优化，从而形成了电磁场逆问题的研究方法。

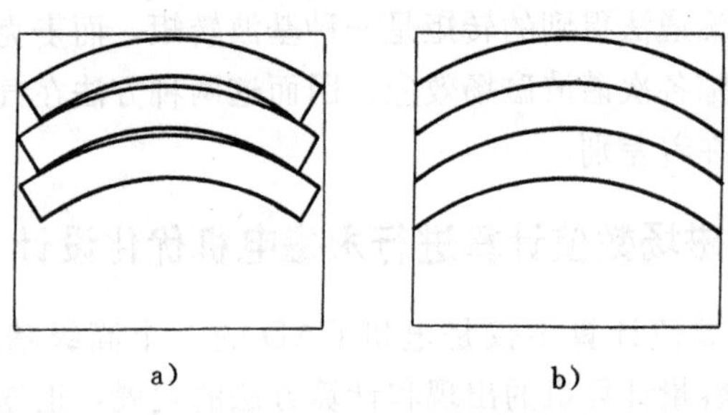

图 4-15　瓦片形磁极结构

a）同心式　b）等半径式

目前，电磁装置电磁场逆问题的求解，都是把逆问题分解成一系列正问题，然后利用一定的数学工具诸如线性规划、非线性规划或整数规划，使问题的解逐步逼近问题的真解。在逆问题求解的每一次迭代过程中，都需要若干次电磁场数值计算和其他一些辅助计算，因此，电磁场逆问题的求解计算量大，占用计算机内存和CPU时间多。目前，国内外有关逆问题的求解大部分还仅限于二维静态问题，而且是一些比较简单的问题。

4.2　通过电磁场数值计算进行永磁电机磁路结构形状和尺寸的优化

在永磁电机特别是稀土永磁电机中，电机的价格很大程度上决定于永磁材料的用量。优化磁极几何形状或磁极结构尺寸对降低稀土永磁电机的成本有重要作用，目前电磁场逆问题也主要用于解决这两方面的问题。通常可选永磁体体积为目标函数，而将永磁体结构尺寸及有关变量作为设计变量。在约束条件中，除了将电机的外形尺寸等作为约束条件外，一般将性能指标作为约束条件，以保证降低成本而电机的性能又不至于变坏。此外，在利用电磁场计算进行电机优化设计时，局部失磁问题也应作为一个约束条件考虑。

4.2.1 磁极局部几何形状优化问题

在永磁电机的设计中，常常需要通过优化设计得到合理的磁极结构与尺寸。例如对于永磁直流电动机，为了改善技术性能并节约永磁材料，可将瓦片形磁极改为组合磁极结构（请参见图 5-8），即在永磁体旁附加一块软铁，利用负载时电枢反应的增磁作用，增大主磁通。为不增大电机的体积，定子轭部及其他尺寸如电机定、转子内、外径等保持不变，只改变磁极结构，如图 4-16 所示。以永磁体体积 V_m 为目标函数，磁极极弧系数 α_1、软铁极弧系数 α_2 及软铁与永磁体间的距离 α_3 为优化变量，在尽量减少永磁体用量的同时，必须保证不发生局部失磁，同时额定转矩和起动转矩要保证大于要求值，空载转速大于一定值。其数学模型为

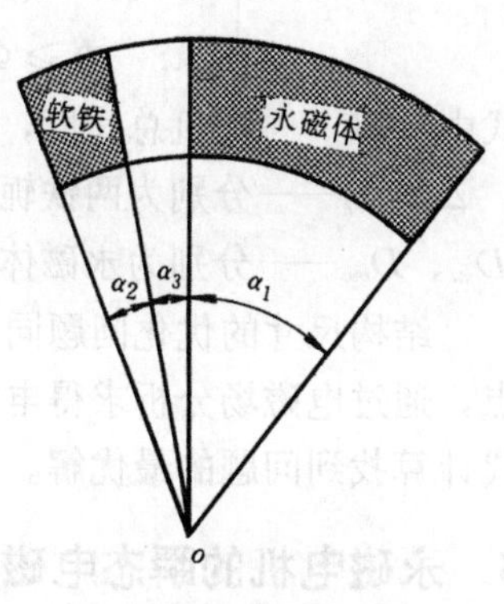

图 4-16 组合磁极结构

$$\begin{cases}\min:V_m(\alpha_1,\alpha_2,\alpha_3)\\ \text{s.t.}\ B_{\min}>B_k,T_{emN}>T_N,T_{st}>T_{st0},n_0>n'_0\end{cases}\tag{4-68}$$

利用一定的优化方法产生设计点，通过电磁场数值计算求该设计点下电机的性能指标，然后根据其满足约束条件的情况决定对设计点的取舍。经过一定次数的迭代，可得到问题的最优解。

4.2.2 电机的结构尺寸优化问题

对于一定结构的永磁电机，可以通过优化计算得到更为合理的结构尺寸。例如，盘式直流电机的有效气隙较大，永磁体用量较大，为降低成本，在设计时应尽量减少永磁材料的用量。如在原有样机的基础上进行优化，可选永磁材料体积最小作为目标函

数。为简化起见，令电枢绕组的线规及厚度等不变，只要保证主磁通大于一定值，总长度和外径不大于要求值即可。相应的数学模型为

$$\begin{cases}\min:f(X)=\alpha_p(D_{mo}^2-D_{mi}^2)h_M\\ \qquad X=(D_{mo},D_{mi},h_M,\alpha_p,\Delta_1,\Delta_2)^T\\ \text{s.t.}\quad \Phi\geqslant\Phi_0,\Sigma h\leqslant h_0,D_0\leqslant D_{\max}\end{cases}\tag{4-69}$$

式中　Σh——电机总长度，$\Sigma h=h_M+\delta+\Delta_1+\Delta_2$；

Δ_1、Δ_2——分别为两铁轭的厚度；

D_{mi}、D_{mo}——分别为永磁体的内、外径。

结构尺寸的优化问题同样需要通过一定的优化方法产生设计点，通过电磁场分析求得电机在某一设计下的性能，经过反复迭代计算找到问题的最优解。

5　永磁电机的瞬态电磁场计算

随着永磁电机的发展，提出了计算永磁电机瞬态参数的要求，同时也需要用瞬态场计算解决永磁电机设计和运行中的一些特殊问题，如异步起动永磁同步电动机的起动性能等。计算瞬态电磁场的场路耦合法是近年来发展起来的，它把外电路方程和有限元方程联立起来，直接把电机的端电压作为已知量，省去了繁琐的电流迭代过程，通过考虑电机的端部进行修正，提高了二维场计算的精度。本节以永磁同步电动机为例，介绍永磁电机瞬态场计算的场路耦合法，并推导出计算公式。

5.1　瞬态电磁场基本方程

对于永磁同步电动机，为了简化计算，做以下假设和处理：

1）忽略位移电流，即电磁场是似稳场；

2）电枢部分磁场做二维分布，端部效应由电机绕组的电路方程中常值端部漏电感计入；

3）材料为各向同性，忽略铁磁材料的磁滞效应；

4）永磁材料用等效面电流模拟；

5）忽略电导率 σ 和磁导率 μ 的温度效应，它们仅为空间函

数；

6）定、转子叠片铁心和源电流区涡流忽略不计；

7）磁场沿周向周期性分布，取一个极范围为求解域，如图 4-13 所示。

用磁矢位 A 描述场，瞬变电磁场的定解问题可以表达为

$$\begin{cases}\dfrac{\partial}{\partial x}\left(\dfrac{1}{\mu}\dfrac{\partial A}{\partial x}\right)+\dfrac{\partial}{\partial y}\left(\dfrac{1}{\mu}\dfrac{\partial A}{\partial y}\right)=-\left(J_z-\sigma\dfrac{\mathrm{d}A}{\mathrm{d}t}\right)\\ \dfrac{1}{\mu}\dfrac{\partial A}{\partial n}\bigg|_{l^-}-\dfrac{1}{\mu}\dfrac{\partial A}{\partial n}\bigg|_{l^+}=J_s\\ A|_{AB}=-A|_{CD}\\ A|_{AC}=A|_{BD}=0\end{cases} \tag{4-70}$$

式中　$-\sigma\dfrac{\mathrm{d}A}{\mathrm{d}t}$——涡流密度。

用加权余量法建立有限元离散化方程，取权函数等于形状函数 $\{N\}^T$,对式（4-70）进行加权积分得

$$\iint_{\Omega_e}\left(\{N\}^T\left[\frac{\partial}{\partial x}\left(\frac{1}{\mu}\frac{\partial A}{\partial x}\right)+\frac{\partial}{\partial y}\left(\frac{1}{\mu}\frac{\partial A}{\partial y}\right)\right]+\right.$$
$$\left.\{N\}^TJ_z-\{N\}^T\sigma\frac{\mathrm{d}A}{\mathrm{d}t}\right)\mathrm{d}x\mathrm{d}y=0 \tag{4-71}$$

将面积分看作单元积分之和，对上式进行离散，如采用一阶线性三角形单元，则式（4-71）的第 1 项积分为

$$\iint_{\Omega_e}\{N\}^T\left[\frac{\partial}{\partial x}\left(\frac{1}{\mu}\frac{\partial A}{\partial x}\right)+\frac{\partial}{\partial y}\left(\frac{1}{\mu}\frac{\partial A}{\partial y}\right)\right]\mathrm{d}x\mathrm{d}y=$$
$$-\iint_{\Omega_e}\left(\left\{\frac{\partial N}{\partial x}\right\}_e\left\{\frac{1}{\mu}\frac{\partial A}{\partial x}\right\}_e+\left\{\frac{\partial N}{\partial y}\right\}_e\left\{\frac{1}{\mu}\frac{\partial A}{\partial y}\right\}_e\right)\mathrm{d}x\mathrm{d}y+$$
$$\oint_{l_e}\{N\}_e^T\left(\frac{1}{\mu}\frac{\partial A}{\partial n}\right)\mathrm{d}l \tag{4-72}$$

上式中线积分项可由边界条件处理。如采用一阶线性三角形单元，上式右端第 1 项化为

$$-\frac{1}{4\Delta\mu}\begin{bmatrix}b_ib_i+c_ic_i & b_jb_i+c_jc_i & b_mb_i+c_mc_i\\ b_ib_j+c_ic_j & b_jb_j+c_jc_j & b_mb_j+c_mc_j\\ b_ib_m+c_ic_m & b_jb_m+c_jc_m & b_mb_m+c_mc_m\end{bmatrix}\begin{Bmatrix}A_i\\ A_j\\ A_m\end{Bmatrix}=$$

$$-[k]_e\{A\}_e \tag{4-73}$$

式（4-71）的第 2 项积分为

$$\iint_{\Omega_e}\{N\}^T J_z \mathrm{d}x\mathrm{d}y = J_z\iint_{\Omega_e}\begin{Bmatrix}N_i\\N_j\\N_m\end{Bmatrix}\mathrm{d}x\mathrm{d}y=\frac{\Delta N_e I}{3aA_b}\begin{Bmatrix}1\\1\\1\end{Bmatrix}=[C]_e\{I\}_e \tag{4-74}$$

式中　a——绕组并联支路数；

N_e——槽中一个线圈边所含串联匝数；

A_b——槽面积(单层绕组)或半槽面积(双层绕组)；

$[C]_e=\mathrm{diag}\left(\frac{\Delta N_e}{3aA_b}\quad\frac{\Delta N_e}{3aA_b}\quad\frac{\Delta N_e}{3aA_b}\right)$；

$\{I\}_e=(I\quad I\quad I)^T$。

式(4-71)的第 3 项积分为

$$\begin{aligned}&\iint_{\Omega_e}\{N\}^T\left(-\sigma\frac{\mathrm{d}A}{\mathrm{d}t}\right)\mathrm{d}x\mathrm{d}y=\\&-\sigma\frac{\mathrm{d}}{\mathrm{d}t}\iint_{\Omega_e}\{N\}^T\{N\}_e\{A\}_e\mathrm{d}x\mathrm{d}y=\\&-[T]_e\frac{\mathrm{d}}{\mathrm{d}t}\{A\}_e\end{aligned} \tag{4-75}$$

$$[T]_e=\sigma\Delta\begin{bmatrix}\frac{1}{6}&\frac{1}{12}&\frac{1}{12}\\\frac{1}{12}&\frac{1}{6}&\frac{1}{12}\\\frac{1}{12}&\frac{1}{12}&\frac{1}{6}\end{bmatrix}$$

进行总体合成,可得式(4-70)的离散化方程为

$$[K]\{A\}=[C]\{I\}-[T]\frac{\mathrm{d}\{A\}}{\mathrm{d}t} \tag{4-76}$$

令$\{\dot{A}\}=\frac{\mathrm{d}\{A\}}{\mathrm{d}t}$,则上式变为

$$[K]\{A\}+[T]\{\dot{A}\}=[C]\{I\} \tag{4-77}$$

5.2 场路方程耦合及其空间与时间离散模型

为了考虑外电路和电机端部效应，可用场路耦合的方法计算电磁瞬态过程，通过电枢绕组的电动势将电磁场有限元方程与绕组电路方程联立起来，直接求解磁矢位和绕组电流。

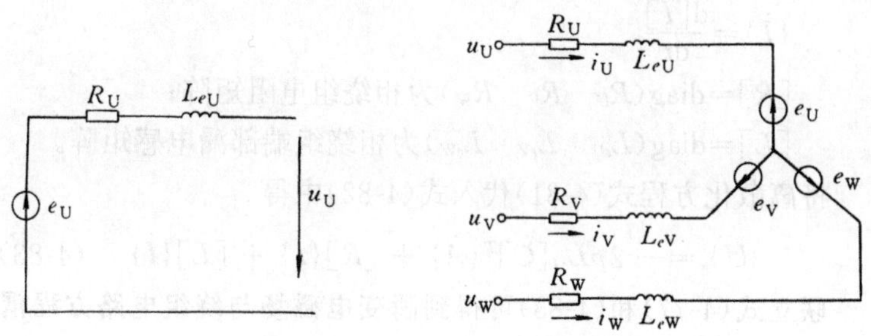

图 4-17　永磁同步电动机电枢绕组的等效电路

永磁同步电动机电枢绕组的等效电路如图 4-17 所示，有限元区域的电动势可通过绕组交链的磁通变化求得。一个线圈边的一根导体单位长度的平均电动势

$$e_{av} = -\frac{1}{A_b}\int_{A_b}\frac{\partial A}{\partial t}\mathrm{d}x\mathrm{d}y = -\frac{1}{A_b}\frac{\partial}{\partial t}\int_{A_b}A\mathrm{d}x\mathrm{d}y \tag{4-78}$$

若线圈边划分成 n_e 个单元，线圈有 N_1 匝，则一个线圈边的平均电动势

$$e_i = N_1 L_{ef} e_{av} = -N_1 L_{ef}\frac{\mathrm{d}}{\mathrm{d}t}\left(\frac{1}{A_b}\sum_{e=1}^{n_e}\frac{\Delta_e(A_i^e + A_j^e + A_m^e)}{3}\right) \tag{4-79}$$

相绕组电动势

$$e = -\frac{\mathrm{d}}{\mathrm{d}t}\left(\frac{2pL_{ef}N_1}{aA_b}\sum_1^q\sum_{e=1}^{n_e}\Delta_e\frac{A_i^e + A_j^e + A_m^e}{3}\right) \tag{4-80}$$

式中　q——每极每相槽数。上式可写成矩阵形式为

$$\{E\} = -2pL_{ef}[C]^T\{\dot{A}\} \tag{4-81}$$

式中　$\{E\} = (e_U \quad e_V \quad e_W)^T$。

若绕组电动势都是由线圈电动势组成的，按电动机惯例规定

正方向，得到绕组的电路方程为

$$\{U\} = \{E\} + [R]\{I\} + [L]\{\dot{I}\} \tag{4-82}$$

式中 $\{U\}=(u_U \quad u_V \quad u_W)^T$ 为电压向量；

$\{I\}=(i_U \quad i_V \quad i_W)^T$ 为电流向量；

$\{\dot{I}\}=\dfrac{\mathrm{d}[I]}{\mathrm{d}t}$

$[R]=\mathrm{diag}(R_U \quad R_V \quad R_W)$ 为相绕组电阻矩阵；

$[L]=\mathrm{diag}(L_{eU} \quad L_{eV} \quad L_{eW})$ 为相绕组端部漏电感矩阵。

将离散化方程式(4-81)代入式(4-82)中得

$$\{U\} = -2pL_{ef}[C]^T\{\dot{A}\} + [R]\{I\} + [L]\{\dot{I}\} \tag{4-83}$$

联立式(4-77)和(4-83)可得到瞬变电磁场与绕组电路方程耦合的空间离散模型

$$\begin{bmatrix} K & -C \\ 0 & R \end{bmatrix}\begin{Bmatrix} A \\ I \end{Bmatrix} + \begin{bmatrix} T & 0 \\ -2pL_{ef}C^T & L \end{bmatrix}\begin{Bmatrix} \dot{A} \\ \dot{I} \end{Bmatrix} = \begin{Bmatrix} 0 \\ U \end{Bmatrix} \tag{4-84}$$

利用 Crank-Nicolson(克伦克-尼科尔森)方法对上式进行时间离散并整理,可得到整个场路方程耦合的空间和时间离散模型

$$\begin{bmatrix} K_{n+1}+\dfrac{2}{\Delta t}T_{n+1} & C \\ C^T & \dfrac{\Delta tR+2L}{4pL_{ef}} \end{bmatrix}\begin{Bmatrix} A_{n+1} \\ I_{n+1} \end{Bmatrix} =$$

$$\begin{bmatrix} -K_n+\dfrac{2}{\Delta t}T_n & C \\ C^T & \dfrac{\Delta tR-2L}{4pL_{ef}} \end{bmatrix}\begin{Bmatrix} A_n \\ I_n \end{Bmatrix} + \begin{Bmatrix} 0 \\ \dfrac{\Delta tU}{2pL_{ef}} \end{Bmatrix} \tag{4-85}$$

第 5 章　永磁直流电动机

1　概述

永磁直流电动机是由永磁体建立励磁磁场的直流电动机。它除了具有普通电励磁直流电动机所具备的下垂的机械特性、线性的调节特性、调速范围宽和便于控制等特点外，还具有体积小、效率高、用铜量少、结构简单和运行可靠等优点。配上稳速器后还可适用在电源电压和负载变动情况下要求转速稳定的场合。因而在家用电器、办公机械、电动工具、医疗器械、精密机床、自行车、摩托车、汽车和计算机外围设备等方面都得到了广泛应用。随着钕铁硼等高性能永磁材料的发展，永磁直流电动机正从微型和小功率电机向中小型电机扩展。

永磁直流电动机种类很多，分类方法也多种多样。一般按用途可分为控制用和传动用。按运动方式和结构特点又可分为直线式和旋转式，其中旋转式包括有槽结构和无槽结构。有槽结构包括普通永磁直流电动机和永磁直流力矩电动机；无槽结构包括有铁心的无槽电枢永磁直流电动机和无铁心的空心杯电枢直流电动机、印制绕组永磁直流电动机及线绕盘式电枢永磁直流电动机。本章以普通永磁直流电动机为典型进行分析讨论，其主要内容可推广应用于其他结构的永磁直流电动机。

2　永磁直流电动机基本方程和稳态运行特性

永磁直流电动机的工作原理和基本方程与电励磁直流电动机相同，现概括如下：

2.1　电磁转矩和感应电动势

永磁直流电动机中两个最基本的电磁现象，一是电枢绕组通以电流时在磁场中受力产生电磁转矩 T_{em}；另一是电枢绕组在磁场中运动产生感应电动势 E_a。电磁转矩和感应电动势是永磁直流电动机实现机电能量转换不可分割的两个重要方面。当电刷放在几何中性线上、电枢线圈均匀分布且为整距时，电磁转矩 T_{em} (N·m)和感应电动势 E_a（V）的计算公式如下：

$$T_{em}=\frac{pN}{2\pi a}\Phi I_a=C_T\Phi I_a \tag{5-1}$$

$$E_a=\frac{pN}{60a}\Phi n=C_e\Phi n \tag{5-2}$$

式中　p——极对数；

N——电枢绕组总导体数；

Φ——每极气隙磁通（Wb）；

I_a——电枢电流（A）；

a——电枢绕组的并联支路对数；

n——转子转速（r/min）；

C_T——转矩常数，对已制成的电机来说是一个常数，

$$C_T=\frac{pN}{2\pi a} \tag{5-3}$$

C_e——电动势常数，对已制成的电机来说是一个常数，

$$C_e=\frac{pN}{60a} \tag{5-4}$$

电动势常数 C_e 和转矩常数 C_T 是直流电动机重要的设计参数，它们实际上是一个参数，两者相差常数倍，$C_T=60C_e/(2\pi)=9.549C_e$。在设计电动机时，$C_e$ 和 C_T 只能同时增大或减小。也就是说，要想增大 C_T 以减小电流时，C_e 也同时增大而使电压增高，否则转速将下降。要想使电动机负载电流减小，又不使电压增高，也不使转速降低，只能采取另外的措施。

2.2　基本方程

2.2.1　电压平衡方程

永磁直流电动机的电压平衡方程为

$$U=E_a+I_aR_a+\Delta U_b \tag{5-5}$$

式中 U——电动机端电压（V）；

R_a——电枢回路电阻（Ω）；

ΔU_b——一对电刷接触压降（V），其值与电刷型号有关，一般取 $\Delta U_b=0.5\sim2\text{V}$。

2.2.2 转矩平衡方程

在稳态情况下，电动机转矩平衡方程为

$$T_{em}=T_2+T_o \tag{5-6}$$

式中 T_2——电动机轴上的机械负载转矩（N·m）；

T_0——由于电动机铁心中涡流、磁滞损耗和机械损耗而产生的转矩（N·m），属制动性质，

$$T_0=C_T\Phi I_0 \tag{5-7}$$

式中 I_0——电动机的空载电流（A）。

2.2.3 功率平衡方程

永磁直流电动机的电磁功率 P_{em}（W）

$$P_{em}=E_aI_a=\frac{pN}{60a}\Phi nI_a=\frac{pN}{2\pi a}\Phi I_a\frac{2\pi n}{60}=T_{em}\Omega \tag{5-8}$$

式中 Ω——转子机械角速度（rad/s），$\Omega=2\pi n/60$。

式（5-8）中 E_aI_a 为电源用以克服反电动势所消耗的电功率，$T_{em}\Omega$ 为电动机的电磁转矩对机械负载所做的机械功率，二者相等。

将式（5-5）两边同乘以电枢电流 I_a，得

$$UI_a=E_aI_a+R_aI_a^2+\Delta U_bI_a$$

即

$$P_1=P_{em}+p_{\text{Cua}}+p_b \tag{5-9}$$

$$P_{em}=T_{em}\Omega=(T_2+T_0)\Omega=P_2+p_0$$

$$=P_2+p_{\text{Fe}}+p_{fw}$$

式中 P_1——电动机的输入功率（W）；

p_{Cua}——电枢绕组铜耗（W）；

p_b——电刷接触电阻损耗（W）；

p_0——电动机的空载损耗（W）；

p_{Fe}——铁心损耗（W）；

p_{fw}——机械摩擦损耗，又称风摩损耗（W）；

P_2——电动机输出的机械功率（W），$P_2=T_2\Omega$。

2.3 稳态运行特性

2.3.1 机械特性

当电机的端电压恒定（U=常数）时，电动机的转速随电磁转矩变化的关系曲线，$n=f(T_{em})$，称为永磁直流电动机的机械特性，通常也表示成电动机转速 n（r/min）与输出转矩 T_2（N·m）间的关系曲线。将式（5-1）和（5-2）代入式（5-5），经整理得

$$n=\frac{U-\Delta U_b}{C_e\Phi}-\frac{R_a}{C_eC_T\Phi^2}T_{em}=n'_0-kT_{em}=n'_0-kT_0-kT_2 \quad (5\text{-}10)$$

在电动机堵转（$n=0$）时的电磁转矩，即电动机的堵转转矩（N·m）

$$T_k=C_T\Phi\frac{U-\Delta U_b}{R_a} \quad (5\text{-}11)$$

式中 n'_0——理想空载转速，$n'_0=(U-\Delta U_b)/(C_e\Phi)$，对应于 $T_{em}=T_2+T_0=0$ 时的情况；

k——机械特性曲线的斜率，$k=R_a/(C_eC_T\Phi^2)$。

k 表示单位电磁转矩变化时所引起的转速变化，它与电枢电阻成正比而与电动势常数、转矩常数的乘积成反比。当电枢电阻小、转矩常数大时，k 小，说明转速下降较慢，亦即 T_{em}变化引起的转速变化小，机械特性较硬；反之，k 大则特性变软。

在一定温度下，普通永磁直流电动机的磁通基本上不随负载而变化，这与并励直流电动机相同，故转速随负载转矩的增大而稍微下降，在 Φ 不变时几乎是一条直线。由于 $k\approx$常数，对应于不同的电动机端电压 U，机械特性曲线 $n=f(T_{em})$ 为一组平行直线，如图 5-1 所示。

在工程上，通常用转速调整率 Δn（%）来表征从空载到额定负载时转速变化的大小，

$$\Delta n=\frac{n_0-n_N}{n_N}\times100 \quad (5\text{-}12)$$

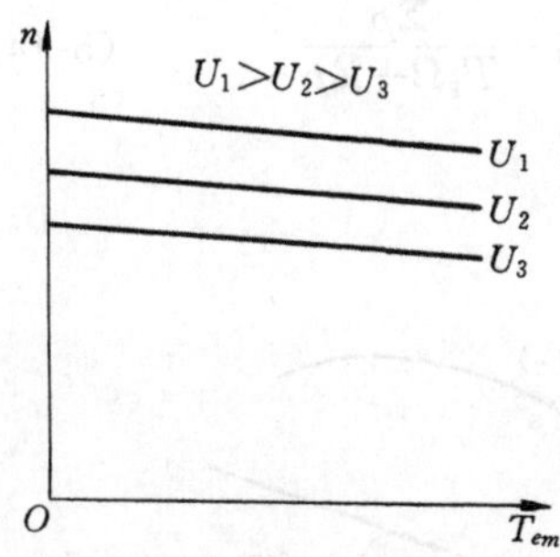

图 5-1 永磁直流电动机的机械特性

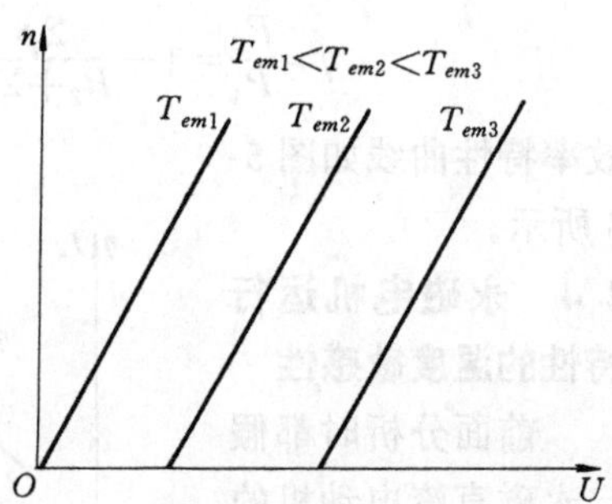

图 5-2 永磁直流电动机的调节特性

2.3.2 调节特性

当电磁转矩恒定（T_{em}＝常数）时，电动机转速随电压变化的关系，$n=f\ (U)$，称为永磁直流电动机的调节特性，如图 5-2 所示。由式（5-10）可以看出，在一定温度下，普通永磁直流电动机的调节特性斜率 $k'=1/\ (C_e\Phi)$ 为常数，故对应不同的 T_{em}值，调节特性曲线也是一组平行直线。调节特性与横轴的交点，表示在某一电磁转矩（如略去电动机的空载损耗，即为负载转矩）时电动机的始动电压。在转矩一定时，电动机的电压大于相应的始动电压，电动机便能起动并达到某一转速；否则，就不能起动。因此，调节特性曲线的横坐标从原点到始动电压点这一段所示的范围，成为在某一电磁转矩时永磁直流电动机的失灵区。

2.3.3 电流转矩特性

当电压 U＝常数时，$I_a=f(T_2)$曲线称为永磁直流电动机的电流转矩特性。由式(5-6)、(5-1)和(5-7)可得

$$T_2=C_T\Phi(I_a-I_0)$$

或

$$I_a=I_0+\frac{T_2}{C_T\Phi} \tag{5-13}$$

永磁直流电动机的电流转矩特性如图 5-3 所示。

2.3.4 效率特性

电压 U＝常数时，效率 $\eta=f(T_2)$曲线称为永磁直流电动机的

效率特性。

$$\eta=\frac{P_2}{P_1}=1-\frac{\Sigma p}{P_2+\Sigma p}=1-\frac{\Sigma p}{T_2\Omega+\Sigma p} \tag{5-14}$$

效率特性曲线如图 5-3 所示。

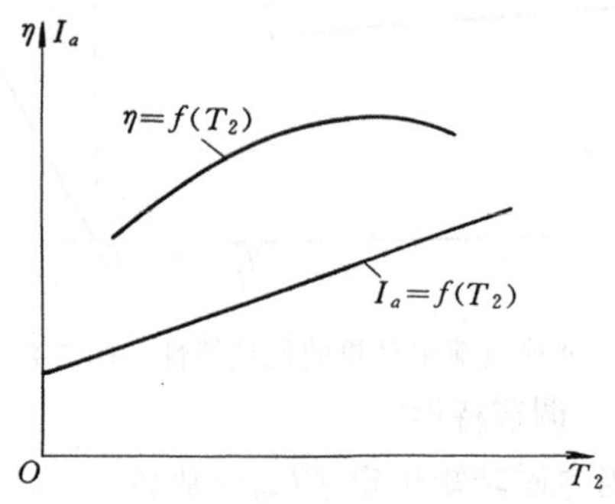

图 5-3　永磁直流电机的电流转矩特性和效率特性

2.4　永磁电机运行特性的温度敏感性

前面分析时都假定永磁直流电动机的每极气隙磁通在运行过程中基本保持不变。实际上，永磁材料，特别是钕铁硼永磁和铁氧体永磁的磁性能对温度的敏感性很大。如果从冷态（低温环境温度）运行到热态（高温环境温度加温升）运行时温度提高 100℃，则钕铁硼永磁电机和铁氧体永磁电机的每极气隙磁通量分别减少约 12.6%和 18%～20%，这将显著影响永磁电机的运行特性和参数。当永磁直流电动机在同一端电压下运行时，空载转速将分别提高约 12.6%和 18%～20%；在同一电枢电流下运行时，电磁转矩分别减小约 12.6%和 18%～20%。如果再计及电枢电阻随温度升高而增大导致电阻压降增大和电枢反应的去磁作用，则上述变化率还将增大。这是永磁电机区别于电励磁电机的特点之一。因此，在永磁电机设计计算、测试和运行时都要考虑到不同工作温度对运行特性的影响。

3　永磁直流电动机的磁极结构

永磁直流电动机由于采用永磁体励磁，其结构和设计计算方法与电励磁直流电动机相比有许多显著的差别，尤其是在磁极结构、磁路计算中的主要系数以及电枢磁动势对气隙磁场和永磁体的影响方面。下面分别进行分析和讨论。

永磁直流电动机的磁路一般由电枢铁心（包括电枢齿、电枢轭）、气隙、永磁体、机壳等构成。其中永磁体作为磁源，它的性能、结构形式和尺寸对电机的技术性能、经济指标和体积尺寸等有重要影响。目前电机中使用的永磁材料的性能差异很大，因而在电机中使用时与其性能相适应的、适宜的结构形式也大不相同。

由于铁氧体永磁在性能上具有 B_r 小、H_c 相对高的特点，因此结构上一般做成扁而粗的形状，即增加磁极面积，相对缩短磁化方向长度。铝镍钴永磁具有 B_r 高、H_c 低的特点，在结构上一般做成磁极面积小、磁化方向长度大的细长形状，以弥补其 H_c 低的缺点。稀土永磁的特点是剩磁感应强度 B_r、磁感应矫顽力 H_c 及最大磁能积 $(BH)_{max}$ 都很高，在磁极结构上可做成磁极面积和磁化长度均很小的结构形状。

永磁直流电动机磁极结构种类很多，其中常用的有瓦片形、圆筒形、弧形和矩形结构。

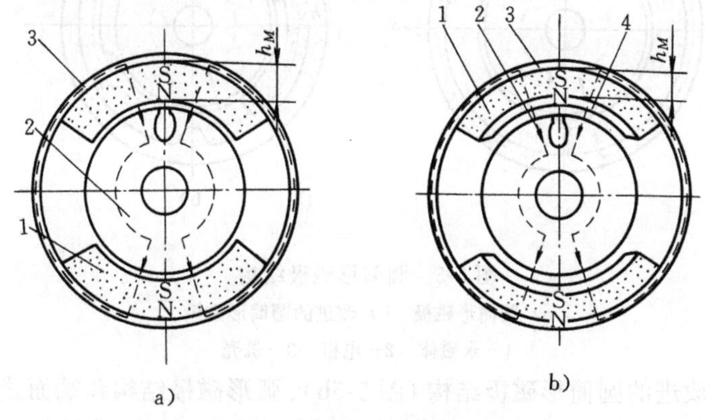

图 5-4　瓦片形磁极结构

a）无极靴瓦片形磁极　b）有极靴瓦片形磁极

1—永磁体　2—电枢　3—机壳　4—极靴

瓦片形磁极结构（图 5-4a 和 b）大多在高矫顽力的稀土永磁和铁氧体永磁直流电动机中采用。当采用各向异性的铁氧体永磁或稀土永磁时，对瓦片形磁极可以沿辐射方向定向和充磁，称为径向充磁；也可沿与磁极中心线平行的方向定向和充磁，称为平行充磁。研究表明，采取径向充磁对提高永磁体的磁性能有利。

从产生气隙磁场的角度来看，圆筒形磁极（径向充磁如图 5-5a 所示）与瓦片形磁极没有多大区别，只是圆筒形磁极的材料利用率差，极间的一部分永磁材料不起什么作用；而且圆筒形永磁体较难制成各向异性，磁性能较差。但是，它是一个圆筒形整体，结构简单，容易获得较精确的结构尺寸，加工和装配方便，有利于大量生产。对于价格低廉的铁氧体永磁，有时总成本反而降低。因而对于尺寸小的电动机和精度要求较高的电动机更多地使用圆筒形永磁磁极。

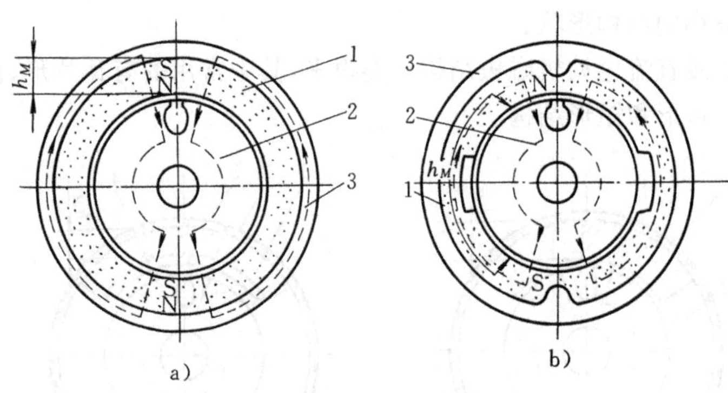

图 5-5　圆筒形磁极结构

a）圆筒形磁极　b）改进的圆筒形磁极

1—永磁体　2—电枢　3—机壳

改进的圆筒形磁极结构（图 5-5b）、弧形磁极结构和端面式磁极结构（图 5-6）可以增加磁化方向长度，一般应用在铝镍钴永磁直流电动机中。改进的圆筒形结构在磁极中心外圆处有两个凹槽，以利于充磁，在与 NS 极垂直的轴线内圆处也开凹槽以减少交轴电枢反应和改善换向；但形状复杂，加工较难。端面式结构的磁路较长，漏磁系数较大（可达 1.5～1.6），仅在 40W 以下微型电机中采用。

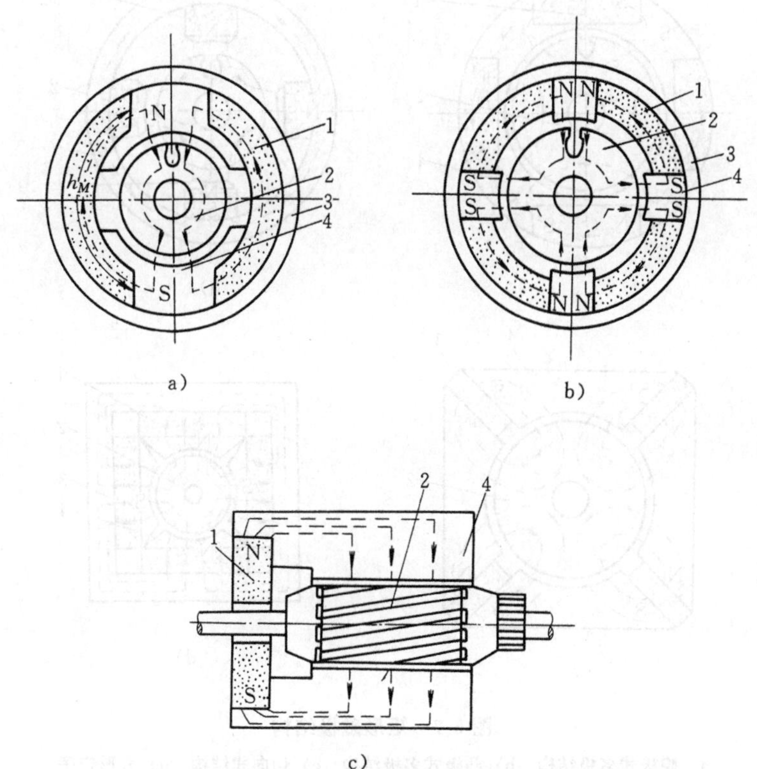

图 5-6　弧形和端面式磁极结构

a）弧形磁极　b）多极弧形磁极　c）端面式

1—永磁体　2—电枢　3—机壳　4—极靴

瓦片形和弧形永磁体的形状复杂，加工费时，有时其加工费用甚至高于永磁材料本身的成本。因此，目前的趋势之一是尽可能使用矩形或近似矩形结构，如图 5-7 所示。但为了减少配合面之间的附加间隙，对配合面的加工精度要求较高。图 5-7c 的切向式结构起聚磁作用，可以提高气隙磁密，使之接近甚至大于永磁材料的剩磁密度。

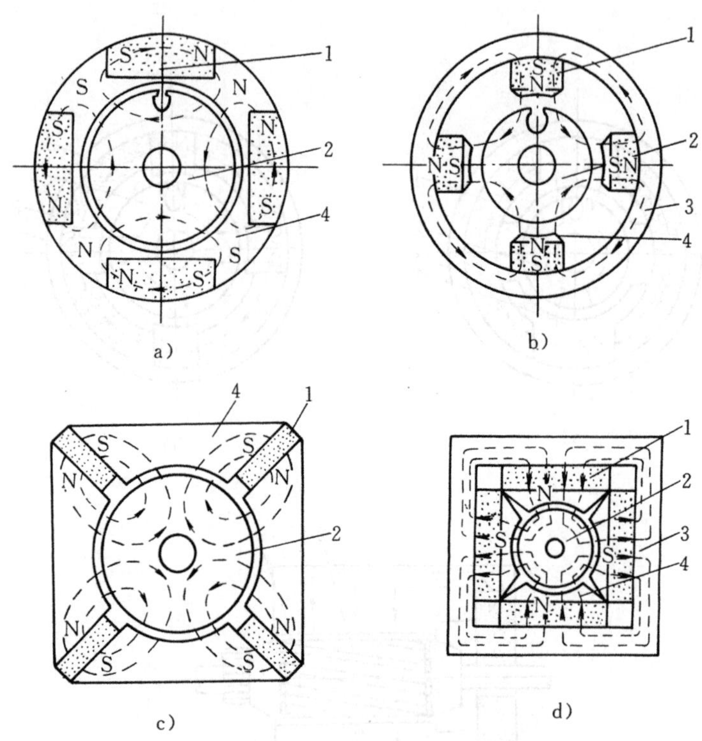

图 5-7　矩形磁极结构

a）隐极式多极结构　b）凸极式多极结构　c）切向式结构　d）方形定子

1—永磁体　2—电枢　3—机壳　4—极靴

以上是按永磁磁极的形状分类的。按永磁体磁化方向与电机转子旋转方向的相互关系，又可分为径向式和切向式。径向式结构（图 5-4，图 5-5a，图 5-7b 和 d）的特点是，每对极磁路中有两个永磁体串联起来提供磁动势，由一个永磁体的截面积提供每极磁通，因而在磁路计算中，永磁体的磁化方向长度应以 $2h_M$ 代入，截面积为 b_ML_M，式中 h_M 为单个永磁体的磁化方向长度，又称厚度（cm），b_M 为单个永磁体的宽度（cm），L_M 为永磁体的轴向长度（cm）。切向式结构（图 5-5b，图 5-6，图 5-7a 和 c）的特点是，每对极磁路中只有一个永磁体提供磁动势，但由两个永磁体并联提供每极磁通，因而在磁路计算中，永磁体的磁化方向长度为 h_M，而截面积为 $2b_ML_M$。

永磁直流电动机的磁极结构又可分为无极靴和有极靴两大类，无极靴结构（图 5-4a 和图 5-5）的优点是：永磁体直接面向气隙，漏磁系数小，能产生尽可能多的磁通，材料利用率高；结构简单，便于批量生产；外形尺寸较小；交轴电枢反应磁通经磁阻很大的永磁体闭合，气隙磁场的畸变较小。其缺点是电枢反应直接作用于永磁磁极，容易引起不可逆退磁。有极靴结构（图 5-4b，图 5-6，图 5-7）既可起聚磁作用，提高气隙磁密；还可调节极靴形状以改善空载气隙磁场波形；负载时交轴电枢反应磁通经极靴闭合，对永磁磁极的影响较小。缺点是结构复杂，制造成本增加；漏磁系数较大；外形尺寸增加；负载时气隙磁场的畸变较大。

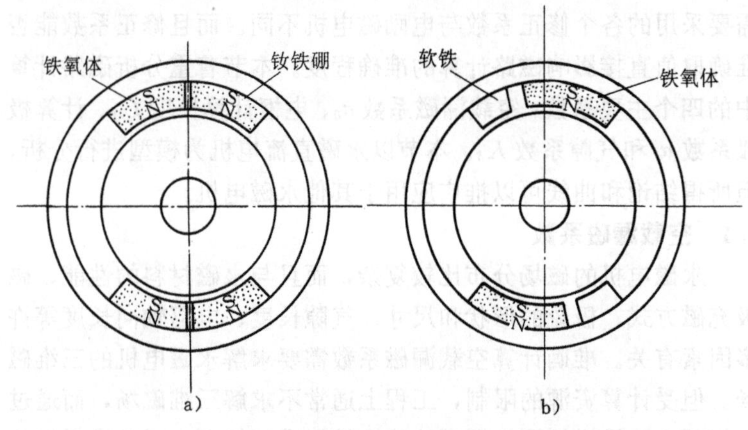

图 5-8　组合磁极结构

a）钕铁硼-铁氧体组合结构　b）铁氧体-软铁组合结构

直流电动机交轴电枢磁动势对磁极的一半起增磁作用，另一半起去磁作用。利用这个特点，对于旋转方向固定的永磁直流电动机，可以采用两种材料制成的组合磁极结构，即在每个极的去磁区用高性能的永磁材料，如钕铁硼永磁，而在增磁区则用性能较低而价格便宜的永磁材料，如铁氧体永磁，或者使用软铁。图 5-8a 为钕铁硼-铁氧体组合结构示意图，图 5-8b 为铁氧体-软铁组合结构示意图，采用这种组合式结构，可以在保证电机性能的前提下，大大减少永磁材料的用量，降低电动机的成本，缺点是制造工艺较复杂。

总之，永磁直流电动机的磁极结构多种多样，各有优缺点，随着新产品的不断开发，还会有新结构产生。具体设计时，要根据电动机的具体用途和使用场合，选择适宜的磁极结构甚至研究、开发新的磁极结构。

4 永磁电机磁路计算中的主要系数

磁路计算是电机电磁计算的基础。永磁电机磁路计算中计算磁位差的方法和公式与普通电励磁电机相同，但由于使用永磁体励磁，其磁场分布与电励磁电机有所不同，因而在计算磁位差时需要采用的各个修正系数与电励磁电机不同。而且修正系数能否准确取值直接影响磁路计算的准确程度。本节着重分析磁路计算中的四个主要系数：空载漏磁系数 σ_0、电枢计算长度 L_{ef}、计算极弧系数 α_i 和气隙系数 K_δ。本节以永磁直流电机为模型进行分析，但所得结论和曲线可以推广应用于其他永磁电机。

4.1 空载漏磁系数

永磁电机的磁场分布比较复杂，而且与永磁材料的性能、磁极充磁方式、极靴的形状和尺寸、气隙长度、电枢轴向长度等许多因素有关。准确计算空载漏磁系数需要求解永磁电机的三维磁场。但受计算资源的限制，工程上通常不求解三维磁场，而通过求解两个二维磁场再根据试验验证结果进行修正。对三维磁场的分析表明，可以将永磁电机的空间漏磁分成两部分。一部分是存在于电枢铁心轴向长度范围内的漏磁，称为极间漏磁。另一部分是存在于电枢长度以外的漏磁，称为端部漏磁。求解极间漏磁磁场的平行平面场域如图 5-9a 所示，采用磁矢位 $\boldsymbol{A}$ 求解，则该问题的求解模型为

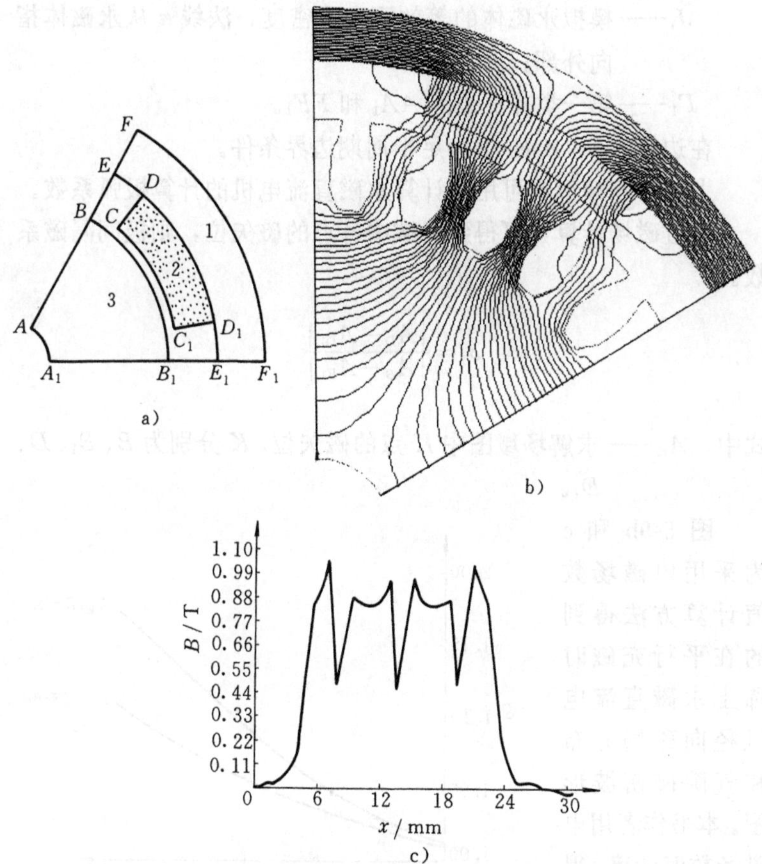

图 5-9 永磁直流电机的平行平面磁场

a）求解场域 b）磁场分布 c）平行充磁气隙磁密波形

1—定子机壳 2—永磁磁极 3—电枢

$$\Omega:\frac{\partial}{\partial x}\left(\nu\frac{\partial A}{\partial x}\right)+\frac{\partial}{\partial y}\left(\nu\frac{\partial A}{\partial y}\right)=-J$$

$$\Gamma_1:A=0$$

$$l:\nu_1\frac{\partial A}{\partial n}-\nu_2\frac{\partial A}{\partial n}=J_s$$

式中 Ω——求解场域；

l——模拟永磁体等效面电流边界 CD 和 CD_1；

J_s——模拟永磁体的等效面电流密度，法线 $\boldsymbol{n}$ 从永磁体指向外部；

Γ_1——第一类齐次边界 AA_1 和 FF_1。

在边界 AF、A_1F_1 上满足半周期边界条件。

上述计算模型亦可用来计算永磁直流电机的计算极弧系数。

通过磁场计算，可得到场域中各点的磁矢位，则极间漏磁系数。

$$\sigma_1=\frac{|A_D-A_{D1}|}{|A_B-A_{B1}|}$$

式中　A_K——求解场域图中 K 点的磁矢位，K 分别为 B、B_1、D、D_1。

图 5-9b 和 c 为采用电磁场数值计算方法得到的在平行充磁时稀土永磁直流电机径向磁场分布和气隙磁密波形图。本书作者用电磁场数值计算，得出稀土永磁直流电机在径向充磁和平行充磁时的极间漏磁系数 σ_1 的计算用曲线，如图 5-10 和图 5-11 所示。

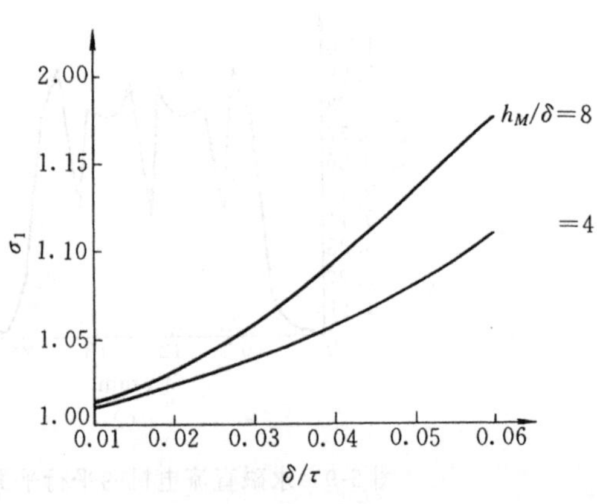

图 5-10　径向充磁时稀土永磁直流电机极间漏磁系数 σ_1

求解端部漏磁磁场场域如图 5-12a 所示，图中 E 和 E_1 表示电枢绕组轴向两端点的位置。采用磁矢位 $\boldsymbol{A}$，则求解场域的数学模型为

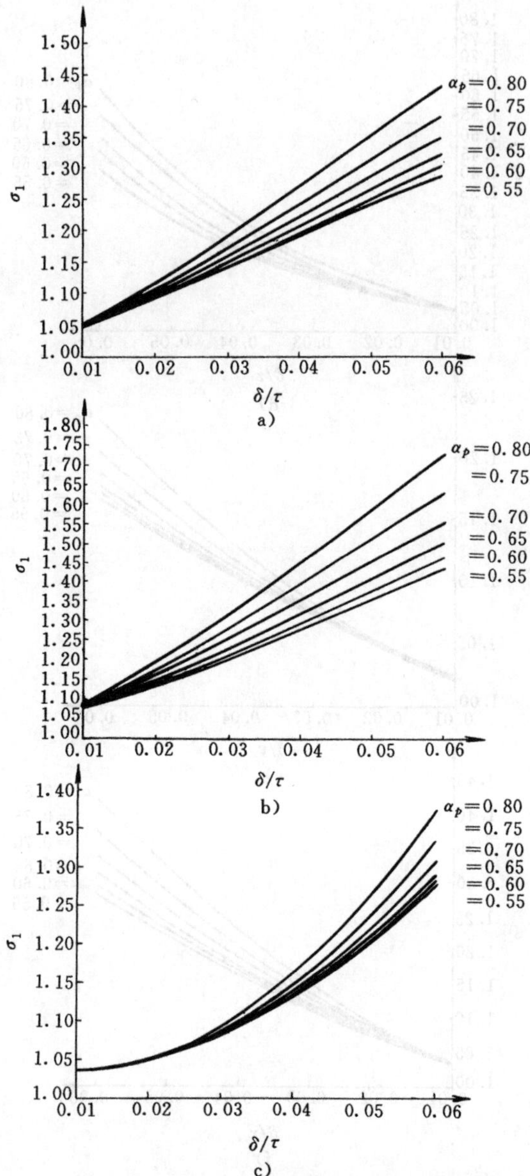

图 5-11　平行充磁时稀土永磁直流电机极间漏磁系数 σ_1

a）$h_M/\delta=4$，$p=1$　b）$h_M/\delta=8$，$p=1$　c）$h_M/\delta=4$，$p=2$

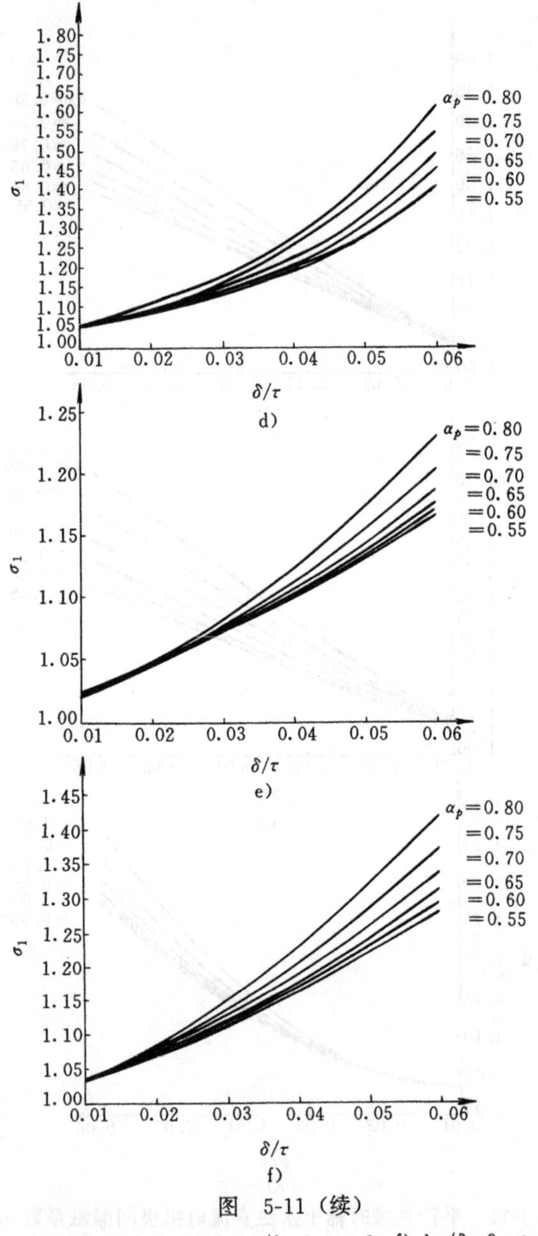

图 5-11（续）

d）$h_M/\delta=8$，$p=2$　e）$h_M/\delta=4$，$p=3$　f）$h_M/\delta=8$，$p=3$

$$\Omega:\frac{\partial}{\partial x}\left(\nu\frac{\partial A}{\partial x}\right)+\frac{\partial}{\partial y}\left(\nu\frac{\partial A}{\partial y}\right)=-J$$

$$l:\nu_1\frac{\partial A}{\partial n}-\nu_2\frac{\partial A}{\partial n}=J_s$$

式中 Ω——求解场域；

l——模拟永磁体等效面电流边界 BF 和 B_1F_1；

J_s——模拟永磁体的等效面电流密度，法线 $\boldsymbol{n}$ 从永磁体指向外部。

上述模型亦可用来计算永磁直流电机的电枢计算长度。

通过磁场计算，可得到场中 E、E_1、F、F_1 各点的磁矢位值，则端部漏磁系数

$$\sigma_2=\frac{|A_F-A_{F1}|}{|A_E-A_{E1}|}$$

由于端部漏磁占总磁通的比例随电枢轴向长度的改变而变化，为使曲线通用起见，引入端部漏磁计算系数 σ'_2 的概念，其定义为端部漏磁通 $\Phi_{\sigma e}$ 与电枢单位计算长度内主磁通 Φ_δ/L_{ef} 之比，σ'_2(cm)与端部漏磁系数 σ_2 的关系为

$$\sigma_2=\frac{\sigma'_2}{L_{ef}}+1 \tag{5-15}$$

图 5-12b 为采用电磁场数值计算方法得到的稀土永磁直流电机端部磁场分布图。计算得出端部漏磁计算系数 σ'_2 的计算用曲线如图 5-13 所示。图中 ΔL_m^* 见式(5-20)。

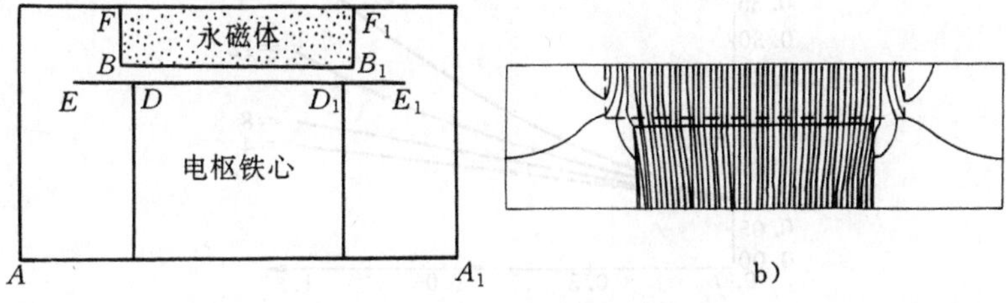

图 5-12 永磁直流电机的端部磁场

a）求解场域 b）端部磁场分布

求得 σ_1 和 σ'_2 后，永磁直流电机的空载漏磁系数为

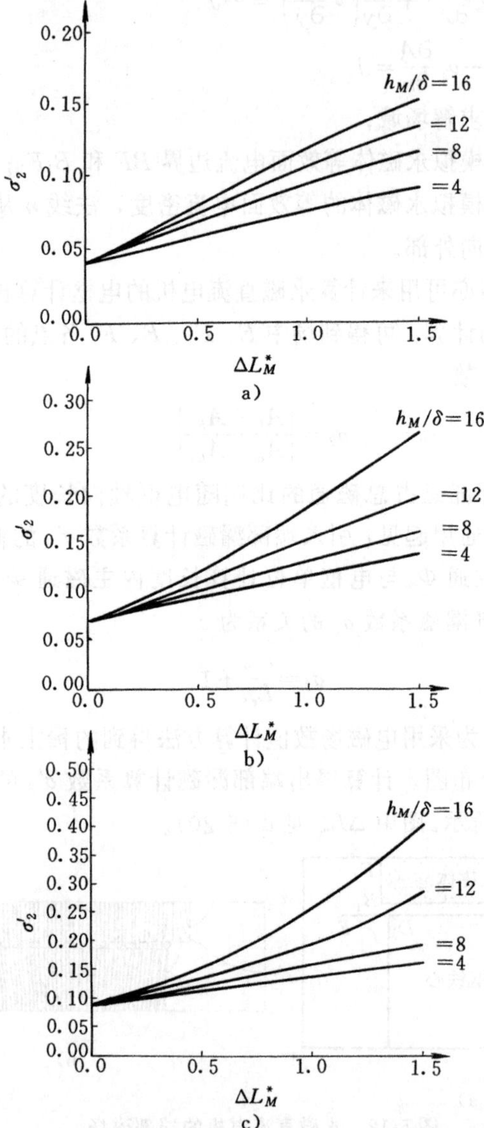

图 5-13　稀土永磁直流电机端部漏磁计算系数 σ'_2

a) $\delta=0.05\text{cm}$　b) $\delta=0.08\text{cm}$　c) $\delta=0.10\text{cm}$

$$\sigma_0=k(\sigma_1+\sigma_2-1)=k\left(\sigma_1+\frac{\sigma'_2}{L_{ef}}\right) \tag{5-16}$$

式中　k——经验修正系数。

在初步估算时，也可凭经验参照表 5-1 选取。

表 5-1　永磁直流电机空载漏磁系数 σ_0

磁极结构	无极靴瓦片形	圆　筒　形	弧　形	端　面　式
漏磁系数	1.1～1.3	1.2～1.4	1.3～1.4	1.5～1.6

4.2　电枢计算长度

从图 5-12b 的端部磁场分布图可以看出，电机铁心两端面附近存在边缘磁场，使得气隙磁场沿轴向分布不均匀。其中端部磁通的一部分匝链电枢绕组，应归入气隙有效磁通。电枢计算长度 L_{ef}的引入就是为了考虑电机气隙磁场的这部分端部效应。

为了充分利用有效材料，铁氧体永磁电机的磁极轴向长度 L_M 常比电枢铁心长度 L_a 显著地长出一段（见图 5-14），使气隙磁场的端部效应显著增大。此时，必须通过求解端部磁场来计及这部分端部效应。

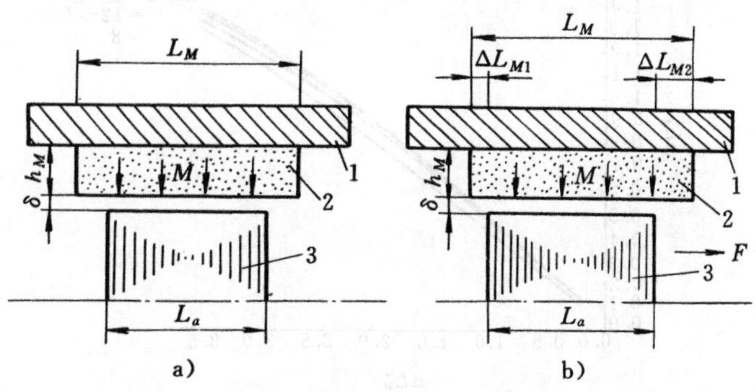

图 5-14　永磁电机永磁体轴向外伸结构示意图

a）对称结构　b）不对称结构

1—机壳　2—永磁体　3—电枢铁心

永磁直流电机电枢计算长度的端部磁场计算模型与端部漏磁

系数计算模型相同，见图 5-12a。通过磁场计算，可分别求得图 5-12a 中 E、E_1 及 D、D_1 各点的磁矢位值，则电枢计算长度增量

$$\Delta L_a = L_{ef} - L_a = \frac{|A_E - A_{E1}|}{|A_D - A_{D1}|} L_a - L_a \tag{5-17}$$

理论分析表明，永磁电机电枢计算长度的增量 ΔL_a 与 $h_M+\delta$ 有关，故为通用起见，取 $h_M+\delta$ 为基值。则电枢计算长度增量的相对值

$$\Delta L_a^* = \frac{\Delta L_a}{h_M+\delta} \tag{5-18}$$

于是电枢计算长度可按下式计算

$$L_{ef} = L_a + \Delta L_a^* (h_M+\delta) \tag{5-19}$$

采用电磁场数值计算方法得到的电枢计算长度增量的相对值 ΔL_a^* 计算曲线，如图 5-15 所示。图中 ΔL_M^* 为永磁体轴向外伸长度的相对值

$$\Delta L_M^* = \frac{\Delta L_M}{h_M+\delta} = \frac{L_m - L_a}{h_M+\delta} \tag{5-20}$$

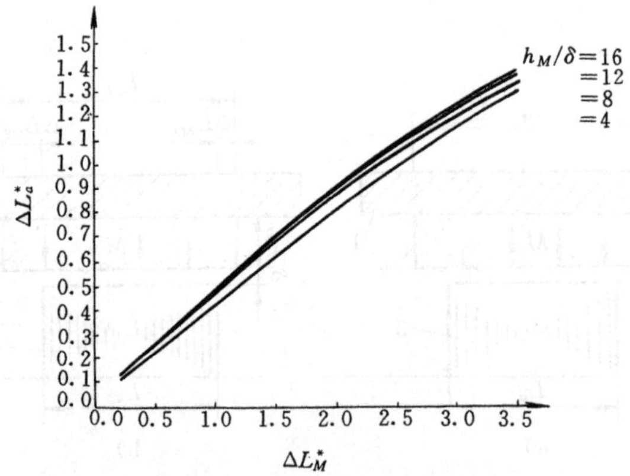

图 5-15　永磁电机电枢计算长度增量的相对值 ΔL_a^*

需要说明的是，如果所采用永磁体的轴向长度 $L_M = L_a$，由于电枢铁心轴向长度 L_a 远大于气隙长度 δ，气隙磁场向端部扩散的影响很小，可近似取

$$L_{ef}=L_a+2\delta \tag{5-21}$$

有时为了取得一个恒定的轴向磁推力而采用不对称的轴向外伸结构（见图 5-14b），其两端外伸分别为 ΔL_{M1} 和 ΔL_{M2}，则先将 $2\Delta L_{M1}^*$ 和 $2\Delta L_{M2}^*$ 分别查图 5-15 得到 ΔL_{a1}^* 和 ΔL_{a2}^*，电枢计算长度

$$L_{ef}=L_a+\frac{\Delta L_{a1}^*+\Delta L_{a2}^*}{2}(h_M+\delta) \tag{5-22}$$

4.3 计算极弧系数

从图 5-9b 和 c 可以看出，电机气隙径向磁场沿圆周方向的分布是不均匀的。为了便于磁路计算，引入了计算极弧系数 α_i。它可以定义为计算极弧宽度 b_i 与极距 τ 的比值；也可以定义为气隙平均磁通密度 $B_{\delta av}$ 与最大磁通密度 B_δ 的比值（见图 5-16）。即

$$\alpha_i=\frac{b_i}{\tau}=\frac{B_{\delta av}}{B_\delta} \tag{5-23}$$

α_i 的大小取决于气隙径向磁场沿圆周的分布。对于永磁电机，气隙磁场的分布与永磁体充磁方式（平行充磁、径向充磁）、磁极是否带有极靴、极靴的几何形状和磁路饱和程度等因素有关。

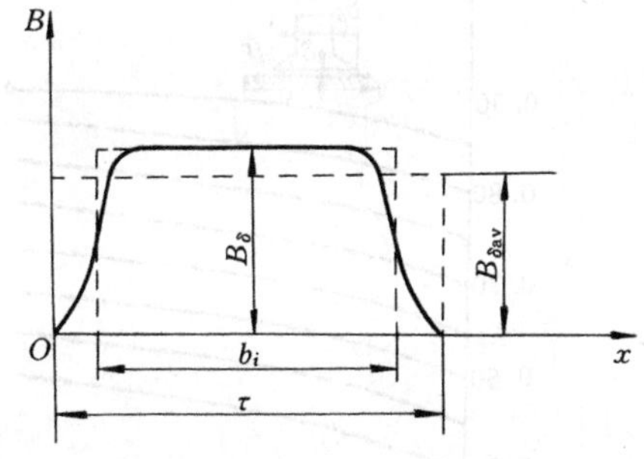

图 5-16 永磁直流电机的计算极弧系数

4.3.1 永磁磁极带软铁极靴

磁极装有软铁极靴的永磁电机的气隙磁场分布和计算极弧系数的计算与电励磁电机相同。

对于直角和锐角靴尖的软铁极靴，当气隙均匀分布、磁路不饱和时的计算极弧系数 α_i 可由图 5-17 查取，图中 $\alpha_p=b_p/\tau$ 为极弧系数。当考虑电枢开槽和磁路饱和的影响时，δ 以等效气隙长度 $\delta_e=K_\delta K_{st}\delta$ 代替，其中用 K_δ 考虑开槽的影响，用磁路齿饱和系数

K_{st}考虑电枢齿饱和的影响：

$$K_{st}=1+\frac{F_t}{F_\delta} \tag{5-24}$$

式中 F_δ，F_t——气隙和电枢齿磁位差（A）。

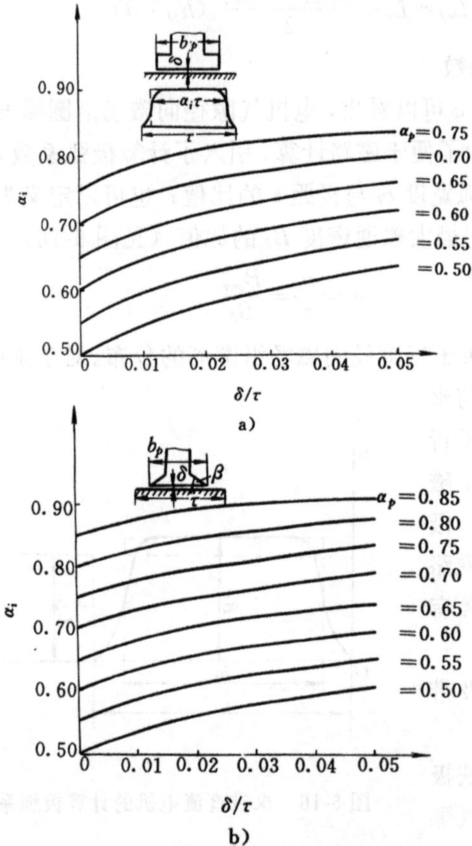

图 5-17 均匀气隙直流电机的计算极弧系数 $\alpha_i=f$（α_p，δ/τ）

a）直角靴尖 b）锐角靴尖（$\beta=30°$）

为削弱电枢反应对气隙磁场的畸变作用，永磁直流电机还常采用削角极靴（见图 5-18a）。这种极靴的气隙的大部分仍是均匀的，仅在两端靴尖处逐渐增大，此时 α_i 按下式计算：

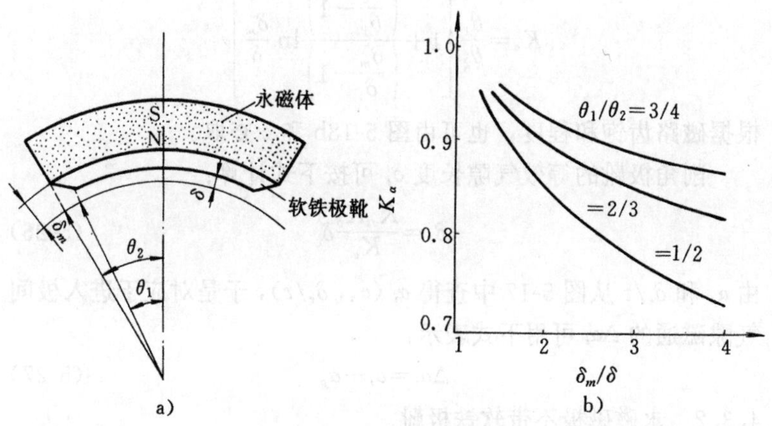

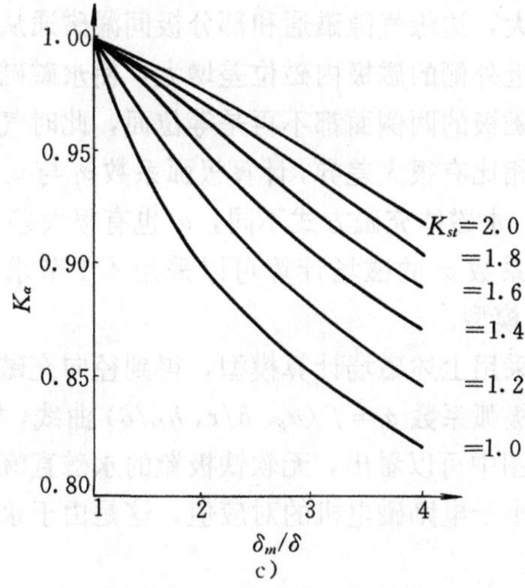

图 5-18 永磁直流电机削角极靴及其修正系数 K_α

a）削角极靴示意图 b）齿不饱和电机的 K_α

c）齿饱和电机（$\theta_1/\theta_2=2/3$）的 K_α

$$\alpha_i = K_\alpha \alpha_p + \Delta\alpha_i \tag{5-25}$$

式中　K_α——对应于极靴下磁通的修正系数，经推导

$$K_\alpha = \frac{\theta_1}{\theta_2}\left[1 + \frac{\left(\frac{\theta_2}{\theta_1} - 1\right)}{\left(\frac{\delta_m}{\delta} - 1\right)} \ln \frac{\delta_m}{\delta}\right]$$

根据磁路齿饱和程度，也可由图 5-18b 和 c 查取。

削角极靴的等效气隙长度 δ_e 可按下式计算：

$$\delta_e = \frac{K_{st} K_\delta}{K_\alpha} \delta \tag{5-26}$$

由 α_p 和 δ_e/τ 从图 5-17 中查得 α_i（α_p，δ_e/τ），于是对应于进入极间气隙磁通的 $\Delta\alpha_i$ 可用下式表示：

$$\Delta\alpha_i = \alpha_i - \alpha_p \tag{5-27}$$

4.3.2　永磁磁极不带软铁极靴

当磁极不带软铁极靴、永磁磁极直接面向空气隙时，由于永磁体内磁阻很大，边缘气隙磁通和部分极间漏磁通从永磁磁极两侧流出时，靠近外侧的磁极内磁位差增大，使永磁磁极与气隙的交界面和永磁磁极的两侧面都不再是等位面，此时气隙磁场分布与电励磁电机相比有很大差异，计算极弧系数 α_i 与 α_p、δ/τ 及 h_M/δ 有关。此外，永磁体充磁方式不同，α_i 也有很大差异。

计算极弧系数 α_i 的磁场计算可以采用 4.1 节求解极间漏磁系数 σ_1 的计算模型。

本书作者采用上述磁场计算模型，得到径向充磁和平行充磁情况下的计算极弧系数 $\alpha_i = f$（α_p、δ/τ，h_M/δ）曲线，如图 5-19 和 5-20 所示。从图中可以看出，无软铁极靴的永磁直流电机的计算极弧系数总是小于电励磁电机的对应值，这是由于永磁磁极内磁阻很大的缘故。

从图 5-19 还可以看出，在径向充磁情况下，当 h_M/δ 一定时，永磁电机的计算极弧系数 α_i 在 δ/τ 的很大一段范围内是一根与横轴平行的直线，这说明当 δ 在很大范围内变动时永磁直流电机的计算极弧系数几乎不变。而图 5-20 表明，在平行充磁情况下，在

h_M/δ 一定时，随着 δ/τ 的增大，α_i 的变化是很大的，而且极对数 p 对 α_i 也有很大影响。

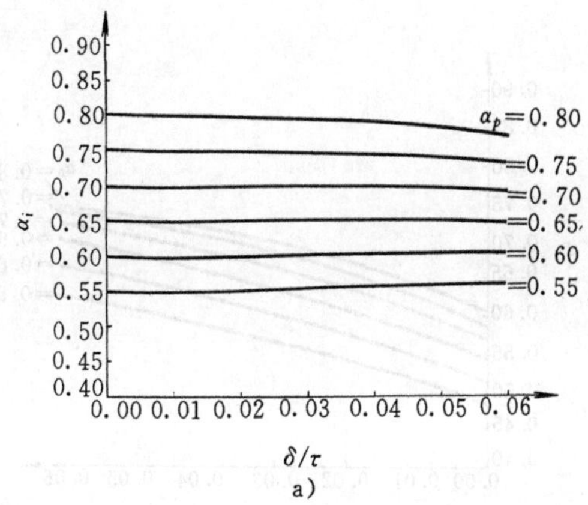

a)

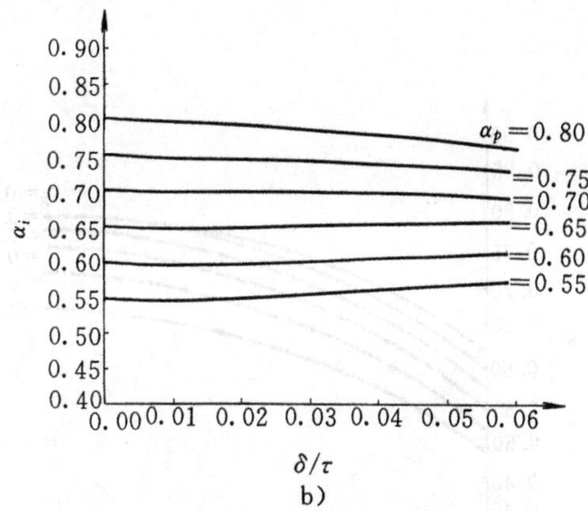

b)

图 5-19 径向充磁时永磁电机的计算极弧系数 α_i

a) $h_M/\delta=4$ b) $h_M/\delta=8$

为削弱电枢反应对永磁体的去磁作用和对气隙磁场的畸变作用，改善电机的换向，永磁直流电机常采用将永磁磁极削角的办法（见图 5-21）。理论研究表明，由于永磁磁极表面不再是等位面，K_α 需修改为

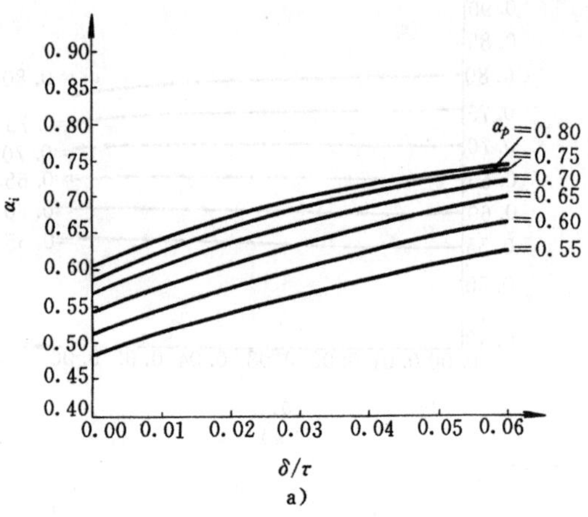

a)

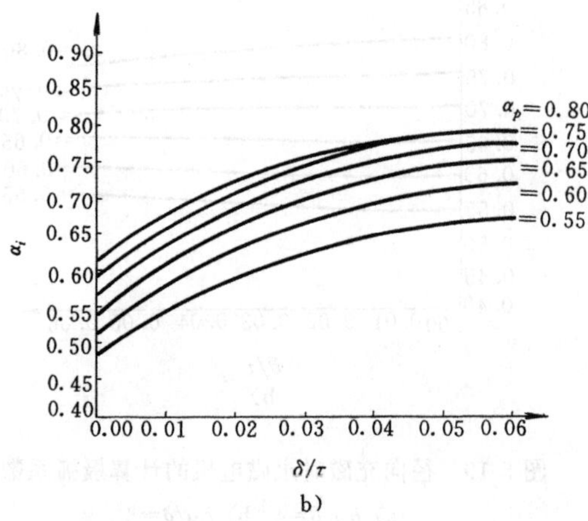

b)

图 5-20 平行充磁时永

a) $h_M/\delta=4$，$p=1$ b) h_M/δ

d) $h_M/\delta=$

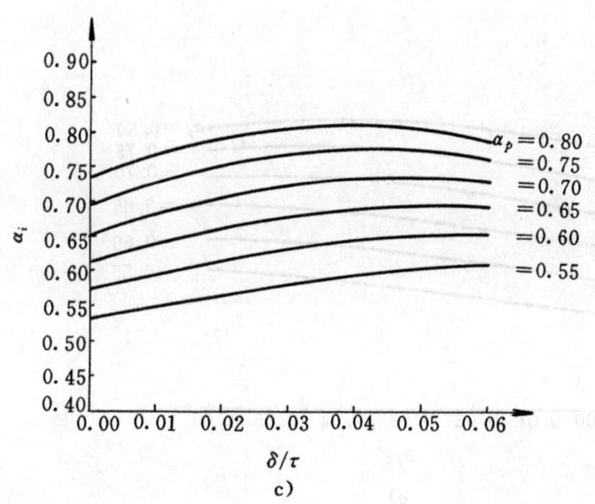

c)

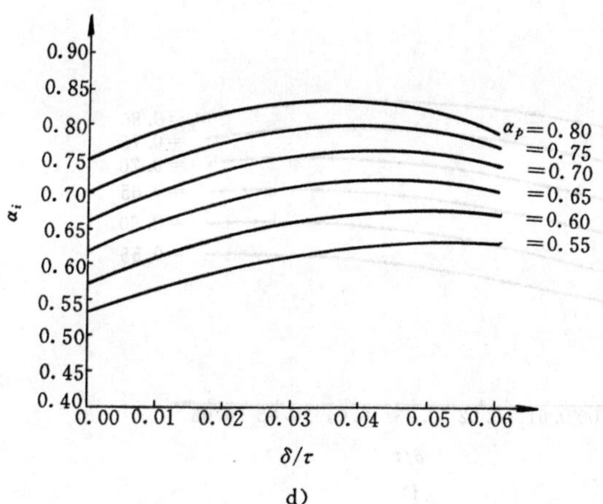

d)

磁电机的计算极弧系数 α_i

=8，p=1 c）h_M/δ=4，p=2

8，p=2

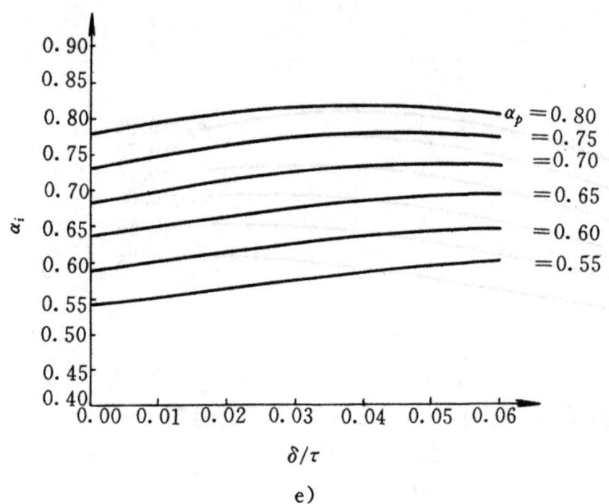

e）

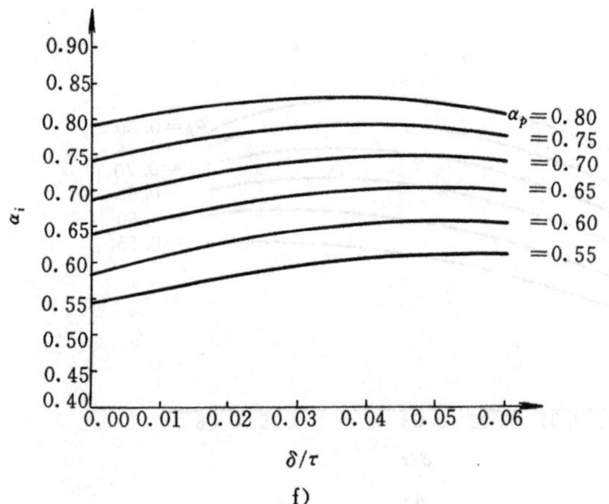

f）

图 5-20（续）

e）$h_M/\delta=4$，$p=3$　f）$h_M/\delta=8$，$p=3$

$$K_{\alpha}=1-\frac{1}{2}\left(1-\frac{h_{M1}}{h_M}\right)\left(1-\frac{\theta_1}{\theta_2}\right) \tag{5-28}$$

将 K_{α} 代入式（5-25）和（5-26）即得 α_i 和 δ_e。

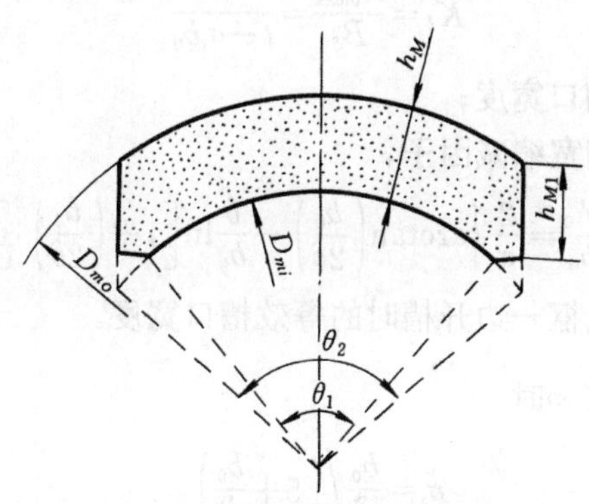

图 5-21 永磁直流电机的削角磁极

4.4 气隙系数

在电机的磁路计算中，计算气隙磁位差时，为了考虑因电枢开槽而使气隙磁阻增加的影响，引入了气隙系数 K_{δ}。它是计算气隙长度 δ_i 与实际气隙长度 δ 的比值，也是实际的气隙最大磁通密度 $B_{\delta\max}$ 与计算时采用的气隙最大磁通密度 B_{δ} 的比值。

$$K_{\delta}=\frac{\delta_i}{\delta}=\frac{B_{\delta\max}}{B_{\delta}} \tag{5-29}$$

4.4.1 永磁磁极带软铁极靴

对于永磁磁极带软铁极靴的结构，气隙系数的计算与电励磁电机相同。

气隙系数 K_{δ} 最早是由 Cater（卡特）提出来的，他在假定槽为无限深且气隙两边定、转子铁心表面为等位面的条件下，采用解析法得到了电枢一边开槽时一个齿距内的气隙磁密分布，如图 5-22 所示。图中阴影线部分为电枢开槽后一个齿距内所损失的磁通。一个齿距内的气隙磁通

$$B_{\delta\max}t-B_0s=B_{\delta}t$$

式中　s——由开槽引起的脉振磁通波长；

t——沿电枢圆周的齿距。

进一步推导可得气隙系数

$$K_{\delta}=\frac{B_{\delta\max}}{B_{\delta}}=\frac{t}{t-\sigma_s b_0} \tag{5-30}$$

式中　b_0——槽口宽度；

σ_s——槽宽缩减因子，

$$\sigma_s=\frac{b'_0}{b_0}=\frac{2}{\pi}\left\{\arctan\left(\frac{b_0}{2\delta}\right)-\frac{\delta}{b_0}\ln\left[1+\left(\frac{b_0}{2\delta}\right)^2\right]\right\} \tag{5-31}$$

b'_0——电枢一边开槽时的等效槽口宽度。

当 $1<\frac{b_0}{\delta}<\infty$ 时

$$\sigma_s=\frac{b_0}{\delta}\Bigg/\left(5+\frac{b_0}{\delta}\right) \tag{5-32}$$

工厂通常使用经验公式，可参见各种电机的电磁计算程序。

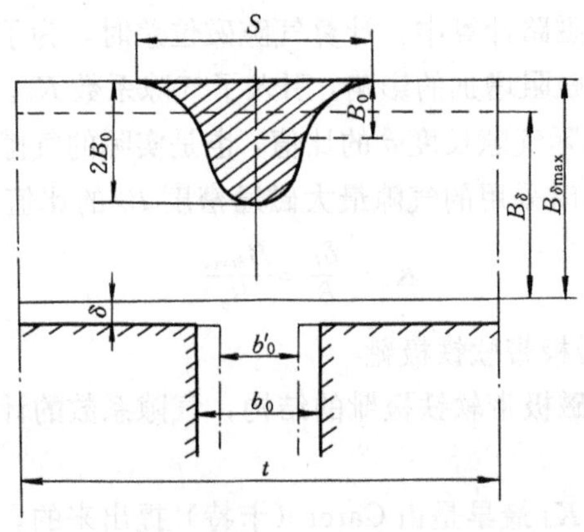

图 5-22　电枢一边开槽后一个齿距内的气隙磁密分布

4.4.2　永磁磁极不带软铁极靴

当永磁磁极不带软铁极靴，即永磁磁极直接面对开槽电枢时，由于永磁材料的磁导率接近于空气的磁导率，永磁体内磁阻很大，永磁磁极与空气隙的交界面不再是等位面。理论分析表明，计算永磁电机的气隙系数可以沿用电励磁电机的公式，但需把永磁体磁化方向长度 h_M 也当作气隙，它与气隙长度 δ 之和作为总气隙长度代入式（5-31）中，即

$$\sigma_s=\frac{2}{\pi}\left\{\arctan\frac{1}{2}\left(\frac{b_0}{h_M+\delta}\right)-\left(\frac{h_M+\delta}{b_0}\right)\ln\left[1+\frac{1}{4}\left(\frac{b_0}{h_M+\delta}\right)^2\right]\right\} \tag{5-33}$$

式（5-33）与式（5-31）形式相同，代入式（5-30）得出总气隙系数 $K_{\delta m}$，由此得出计算气隙长度

$$\delta_i=K_{\delta m}\ (\delta+h_M)\ -h_M=K_{\delta m}\delta+\ (K_{\delta m}-1)\ h_M$$

得永磁电机的气隙系数

$$K_\delta=\frac{\delta_i}{\delta}=K_{\delta m}+\ (K_{\delta m}-1)\ \frac{h_M}{\delta} \tag{5-34}$$

5　永磁直流电动机的电枢反应

在电机学中，电机负载运行时电枢绕组电流产生的电枢磁动势对气隙磁场的影响称为电枢反应。但对于永磁电机，电枢磁动势不仅影响气隙磁场的分布与大小，而且影响永磁体的工作状态，使永磁体的工作点相应改变。影响的程度与磁极结构有很大关系。

5.1　交轴电枢磁动势和电枢反应

图 5-23a 为一台理想化永磁直流电动机模型，电枢铁心表面无齿槽，导体在电枢铁心表面均匀连续分布，电枢绕组为整距，电刷位于几何中性线上。由于电枢绕组各支路中的电流是由电刷引入或引出的，电刷是电枢表面电流分布的分界线，因此电枢磁动势的轴线正好位于交轴（与磁极中心线正交的轴线，又叫 q 轴）方向，为交轴电枢磁动势。图 5-23b 为从几何中性线处展开时交轴电枢磁动势的分布图。在距磁极中心线（即直轴，又叫 d 轴）x（cm）处交轴电枢磁动势（A）的大小与 x 成正比，为

$$F_{qx}=Ax\qquad -\frac{\tau}{2}\leqslant x\leqslant\frac{\tau}{2} \tag{5-35}$$

$$A=\frac{NI_a}{2\pi aD_a} \tag{5-36}$$

式中 A——电负荷（A/cm）；

D_a——电枢直径（cm）。

交轴电枢磁动势沿电枢表面作三角形波形分布，如图 5-24 所示。在交轴处，即 $x=\pm\tau/2$，交轴电枢磁动势最大，其幅值 F_{aq}（A）为

$$F_{aq}=\pm\frac{A\tau}{2} \tag{5-37}$$

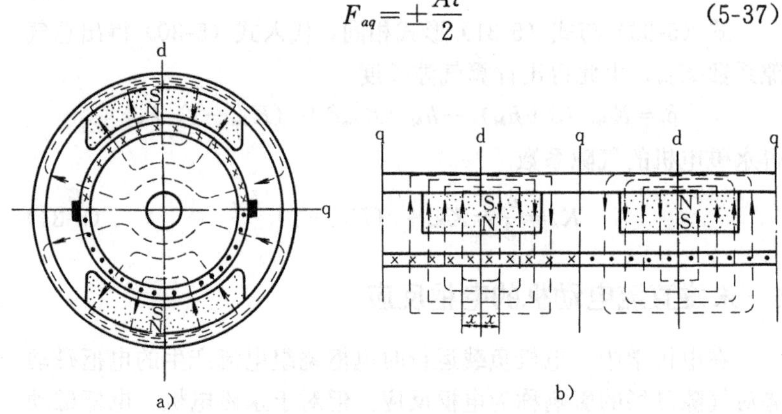

图 5-23　理想化永磁直流电机模型

a）断面图　b）展开图

先分析磁极无极靴时（图 5-23）的交轴电枢反应。在极弧部分，电枢反应磁场的磁通密度（T）

$$B_{qx}=\frac{F_{qx}\times10^2}{\dfrac{\delta}{\mu_0}+\dfrac{h_M}{\mu_r\mu_0}} \tag{5-38}$$

在两极之间，由于空气的磁导率与永磁体磁导率很接近，因此磁通密度 B_{qx}并不急剧减小，仍随 x 增大而上升，只是由于空气磁导率比永磁体稍低，B_{qx}的增长要稍缓慢一些。图 5-24 示出交轴电枢磁动势和磁场的分布，由图可见，永磁直流电动机的交轴电枢反应磁场分布为近似三角形而不是马鞍形，其最大磁通密度发生在交轴上。这也是永磁直流电动机交轴电枢反应区别于电励磁电机的一个特点。

电枢齿未饱和时，整个磁路系统为线性，气隙磁场 B_δ 可由电

枢反应磁场 B_{qx} 和主极磁场 B_0 应用叠加原理得到，见图 5-24。由图可见，交轴电枢反应使每个极下的磁场波形发生扭曲，在半边磁极下增磁，在另半边磁极下去磁。由于磁路为线性，增磁量和去磁量相等，因此一个极下总磁通量不变。当电枢齿饱和时，一半极下增磁的效应要比另一半极下去磁的效应弱一些，使一个极下的总磁通量有所减少，表现出一定的去磁效应。但对无极靴的永磁直流电动机而言，电枢反应磁场要经过磁导率接近空气的永磁体，对气隙磁场的去磁效应并不大，而且准确计算很困难，通常不予考虑。交轴电枢磁动势对气隙磁场的作用主要是使气隙磁场的分布发生畸变，对换向不利。

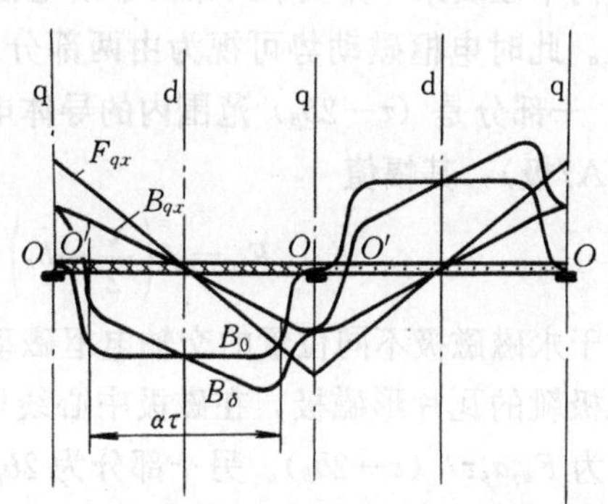

图 5-24　电枢磁动势和气隙合成磁场分布

无极靴时交轴电枢磁动势直接作用在永磁体上，特别是产生去磁效应一侧的磁极极尖处，交轴电枢磁动势最大，容易使永磁体产生不可逆退磁。因此，需要进行最大去磁时工作点的校核计算。

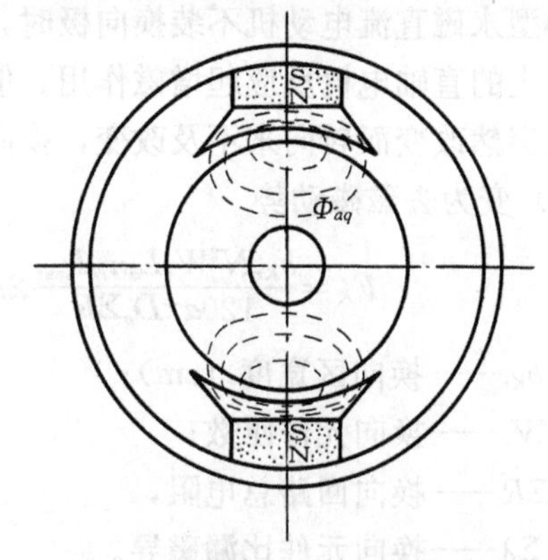

图 5-25　有极靴电机的交轴电枢反应

在磁极有软铁极靴且足够厚时，交轴电枢反应磁通经极靴闭合（见图 5-25），对永磁体基本上无影响，只对气隙磁场有影响，引起气隙磁场畸变和去磁效应。

5.2 直轴电枢磁动势和电枢反应

实际电机中，为了改善换向或产生串励性能，电刷常常要离开几何中性线某一角度 β，相当于沿电枢表面离开几何中性线 b_β 距离。此时电枢磁动势可视为由两部分电流产生（如图 5-26 所示）：一部分是（$\tau-2b_\beta$）范围内的导体电流，产生交轴电枢磁动势（A/极），其幅值

$$F_{aq}=A\left(\frac{\tau}{2}-b_\beta\right) \tag{5-39}$$

作用于永磁磁极不同位置的交轴电枢磁动势的大小是不同的，对于无极靴的瓦片形磁极，在磁极中心线处为 0；在磁极极尖处最大，为 $F_{aq}\alpha_p\tau/(\tau-2b_\beta)$。另一部分为 $2b_\beta$ 范围内的导体电流产生的电枢磁动势，其轴线与磁极中心线（d 轴）重合，为直轴电枢磁动势（A/极），其幅值

$$F_{ad}=Ab_\beta \tag{5-40}$$

直轴电枢磁动势直接对永磁磁极起增磁或去磁作用。对电动机来说，当电刷顺转向移动时起增磁作用，逆转向移动时起去磁作用。

小型永磁直流电动机不装换向极时，换向是延迟的。换向电流所产生的直轴电枢反应起增磁作用。但在突然反转时，电枢电流方向突然改变而转向来不及改变，换向元件的直轴电枢磁动势（A/极）变为去磁磁动势

$$F_K=\frac{b_{Kr}N^2W_sL_an_NI_{\max}}{120a\pi D_a\Sigma R}\Sigma\lambda\times10^{-8} \tag{5-41}$$

式中 b_{Kr}——换向区宽度（cm）；

W_s——换向元件匝数；

ΣR——换向回路总电阻，

$\Sigma\lambda$——换向元件比漏磁导。

如果电机不运行在突然堵转、突然反转状态时则无此项去磁磁动势。

装配过程中电刷有可能偏移几何中性线或设计规定位置，一

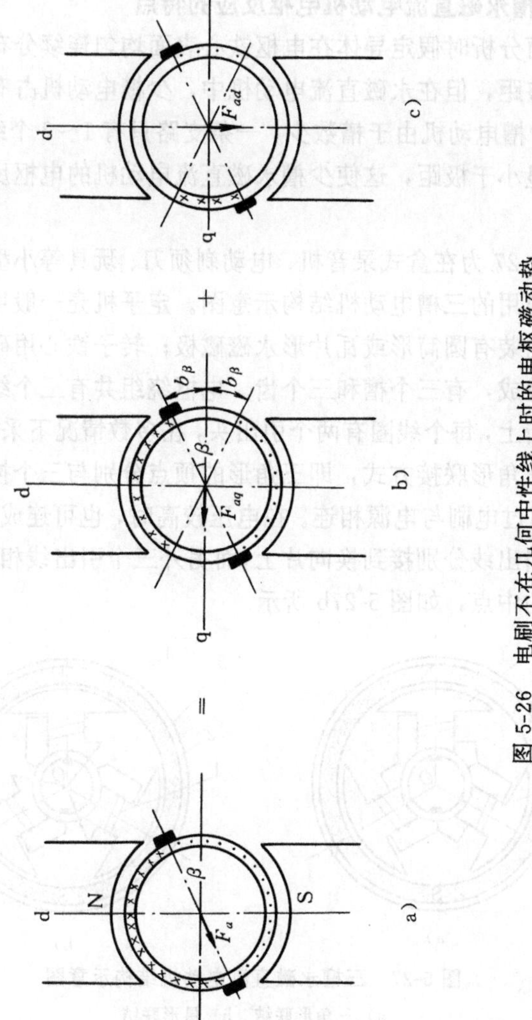

图 5-26 电刷不在几何中性线上时的电枢磁动势

a）电枢磁动势 b）交轴分量 c）直轴分量

般认为偏移量 b_s＝0.02～0.03cm。偏移方向是随机的，为可靠起见，可按去磁计算，即

$$F_{as}=b_sA \tag{5-42}$$

5.3 少槽永磁直流电动机电枢反应的特点

前面分析时假定导体在电枢铁心表面均匀连续分布，且电枢绕组为整距，但在永磁直流电动机中，少槽电动机占有较大的比例。而少槽电动机由于槽数少，一条支路只有 1～2 个线圈，线圈节距明显小于极距，这使少槽永磁直流电动机的电枢反应有许多特点。

图 5-27 为在盒式录音机、电动剃须刀、玩具等小型器具中得到广泛应用的三槽电动机结构示意图。定子机壳一般用钢板拉伸而成，内装有圆筒形或瓦片形永磁磁极；转子铁心用硅钢片或无硅钢片叠成，有三个槽和三个齿。电枢绕组共有三个线圈分别绕在三个齿上，每个线圈有两个引出头，在多数情况下采用图 5-27a 所示的三角形联接方式，即三角形的顶点分别与三个换向片相连接，并通过电刷与电源相连。在电压较高时，也可连成星形联结，即三个引出线分别接到换向片上，而另外三个引出线相互连接，形成星形的中点，如图 5-27b 所示。

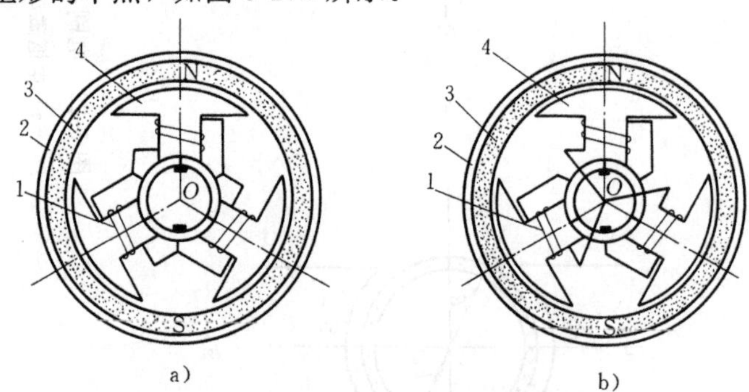

图 5-27　三槽永磁直流电动机结构示意图

a）三角形联结　b）星形联结

1—电枢线圈　2—机壳　3—永磁体　4—电枢铁心

为了考虑线圈短距的影响，在计算少槽电动机的感应电动势

和电磁转矩时都要引入短距因数 K_p

$$K_p = \sin\left(\frac{\pi}{2}\frac{y_1}{\tau}\right) \tag{5-43}$$

式中　y_1——少槽永磁直流电动机的线圈节距。

一般多槽永磁直流电动机电枢磁动势的轴线在空间是固定不动的，当电刷位于几何中性线时，电枢磁动势轴线将始终处于交轴方向。少槽电机则不然，其电枢磁动势轴线将随着转子的转动在一定范围内摆动。下面以三槽电动机为例加以分析说明。

一般情况下三槽电动机有两条支路，一条支路只有一个线圈，而另一条支路有两个线圈。图 5-28 示出了三槽电动机电枢磁动势当转子转到不同位置时的变化情况。对于图 5-28a，齿 1 刚从磁极轴线转过一点点位置，亦即线圈 1 刚结束换向。这时线圈 1 和 2 属一条支路，线圈 3 为另一条支路，假设前一支路电流约为后一支路电流的一半，三个线圈产生的磁动势 F_1、F_2、F_3 及合成磁动势 F_a 大体如图所示，F_a 在偏离 q 轴 30°的方向上。随着转子的转动，F_a 轴线亦随之转动。转子转过 30°，F_a 亦转过 30°到 q 轴位置（见图 5-28b）。转子再转过 30°，F_a 转到离 q 轴另一侧 30°的方向（图 5-28c），此时线圈 2 开始换向，当其换向结束时，线圈 2 的电流反向，线圈 2、3 为一条支路，线圈 1 为另一条支路，这时 F_1、F_2、F_3 及 F_a 大体如图 5-28d 所示，F_a 轴线位置与图 5-28a 相同。

由上述分析可知，少槽永磁直流电动机的电枢磁动势 F_a 在 q 轴左右摆动，摆动的角度 α_a 就是相邻二次换向时转子转过的角度，其平均方向是 q 轴。

$$\begin{aligned}\alpha_a &= \frac{360°}{2K} \qquad (K\text{ 为奇数})\\ \alpha_a &= \frac{360°}{K} \qquad (K\text{ 为偶数})\end{aligned} \tag{5-44}$$

式中　K——换向片数。

电枢磁动势同样可以分成交轴和直轴分量。直轴交变磁动势的幅值（A/极）为

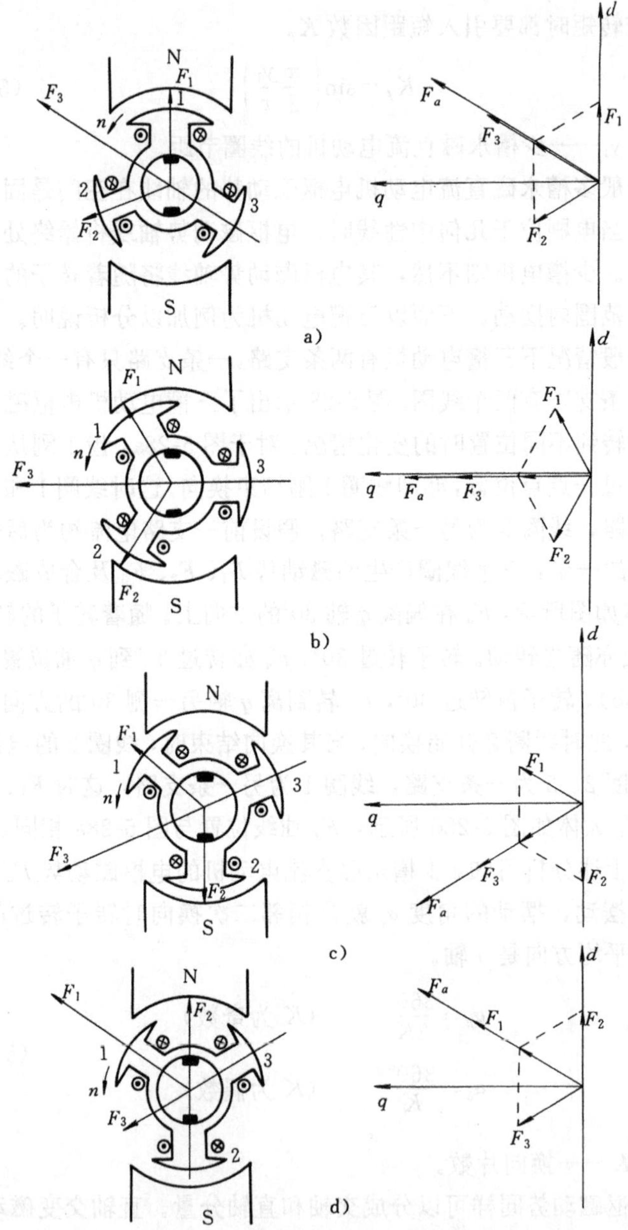

图 5-28　三槽永磁直流电动机电枢反应

$$F_{ad\theta}=\frac{\pi D_a A}{2K}\sin\frac{\alpha_a}{2} \tag{5-45}$$

直轴交变电枢磁动势与一般直轴电枢磁动势一样，对气隙磁场起增磁或去磁作用。

5.4 最大去磁时永磁体工作点校核计算

永磁直流电动机经常处于起动、堵转、突然停转或突然反转等运行状态，此时绕组中的电流常常是额定电流的几倍甚至十几倍，这样大的电流产生的电枢反应去磁作用是很强的，将使永磁体工作点显著下降。因此从电机运行可靠性出发，在电机设计中必须校核最大去磁工作点，使其位于永磁体退磁曲线拐点之上。

在永磁直流电动机中，最大去磁磁动势取决于电机可能产生的最大瞬时电流，这与电机的运行状态有关，现分别计算如下。

电动机起动时，在加电压的初瞬间，转子由于惯性来不及转动，$n=0$，$E_a=0$。由电压平衡方程可得起动时最大瞬时电流，也就是堵转时电流

$$I_{\max}=\frac{U-\Delta U_b}{R_a} \tag{5-46}$$

突然停转是指电动机在电压 U 下正常运行时，突然将其断电，此时电枢电压 $U=0$。在 $U=0$ 的初瞬间，由于转子惯性，电动机转速 n 来不及变化，相应的反电动势 E_a 也不变，因此突然停转时最大瞬时电流

$$I_{\max}=-\frac{E_a-\Delta U_b}{R_a} \tag{5-47}$$

突然反转时，电枢电压由 $+U$ 突然变到 $-U$，而由于转子惯性，n 和 E_a 都来不及变化，此时的最大瞬时电流

$$I_{\max}=\frac{U+E_a-\Delta U_b}{R_a} \tag{5-48}$$

将最大瞬时电流代入上述交、直轴电枢磁动势计算公式，求出作用于去磁侧永磁磁极极尖处的每对极的最大电枢去磁磁动势

$$F_{a\max}=2\left(F_{ad}+F_{as}+F_{ad\theta}+F_K+\frac{\alpha_p\tau}{\tau-2b_\beta}F_{aq}\right) \tag{5-49}$$

运用第 3 章的方法计算出最大去磁时的工作点 (b_{mh}, h_{mh})，设计中应保证电机在发生最大去磁磁动势时，磁极极尖处的永磁体工作点位于退磁曲线拐点之上，即

$$b_{mh} > b_k$$

或

$$h_{mh} < h_k \tag{5-50}$$

式中 b_k——永磁材料退磁曲线上拐点处磁通密度标么值；

h_k——永磁材料退磁曲线上拐点处退磁磁场强度标么值。

6 永磁直流电动机的设计特点

永磁直流电动机的设计大部分与电励磁直流电动机相同，主要差别在于励磁部分不同及由此而引起的结构型式和参数取值范围的差异。有关永磁材料和磁极结构型式的选择、磁路计算主要系数、电枢反应和永磁体工作点的计算已在前面介绍，下面主要介绍小功率永磁直流电动机设计中某些特点。

永磁直流电动机的磁极结构多种多样，磁场分布复杂，计算准确度比电励磁直流电动机低；而且永磁材料本身性能在一定范围内波动，直接影响磁场大小并使电动机性能产生波动；永磁电动机制成后又难以调节其性能。这些都增加了永磁直流电动机设计计算的复杂性。除了采用电磁场数值计算等现代设计方法尽可能提高计算准确性外，设计中要留有一定的裕度，并充分考虑永磁材料性能波动可能带来的影响。

永磁直流电动机的应用场合极为广泛，不同的使用器具对电机性能的要求大不一样。有的要求伺服性能好；有的要求价格低廉；有的要求效率高、节能；有的则要求功率密度高、体积小；有的工作环境恶劣；有的则对某项指标要求苛刻。因而在设计时不论是主要尺寸和电磁负荷的选择，还是绕组和冲片的设计都有很大差异，选择的范围很大，需要针对用户对电机性能、尺寸和价格的具体要求以及所选用的永磁材料，根据制造厂的现有条件和经验，选择适宜的结构型式和参数值进行多方案分析比较后确定。

6.1 主要尺寸选择

永磁直流电动机的主要尺寸是指电枢直径 D_a 和电枢计算长度 L_{ef}，除了可根据用户实际使用中安装尺寸要求或参考类似规格电机的尺寸确定外，它可根据给定的额定数据来选择。

6.1.1 主要尺寸的基本关系式

与传统电机一样，主要尺寸的基本关系式：

$$\frac{D_a^2 L_{ef} n}{P'}=\frac{6.1\times 10^4}{\alpha_i A B_\delta K_p} \tag{5-51}$$

式中 P'——计算功率

$$P'=E_a I_a$$

在实际电机设计中，上式中的 P' 一般根据给定的额定数据按下式计算：

$$P'=\left(\frac{1+2\eta}{3\eta}\right)P_N$$

电机长径比 $\lambda=L_{ef}/D_a$ 的选择对电机的性能、重量、成本有很大影响。在永磁直流电机设计中，一般取 $\lambda=0.6\sim1.5$。对控制用永磁直流伺服电动机，为了减小机械时间常数，λ 取值很大，有的可达 2.5。

将 $L_{ef}=\lambda D_a$ 代入式（5-51）可得到电枢直径 D_a（cm）的计算公式：

$$D_a=\sqrt[3]{\frac{6.1P'\times 10^4}{\alpha_i A B_\delta \lambda n K_p}} \tag{5-52}$$

6.1.2 电磁负荷的选择

直流电动机的主要尺寸与所选择的电负荷和磁负荷有密切关系。电励磁直流电动机可根据设计要求和经济性，经过优化或分析比较多种方案，找到最佳的电磁负荷值。永磁电机则不同，其磁负荷基本上由永磁材料的性能和磁路尺寸决定，当永磁材料和磁极尺寸选定后，B_δ 就基本上被决定了，在设计时变化范围很小。

电机的气隙磁密 B_δ 主要由所选用的永磁材料的剩余磁密 B_r 决定。初选时可根据永磁材料和磁极结构选取，通常为（0.6～

0.85）B_r。

对于连续运行的永磁直流电动机，一般取电负荷

$$A=30\sim100\text{A/cm}\ （小功率电动机）$$

$$A=100\sim300\text{A/cm}\ （小型电动机）$$

功率小时通常取小值。

6.1.3 气隙长度选取

永磁电机的气隙长度 δ 是影响制造成本和性能的重要设计参数，它的取值范围很宽，在永磁直流电机设计中选取 δ 值时，需要考虑多种因素的影响。

从电机抗去磁能力考虑，较小的 δ 值对提高抗去磁能力有利，但由于制造和装配工艺的限制，δ 不能取得太小，而且 δ 太小还将使电机的换向性能变坏。气隙长度 δ 的选取还与所选用的永磁材料的种类有关。一般来说，对于铝镍钴永磁，由于 H_c 较小，抗去磁能力相对较差，δ 宜取小一些；铁氧体永磁的 H_c 相对较高，δ 可取大一些；而钕铁硼等稀土永磁的 H_c 很高，δ 可取更大一些。此外，极数亦是选取 δ 值时应考虑的一个因素。

6.2 定子尺寸选择

定子尺寸是机壳尺寸和永磁体尺寸，而永磁体尺寸与永磁体材料种类及磁极结构型式有关。

6.2.1 永磁体尺寸选取

1. 永磁体磁化方向长度　永磁体磁化方向长度 h_M 与气隙 δ 大小有关，由于永磁体是电机的磁动势源，因此永磁体磁化方向长度 h_M 的选取首先应从电机的磁动势平衡关系出发，预估一初值，再根据具体的电磁性能计算进行调整；h_M 的大小决定了电机的抗去磁能力，因此还要根据电枢反应去磁情况的校核计算来最终确定 h_M 选择得是否合适。

从磁动势平衡关系出发，对于径向式磁极结构，永磁体磁化方向长度 h_M（cm）的初选值可由下式给出：

$$h_M=\frac{K_s K_\delta b_{m0}\mu_r}{\sigma_0\ (1-b_{m0})}\delta$$

式中　K_s——外磁路饱和系数；

K_δ——气隙系数；

δ——气隙长度（cm）；

σ_0——空载漏磁系数；

b_{m0}——预估永磁体空载工作点；

μ_r——永磁材料相对回复磁导率。

对于切向式结构，可将按上式估算出的值加倍后作为 h_M 的初选值。

在 h_M 的具体选择中应注意的选择原则是：在保证电机不产生不可逆退磁的前提下 h_M 应尽可能小。因为 h_M 过大将造成永磁材料的不必要浪费，增加电机成本。

2. 永磁体内径 D_{mi}

$$D_{mi}=D_a+2\delta+2h_p$$

式中　h_p——极靴高（cm），对于无极靴磁极结构，$h_p=0$。

3. 永磁体外径 D_{mo}

$$D_{mo}=D_{mi}+2h_M\text{（瓦片形结构）}$$

4. 永磁体轴向长度 L_M

一般取

$$L_M=L_a$$

对于铁氧体永磁材料，由于 B_r 较低，可取

$$L_M=(1.1\sim1.2)L_a$$

6.2.2　机壳尺寸的选取

1. 机壳厚度 h_j

铁氧体或钕铁硼永磁电机一般采用钢板拉伸机壳。由于机壳是磁路的一部分（定子轭部磁路），在选择厚度时要考虑不应使定子轭部磁密 B_{j1} 太高，一般应使

$$B_{j1}=1.5\sim1.8\text{T}$$

则机壳厚度 h_j

$$h_j=\frac{\sigma\alpha_i\tau L_{ef}B_\delta}{2L_jB_{j1}}$$

式中 L_j——机壳计算长度

$$L_j=(2\sim3)L_a$$

2. 机壳外径 D_j

$$D_j=D_{mo}+2h_j$$

用户有特殊要求时，D_j 的取值应首先满足用户要求，以 D_j 为基准调整选择其他尺寸，包括电枢直径 D_a、电枢长度 L_a、气隙长度 δ 和永磁体尺寸。

6.3 电枢冲片设计

6.3.1 槽数Q

一般根据电枢直径 D_a（cm）的大小选取 Q，并且通常按奇数槽选择，因为奇数槽能减少由电枢齿产生的主磁通脉动，有利于减小定位力矩。对于小功率永磁直流电动机，其槽数一般为三至十几槽，但亦有二十多槽的。

槽数的选择一般从以下几个方面考虑：

1）当元件总数一定时，选择较多槽数，可以减少每槽元件数，从而降低槽中各换向元件的电抗电动势，有利于换向；同时槽数增多后，绕组接触铁心的面积增加，有利于散热。但槽数增多后，槽绝缘也相应增加，使槽面积的利用率降低，而且电机的制造成本也会有所增加。

2）槽数过多，则电枢齿距 t_2 过小，齿根容易损坏。

齿距通常限制为

当 $D_a<30\text{cm}$ 时　　$t_2>1.5\text{cm}$

当 $D_a>30\text{cm}$ 时　　$t_2>2.0\text{cm}$

3）电枢槽数应符合绕组的绕制规则和对称条件。

6.3.2 电枢槽形

一般选择梨形槽、半梨形槽或斜肩圆底槽、平行齿的槽形结构，在容量极小的永磁直流电机中，也有选择圆形槽的。此外，汽车、摩托车用起动机电动机，因电压仅12V，采用矩形导体和半开口矩形槽。

图5-29为常用电枢槽形结构示意图，下面以梨形槽和矩形槽

为例说明各部分尺寸的选择原则和设计计算方法，对于其他槽形，读者不难自行推出。

1. 梨形槽

1）槽口宽 b_{02}

$$b_{02}=0.2\sim0.3\text{cm}$$

在保证下线和机械加工方便的条件下，应选小的 b_{02} 值。

2）槽口高 h_{02}

$$h_{02}=0.08\sim0.20\text{cm}$$

h_{02} 主要从机械强度和冲模寿命两方面考虑，不能取得太小。

3）齿宽 b_{t2}

$$b_{t2}=\frac{B_\delta t_2 L_{ef}}{K_{\text{Fe}} B_{t2} L_a}$$

式中　t_2——电枢齿距，

$$t_2=\frac{\pi D_a}{Q}$$

K_{Fe}——电枢冲片叠压系数，一般取 $K_{\text{Fe}}=0.92\sim0.95$

通常取 $B_{t2}=1.2\sim1.8\text{T}$。考虑到电枢齿的机械强度，应使 $b_{t2}\geqslant 0.1\text{cm}$。

4）轭高 h_{j2}

$$h_{j2}=\frac{\Phi'_\delta}{2K_{\text{Fe}} B_{j2} L_a}$$

通常取 $B_{j2}=1.2\sim1.6\text{T}$。

5）电枢冲片内径 D_{i2}　D_{i2} 应与轴伸端的转轴外径相配，相等或取略大值。轴伸端的外径应符合标准尺寸。

6）槽上半部半径 r_{21}　根据几何关系，可得

$$r_{21}=\frac{D_a(t_2-b_{t2})-2t_2h_{02}}{2(D_a+t_2)}$$

7）槽下半部半径 r_{22}　可初算为

$$r_{22}=\left(\frac{1}{2}\sim\frac{2}{3}\right)r_{21}$$

8）槽上下半圆圆心距 h_{22}

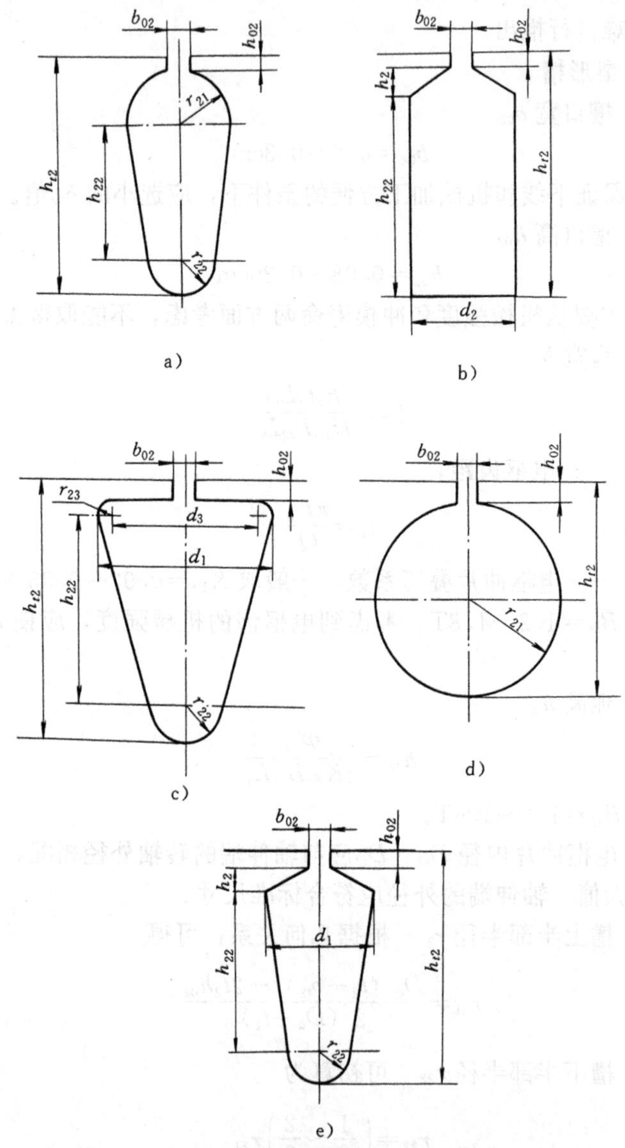

图 5-29　永磁直流电动机常用槽形

a）梨形槽　b）矩形槽　c）半梨形槽　d）圆形槽　e）斜肩圆底槽

$$h_{22}=\frac{D_a-D_{i2}}{2}-（h_{02}+r_{21}+r_{22}+h_{j2}）$$

9）槽面积 A_s

$$A_s=（r_{21}+r_{22}）h_{22}+\frac{\pi}{2}（r_{21}^2+r_{22}^2）$$

2. 矩形槽

1）槽口宽度及高度　槽口宽度及高度可与梨形槽一样。由于这种槽采用矩形导线，用穿线法从一端穿入，槽口只起到限制槽漏磁通的作用。

2）槽口斜面处高 h_2

$$h_2=（1\sim1.5）h_{02}$$

3）最小齿宽 $b_{t2\min}$

$$b_{t2\min}=\frac{B_\delta L_{ef}t_2}{K_{Fe}B_{t\max}I_a}$$

式中　$B_{t\max}$——齿下部允许使用的磁通密度，可取 1.8T。

4）槽面积 A_s　根据电流值和适用的电流密度，选择适当的导线及绝缘规范，初定槽面积 A_s。然后，根据保证 $b_{t2\min}$的条件，求出槽宽 d_2 及槽深 h_{22}，再与原先选择的导线比较，必要时重新选择导线。

7　永磁直流电动机的动态特性

永磁直流电动机的一个重要用途是作为控制用电动机，是自动控制系统中常用的执行元件，如永磁直流伺服电动机和永磁直流力矩电动机等。前者将输入的电压信号变换成转轴的角位移或角速度输出；后者能够长期处于堵转或低速状态下工作并输出大转矩，可以不经过齿轮等减速机构直接驱动负载。对于这类用途的永磁直流电动机，往往对其动态性能有严格的要求。一般要求电机具有优良的快速响应特性，即要求电机的机电时间常数小、转矩转动惯量比大；调速范围宽；另外还要求电机的转矩脉动小，低速运行平稳。

7.1 永磁直流电动机的动态方程

为了满足自动控制系统快速响应的要求，当电压控制信号改变时，要求电动机的转速变化能迅速跟上控制信号的改变，就要求电动机的动态过渡过程越短越好。永磁直流电动机的动态过程是一个非常复杂的机电瞬变过程。在整个机电过渡过程中，电气过渡过程和机械过渡过程同时存在，两者交叠在一起，又相互影响。

永磁直流电动机的动态方程如下：

$$u=e+i_aR_a+L_a\frac{\mathrm{d}i_a}{\mathrm{d}t} \tag{5-53}$$

$$e=C_e\Phi n=K_t\Omega \tag{5-54}$$

$$T_{em}=T_L+R_\Omega\Omega+J\frac{\mathrm{d}\Omega}{\mathrm{d}t} \tag{5-55}$$

$$T_{em}=C_T\Phi i_a=K_ti_a \tag{5-56}$$

式中 u、i_a、e、T_{em}——分别为动态过程中电压（V）、电流（A）、感应电动势（V）、电磁转矩（N·m）的瞬时值；

L_a——电枢电感（H）；

T_L——负载转矩，包括电动机轴上输出转矩和恒定阻力转矩（N·m）；

J——转子转动惯量（$\mathrm{kg\cdot m^2}$）；

R_Ω——阻力系数；

n——转子瞬时转速（r/min）；

Ω——转子机械角速度（rad/s）；

K_t——转矩系数，

$$K_t=\frac{pN\Phi}{2\pi a}$$

在永磁直流电动机中，由于由永磁体励磁，在电机的正常运行中，不考虑饱和时可认为 Φ 不变，故 K_t 为一常数。

7.2 永磁直流电动机的传递函数和时间常数

对式（5-53）～（5-56）进行拉普拉斯变换，并令全部初始条件为零，整理可得：

$$U(s)-E(s)=(L_a s+R_a)I_a(s) \tag{5-57}$$

$$E(s)=K_t\Omega(s) \tag{5-58}$$

$$T_{em}(s)-T_L(s)=(Js+R_\Omega)\Omega(s) \tag{5-59}$$

$$T_{em}(s)=K_t I_a(s) \tag{5-60}$$

以外施电压$U(s)$和负载转矩$T_L(s)$为输入量，以角速度$\Omega(s)$为输出量，由式（5-57）～（5-60）可作出永磁直流电动机的动态方程框图，如图5-30所示。由图可见，永磁直流电动机本身是一个闭环系统，感应电动势引入了与电动机角速度成正比的负反馈信号，增加了系统的有效阻尼。

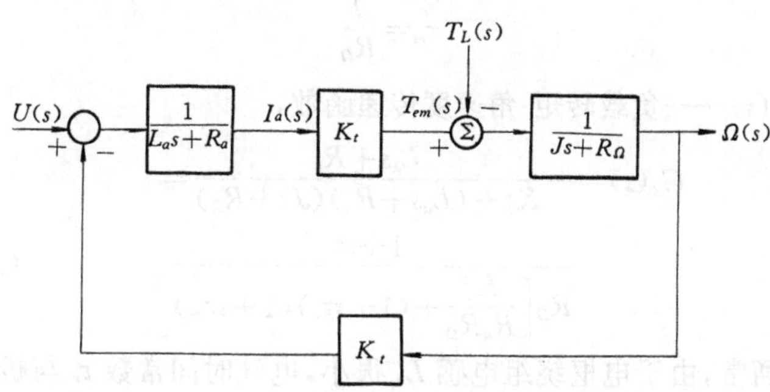

图5-30 永磁直流电动机的框图

由式（5-59）和（5-60）可得：

$$I_a(s)=\frac{1}{K_t}T_{em}(s)=\frac{1}{K_t}[T_L(s)+(Js+R_\Omega)\Omega(s)] \tag{5-61}$$

将式(5-58)和(5-61)代入式(5-57)，整理可得：

$$U(s)-\frac{L_a s+R_a}{K_t}T_L(s)=\left[K_t+\frac{L_a s+R_a}{K_t}(Js+R_\Omega)\right]\Omega(s)$$

于是

$$\Omega(s)=\frac{K_t}{K_t^2+(L_a s+R_a)(Js+R_\Omega)}U(s)-$$

$$\frac{L_a s+R_a}{K_t^2+(L_a s+R_a)(Js+R_\Omega)}T_L(s)=$$

$$G_1(s)U(s)+G_2(s)T_L(s) \tag{5-62}$$

式中　$G_1(s)$——电压-角速度传递函数，

$$G_1(s)=\frac{K_t}{K_t^2+(L_a s+R_a)(Js+R_\Omega)}=$$

$$\frac{K_t/R_a R_\Omega}{\dfrac{K_t^2}{R_a R_\Omega}+(1+s\tau_e)(1+s\tau_m)} \tag{5-63}$$

式中　τ_e——电气时间常数，

$$\tau_e=\frac{L_a}{R_a}\quad(\mathrm{s})$$

τ_m——机械时间常数(s)，

$$\tau_m=\frac{J}{R_\Omega}$$

$G_2(s)$——负载转矩-角速度传递函数，

$$G_2(s)=-\frac{L_a s+R_a}{K_t^2+(L_a s+R_a)(Js+R_\Omega)}=$$

$$\frac{1+s\tau_e}{R_\Omega\left[\dfrac{K_t^2}{R_a R_\Omega}+(1+s\tau_e)(1+s\tau_m)\right]} \tag{5-64}$$

通常，由于电枢绕组电感 L_a 很小，电气时间常数 τ_e 与机械时间常数 τ_m 相比要小得多，所以往往可以略去电动机的电气过渡过程，即近似认为 $\tau_e\approx0$，此时电压-角速度传递函数变为

$$G_1(s)=\frac{K_t/R_a R_\Omega}{\dfrac{K_t^2}{R_a R_\Omega}+1+s\dfrac{J}{R_\Omega}}=\frac{K_t}{(K_t^2+R_a R_\Omega)(1+s\tau_{em})} \tag{5-65}$$

式中　τ_{em}——电机的机电时间常数(s)，

$$\tau_{em}=\frac{R_a J}{K_t^2+R_a R_\Omega} \tag{5-66}$$

影响电动机时间常数的因素很多，除了电磁参数以外，机械参

数也对时间常数有很大影响，在电机设计中要全面考虑。

7.3 永磁直流电动机的转矩脉动和低速平稳性

在永磁直流电动机的某些应用场合，如数控机床、加工中心及航空航天工程等，要求电动机能够在低速时输出较大的转矩且能平稳运行，即要求电动机具有良好的低速平稳性。

影响永磁直流电动机低速平稳性的直接因素是转矩脉动，良好的低速平稳性要求电动机在低速时转矩脉动小。引起电动机转矩脉动的因素主要有两个方面：

1)换向引起的转矩脉动　在理想情况下，电机的换向发生在零磁密处，元件中电流的切换不会引起转矩的脉动。但实际上，一方面因电枢反应使气隙磁密分布发生畸变和绕组短距等原因，换向不是发生在零磁密处；另一方面又因电动机的元件数和换向片数不可能无限多，支路元件数和支路电动势都在波动。此外还由于换向器表面不平，使电刷与换向器之间的滑动摩擦转矩有所变化，这些因素都会使永磁直流电动机的输出转矩发生脉动。

2)齿槽效应引起的转矩脉动　在有槽电枢永磁直流电动机中，由于齿槽的存在，使永磁体与所对着的电枢表面间的气隙磁导不均匀，由此产生磁阻转矩，引起电动机输出转矩的脉动。

为了减小因换向引起的转矩脉动，主要在结构上采取措施，一般采用多槽结构，增加元件数和换向片数，并使电刷的宽度适当减小，相应使换向区变小。对于多极电动机，电枢绕组采用单波绕组，以消除多极磁场不对称对电枢绕组电动势的影响，保证支路电动势平衡。此外，单波绕组还可减少电刷对数，使摩擦力矩有所降低，从而削弱因摩擦带来的转矩脉动。

对于由电枢齿槽所引起的转矩脉动，可采取以下措施加以削弱：

1)尽可能增多电枢槽数，适当加大电动机的气隙，以降低气隙磁阻不均匀度，减小由此产生的转矩脉动。

2)减小槽口宽度，采用磁性槽楔，以减小气隙磁阻的变化，削弱磁阻转矩。

3)采用奇数槽，使电动机的槽数与极对数之间无公约数，以削弱电枢转动时引起的电动机磁场的波动，减小转矩脉动。

4)采用斜槽，以削弱或消除齿谐波磁场所引起的转矩脉动。

对于对低速平稳性有更高要求的电动机，除了考虑采取上述措施外，还可考虑采取特殊的电枢结构。如无铁心电枢结构、无槽电枢结构、动圈式结构及印制电路绕组等。采用这些结构不仅可极大地削弱或消除由于齿槽效应引起的转矩脉动，还可大大减小电动机的转动惯量，使电动机具有优良的快速响应特性。

8　永磁直流电动机电磁计算程序和算例[⊖]

序号	名　称	公　式	单位	算例
一	**额定数据**			
1	额定功率	P_N	W	38
2	额定电压	U_N	V	24
3	额定转速	n_N	r/min	3000
4	额定电流	I_N	A	2.55
5	起动转矩倍数	T^*_{stN}		4.5
二	**主要尺寸及永磁体尺寸选择**			
6	额定效率	$\eta_N=\dfrac{P_N}{U_NI_N}\times 100$	%	62.1
7	计算功率	$P'=\left(\dfrac{1+2\eta_N/100}{3\eta_N/100}\right)P_N$	W	45.73
8	感应电动势初算值	$E_a=\left(\dfrac{1+2\eta_N/100}{3}\right)U_N$	V	17.9
9	极对数	p		1
10	永磁材料类型			粘结钕铁硼
11	预计工作温度	t	℃	60

⊖ 本算例仅用以说明设计计算方法，不是最佳设计。

（续）

序号	名　　称	公　　　式	单位	算例
12	永磁体剩磁密度	B_{r20}	T	0.65
		工作温度时的剩磁密度		
		$B_r=\left[1+(t-20)\frac{\alpha_{Br}}{100}\right]\times\left(1-\frac{IL}{100}\right)B_{r20}$	T	0.63
		α_{Br}为 B_r 的温度系数	$\%K^{-1}$	−0.07
		IL 为 B_r 的不可逆损失率	%	0
13	永磁体计算矫顽力	H_{c20}	kA/m	440
		工作温度时的矫顽力为		
		$H_c=\left[1+(t-20)\frac{\alpha_{Br}}{100}\right]\times\left(1-\frac{IL}{100}\right)H_{c20}$	kA/m	427.7
14	永磁体相对回复磁导率	$\mu_r=\frac{B_r}{\mu_0 H_c}\times10^{-3}$ 式中　$\mu_0=4\pi\times10^{-7}\text{H/m}$		1.17
15	最高工作温度（铁氧体为最低环境温度）下退磁曲线的拐点	b_k		0.2
16	电枢铁心材料			DR510-50
17	电负荷预估值	A'	A/cm	93
18	气隙磁密预估值	$B'_\delta=(0.60\sim0.85)B_r$	T	0.43
19	计算极弧系数	$\alpha_i=0.6\sim0.75$		0.72
20	长径比预估值	$\lambda=0.6\sim1.5$		0.6
21	电枢直径	$D_a=\sqrt[3]{\frac{6.1P'\times10^4}{\alpha_i A' B'_\delta n_N \lambda}}$	cm	3.78
		取 D_a 为	cm	3.8
22	电枢长度	$L_a=\lambda D_a$	cm	2.28
		取 L_a 为	cm	2.20

（续）

序号	名　　称	公　　　　式	单位	算例
23	极距	$\tau=\dfrac{\pi D_a}{2p}$	cm	5.97
24	气隙长度	δ	cm	0.05
25	永磁磁极结构			瓦片形
26	极弧系数	α_p（电磁场计算求得或查图 5-19 或图 5-20）		0.72
27	磁瓦圆心角	θ_p，对于瓦片形结构 $\theta_p=\alpha_p\times 180$	(°)	129.6
28	永磁体厚度	h_M	cm	0.4
29	永磁体轴向长度	L_M 对于钕铁硼永磁 $L_M=L_a$ 对于铁氧体永磁 $L_M=(1.1\sim1.2)L_a$	cm	2.2
30	电枢计算长度	L_{ef} 对于钕铁硼永磁 $L_{ef}=L_a+2\delta$ 对于铁氧体永磁 $L_{ef}=L_a+\Delta L_a^*(h_M+\delta)$ 其中 ΔL_a^* 可由电磁场计算求得或根据 ΔL_m^* 和 h_M/δ 查图 5-15 $\Delta L_m^*=\dfrac{L_M-L_a}{h_M+\delta}$	cm	2.3
31	永磁体内径	$D_{mi}=D_a+2\delta+2h_p$ 本例 $h_p=0$	cm	3.9
32	永磁体外径	$D_{mo}=D_{mi}+2h_M$	cm	4.7
33	电枢圆周速度	$V_a=\dfrac{\pi D_a n_N}{6000}$	m/s	5.97
34	机座材料			铸钢
35	机座长度	$L_j=(2.0\sim3.0)L_a$	cm	5.5

（续）

序号	名　　称	公　　　式	单位	算例
36	机座厚度	$h_j=\frac{\sigma\alpha_i\tau L_{ef}B'_\delta}{2L_jB'_j}$	cm	0.302
		取 h_j 为		0.30
		B'_j——初选机座轭磁密	T	1.6
		一般 $B'_j=(1.5\sim1.8)T$		
		σ——漏磁系数		1.213
		对于小电机，一般可取 $\sigma=\sigma_0$，		
		$\sigma_0=k(\sigma_1+\sigma_2-1)$		1.213
		σ_1——极间漏磁系数，由电磁场计算求得或查图 5-10 或图 5-11		1.01
		σ_2——端部漏磁系数		1.103
		$\sigma_2=\frac{\sigma'_2}{L_{ef}}+1$		
		σ'_2——端部漏磁计算系数，由电磁场计算求得或查图 5-13		0.237
		k——经验修正系数		1.09
37	机座外径	$D_j=D_{mo}+2h_j$	cm	5.3
三	**电枢冲片及电枢绕组计算**			
38	绕组型式	在小功率直流电动机中，两极的采用单叠绕组，多极的采用单波绕组		单叠
39	绕组并联支路对数	单叠绕组 $a=p$；单波绕组 $a=1$		1
40	槽数	Q		13
41	槽距	$t_2=\frac{\pi D_a}{Q}$	cm	0.918

（续）

序号	名　称	公　　式	单位	算例
42	预计满载气隙磁通	$\Phi'_\delta=\alpha_i\tau L_{ef}B'_\delta\times10^{-4}$	Wb	4.251×10^{-4}
43	预计导体总数	$N'=\dfrac{60aE_a}{p\Phi'_\delta n_N}$		842
44	每槽导体数	$N'_s=\dfrac{N'}{Q}$		64.8
45	每槽元件数	u		2
46	每元件匝数	$W'_s=\dfrac{N'_s}{2u}$		16.2
		将 W'_s 归整为整数 W_s		16
47	实际每槽导体数	$N_s=2uW_s$		64
48	实际导体总数	$N=QN_s$		832
49	换向片数	$K=uQ$		26
50	实际电负荷	$A=\dfrac{NI_N}{2\pi aD_a}$	A/cm	88.9
51	支路电流	$I_a=\dfrac{I_N}{2a}$	A	1.275
52	预计电枢电流密度	J'_2	A/mm^2	6.5
		一般选取 $J'_2=5\sim13A/mm^2$		
53	预计导线截面积	$A'_{Cua}=\dfrac{I_a}{J'_2}$	mm^2	0.1962
		根据此截面积选用截面积相近的铜线(查附录 1)		
54	并绕根数	N_t		1
55	导线裸线线径	d_i	mm	0.50
56	导线绝缘后线径	d	mm	0.52
57	实际导线截面积	$A_{Cua}=\dfrac{\pi}{4}N_td_i^2$	mm^2	0.1964
58	实际电枢电流密度	J_2	A/mm^2	6.49

（续）

序号	名　称	公　　式	单位	算例
59	实际热负荷	AJ_2	A^2/(cm·mm^2)	577
60	槽形选择			半梨形槽
61	槽口宽度	b_{02}	cm	0.16
62	槽口高度	h_{02}	cm	0.08
63	槽上部半径	r_{21}	cm	
64	槽下部半径	r_{22}	cm	0.13
65	槽上部倒角半径	r_{23}	cm	0.1
66	槽上部高度	h_2 注：对于梨形槽，可取 $h_2=r_{21}$ 对于半梨形槽，可取 $h_2=r_{23}$	cm	0.1
67	槽上部宽度	d_1	cm	0.57
68	槽中部高度	h_{22}	cm	0.64
69	槽下部宽度	d_2	cm	0.26
70	槽上部倒角圆心距	d_3	cm	0.37
71	槽高	h_{t2}	cm	0.95
72	齿宽	b_{t2}	cm	0.261
		齿上部宽度 $b_{t21}=\frac{\pi(D_a-2h_{02}-2h_2)}{Q}-d_1$	cm	0.261
		齿下部宽度 $b_{t22}=\frac{\pi(D_a-2h_{t2}+2r_{22})}{Q}-2r_{22}$	cm	0.262
		若 $b_{t21}>b_{t22}$，则 $b_{t2}=\frac{b_{t21}+2b_{t22}}{3}$ 若 $b_{t22}>b_{t21}$，则 $b_{t2}=\frac{b_{t22}+2b_{t21}}{3}$		

(续)

序号	名　　称	公　　　　式	单位	算例
73	槽净面积	1)梨形槽 $A_s=\frac{\pi}{2}(r_{21}^2+r_{22}^2)+$ $h_{22}(r_{21}+r_{22})-$ $C_i[\pi(r_{21}+r_{22})+2h_{22}]$	cm^2	
		2)半梨形槽 $A_s=\frac{\pi}{2}(r_{22}^2+r_{23}^2)+$ $\frac{1}{2}h_{22}(d_1+2r_{22})+r_{23}d_3-$ $C_i[\pi r_{22}+2h_{22}+d_1]$	cm^2	0.2884
		3)圆形槽 $A_s=\pi r_{21}^2-2C_i\pi r_{21}$	cm^2	
		4)矩形槽 $A_s=\frac{1}{2}(b_{02}+d_2)h_2+h_{22}d_2-$ $C_i[d_2+2h_{22}+$ $\sqrt{(d_2-b_{02})^2+4h_{22}^2}]$	cm^2	
		5)斜肩圆底槽 $A_s=\frac{\pi}{2}r_{22}^2+\frac{1}{2}h_{22}(d_1+2r_{22})+$ $\frac{1}{2}(b_{02}+d_1)h_2-$ $C_i[\pi r_{22}+2h_{22}+$ $\sqrt{(d_1-b_{02})^2+4h_{22}^2}]$		
		注:C_i——槽绝缘厚度	cm	0.025
74	槽满率	$S_f=\frac{N_tN_sd^2}{A_s}$	%	60.0

（续）

序号	名　　称	公　　　式	单位	算例
75	绕组平均半匝长度	$L_{av}=L_a+K_eD_a$ $K_e=\begin{cases}1.35 & p=1\\ 1.10 & p=2\\ 0.80 & 其他\end{cases}$	cm	7.33
76	电枢绕组电阻	$R_a=\dfrac{\rho NL_{av}}{4A_{Cua}a^2}$ $R_{a20}(\rho_{20}=0.1785\times10^{-3}\ \Omega\cdot mm^2/cm)$ 对于 A、E、B 级绝缘 $R_{a75}(\rho_{75}=0.217\times10^{-3}\ \Omega\cdot mm^2/cm)$	Ω Ω	1.386 1.685
77	转子冲片内径	D_{i2}	cm	0.7
78	电枢轭高	$h_{j2}=\dfrac{1}{2}(D_a-2h_{t2}-D_{i2})$	cm	0.60
79	电枢轭有效高	$h_{j21}=h_{j2}+\dfrac{D_{i2}}{8}$ 转子冲片直接压装在转轴上时，可认为转轴表面是轭高的一部分，一般取 $D_{i2}/8$	cm	0.688
四	**磁路计算**			
80	气隙系数	$K_\delta=K_{\delta m}+(K_{\delta m}-1)\dfrac{h_M}{\delta}$ $K_{\delta m}=\dfrac{t_2}{t_2-\sigma_sb_{02}}$ 式中 $\sigma_s=\dfrac{2}{\pi}\left\{\arctan\dfrac{1}{2}\left(\dfrac{b_{02}}{h_M+\delta}\right)-\left(\dfrac{h_M+\delta}{b_{02}}\right)\ln\left[1+\dfrac{1}{4}\times\left(\dfrac{b_{02}}{h_M+\delta}\right)^2\right]\right\}$		1.089 1.010 0.0563
81	气隙磁密	$B_\delta=\dfrac{\Phi'_\delta\times10^4}{\alpha_i\tau L_{ef}}$	T	0.43

（续）

序号	名　称	公　　式	单位	算例
82	每对极气隙磁位差	$F_\delta=1.6K_\delta\delta B_\delta\times10^4$	A	374.6
83	电枢齿磁密	$B_{t2}=\dfrac{t_2L_{ef}B_\delta}{b_{t2}L_aK_{Fe}}$	T	1.664
84	电枢齿磁场强度	H_{t2}（查附录 2 磁化曲线）	A/cm	57.04
85	电枢齿磁位差	$F_{t2}=2h_{t2}H_{t2}$	A	108.4
86	电枢轭磁密	$B_{j2}=\dfrac{\Phi'_\delta\times10^4}{2K_{Fe}h_{j21}L_a}$	T	1.478
87	电枢轭磁场强度	H_{j2}（查附录 2 磁化曲线）	A/cm	17.9
88	电枢轭磁位差	$F_{j2}=L_{j2}H_{j2}$	A	36.6
		式中　电枢轭部磁路平均计算长度		
		$L_{j2}=\dfrac{\pi(D_{i2}+h_{j2})}{2p}$	cm	2.042
89	定子轭磁密	$B_j=\dfrac{\sigma\Phi'_\delta\times10^4}{2h_jL_j}$	T	1.563
90	定子轭磁场强度	H_{j1}（查附录 2 磁化曲线）	A/cm	36
91	定子轭磁位差	$F_{j1}=L_{j1}H_{j1}$	A	282.7
		其中　定子轭部磁路平均计算长度		
		$L_{j1}=\dfrac{\pi(D_j-h_j)}{2p}$	cm	7.854
92	外磁路总磁位差	$\Sigma F=F_\delta+F_{t2}+F_{j2}+F_{j1}$	A	802.3
93	空载特性计算表			

Φ_δ　(Wb)	0.0003	0.00035	0.0004	0.00045	0.0005	0.00055
$B_\delta=\dfrac{\Phi_\delta\times10^4}{\alpha_i\tau L_{ef}}$　(T)	0.3034	0.354	0.4046	0.4552	0.5057	0.5563
$F_\delta=1.6K_\delta\delta B_\delta\times10^4$　(A)	264.3	308.4	352.5	396.6	440.6	484.6
$B_{t2}=\dfrac{t_2L_{ef}B_\delta}{b_{t2}L_aK_{Fe}}$　(T)	1.174	1.37	1.566	1.762	1.957	2.15

（续）

93	空载特性计算表					
H_{t2} (A/cm)	6.06	11.3	29.6	103	233.6	388
$F_{t2}=2h_{t2}H_{t2}$ (A)	11.5	21.5	56.2	195.7	443.8	737.2
$B_{j2}=\dfrac{\Phi_\delta\times10^4}{2K_{\mathrm{Fe}}h_{j21}L_a}$ (T)	1.043	1.217	1.391	1.565	1.739	1.912
H_{j2} (A/cm)	4.26	6.87	12.15	29.45	89.7	197.6
$F_{j2}=L_{j2}H_{j2}$ (A)	8.7	14.0	24.8	60.1	183.2	403.5
$B_j=\dfrac{\sigma_0\Phi_\delta\times10^4}{2h_jL_j}$ (T)	1.103	1.287	1.470	1.654	1.838	2.022
H_{j1} (A/cm)	10.95	15.4	26.2	49.5	84.6	121.4
$F_{j1}=L_{j1}H_{j1}$ (A)	86.0	121.3	205.8	385.6	664.4	953.5
$\Sigma F=F_\delta+F_{t2}+F_{j2}+F_{j1}$ (A)	370.5	465.2	639.3	1038.0	1732.0	2578.8
$\Phi_m=\sigma_0\Phi_\delta$ (Wb)	0.00036	0.00042	0.00048	0.00054	0.0006	0.00066

序号	名　称	公　式	单位	算例
五	**负载工作点计算**			
94	气隙主磁导	$\Lambda_\delta=\dfrac{\Phi'_\delta}{\Sigma F}$	H	5.299×10^{-7}
95	磁导基值	$\Lambda_b=\dfrac{B_rA_m}{H_c(2h_M)}\times10^{-5}$	H	1.97×10^{-7}
		式中　$A_m=\dfrac{\pi}{2p}\alpha_pL_M(D_{mi}+h_M)$	$\mathrm{cm^2}$	10.699
96	主磁导标幺值	$\lambda_\delta=\dfrac{\Lambda_\delta}{\Lambda_b}$		2.69
97	外磁路总磁导	$\lambda_n=\sigma_0\lambda_\delta$		3.263

（续）

序号	名　　称	公　　　　式	单位	算例
98	直轴电枢去磁磁动势	$F_a=F_{adN}+F_{asN}$		1.8
		$F_{adN}=b_\beta A$	A	0
		$F_{asN}=b_s A$	A	1.8
		式中　b_β——电刷相对几何中性线逆旋转方向的偏移距离	cm	0
		装配偏差 b_s 一般取 0.02～0.03cm	cm	0.02
99	永磁体负载工作点	$b_{mN}=\dfrac{\lambda_n(1-f'_a)}{1+\lambda_n}$		0.765
		$h_{mN}=\dfrac{\lambda_n f'_a+1}{1+\lambda_n}$		0.235
		其中电枢反应去磁磁动势标幺值		
		$f'_a=\dfrac{2F_a\times10^{-1}}{\sigma_0 H_c(2h_M)}$		0.00087
100	实际气隙磁通	$\Phi_\delta=\dfrac{b_{mN}B_r A_m}{\sigma}\times10^{-4}$	Wb	4.251×10^{-4}
		注：Φ_δ 与 Φ'_δ 应接近，若相差较大，应重新假设 Φ'_δ，重算第 81～100 项		
六	**换向计算**			
101	电刷尺寸	电刷长　L_b	cm	0.8
		电刷宽　b_b	cm	0.55
		电刷对数　p_b		1
102	电刷面积	$A_b=L_b b_b$	cm^2	0.44
103	每杆电刷数	N_b		1
104	电刷电流密度	$J_b=\dfrac{I_N}{N_b p_b L_b b_b}$	A/cm^2	5.796
105	换向器长度	L_K	cm	1.4

（续）

序号	名　　称	公　　　　式	单位	算例
106	一对电刷接触压降	ΔU_b	V	2
107	换向器直径	D_K	cm	2.4
108	换向器圆周速度	$V_K=\dfrac{\pi D_K n_N}{6000}$	m/s	3.77
109	换向器片距	$t_K=\dfrac{\pi D_K}{K}$	cm	0.29
110	换向元件电抗电动势	$e_r=2W_sV_aAL_a\Sigma\lambda\times10^{-6}$	V	0.13
		其中　$\Sigma\lambda=\lambda_s+\lambda_e+\lambda_t$		4.009
		λ_s——槽部比漏磁导，不同的槽形 λ_s 有不同的计算公式，可参阅有关资料。对于本例槽形		1.189
		$\lambda_s=\dfrac{h_2}{d_1}+\dfrac{2h_{22}}{3(d_1+d_2)}+\dfrac{h_{02}}{b_{02}}$		
		λ_e——绕组端部比漏磁导，$\lambda_e=(0.5\sim1.0)\dfrac{L_{av}}{2L_a}$		1.665
		λ_t——齿顶比漏磁导，$\lambda_t=0.92\lg\dfrac{\pi t_2}{b_{02}}$		1.155
111	换向元件交轴电枢反应电动势	$e_a=2W_sV_aL_aB_{aq}\times10^{-2}$	V	0.31
		式中，对无换向极的稀土永磁电机：$B_{aq}=\dfrac{\mu_0A\tau}{2(\delta+h_M)}\times10^2$	T	0.0755
		对于瓦片形铁氧体永磁电机：$B_{aq}=\dfrac{\pi D_aA}{4p}\left(1-\dfrac{2p}{K}\dfrac{b_b}{t_K}\right)\dfrac{\mu_0}{\delta_{aq}}\times10^2$	T	
		$\delta_{aq}=\delta+\mu_rh'_M$	cm	
		$h'_M=\dfrac{h_M(D_{mi}-\delta)}{\mu_r(D_{mi}+h_M)}$	cm	

（续）

序号	名　称	公　式	单位	算例
112	换向元件中合成电动势	$\Sigma e = e_r + e_a$ 一般要求$\Sigma e < 1.5\text{V}(U_N \geqslant 110\text{V})$ $\Sigma e < 0.5\text{V}$（低压电机）	V	0.44
113	换向区宽度	$b_{Kr} = b'_b +$ $\left[\frac{K}{Q} + \left(\frac{K}{2p} - y_1\right) - \frac{a}{p}\right]t'_K$	cm	1.33
		式中　$b'_b = \frac{D_a}{D_K} b_b$	cm	0.871
		$t'_K = \frac{D_a}{D_K} t_K$	cm	0.459
		y_1——以换向片数计的绕组后节距		
114	换向区宽度检查	应使$\frac{b_{Kr}}{\tau(1-\alpha_p)} < 0.8$		0.796
七	**最大去磁校核**			
115	不同工况时的最大瞬时电流	I_{max}	A	15.87
		突然起动时 $I_{max} = \frac{U_N - \Delta U_b}{R_{a20}}$	A	15.87
		瞬时堵转时 $I_{max} = \frac{U_N - \Delta U_b}{R_{a75}}$		
		突然停转时 $I_{max} = \frac{E_a - \Delta U_b}{R_{a75}}$		
		突然反转时 $I_{max} = \frac{U_N + E_a - \Delta U_b}{R_{a75}}$		

（续）

序号	名　　称	公　　式	单位	算例
116	直轴电枢磁动势	$F_{ad}=b_{\beta}A_{\max}$	A	0.0
		$F_{as}=b_{s}A_{\max}$	A	11.1
		式中　$A_{\max}=\dfrac{NI_{\max}}{2\pi aD_a}$	A/cm	553
117	交轴电枢磁动势	$F_{aq}=\dfrac{1}{2}\alpha_p\tau A_{\max}$ （注：F_{aq}为极尖处最大磁动势）	A	1188.5
118	少槽电机直轴磁动势	$F_{ad\theta}=\dfrac{\pi D_aA_{\max}}{2K}\sin\dfrac{\alpha_a}{2}$ 式中　$\alpha_a=\begin{cases}\dfrac{360°}{2K}(K\ 为奇数)\\ \dfrac{360°}{K}(K\ 为偶数)\end{cases}$	A	
119	换向元件电枢磁动势	$F_K=\dfrac{b_{Kr}N^2W_sL_an_NI_{\max}}{120a\pi D_a\Sigma R}\Sigma\lambda\times10^{-8}$ 式中　ΣR——换向回路总电阻， 注：如果电机不运行在突然堵转、反转状态时则无此项去磁磁动势	A	
120	电枢总去磁磁动势	$\Sigma F_{am}=2(F_{ad}+F_{as}+F_{aq}+F_{ad\theta}+F_K)$	A	2399.2
121	最大去磁时永磁体工作点	$\begin{cases}b_{mh}=\dfrac{\lambda_n(1-f'_a)}{1+\lambda_n}\\ h_{mh}=\dfrac{\lambda_nf'_a+1}{\lambda_n+1}\end{cases}$		0.325 0.675
		其中电枢去磁磁动势标幺值 $f'_a=\dfrac{\Sigma F_{am}\times10^{-1}}{\sigma_0H_c(2h_M)}$		0.578
122	可逆退磁校核	应使 $b_{mh}>b_k$		$b_{mh}>b_k$
八	**工作特性**			
123	电枢绕组铜耗	$p_{\text{Cua}}=I_N^2R_{a75}$	W	11.0

（续）

序号	名　称	公　式	单位	算例
124	电刷接触电阻损耗	$p_b=I_N\Delta U_b$	W	5.1
125	电枢铁损耗	$p_{\mathrm{Fe}}=kp_{10/50}\left(\frac{f}{50}\right)^{1.3}$ $\times[m_{t2}B_{t2}^2+m_{j2}B_{j2}^2]$	W	1.9
		式中　$k=2\sim3$		3
		$p_{10/50}$——铁耗系数，可查手册得到	W/kg	2.1
		$f=\frac{pn_N}{60}$	Hz	50
		电枢齿质量 $m_{t2}=7.8K_{\mathrm{Fe}}L_a\left\{\frac{\pi}{4}[D_a^2-(D_a-2h_{t2})^2]-QA_s\right\}\times10^{-3}$	kg	0.0754
		电枢轭质量 $m_{j2}=7.8K_{\mathrm{Fe}}L_a\frac{\pi}{4}\times[(D_a-2h_{t2})^2-D_{i2}^2]\times10^{-3}$	kg	0.0399
126	电刷对换向器的摩擦损耗	$p_{Kbm}=2\mu p_bA_bp_sV_K$	W	2.9
		式中　p_s——电刷单位面积压力，一般取 $p_s=2\sim6\mathrm{N/cm^2}$	N/cm²	3.5
		μ——摩擦系数，一般取 $\mu=0.2\sim0.3$		0.25
127	轴承摩擦和电枢对空气摩擦损耗	$p_{Bf}+p_{Wf}\approx0.04P_N$	W	1.5
128	总机械损耗	$p_{fw}=p_{Kbm}+p_{Bf}+p_{Wf}$	W	4.4
129	总损耗	$\Sigma p=p_{\mathrm{Cu}a}+p_b+p_{\mathrm{Fe}}+p_{fw}$	W	22.4
130	输入功率	$P_1=P_N+\Sigma p$	W	60.4
131	效率	$\eta=\frac{P_N}{P_1}\times100$	%	62.9

（续）

序号	名　　称	公　　式	单位	算例
132	电流校核	$I'_N=\dfrac{P_1}{U_N}$	A	2.52
		应使　$\dfrac{I_N-I'_N}{I_N}\times 100<5\%$	%	1.2
		否则需重新计算		
133	实际感应电动势	$E_a=U_N-\Delta U_b-IR_{a75}$	V	17.74
134	满载实际转速	$n=\dfrac{60aE_a}{p\Phi_\delta N}$	r/min	3009
135	起动电流	$I_{st}=\dfrac{U_N-\Delta U_b}{R_{a20}}$	A	15.87
136	起动电流倍数	$\dfrac{I_{st}}{I_N}$		6.2
137	起动转矩	$T_{st}=\dfrac{pN\Phi_\delta}{2\pi a}I_{st}$	N·m	0.893
138	起动转矩倍数	$\dfrac{T_{st}}{T_N}$		7.3
		式中　$T_N=9.549\dfrac{P_N}{n_N}$	N·m	0.123
139	工作特性曲线计算：			

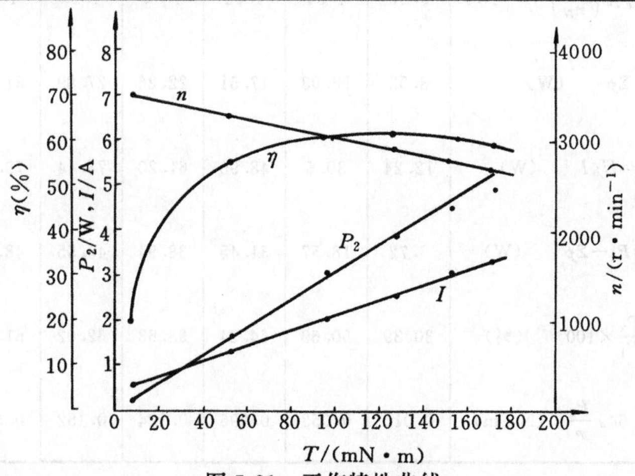

图 5-31　工作特性曲线

（续）

I/I_N	0.2	0.5	0.8	1.0	1.2	1.3
I (A)	0.51	1.275	2.04	2.55	3.06	3.315
IR_{a75} (W)	0.86	2.15	3.44	4.30	5.16	5.59
$E_a=U_N-\Delta U_b-IR_{a75}$(V)	21.14	19.85	18.56	17.7	16.84	16.41
$\Phi_\delta(\times10^{-3}\text{Wb})$	0.4251	0.4251	0.4251	0.4251	0.4251	0.4251
$n=\dfrac{60aE_a}{p\Phi_\delta N}$ (r/min)	3586	3367	3149	3003	2857	2784
$p_{Cua}=I^2R_{a75}$ (W)	0.44	2.74	7.01	10.96	15.78	18.52
$p_b=I\Delta U_b$ (W)	1.02	2.55	4.08	5.10	6.12	6.62
p_{Fe} (W)	1.8	1.8	1.8	1.8	1.8	1.8
$p'_{fw}=p_{fw}\left(\dfrac{n}{n_N}\right)$ (W)	5.26	4.94	4.62	4.40	4.19	4.08
Σp (W)	8.52	12.03	17.51	22.26	27.89	31.02
$P_1=U_NI$ (W)	12.24	30.6	48.96	61.20	73.44	79.56
$P_2=P_1-\Sigma p$ (W)	3.72	18.57	31.45	38.94	45.55	48.54
$\eta=\dfrac{P_2}{P_1}\times100$ (%)	30.39	60.69	64.24	63.63	62.02	61.01
$T=9.549\dfrac{P_2}{n}$ (N·m)	0.010	0.053	0.095	0.124	0.152	0.166

第6章　永磁同步电动机基本理论和异步起动永磁同步电动机

1　概述

永磁同步电动机的运行原理与电励磁同步电动机相同，但它以永磁体提供的磁通替代后者的励磁绕组励磁，使电动机结构较为简单，降低了加工和装配费用，且省去了容易出问题的集电环和电刷，提高了电动机运行的可靠性；又因无需励磁电流，省去了励磁损耗，提高了电动机的效率和功率密度。因而它是近年来研究得较多并在各个领域中得到越来越广泛应用的一种电动机。

永磁同步电动机分类方法比较多：按工作主磁场方向的不同，可分为径向磁场式和轴向磁场式；按电枢绕组位置的不同，可分为内转子式（常规式）和外转子式；按转子上有无起动绕组，可分为无起动绕组的电动机（用于变频器供电的场合，利用频率的逐步升高而起动，并随着频率的改变而调节转速，常称为调速永磁同步电动机）和有起动绕组的电动机（既可用于调速运行又可在某一频率和电压下利用起动绕组所产生的异步转矩起动，常称为异步起动永磁同步电动机）；按供电电流波形的不同，可分为矩形波永磁同步电动机和正弦波永磁同步电动机（简称永磁同步电动机）。异步起动永磁同步电动机用于频率可调的传动系统时，形成一台具有阻尼（起动）绕组的调速永磁同步电动机。

随着永磁材料性能和电力电子器件性能价格比的不断提高，现代控制理论、微机控制技术和电机制造工艺的迅猛发展，新磁路结构的不断涌现，在永磁同步电动机理论分析、设计和运行控制中不断出现了许多有待进一步深入研究的新课题。本章首先介绍永磁同步电动机的转子磁路结构，然后主要介绍三相正弦波永磁同步电动机及其基本分析方法。如无特殊声明，本章关于电动机损耗计算、磁路计算和参数分析与计算的内容均同时适用于异步起动永磁同步电动机和用于调速运行的正弦波永磁同步电动机。

2 永磁同步电动机的结构

2.1 永磁同步电动机的总体结构

永磁同步电动机也由定子、转子和端盖等部件构成。定子与普通感应电动机基本相同，也采用叠片结构以减小电动机运行时的铁耗。转子铁心可以做成实心的，也可以用叠片叠压而成。图 6-1 为一台永磁同步电动机的横截面示意图。电枢绕组既有采用集中整距绕组的，也有采用分布短距绕组和非常规绕组的。一般来说，矩形波永磁同步电动机通常采用集中整距绕组，而正弦波永磁同步电动机更常采用分布短距绕组。在一些正弦波电流控制永磁同步电动机中，为了减小绕组产生的磁动势空间谐波，使之更接近正弦分布以提高电动机的有关性能，采用了一些非常规绕组，如采用图 6-2 所示的正弦绕组，可大大减小电动机转矩纹波，提高电动机运行平稳性。为减小电动机杂散损耗，定子绕组通常采用星形接法。永磁同步电动机的气隙长度是一个非常关键的尺寸，尽管它对这类电动机的无功电流的影响不如对感应电动机那么敏感，但是它对电动机的交、直轴电抗影响很大，进而影响到电动机的其他性能。此外，气隙长度的大小还对电动机的装配工艺和电动机的杂散损耗有着较大的影响。

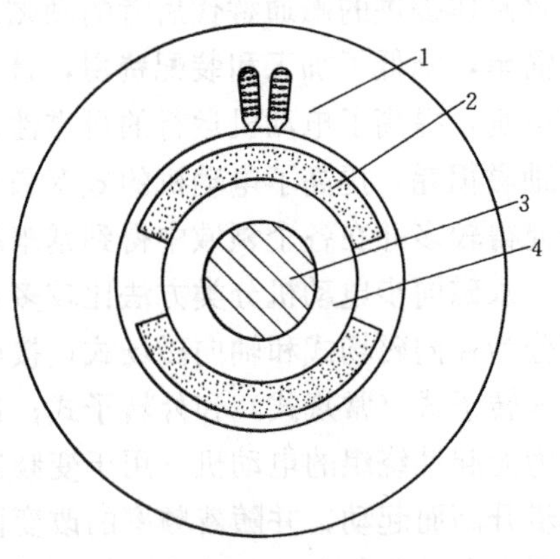

图 6-1　永磁同步电动机横截面示意图
1—定子　2—永磁体　3—转轴　4—转子铁心

永磁同步电动机与其他电机的最主要的区别是转子磁路结构，下面对其进行详细分析和讨论。

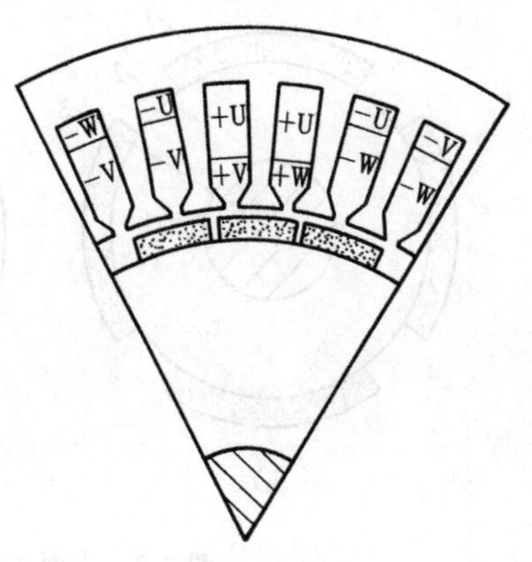

图 6-2 非常规分布的永磁同步电动机绕组

2.2 永磁同步电动机转子磁路结构

转子磁路结构不同，则电动机的运行性能、控制系统、制造工艺和适用场合也不同。

近年来，外转子永磁同步电动机（见图 6-4 中的结构 d）在一些领域得到了广泛的应用。它的主要优点在于电动机转动惯量比常规永磁同步电动机大，且电枢铁心直径可以做得较大，从而提高了在不稳定负载下电动机的效率和输出功率。外转子永磁同步电动机除结构与常规永磁同步电动机有异外，其他均相同，本书不再对其详细讨论。

按照永磁体在转子上位置的不同，永磁同步电动机的转子磁路结构一般可分为三种：表面式、内置式和爪极式。

2.2.1 表面式转子磁路结构

这种结构中，永磁体通常呈瓦片形，并位于转子铁心的外表面上，永磁体提供磁通的方向为径向，且永磁体外表面与定子铁心内圆之间一般仅套以起保护作用的非磁性圆筒，或在永磁磁极表面包以无纬玻璃丝带作保护层。图 6-1 中的转子即为这种结构的典型代表。有的调速永磁同步电动机的永磁磁极用许多矩形小条拼装成瓦片形，能降低电动机的制造成本。

表面式转子磁路结构又分为凸出式（图 6-3a）和插入式（图 6-3b）两种，对采用稀土永磁的电机来说，由于永磁材料的相对回复磁导率接近 1，所以表面凸出式转子在电磁性能上属于隐极转子结构；而表面插入式转子的相邻两永磁磁极间有着磁导率很大的铁磁材料，故在电磁性能上属于凸极转子结构。

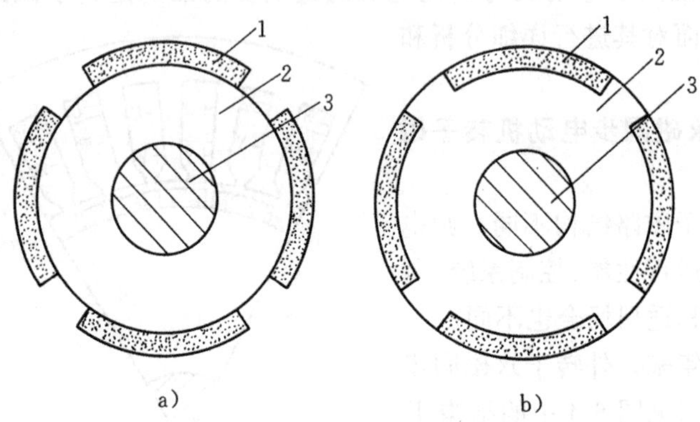

图 6-3 表面式转子磁路结构
a）凸出式 b）插入式
1—永磁体 2—转子铁心 3—转轴

1. 表面凸出式转子结构 由于其具有结构简单、制造成本较低、转动惯量小等优点，在矩形波永磁同步电动机和恒功率运行范围不宽的正弦波永磁同步电动机中得到了广泛应用。此外，表面凸出式转子结构中的永磁磁极易于实现最优设计，使之成为能使电动机气隙磁密波形趋近于正弦波的磁极形状，可显著提高电动机乃至整个传动系统的性能。

2. 表面插入式转子结构 这种结构可充分利用转子磁路的不对称性所产生的磁阻转矩，提高电动机的功率密度，动态性能较凸出式有所改善，制造工艺也较简单，常被某些调速永磁同步电动机所采用。但漏磁系数和制造成本都较凸出式大。

总之，表面式转子磁路结构的制造工艺简单、成本低，应用较为广泛，尤其适宜于矩形波永磁同步电动机。但因转子表面无法安放起动绕组，无异步起动能力，不能用于异步起动永磁同步电动机。

2.2.2 内置式转子磁路结构

这类结构的永磁体位于转子内部，永磁体外表面与定子铁心内圆之间（对外转子磁路结构则为永磁体内表面与转子铁心内圆之间）有铁磁物质制成的极靴，极靴中可以放置铸铝笼或铜条笼，起阻尼或（和）起动作用，动、稳态性能好，广泛用于要求有异步起动能力或动态性能高的永磁同步电动机。内置式转子内的永磁体受到极靴的保护，其转子磁路结构的不对称性所产生的磁阻转矩也有助于提高电动机的过载能力和功率密度，而且易于“弱磁”扩速。

按永磁体磁化方向与转子旋转方向的相互关系，内置式转子磁路结构又可分为径向式、切向式和混合式三种。

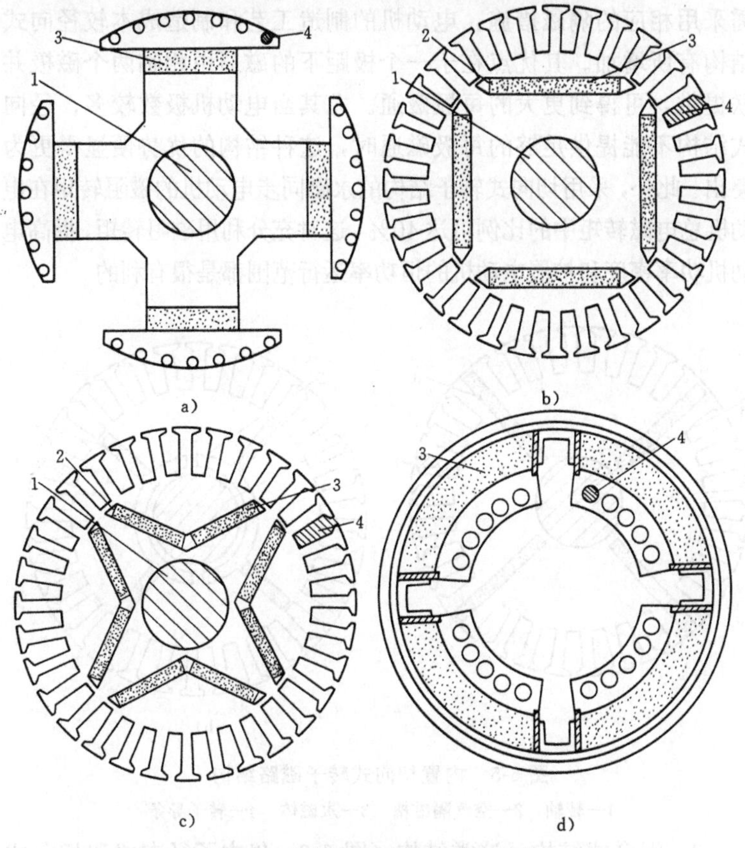

图 6-4　内置径向式转子磁路结构

1—转轴　2—永磁体槽　3—永磁体　4—转子导条

1. 径向式结构　这类结构（图 6-4）的优点是漏磁系数小、转轴上不需采取隔磁措施、极弧系数易于控制、转子冲片机械强度高、安装永磁体后转子不易变形等。图 6-4a 是早期采用的转子磁路结构，现已较少采用。图 6-4b 和 c 中，永磁体轴向插入永磁体槽并通过隔磁磁桥限制漏磁通，结构简单，运行可靠，转子机械强度高，因而近年来应用较为广泛。图 6-4c 比 b 提供了更大的永磁体空间。图 6-4d 属于外转子结构，它也属于内置径向式的磁路结构。

2. 切向式结构　这类结构（图 6-5）的漏磁系数较大，并且需采用相应的隔磁措施，电动机的制造工艺和制造成本较径向式结构有所增加。其优点在于一个极距下的磁通由相临两个磁极并联提供，可得到更大的每极磁通。尤其当电动机极数较多、径向式结构不能提供足够的每极磁通时，这种结构的优势便显得更为突出。此外，采用切向式转子结构的永磁同步电动机的磁阻转矩在电动机总电磁转矩中的比例可达 40%，这对充分利用磁阻转矩，提高电动机功率密度和扩展电动机的恒功率运行范围都是很有利的。

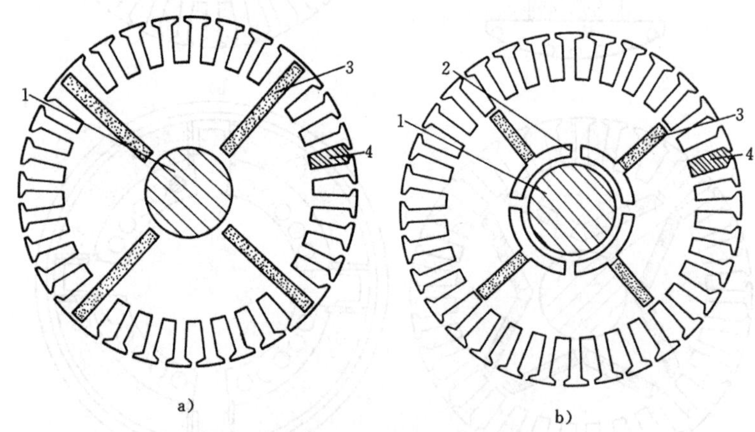

图 6-5　内置切向式转子磁路结构

1—转轴　2—空气隔磁槽　3—永磁体　4—转子导条

3. 混合式结构　这类结构（图 6-6）集中了径向式和切向式转子结构的优点，但其结构和制造工艺均较复杂，制造成本也比较高。图 6-6a 是由德国西门子公司发明的混合式转子磁路结构，需采用非磁性转轴或采用隔磁铜套，主要应用于采用剩磁密度较低的铁氧体永磁的永磁同步电动机。图 6-6b 所示结构近年来用得较多，也采用隔磁磁桥隔磁。需指出的是，这种结构的径向部分永磁体磁化方向长度约是切向部分永磁体磁化方向长度的一半。图 6-6c 和 d 是由图 6-4 径向式结构 b 和 c 衍生来的两种混合式转子磁路结构。其永磁体的径向部分与切向部分的磁化方向长度相等，也采取隔磁磁桥隔磁。在图 6-4b 和 c、图 6-6c 和 d 这四种结

图 6-6　内置混合式转子磁路结构

1—转轴　2—永磁体槽　3—永磁体　4—转子导条

构中，转子依次可为安放永磁体提供更多的空间，空载漏磁系数也依次减小，但制造工艺却依次更复杂，转子冲片的机械强度也依次有所下降。

在选择转子磁路结构时还应考虑到不同转子磁路结构电机的交、直轴同步电抗 X_q、X_d 及其比例 X_q/X_d（称为凸极率）也不同。在相同条件下，上述三类内置式转子磁路结构电动机的直轴同步电抗 X_d 相差不大，但它们的交轴同步电抗 X_q 却相差较大。切向式转子结构电动机的 X_q 最大，径向式转子结构电动机的 X_q 次之。由于磁路结构和尺寸多种多样，X_d、X_q 的大小需要根据所选定的结构和具体尺寸运用电磁场数值计算求得。较大的 X_q 和凸极率可以提高电动机的牵入同步能力、磁阻转矩和电动机的过载倍数，因此设计高过载倍数的电动机时可充分利用大的凸极率所产生的磁阻转矩。

2.2.3 爪极式转子磁路结构

爪极式转子磁路结构通常由两个带爪的法兰盘和一个圆环形的永磁体构成，图 6-7 为其结构示意图。左右法兰盘的爪数相同，且两者的爪极互相错开，沿圆周均匀分布，永磁体轴向充磁，因而左右法兰盘的爪极分别形成极性相异，相互错开的永磁同步电动机的磁极。爪极式转子结构永磁同步电动机的性能较低，又不具备异步起动能力，但结构和工艺较为简单。

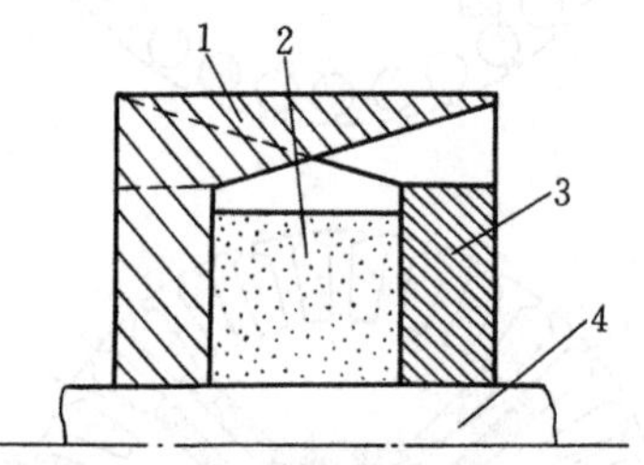

图 6-7　爪极式转子磁路结构

1—左法兰盘　2—圆环形永磁体

3—右法兰盘　4—非磁性转轴

2.3 隔磁措施

如前所述，为不使电机中永磁体的漏磁系数过大而导致永磁材料利用率过低，应注意各种转子结构的隔磁措施。图 6-8 为几种典型的隔磁措施。图中标注尺寸 b 的冲片部位称为隔磁磁桥，通过磁桥部位磁通达到饱和来起限制漏磁的作用。隔磁磁桥宽度 b 越小，该部位磁阻便越大，越能限制漏磁通。但是 b 过小将使冲片机械强度变差，并缩短冲模的使用寿命。

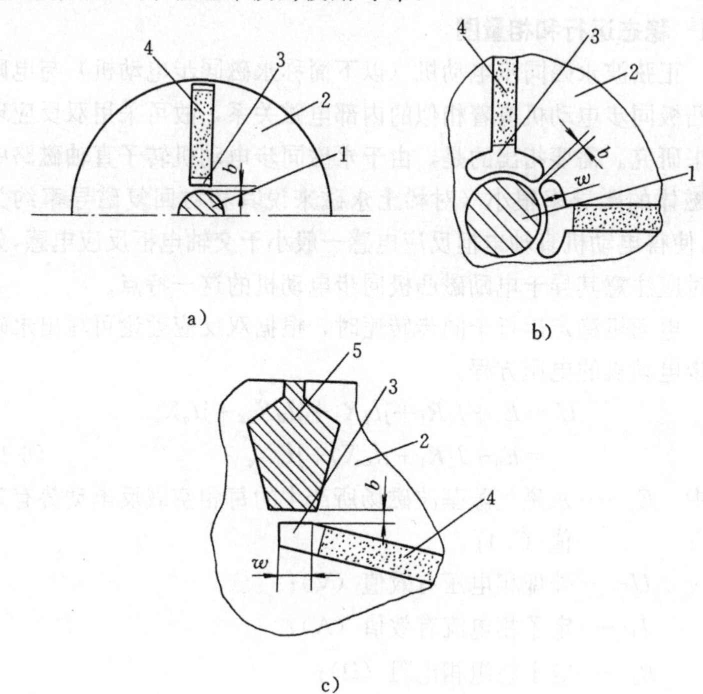

图 6-8　几种典型的隔磁措施

1—转轴　2—转子铁心　3—永磁体槽　4—永磁体　5—转子导条

隔磁磁桥长度 w 也是一个关键尺寸，计算结果表明，如果隔磁磁桥长度不能保证一定的尺寸，即使磁桥宽度小，磁桥的隔磁效果也将明显下降。但当 w 达到一定的大小后，再增加 w，隔磁效果不再有明显的变化，而过大的 w 将使转子机械强度下降，制造成本提高。

切向式转子结构的隔磁措施一般采用非磁性转轴或在转轴上加隔磁铜套，这使得电动机的制造成本增加，制造工艺变得复杂。近年来，有些单位研制了采用空气隔磁加隔磁磁桥的新技术（如图 6-5 中结构 b)，取得了一定的效果。但是，当电动机容量较大时，这种结构使得转子的机械强度显得不足，电动机可靠性下降。

3 永磁同步电动机的稳态性能

3.1 稳态运行和相量图

正弦波永磁同步电动机（以下简称永磁同步电动机）与电励磁凸极同步电动机有着相似的内部电磁关系，故可采用双反应理论来研究。需要指出的是，由于永磁同步电动机转子直轴磁路中永磁体的磁导率很小（对稀土永磁来说其相对回复磁导率约为1），使得电动机直轴电枢反应电感一般小于交轴电枢反应电感，分析时应注意其异于电励磁凸极同步电动机的这一特点。

电动机稳定运行于同步转速时，根据双反应理论可写出永磁同步电动机的电压方程。

$$\begin{aligned}\dot{U} &= \dot{E}_0 + \dot{I}_1 R_1 + \mathrm{j}\dot{I}_1 X_1 + \mathrm{j}\dot{I}_d X_{ad} + \mathrm{j}\dot{I}_q X_{aq} \\ &= \dot{E}_0 + \dot{I}_1 R_1 + \mathrm{j}\dot{I}_d X_d + \mathrm{j}\dot{I}_q X_q\end{aligned} \tag{6-1}$$

式中 $\dot{E}_0$——永磁气隙基波磁场所产生的每相空载反电动势有效值（V）；

$\dot{U}$——外施相电压有效值（V）；

$\dot{I}_1$——定子相电流有效值（A）；

R_1——定子绕组相电阻（Ω）；

X_{ad}、X_{aq}——直、交轴电枢反应电抗（Ω）；

X_1——定子漏抗（Ω）；

X_d——直轴同步电抗，

$$X_d = X_{ad} + X_1 \tag{6-2}$$

X_q——交轴同步电抗，

$$X_q = X_{aq} + X_1 \tag{6-3}$$

$\dot{I}_d$、$\dot{I}_q$——直、交轴电枢电流（A），

$$\begin{aligned}I_d &= I_1 \sin\psi \\ I_q &= I_1 \cos\psi\end{aligned} \tag{6-4}$$

ψ——$\dot{I}_1$ 与 $\dot{E}_0$ 间的夹角（°），称为内功率因数角，$\dot{I}_1$ 超前

$\dot{E}_0$ 时为正。

由电压方程可画出永磁同步电动机于不同情况下稳定运行时的几种典型相量图，如图 6-9 所示。图中，E_δ 为气隙合成基波磁场所产生的电动势，称为气隙合成电动势（V）；E_d 为气隙合成基波磁场直轴分量所产生的电动势，称为直轴内电动势（V）；θ 为 $\dot{U}$ 超前 $\dot{E}_0$ 的角度，即功率角，也称转矩角；φ 为电压 $\dot{U}$ 超前定子相电流 $\dot{I}_1$ 的角度，即功率因数角。图 6-9a、b 和 c 中的电流 $\dot{I}_1$ 均超前于空载反电动势 $\dot{E}_0$，直轴电枢反应均为去磁性质，导致电动机直轴内电动势 E_d 小于空载反电动势 E_0。图 6-9e 中电流 $\dot{I}_1$ 滞后于 $\dot{E}_0$，此时直轴电枢反应为增磁性质，导致直轴内电动势 E_d 大于 E_0。图 6-9d 所示是直轴增，去磁临界状态（$\dot{I}_1$ 与 $\dot{E}'_0$ 同相）下的

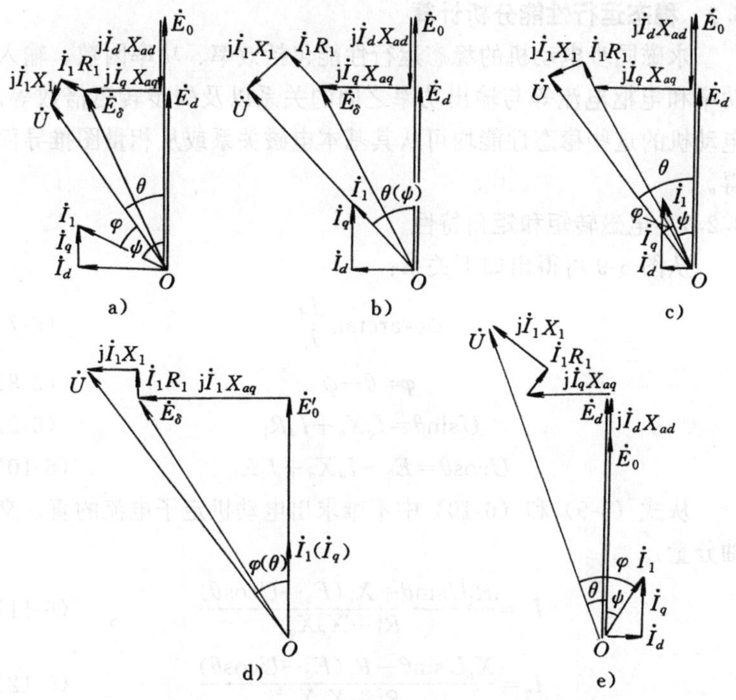

图 6-9　永磁同步电动机几种典型相量图

相量图，由此可列出如下电压方程：

$$U\cos\theta=E'_0+I_1R_1$$
$$U\sin\theta=I_1X_q \tag{6-5}$$

从而可以求得直轴增、去磁临界状态时的空载反电动势

$$E'_0=\sqrt{U^2-(I_1X_q)^2}-I_1R_1 \tag{6-6}$$

式（6-6）可用于判断所设计的电动机是运行于增磁状态还是运行于去磁状态。实际 E_0 值由永磁体产生的空载气隙磁通算出，比较 E_0 与 E'_0，如 E_0 大于 E'_0，电动机将运行于去磁工作状态，反之将运行于增磁工作状态。从图 6-9 还可看出，要使电动机运行于单位功率因数（图 6-9b）或容性功率因数状态（图 6-9a），只有设计在去磁状态时才能达到。

3.2 稳态运行性能分析计算

永磁同步电动机的稳态运行性能包括效率、功率因数、输入功率和电枢电流等与输出功率之间的关系以及失步转矩倍数等。电动机的这些稳态性能均可从其基本电磁关系或从相量图推导而得。

3.2.1 电磁转矩和矩角特性

从图 6-9 可得出如下关系：

$$\psi=\arctan\frac{I_d}{I_q} \tag{6-7}$$

$$\varphi=\theta-\psi \tag{6-8}$$

$$U\sin\theta=I_qX_q+I_dR_1 \tag{6-9}$$

$$U\cos\theta=E_0-I_dX_d+I_qR_1 \tag{6-10}$$

从式（6-9）和（6-10）中不难求出电动机定子电流的直、交轴分量：

$$I_d=\frac{R_1U\sin\theta+X_q(E_0-U\cos\theta)}{R_1^2+X_dX_q} \tag{6-11}$$

$$I_q=\frac{X_dU\sin\theta-R_1(E_0-U\cos\theta)}{R_1^2+X_dX_q} \tag{6-12}$$

定子相电流

$$I_1=\sqrt{I_d^2+I_q^2} \tag{6-13}$$

而电动机的输入功率（W）

$$P_1=mUI_1\cos\varphi=mUI_1\cos(\theta-\psi)=mU(I_d\sin\theta+I_q\cos\theta)=$$

$$\frac{mU\left[E_0(X_q\sin\theta-R_1\cos\theta)+R_1U+\frac{1}{2}U(X_d-X_q)\sin2\theta\right]}{R_1^2+X_dX_q} \tag{6-14}$$

忽略定子电阻，由式(6-14)可得电动机的电磁功率(W)

$$P_{em}\approx P_1\approx\frac{mE_0U}{X_d}\sin\theta+\frac{mU^2}{2}\left(\frac{1}{X_q}-\frac{1}{X_d}\right)\sin2\theta \tag{6-15}$$

除以电动机的机械角速度 Ω，即可得电动机的电磁转矩(N·m)

$$T_{em}=\frac{P_{em}}{\Omega}=\frac{mpE_0U}{\omega X_d}\sin\theta+\frac{mpU^2}{2\omega}\left(\frac{1}{X_q}-\frac{1}{X_d}\right)\sin2\theta \tag{6-16}$$

式中　ω——电动机的电角速度；

　　　p——电动机的极对数。

图 6-10 是永磁同步电动机的矩角特性曲线。图 6-10a 为计算所得的(电磁转矩/额定转矩)-转矩角曲线，图中，曲线1为式(6-

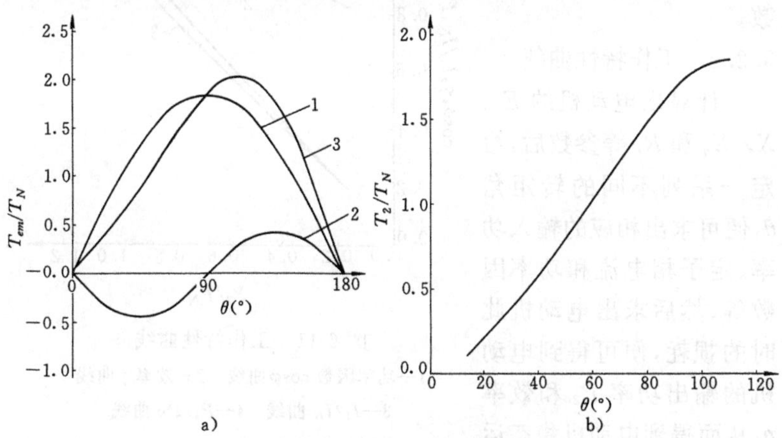

图 6-10　永磁同步电动机的矩角特性

a）计算曲线　b）实测曲线

16)第 1 项由永磁气隙磁场与定子电枢反应磁场相互作用产生的基本电磁转矩，又称永磁转矩；曲线 2 为式(6-16)中第 2 项，即由于电动机 d、q 轴磁路不对称而产生的磁阻转矩；曲线 3 为曲线 1 和曲线 2 的合成。由于永磁同步电动机直轴同步电抗 X_d 一般小于交轴同步电抗 X_q，磁阻转矩为一负正弦函数，因而矩角特性曲线上转矩最大值所对应的转矩角大于 90°，而不象电励磁同步电动机那样小于 90°，这是永磁同步电动机一个值得注意的特点。图 6-10b 为某台永磁同步电动机的实测(输出转矩/额定转矩)-转矩角曲线(T_2/T_N-θ 曲线)，从中可看出，输出额定转矩时($T_2/T_N=1$)，电动机的转矩角约为 58°，而输出最大转矩时电动机的转矩角约为 110°。

矩角特性(图6-10b)的转矩最大值T_{max}被称为永磁同步电动机的失步转矩，如果负载转矩超过此值，则电动机将不再能保持同步转速。最大转矩与电动机额定转矩 T_N 的比值 $T_{p0}=T_{max}/T_N$ 称为永磁同步电动机的失步转矩倍数。

3.2.2 工作特性曲线

计算出电动机的 E_0、X_d、X_q 和 R_1 等参数后，给定一系列不同的转矩角 θ，便可求出相应的输入功率、定子相电流和功率因数等，然后求出电动机此时的损耗，便可得到电动机的输出功率 P_2 和效率 η，从而得到电动机稳态运行性能(P_1、η、$\cos\varphi$ 和 I_1 等)与输出功率 P_2 之间的关系曲线，即电动机的工作特性曲线。图 6-11 为按以上步骤求出的某台永磁同步

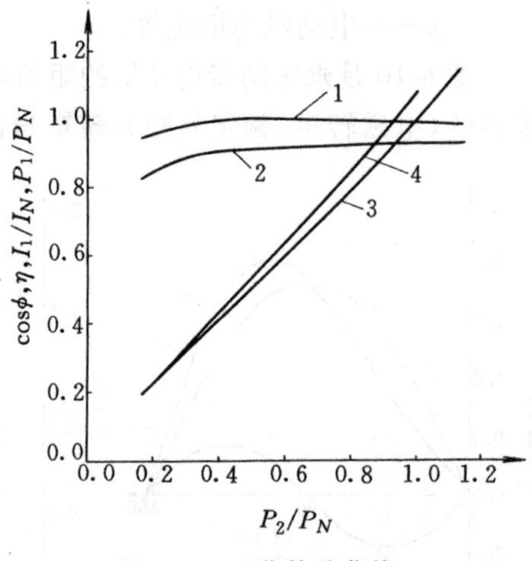

图 6-11 工作特性曲线

1—功率因数 $\cos\varphi$ 曲线 2—效率 η 曲线 3—I_1/I_N 曲线 4—P_1/P_N 曲线

电动机的工作特性曲线。

3.3 损耗分析计算

永磁同步电动机稳态运行时的损耗包括下列四项。

3.3.1 定子绕组电阻损耗

电阻损耗 p_{Cu}(W)可按常规公式计算：

$$p_{Cu}=mI_1^2R_1 \tag{6-17}$$

3.3.2 铁心损耗

永磁同步电动机的铁耗 p_{Fe}不仅与电动机所采用的硅钢片材料有关，而且随电动机的工作温度、负载大小的改变而变化。这是因为电动机温度和负载的变化导致电动机中永磁体工作点改变，定子齿、轭部磁密也随之变化，从而影响到电动机的铁耗。工作温度越高，负载越大，定子齿、轭部的磁密越小，电动机的铁耗就越小。

永磁同步电动机铁耗的准确计算非常困难。这是因为永磁同步电动机定子齿、轭磁密饱和严重，且磁通谐波含量非常丰富的缘故。工程上常采用与感应电动机铁耗计算类似的公式，然后根据实验值进行修正。

永磁同步电动机在某负载下运行时，从相量图中可求出其气隙基波合成电动势(V)

$$E_\delta=\sqrt{(E_0-I_dX_{ad})^2+(I_qX_{aq})^2} \tag{6-18}$$

气隙合成磁通(Wb)

$$\Phi_\delta=\frac{E_\delta}{4.44fK_{dp}NK_\Phi} \tag{6-19}$$

式中 f——电源频率(Hz)；

K_{dp}——绕组因数；

N——定子绕组每相串联匝数；

K_Φ——气隙磁场的波形系数。

由 Φ_δ 不难求出定子齿、轭磁密，进而求出电动机的铁耗。图 6-12即为用上述方法求出的某台稀土永磁同步电动机的铁耗随输出功率变化的曲线。

3.3.3　机械损耗

永磁同步电动机的机械损耗 p_{fw} 与其他电机一样，与所采用的轴承、润滑剂、冷却风扇和电动机的装配质量等有关，其机械损耗可根据实测值或参考其他电机机械损耗的计算方法计算。

3.3.4　杂散损耗

永磁同步电动机杂散损耗 p_s 目前还没有一个准确实用的计算公式，一般均根据具体情况和经验取定。

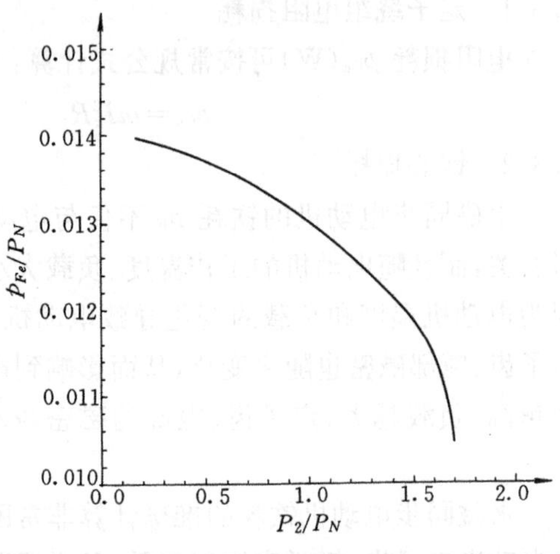

图 6-12　稀土永磁同步电动机铁耗-负载曲线

随着负载的增加，电动机电流随之增大，杂散损耗近似随电流的平方关系增大。当定子相电流为 I_1 时电动机的杂散损耗（W）可用下式近似计算：

$$p_s=\left(\frac{I_1}{I_N}\right)^2 p_{sN} \tag{6-20}$$

式中　I_N——电动机额定相电流（A）；

p_{sN}——电动机输出额定功率时的杂散损耗（W）。

4　永磁同步电动机磁路分析与计算

4.1　磁路计算特点

进行永磁同步电动机磁路计算时，可采用通常的电机磁路的磁位差计算方法。但由于永磁同步电动机中永磁体的存在，进行磁路分析计算应注意其特点。

永磁同步电动机的空载气隙磁密波形如图 6-13 所示。图 6-14

为某永磁同步电动机实测气隙磁密波形(未计及定子槽开口)。图中永磁同步电动机的空载气隙磁密波形基本上为一平顶波,与感应电动机的气隙磁密波形相差较大,而与直流电机的空载气隙磁密波形相似。磁路计算时,永磁同步电动机的空载气隙磁密波形可近似简化为图 6-15 所示的矩形波——计算极弧宽度内磁密幅值为 B_δ 而极间磁密为零。

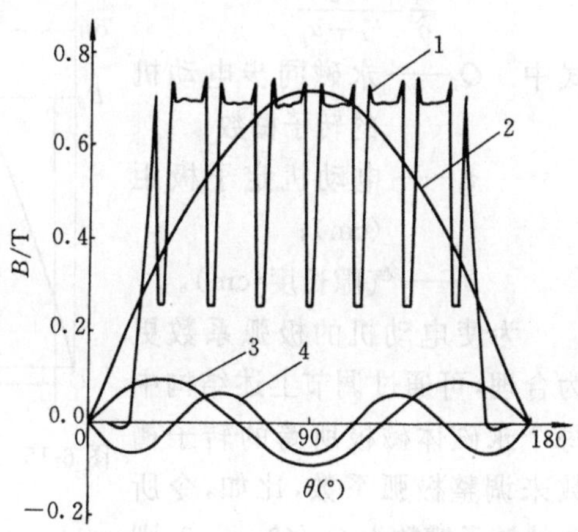

图 6-13　永磁同步电动机空载气隙磁密波形
1—气隙磁密　2—基波　3—3 次谐波　4—5 次谐波

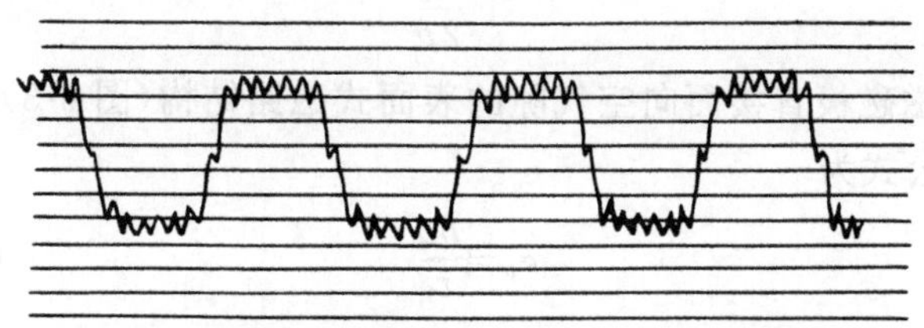
图 6-14　实测永磁同步电动机空载气隙磁密波形

4.1.1　计算极弧系数

永磁同步电动机转子磁路结构形式不同,其极弧系数 α_p 和计算极弧系数 α_i 的计算公式也不同。对采用图 6-4b、c 和图 6-6c、d 转子磁路结构的永磁同步电动机,经电磁场计算和气隙磁密波形分析,存在下列关系:

$$\alpha_p=\frac{\dfrac{Q_2}{2p}-1}{\dfrac{Q_2}{2p}} \qquad (6\text{-}21)$$

$$\alpha_i=\alpha_p+\frac{4}{\frac{\tau_1}{\delta}+\frac{6}{1-\alpha_p}} \tag{6-22}$$

式中　Q_2——永磁同步电动机的转子槽数；

τ_1——电动机定子极距(cm)；

δ——气隙长度(cm)。

为使电动机的极弧系数更为合理，可通过调节上述结构中每个永磁体磁极所跨的转子槽数来调整极弧系数，比如，令所跨的转子槽数为 $Q_2/(2p)-2$，则式(6-21)中的极弧系数变为

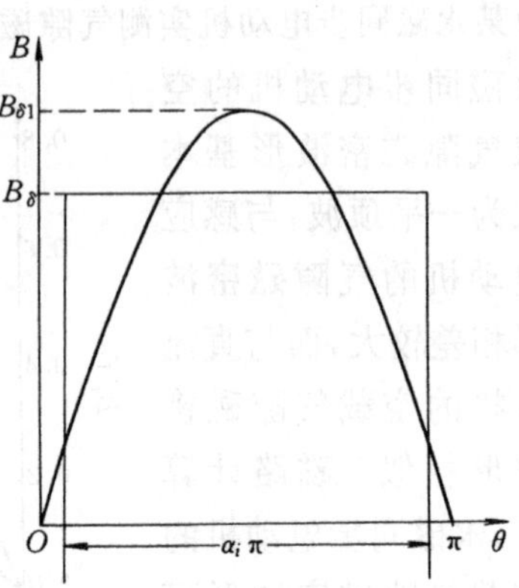

图 6-15　永磁同步电动机空载气隙磁密近似波形

$$\alpha_p=\frac{\frac{Q_2}{2p}-2}{\frac{Q_2}{2p}} \tag{6-23}$$

永磁磁极直接面向空气隙的表面式磁路结构(图 6-3)，其 α_p 的计算公式为

$$\alpha_p=\frac{b_M}{\tau_1} \tag{6-24}$$

式中　b_M——每极永磁体所跨的弧长(cm)。

α_i 的计算可参照第 5 章 4.3.2 节磁极不带软铁极靴的计算方法，查图 5-19 和图 5-20 的曲线。

对图 6-4a、图 6-5 和图 6-6a、b 的转子磁路结构，电机的 α_p 和 α_i 的计算公式分别为

$$\alpha_p=\frac{b}{\tau_1} \tag{6-25}$$

$$\alpha_i=\frac{b+2\delta}{\tau_1} \tag{6-26}$$

式中　b——电机极靴弧长(cm)。

4.1.2　气隙磁场波形系数

如图 6-15 所示，经傅里叶级数分解后，可得永磁同步电动机空载气隙磁密基波幅值(T)

$$B_{\delta1}=\frac{4}{\pi}B_\delta\sin\frac{\alpha_i\pi}{2} \tag{6-27}$$

因此，永磁同步电动机的空载气隙磁密波形系数

$$K_f=\frac{B_{\delta1}}{B_\delta}=\frac{4}{\pi}\sin\frac{\alpha_i\pi}{2} \tag{6-28}$$

永磁同步电动机空载时永磁体提供的气隙磁通(Wb)

$$\Phi_{\delta0}=\frac{b_{m0}B_rA_m}{\sigma_0}\times10^{-4} \tag{6-29}$$

式中　A_m——永磁体提供每极磁通的面积(cm^2)。对径向式结构：$A_m=b_ML_M$，对切向式结构：$A_m=2b_ML_M$；

b_M——永磁体磁极宽度(cm)。如永磁体为瓦片形，则 b_M 为弧长；

L_M——永磁体的轴向长度(cm)。

空载时永磁体提供的气隙基波磁通(Wb)

$$\Phi_{10}=\frac{2}{\pi}B_{\delta1}\tau_1L_{ef}\times10^{-4} \tag{6-30}$$

式中　L_{ef}——电枢计算长度(cm)。

因此，电机基波磁通 Φ_{10} 与气隙总磁通 $\Phi_{\delta0}$ 之比，即永磁同步电动机气隙磁通的波形系数

$$K_\Phi=\frac{\Phi_{10}}{\Phi_{\delta0}}=\frac{8}{\pi^2\alpha_i}\sin\frac{\alpha_i\pi}{2} \tag{6-31}$$

由式(6-31)可以看出，α_i 的大小影响气隙基波磁通与气隙总磁通的比值，即影响永磁材料的利用率。另外，α_i 的大小还影响气隙中谐波的大小。设计中选定 α_i 时应综合考虑永磁体的合理利用、谐波抑制和电动机性能的需要。

4.1.3　磁位差计算

计算永磁同步电动机的磁路磁位差时，可采用其他电机常用的方法。但由于永磁同步电动机的极弧系数一般较大，计算气隙

和齿部磁位差时应该用 B_δ 而不是用 $B_{\delta1}$；计算电机轭部磁位差时也应该用轭部铁心的有效总磁通 Φ_δ 而不是用基波磁通 Φ_1。对于永磁磁极直接面向空气隙的表面式磁路结构，计算气隙系数和电枢计算长度时需要用电磁场数值计算求出，或参照第 5 章介绍的不带软铁极靴的计算方法，查取相应的曲线。

4.2 空载漏磁系数

前已述及，空载漏磁系数 σ_0 的大小不仅标志着永磁材料的利用程度，而且对电动机中永磁材料抗去磁能力和电动机的性能也有较大的影响。此外，漏磁系数对电动机的弱磁扩速能力也有影响。因此，需要尽可能准确计算并在设计中选取合适的 σ_0 值。

永磁同步电动机转子磁路结构多种多样，漏磁路径复杂多变，既有极间漏磁，又有端部漏磁，用解析法计算漏磁系数的误差较大，一般只能用作粗略估算。需要准确计算时应运用电磁场数值解法求解电动机内电磁场。为便于工程应用，本书作者对几种典型结构的电动机空载电磁场进行了计算，总结归纳出一系列空载漏磁系数的有关曲线，供设计类似结构电动机时参考。

永磁同步电动机可采用与永磁直流电动机类似的方法，通过两次二维电磁场数值计算来分别求取电动机的极间漏磁系数 σ_1 和端部漏磁计算系数 σ'_2，则电动机空载漏磁系数

$$\sigma_0=k(\sigma_1+\sigma_2-1)=k\left(\sigma_1+\frac{\sigma'_2}{L_{ef}}\right) \tag{6-32}$$

式中 σ_2——永磁同步电动机的端部漏磁系数，其值为 $\sigma'_2/L_{ef}+1$；

k——经验修正系数。

应用数值计算方法，求得的表面式转子磁路结构永磁同步电动机径向充磁时的极间漏磁系数和端部漏磁计算系数，分别示于图 6-16 和图 6-17 中。由图可见，极弧系数越大，气隙长度越小，则电机的极间漏磁系数越小；在正常设计取值范围内，永磁体的磁化方向长度越大、电机的气隙长度越大，则永磁体端部漏磁计算系数越大。

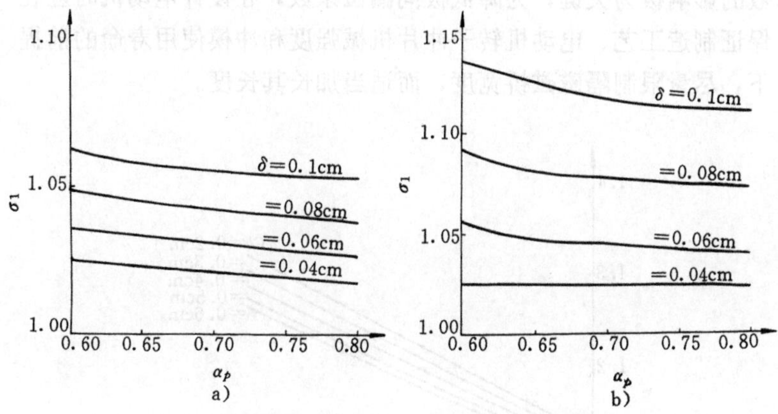

图 6-16　表面式永磁同步电动机极间漏磁系数 σ_1

a）表面凸出式　b）表面插入式

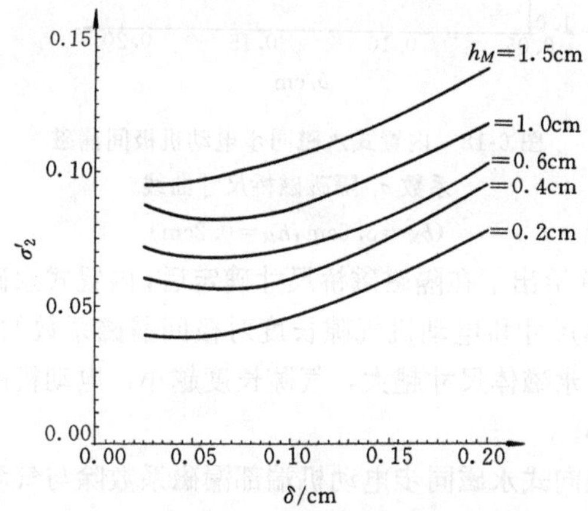

图 6-17　表面式永磁同步电动机端部漏磁计算系数 σ'_2

内置式转子磁路结构的永磁同步电动机的磁路结构虽然多种多样，但对电动机极间漏磁系数影响最大的是它所采用的隔磁磁桥的尺寸（见图 6-8）和永磁体的尺寸。

图 6-18 给出了不同磁桥尺寸对内置式永磁同步电动机极间漏磁系数的影响曲线。由图可见，隔磁磁桥的尺寸对极间漏磁系

数的影响极为关键，为降低极间漏磁系数，在设计电动机时应在保证制造工艺、电动机转子冲片机械强度和冲模使用寿命的前提下，尽量限制隔磁磁桥宽度，而适当加长其长度。

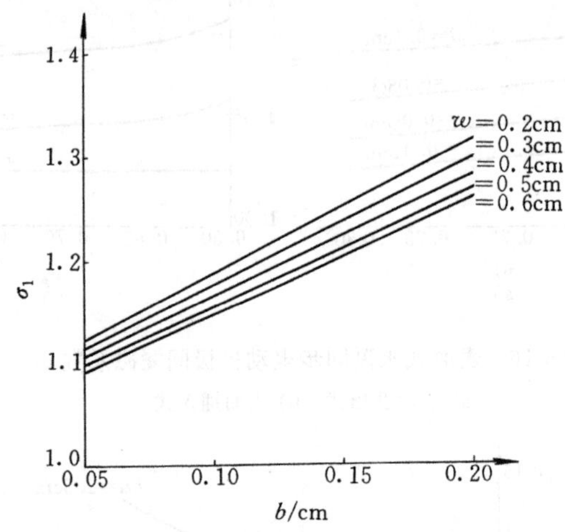

图 6-18　内置式永磁同步电动机极间漏磁系数 σ_1-隔磁磁桥尺寸曲线

(b_M=5.0cm，h_M=0.2cm)

图 6-19 给出了在隔磁磁桥尺寸确定后，内置式永磁同步电动机中永磁体尺寸和电动机气隙长度对极间漏磁系数的影响曲线。由图可见，永磁体尺寸越大，气隙长度越小，电动机的极间漏磁系数也越小。

内置径向式永磁同步电动机端部漏磁系数除与气隙长度和永磁体磁化方向长度有关外，还与永磁体离转子表面的距离有较大的关系，永磁体离转子表面越近，端部漏磁系数越小。图 6-20 给出了某台内置径向式永磁同步电动机的端部漏磁计算系数与气隙长度和永磁体磁化方向长度的关系曲线（永磁体磁极外表面与转子表面的最大距离为 0.8cm）。

由于影响永磁同步电动机漏磁系数的因素众多，因此具体设计电动机时，除根据上述有关曲线查取漏磁系数外，还应根据实

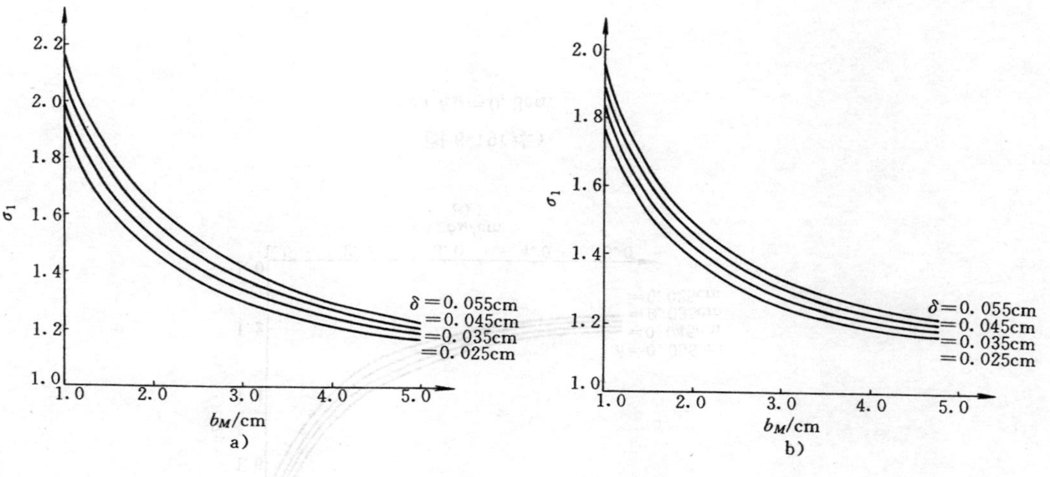

图 6-19 内置式永磁同步电动机极间漏磁系数 σ_1-永磁体尺寸曲线

a) h_M=0.2cm b) h_M=0.4cm

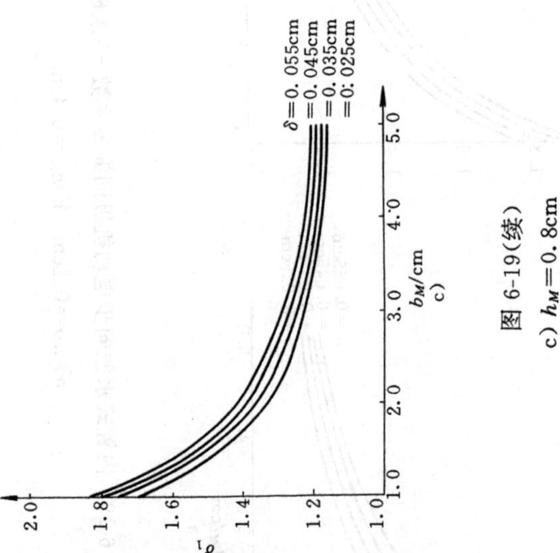

图 6-19(续)

c) h_M=0. 8cm

际情况对查得的漏磁系数加以适当修正，即还应根据经验合理地选取式(6-32)中修正系数 k 的值。

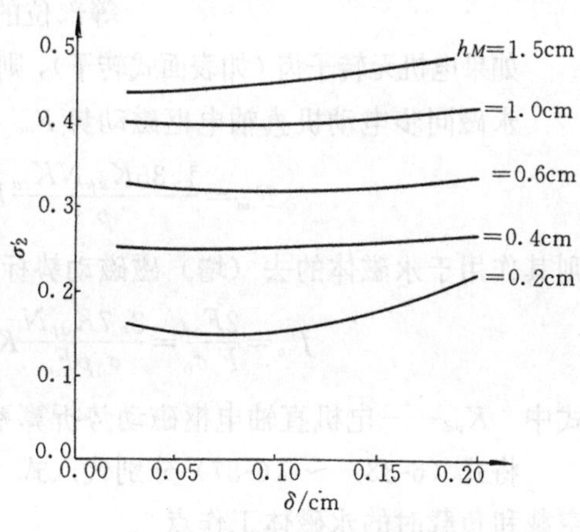

图 6-20 内置径向式永磁同步电动机端部漏磁计算系数 σ'_2

4.3 永磁体工作点的计算

永磁体工作点包括空载、额定负载和最大去磁时的工作点。求取永磁体各工作点时，一般采用第 3 章所介绍的等效磁路法，并考虑永磁同步电动机的磁路特点。

4.3.1 空载和负载工作点的计算特点

永磁同步电动机的转子磁路结构中既有径向式，又有切向式和混合式。为避免混淆，本书统一以永磁同步电动机每对极的磁动势（A）和每极磁通（Wb）作为计算量。

对径向式结构

$$F_c = 2H_c h_M \times 10^{-2}$$

$$\Phi_r = B_r A_m \times 10^{-4} = B_r b_M L_M \times 10^{-4} \tag{6-33}$$

对切向式结构

$$F_c = H_c h_M \times 10^{-2}$$

$$\Phi_r = B_r A_m \times 10^{-4} = 2B_r b_M L_M \times 10^{-4} \tag{6-34}$$

式中 B_r，H_c——在工作温度下永磁材料的计算剩磁密度和计算矫顽力。

式（3-10）中，ΣF 为经磁路计算所得的电动机每对极主磁路的总磁位差（A），其值为

$$\Sigma F = F_\delta + F_{t1} + F_{j1} + F_{t2} + F_{j2} \tag{6-35}$$

式中 F_δ、F_{t1}、F_{j1}、F_{t2}和 F_{j2}——分别为电动机每对极的气隙、定

子齿、定子轭、转子齿、转子轭等部位的磁位差（A）。

如果电机无转子齿（如表面式转子），则式（6-35）中不含 F_{t2} 项。

永磁同步电动机直轴电枢磁动势 F_{ad}（A/极）

$$F_{ad}=\frac{1.35K_{dp}NK_{ad}}{p}I_d \tag{6-36}$$

则其作用于永磁体的去（增）磁磁动势标么值

$$f'_a=\frac{2F_{ad}}{F_c\sigma_0}=\frac{2.7K_{dp}N}{\sigma_0 pF_c}K_{ad}I_d \tag{6-37}$$

式中 K_{ad}——电机直轴电枢磁动势折算系数。

将式（6-33）～（6-37）分别代入式（3-26）和（3-29）即得空载和负载时的永磁体工作点。

4.3.2 最大去磁时永磁体工作点校核计算

永磁体尺寸设计不合理、漏磁系数过小、电枢反应过大、所选用永磁材料的内禀矫顽力过低和（或）电动机工作温度过高等因素都可导致电动机中永磁体的失磁。准确计算并合理设计永磁体的最大去磁工作点，是电动机设计中解决永磁体失磁问题的前提。

对调速永磁同步电动机来说，其永磁体去磁最严重的情况是运行中的电动机绕组突然短路，短路电流产生直轴电枢磁动势而对永磁体起去磁作用。电动机短路时的去磁电流（A）近似为

$$I_h\approx\frac{E_0}{X_d} \tag{6-38}$$

异步起动永磁同步电动机起动时，定子磁场和永磁磁场的旋转速度不同，两磁场的相对位置不断变化。当两磁场方向相反时，电枢磁动势对永磁体起去磁作用。当电动机转子转速接近定子磁场转速（转差率趋于零）时，由于转子起动笼对转子内永磁体的屏蔽作用减弱，此时电枢磁动势对永磁体的去磁作用最为严重。通常称起动过程中转子转速接近同步转速时电枢磁动势和转子磁场轴线重合且方向相反的位置为“反接位置”，称这种运行状态为

"反接状态"。反接状态下，定子电流只有直轴分量，且定子电流 $\dot{I}_h$ 超前 $\dot{E}_0$90°电角度。因为反接状态时电动机转速非常接近同步转速，故可近似采用同步运行时的参数。可画出不计电动机电枢绕组电阻时的电动机相量图，如图 6-21a 所示。图 6-21b 为计及定子绕组电阻时的电动机相量图。

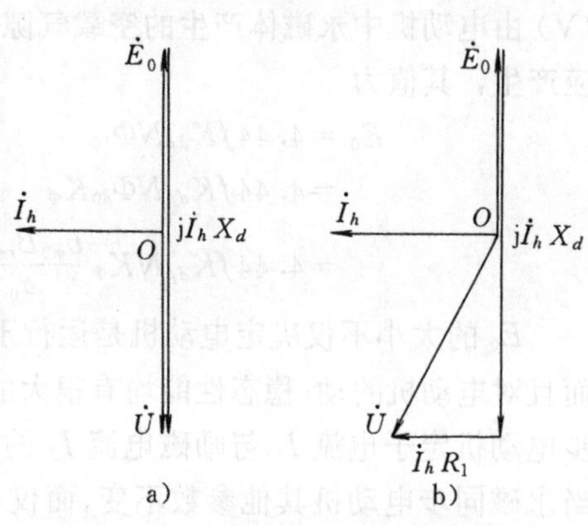

图 6-21 "反接状态"时电动机相量图

a) $R_1=0$ 的相量图 b) $R_1\neq0$ 的相量图

从图 6-21a 中可以求出不计定子绕组电阻时的最大去磁定子电流（A）

$$I_h=\frac{E_0+U}{X_d} \tag{6-39}$$

计及定子绕组电阻时，定子电流（A）

$$I_h=\frac{E_0X_d+\sqrt{E_0^2X_d^2-(R_1^2+X_d^2)(E_0^2-U^2)}}{R_1^2+X_d^2} \tag{6-40}$$

根据电动机的类型，以式（6-38）或式（6-40）算出的 I_h 替代式（6-37）中的 I_d，求得的电枢磁动势再代入式（3-29），求出的永磁体负载工作点即为永磁体的最大去磁工作点（b_{mh}，h_{mh}）。实际设计永磁同步电动机时，应使永磁体的最大去磁工作点高于所采用永磁材料在最高工作温度（铁氧体永磁为最低环境温度）下退磁曲线的拐点（b_k，h_k），并留有一定的裕度。

但是，用等效磁路法求得的是永磁体的平均工作点。在需要准确计算时，就应运用本书第 4 章介绍的电磁场数值算法，直接求出在各种工况下的永磁体工作点的分布情况。

5 永磁同步电动机参数计算和分析

永磁同步电动机参数的准确计算需要运用电磁场数值计算方

法进行，这在本书第4章已经做了论述，本节对此进行补充分析。

5.1 空载反电动势

空载反电动势E_0是永磁同步电动机一个非常重要的参数。E_0(V)由电动机中永磁体产生的空载气隙基波磁通在电枢绕组中感应产生，其值为

$$\begin{aligned}E_0 &= 4.44fK_{dp}N\Phi_{10} \\ &= 4.44fK_{dp}N\Phi_{\delta0}K_\Phi \\ &= 4.44fK_{dp}NK_\Phi\frac{b_{m0}B_rA_m}{\sigma_0}\times10^{-4}\end{aligned} \tag{6-41}$$

E_0的大小不仅决定电动机是运行于增磁状态还是去磁状态，而且对电动机的动、稳态性能均有很大的影响。正如普通电励磁同步电动机定子电流I_1与励磁电流I_f的关系为一V形曲线一样，当永磁同步电动机其他参数不变，而仅改变永磁体的尺寸或永磁体的性能时，曲线$I_1=f(E_0)$也是一条V形曲线。图6-22为某台永磁同步电动机在额定负载下定子电流I_1与E_0的关系曲线。可见，合理设计E_0，可降低定子电流，提高电动机效率，降低电动机的温升。设计实践表明，所有设计比较成功的电动机，其E_0与额定电压的比值均在一定的合理范围内。但应注意，对不同用途的永磁同步电动机，E_0的取值范围应有所不同。

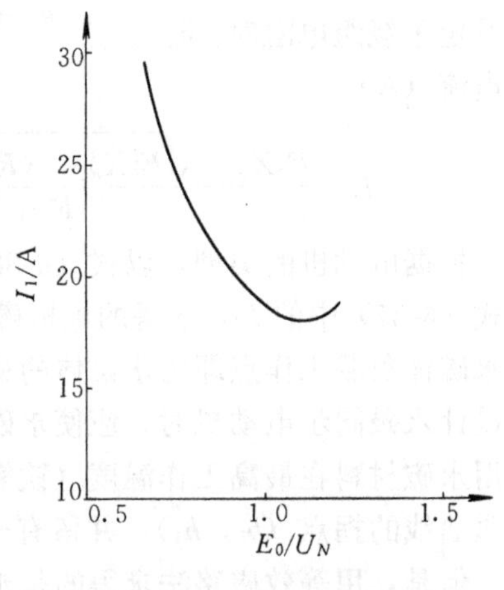

图6-22 $I_1=f(E_0/U_N)$曲线

空载损耗p_0与空载电流I_0是永磁同步电动机出厂试验的两个重要指标，而E_0对这两个指标的影响尤其重大。E_0变动时，空载损耗p_0和空载电流I_0也有一个最小值。某台永磁同步电动机

的 $p_0=f(E_0/U_N)$ 曲线和 I_0、I_{d0}、$I_{q0}=f(E_0/U_N)$ 曲线分别示于图6-23和图6-24（I_{d0}和 I_{q0}分别为电动机空载电流直、交轴分量）。永磁同步电动机的 E_0 设计得过大或过小，都会导致 p_0 和 I_0 上升，这是因为 E_0 过大或过小都会导致空载电流中的直轴电流分量 $|I_{d0}|$ 急剧增大。

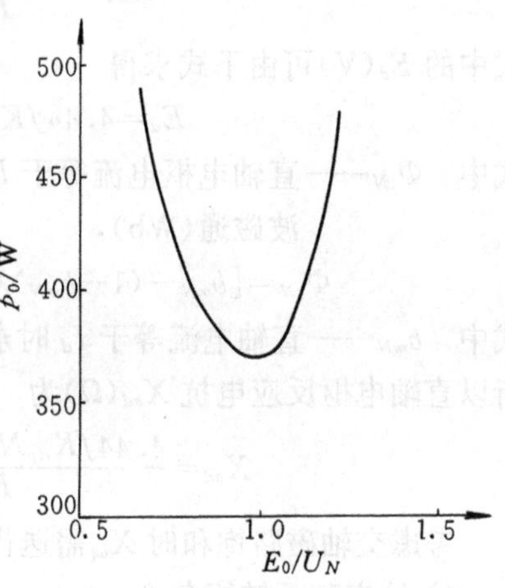

图 6-23　$p_0=f(E_0/U_N)$ 曲线

5.2　交、直轴电枢反应电抗

对一台内置式永磁同步电动机的电磁场进行数值计算发现：当电动机直轴电流 I_d 从 $0.005I_N$ 增大到 I_N 时，其直轴电枢反应电抗 X_{ad} 从 33.0Ω 增至 35.0Ω；而当交轴电流从 $0.008I_N$ 增大到 I_N 时，交轴电枢反应电抗 X_{aq} 从 124.4Ω 降至 89.7Ω。可见，在计算永磁同步电动机的交、直轴电抗时，可不考虑 X_{ad} 的非线性，但必须考虑交轴磁路的饱和对 X_{aq} 的影响。

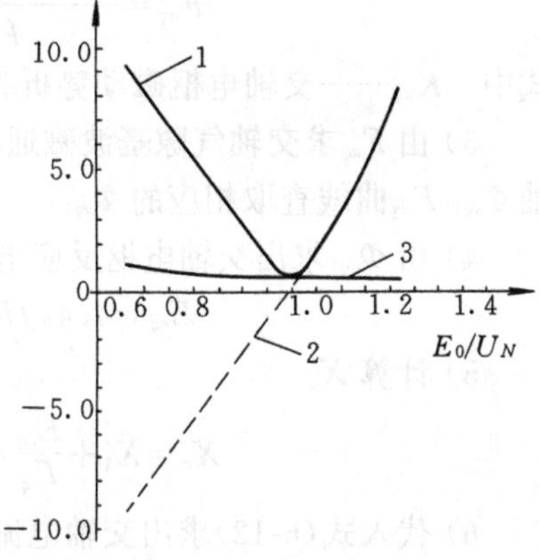

图 6-24　空载电流-E_0/U_N 曲线

1—I_0 曲线　2—I_{d0}曲线　3—I_{q0}曲线

从电动机相量图出发，可得电动机直轴内电动势(V)

$$E_d=E_0\pm I_dX_{ad} \tag{6-42}$$

式中，当电动机运行于去磁状态时取“−”号；当电动机运行于增磁状态时取“+”号。由此可得直轴电枢反应电抗(Ω)

$$X_{ad}=\frac{|E_0-E_d|}{I_d} \tag{6-43}$$

式中的 E_d(V)可由下式求得

$$E_d=4.44fK_{dp}N\Phi_{1N} \tag{6-44}$$

式中 Φ_{1N}——直轴电枢电流等于 I_d 时永磁体提供的有效气隙基波磁通(Wb),

$$\Phi_{1N}=[b_{mN}-(1-b_{mN})\lambda_\sigma]B_rA_mK_\Phi\times10^{-4} \tag{6-45}$$

式中 b_{mN}——直轴电流等于 I_d 时永磁体的负载工作点。

所以直轴电枢反应电抗 X_{ad}(Ω)为

$$X_{ad}=\frac{4.44fK_{dp}N|\Phi_{10}-\Phi_{1N}|}{I_d} \tag{6-46}$$

考虑交轴磁路饱和时 X_{aq}需迭代求解,其步骤如下:

1) 给定某一转矩角 θ;

2) 假设交轴电流分量 I'_q,则交轴电枢磁动势

$$F_{aq}=\frac{1.35K_{dp}NK_{aq}}{p}I'_q \tag{6-47}$$

式中 K_{aq}——交轴电枢磁动势折算系数。

3) 由 F_{aq}求交轴气隙基波磁通 Φ_{aq1} 根据 F_{aq}由预先算得的交轴 Φ_{aq1}-F_{aq}曲线查取相应的 Φ_{aq1};

4) 由 Φ_{aq1}求出交轴电枢反应电动势 E_{aq}(V)

$$E_{aq}=4.44fK_{dp}N\Phi_{aq1} \tag{6-48}$$

5) 计算 X_q

$$X_q=X_1+\frac{E_{aq}}{I'_q}=X_1+X_{aq} \tag{6-49}$$

6) 代入式(6-12)求出交轴电流分量计算值 I_q;

7) 比较 I'_q 和 I_q,重复 2)~6)步,反复进行迭代计算,直至 I'_q 与 I_q 间的误差在容许范围内。

上述步骤中,由 Φ_{aq1}-F_{aq}曲线查 Φ_{aq1}的步骤考虑了交轴磁路的饱和,而迭代过程则保证电动机在一定的负载下(即一定的转矩角下)满足确定的相量关系。

需要指出的是,上面第 3)步所查的 Φ_{aq1}-F_{aq}曲线是预先算出

的交轴磁路磁化曲线，并且曲线中的磁通和磁动势均应为正弦量。给定正弦量 F_{aq}，不同转子磁路结构的电动机产生的电枢反应磁通波形也不一致，即存在一个磁通波形系数 $K_{\Phi q}=\Phi_{aq1}/\Phi_{aq}$。对表面凸出式永磁同步电动机，$K_{\Phi q}=1$；对内置式永磁同步电动机，$K_{\Phi q}$可近似取为1；而对表面插入式永磁同步电动机，则 $K_{\Phi q}$与1间的偏差较大，此时 $K_{\Phi q}$与电动机的极弧系数 α_p 有着密切的关系，α_p 越小，则 $K_{\Phi q}$越接近1，实际设计时应加以注意。

上面分析中，计算 X_{ad}和 X_{aq}时没有考虑 d、q 轴磁场“共磁路”所引起的 X_{ad}和 X_{aq}的变化。而事实上，d、q 轴磁通在定转子铁心中都有一部分磁路是公共的，因而 d、q 轴磁场之间的相互影响比较严重。例如某台永磁同步电动机，仅考虑永磁体励磁作用时，气隙磁通密度 $B_\delta=0.4192\text{T}$；仅考虑 q 轴电枢电流 I_q 时交轴气隙磁密为 $B_{q1}=0.2722\text{T}$；二者同时考虑时产生的气隙磁密 $B_{d1}=0.4168\text{T}$，$B_{q1}=0.1823\text{T}$。由此可见，尽管 q 轴磁路没有永磁体，但却受到 d 轴上永磁体磁场很大的影响；q 轴磁密由0.2722T 变到0.1823T。

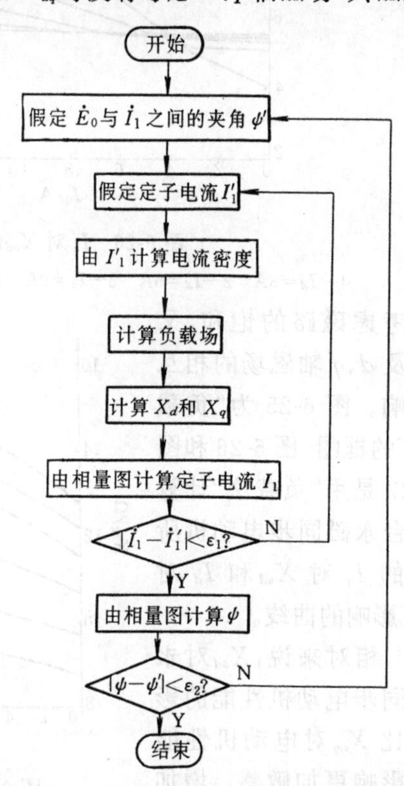

图 6-25 “负载法”计算 X_{ad}和 X_{aq}的流程图

因此计算 X_{ad} 和 X_{aq} 时对 d、q 轴的“共磁路”问题必须给予足够的重视。本书用第4章介绍的“负载法”计算X_{ad}和X_{aq}，可

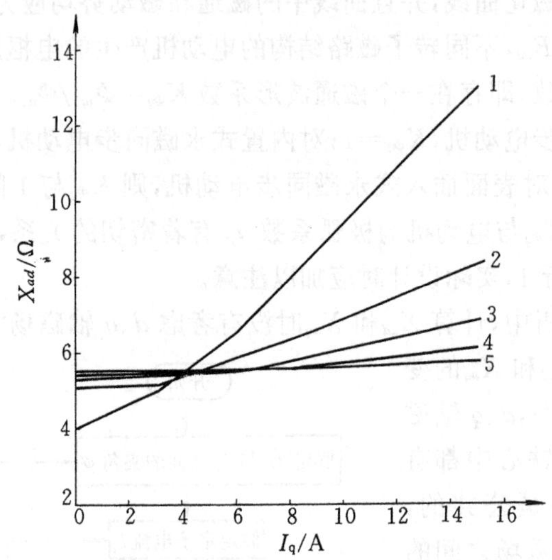

图 6-26 I_q 对 X_{ad}的影响

1—I_d=3A 2—I_d=6A 3—I_d=9A 4—I_d=12A 5—I_d=15A

既考虑磁路的饱和，又计及 d、q 轴磁场的相互影响。图 6-25 为“负载法”的框图。图 6-26 和图 6-27 是用“负载法”计算某台永磁同步电动机所得的 I_q 对 X_{ad}和 I_d 对 X_{aq}影响的曲线。

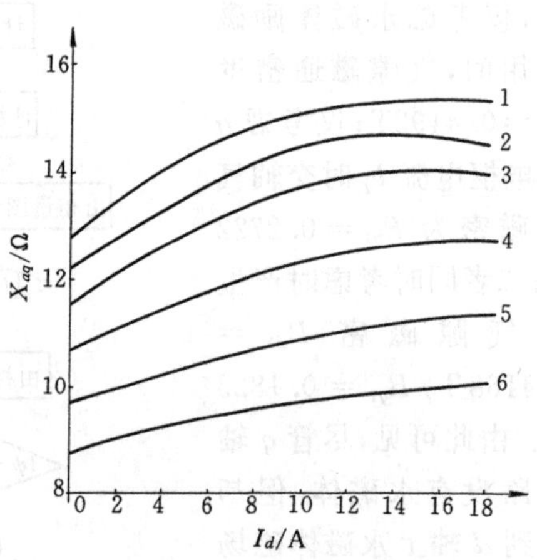

图 6-27 I_d 对 X_{aq}的影响

1—I_q=3A 2—I_q=6A 3—I_q=9A

4—I_q=12A 5—I_q=15A 6—I_q=18A

相对来说，X_{ad}对永磁同步电动机性能的影响比 X_{aq}对电动机性能的影响更加敏感。增加永磁体的磁化方向长度以减少 X_{ad}，可明显提高电动机的过载能力，但对恒功率调速运行电动机的弱磁扩速能力不利。为了得到较高的功率因数和空载反电动势 E_0，可增加电动机的绕组匝数和铁心长度，但这同时会导致 X_{ad} 和 X_{aq} 的增大，使电动机过载能力变小、牵入同步能力变差。

5.3 交、直轴电枢磁动势折算系数

交、直轴电枢磁动势折算系数 K_{aq} 和 K_{ad} 反映了电动机磁路结构对电动机电枢反应电抗 X_{aq} 和 X_{ad} 的影响。转子磁路结构不同，电动机的交、直轴电枢磁动势折算系数也各有差别。根据定义可知，$K_{ad}=K_d/K_f$，$K_{aq}=K_q/K_f$。K_f 可由式(6-28)确定，K_q 和 K_d 为电动机交、直轴电枢反应磁密的波形系数。

对近似于隐极电动机性能的表面凸出式稀土永磁同步电动机，$K_d=K_q=1$，因而其直、交轴电枢磁动势折算系数为

$$K_{aq}=K_{ad}=\frac{1}{K_f}=\frac{\pi}{4\sin\dfrac{\alpha_i\pi}{2}} \tag{6-50}$$

而对表面插入式和内置式永磁同步电动机，则 K_d 和 K_q 与电动机的极弧系数、永磁体尺寸和电动机气隙长度等许多因素有关，较难用解析法准确计算，一般需用电磁场数值计算求出气隙磁场分布，然后用谐波分析确定其基波后得出，或直接采用经验值。

6 异步起动永磁同步电动机的起动过程

异步起动永磁同步电动机与普通感应电动机一样，在起动过程中也要求具有一定的起动转矩倍数、起动电流倍数和最小转矩倍数。此外，还要求电动机具有足够的牵入同步能力。永磁同步电动机由于在转子上安放了永磁体，使得其起动过程比感应电动机更为复杂；在起动过程中既有平均转矩，又有脉动转矩，且这些转矩的幅值均随电动机转速的改变而变化。下面对异步起动永磁同步电动机的起动过程进行简要分析。

6.1 起动过程中的电磁转矩

为便于分析，假设整个起动过程非常缓慢，电动机在不同异步转速下稳定运行。从描述异步起动永磁同步电动机瞬态行为的

复数形式微分方程出发，经过一系列复杂的运算和整理后，可得到如下的电磁转矩表达式

$$\begin{aligned}T_{em}&=T_g+T_c+T_{pm1}\sin\theta+T_{pm2}\cos\theta+T_{pc1}\sin2\theta+T_{pc2}\cos2\theta\\&=T_{\mathrm{av}}+T_{pm}\cos(\theta-\beta)+T_{pc}\cos(2\theta-\alpha)\end{aligned}\tag{6-51}$$

式中 $T_{\mathrm{av}}=T_g+T_c$；

$T_g=mp(c'e'-a'g')$；

$T_c=\dfrac{mp}{2}(ce+df_1-ag-bh)$；

$T_{pm}=\sqrt{T_{pm1}^2+T_{pm2}^2}$；

$T_{pc}=\sqrt{T_{pc1}^2+T_{pc2}^2}$；

$T_{pm1}=mp(bg'+ha'-de'-f_1c')$；

$T_{pm2}=mp(ce'+ec'-ag'-ga')$；

$T_{pc1}=\dfrac{mp}{2}(ah+bg-cf_1-de)$；

$T_{pc2}=\dfrac{mp}{2}(ce+bh-df_1-ag)$；

$\alpha=\arctan\dfrac{T_{pc1}}{T_{pc2}}$；

$\beta=\arctan\dfrac{T_{pm1}}{T_{pm2}}$；

$a=K_{d1}U$；

$b=K_{d2}U$；

$c=K_{q1}U$；

$d=K_{q2}U$；

$e=\dfrac{U}{2\pi f}(a_2K_{d1}+b_2K_{d2})$；

$f_1=\dfrac{U}{2\pi f}(a_2K_{d2}-b_2K_{d1})$；

$g=\dfrac{U}{2\pi f}(c_2K_{q1}+d_2K_{q2})$；

$h=\dfrac{U}{2\pi f}(c_2K_{q2}-d_2K_{q1})$；

$a'=-(1-s)^2X_q\dfrac{E_0}{D_m}$；

$$c'=-(1-s)R_1\frac{E_0}{D_m};$$

$$e'=\frac{X_d a'+E_0}{2\pi f};$$

$$g'=\frac{X_q c}{2\pi f};$$

$$D_m=R_1^2+X_d X_q(1-s)^2;$$

$$K_{d1}=\frac{[R_1-(1-2s)d_2]f_2+(1-2s)c_2 e_2}{e_2^2+f_2^2};$$

$$K_{d2}=\frac{[R_1-(1-2s)d_2]e_2-(1-2s)c_2 f_2}{e_2^2+f_2^2};$$

$$K_{q1}=\frac{[R_1-(1-2s)b_2]e_2-(1-2s)a_2 f_2}{e_2^2+f_2^2};$$

$$K_{q2}=-\frac{[R_1-(1-2s)b_2]f_2+(1-2s)a_2 e_2}{e_2^2+f_2^2};$$

$$a_2=X_d-\frac{s^2X_{ad}^2X_{2d}}{R_{2d}^2+(sX_{2d})^2};$$

$$b_2=\frac{sX_{ad}^2R_{2d}}{R_{2d}^2+(sX_{2d})^2};$$

$$c_2=X_q-\frac{s^2X_{aq}^2X_{2q}}{R_{2q}^2+(sX_{2q})^2};$$

$$d_2=\frac{sX_{aq}^2R_{2q}}{R_{2q}^2+(sX_{2q})^2};$$

$$e_2=R_1^2+sR_1(b_2+d_2)+(1-2s)(a_2c_2-b_2d_2);$$

$$f_2=sR_1(a_2+c_2)-(1-2s)(a_2d_2+b_2c_2);$$

$$X_{ad}=2\pi fL_{md};$$

$$X_{aq}=2\pi fL_{mq};$$

$$X_d=2\pi fL_d;$$

$$X_q=2\pi fL_q;$$

$$X_{2d}=X_2+X_{ad};$$

$$X_{2q}=X_2+X_{aq}。$$

下面分项对电磁转矩进行分析。

6.1.1 起动过程中的平均转矩

为清晰起见，先不考虑永磁体的作用，就可把三相永磁同步电动机看成一台转子磁路不对称的三相感应电动机。在起动过程中，当定子绕组馈以频率为 f 的三相对称交流电流时，在气隙中产生的磁场以同步转速 n_1 旋转。设起动某一瞬间电动机的转差率为 s，电动机转子以 $n=(1-s)n_1$ 的转速旋转，则在转子起动绕组中感应出频率为 sf 的交流电流。由于转子磁路的不对称，$X_d \neq X_q$，转子电流所产生的磁场可分解成正、反两个旋转磁场，相对于转子的转速分别为 sn_1 和 $-sn_1$，相对于定子的转速分别为 $n+sn_1=n_1$ 和 $n-sn_1=(1-2s)n_1$。

转子的正转旋转磁场与定子旋转磁场的转速都是 n_1（相对于定子），彼此相对静止，相互作用产生感应电动机那样的异步转矩 T_a。

转子的反转旋转磁场在定子绕组中感应出频率为 $(1-2s)f$ 的电流 I_b，I_b 所产生的定子旋转磁场转速也是 $(1-2s)n_1$，与转子反转磁场也是彼此相对静止，两者相互作用产生另一异步转矩，称为磁阻负序分量转矩 T_b。这相当于又一台感应电动机，但转子是初级绕组，定子是次级绕组。当 $n=n_1/2$，即 $s=0.5$ 时，$(1-2s)f=0$，相当于这台感应电动机运行于同步转速，在次级绕组（定子）中无感应电流，转矩为零。当 $n>n_1/2$，即 $s<0.5$ 时，$(1-2s)n_1$ 为正值，这意味着这一对旋转磁场的转向与 n_1 相同，作为次级绕组的定子受到沿 n_1 方向的异步转矩；但定子不动，故转子受到一个与 n_1 方向相反的转矩，即制动转矩，$T_b<0$。当 $n<n_1/2$，即 $s>0.5$ 时，则相反，转子受到一个与 n_1 方向相同的转矩，$T_b>0$。

下面再分析转子中永磁体的作用。转子永磁体所产生的磁场以 $n=(1-s)n_1$ 旋转，在定子绕组中感应出频率为 $(1-s)f$ 的电流 I_g，这相当于一台转速为 n，定子绕组通过电网短路的同步发电机，对转子作用的是发电制动转矩 T_g。

因此，永磁同步电动机起动过程中的总平均转矩 T_{av} 由 T_a、T_b 和 T_g 三个平均转矩分量构成，即

$$T_{av}=T_a+T_b+T_g \tag{6-52}$$

图 6-28 为异步起动永磁同步电动机平均转矩随电动机转差率变化的曲线。图中，曲线 4 为曲线 1、2、3 三者的合成，即电动机的总平均转矩 T_{av}。从图可见，永磁同步电动机在异步起动过程中出现两个最小转矩，一个出现在低速处，一个出现在稍高于半同步速处。

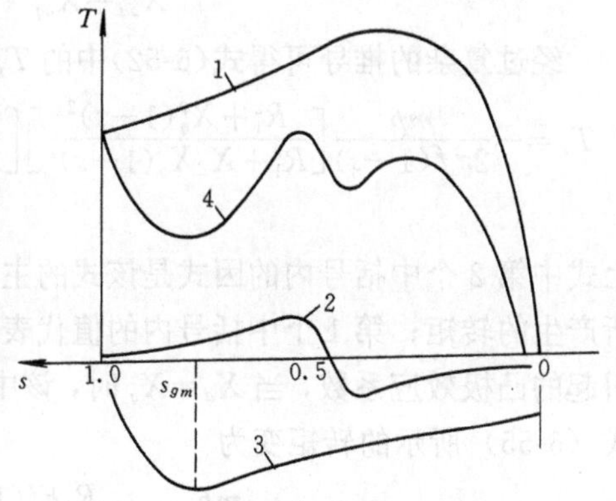

图 6-28　异步起动永磁同步电动机的平均转矩-转差率曲线

1—T_a-s 曲线　2—T_b-s 曲线

3—T_g-s 曲线　4—1,2,3 的合成曲线

由于永磁同步电动机的转子磁路不对称，T_a 和 T_b 的准确计算非常复杂，工程实际中常用近似的方法计算。实践表明，对于设计合理的永磁同步电动机，由 T_b 导致的最小转矩值通常大于由 T_g 导致的最小转矩值，在不要求得出具体的转矩转速曲线时，可以将 T_a 与 T_b 合并计算（$T_a+T_b=T_c$），且近似采用感应电动机的转矩公式［见式(6-53)］计算 T_c(N·m)，再根据经验加以修正，

$$T_c=\frac{mpU^2R'_2/s}{2\pi f[(R_1+c_1R'_2/s)^2+(X_1+c_1X'_2)^2]} \tag{6-53}$$

式中　c_1——由于采用感应电动机 Γ 形近似等效电路而引入的修正系数，$c_1=1+\frac{X_1}{X_m}$

R'_2——转子电阻折算值(Ω)；

X'_2——转子漏抗折算值(Ω)。

永磁同步电动机转子上永磁体槽的存在，使其励磁电抗与普通感应电动机相比有较大的差别。实验表明，同样结构尺寸、绕组和气隙的情况下，永磁同步电动机的 X_{aq} 比普通感应电动机的 X_m 稍小，而 X_{ad} 则比 X_m 小得多。因此，在引用式(6-53)计算转矩时，

永磁同步电动机的等效励磁电抗 X_m 应以下式予以修正：

$$X_m=\frac{2X_{ad}X_{aq}}{X_{ad}+X_{aq}} \tag{6-54}$$

经过复杂的推导可得式(6-52)中的 T_g(N·m)为

$$T_g=-\frac{mp}{2\pi f(1-s)}\left[\frac{R_1^2+X_q^2(1-s)^2}{R_1^2+X_dX_q(1-s)^2}\right]\left[\frac{R_1E_0^2(1-s)^2}{R_1^2+X_dX_q(1-s)^2}\right] \tag{6-55}$$

上式中第 2 个中括号内的因式是该式的主要项，表示永磁体磁链所产生的转矩；第 1 个中括号内的值代表电动机转子凸极效应所引起的凸极效应系数，当 $X_d=X_q$ 时，该中括号内的值为 1。此时式（6-55）所示的转矩变为

$$T_g=-\frac{mp}{2\pi f(1-s)}\frac{R_1E_0^2(1-s)^2}{R_1^2+X_dX_q(1-s)^2} \tag{6-56}$$

永磁同步电动机起动过程中永磁体产生平均制动转矩 T_g 的工况相当于一台空载电动势为$(1-s)E_0$、交、直轴同步电抗分别为$(1-s)X_q$ 和$(1-s)X_d$ 的发电机在短路运行时的工况。此时，短路电流在定子电阻上产生的电阻损耗，体现到转轴上，相当于施加给转轴一个制动转矩 T_g。经仔细推导，可知式(6-55)中的两个中括号之积即等于电动机定子绕组每相的电阻损耗。

将式(6-55)对 s 微分，并令微商等于零，可得 T_g 达最大值时的转差率

$$s_{gm}=1-\frac{R_1}{X_q}\sqrt{\frac{3(X_q-X_d)}{2X_d}+\sqrt{\left[\frac{3(X_q-X_d)}{2X_d}\right]^2+\frac{X_q}{X_d}}} \tag{6-57}$$

当 X_d 和 X_q 一定时，s_{gm}与定子电阻 R_1 有关。R_1 越大，则 s_{gm}越小，即 T_g 达到最大值时的转速越大。

一般来说，永磁发电制动转矩对小容量电动机的平均转矩 T_{av} 影响较大，而对大容量电动机的影响则相对小些。

6.1.2 起动过程中的脉动转矩

由前面分析可知，永磁同步电动机起动过程中气隙中存在三种以不同转速旋转的磁场，其转速分别为：n_1，$(1-s)n_1$ 和$(1-2s)$

n_1。转速相同的定转子磁场相互作用产生三个平均转矩。而转速不同的定转子磁场间的相互作用则产生平均值为零的脉动转矩。

转速为 n_1 的定(转)子磁场与转速为 $(1-2s)n_1$ 的转(定)子磁场相互作用产生脉动频率为 $2sf$ 的脉动转矩，这是由转子起动绕组的存在和转子磁路不对称而引起的磁阻脉动转矩，其幅值为 T_{pc}。T_{pc} 与电动机中的永磁体无关，只与电动机转子交、直轴磁路的不对称程度有关。当 $X_d=X_q$ 时，此脉动转矩将不存在。

转速为 $(1-s)n_1$ 的永磁磁场与转速为 n_1 和 $(1-2s)n_1$ 的磁场相互作用产生脉动频率为 sf 的脉动转矩，其幅值 T_{pm} 与电动机的永磁体、定子绕组和转子磁路的不对称程度有关。

上述两个脉动转矩中，由永磁体磁场引起的脉动转矩幅值 T_{pm} 远大于由转子起动绕组和磁路不对称所引起的脉动转矩幅值 T_{pc}。

6.1.3 瞬态起动性能分析

研究异步起动永磁同步电动机的瞬态起动性能时，可采用传统的把电动机等效为集中参数模型的数字仿真方法，也可以应用第 4 章介绍的采用场路耦合法计算瞬变电磁场的方法。前一种方法具有计算量小，计算速度快等优点，但该方法难以考虑电动机的饱和与涡流的影响，会带来较大的误差。采用场路耦合法求解瞬变电磁场的方法可以考虑饱和与涡流的影响，但其计算量相对传统的数字仿真方法大得多。下面简要介绍采用场路耦合法求解瞬变电磁场来研究电动机瞬态起动性能的过程。

起动过程中，电动机的机械运动方程为

$$J\frac{\mathrm{d}\Omega}{\mathrm{d}t}=T_{em}-T_L \tag{6-58}$$

式中 J——电动机和负载的转动惯量；

T_L——电动机负载转矩(含摩擦转矩)，接近同步转速时，可认为是一个常数。

为考虑机、电系统的相互作用，机械运动方程与瞬变电磁场方程必须同时求解。电动机瞬态起动性能的求解过程如下：

1) 假定转子在 Δt 内旋转了 $\Delta\theta$ 角度，由此确定出某时刻电动

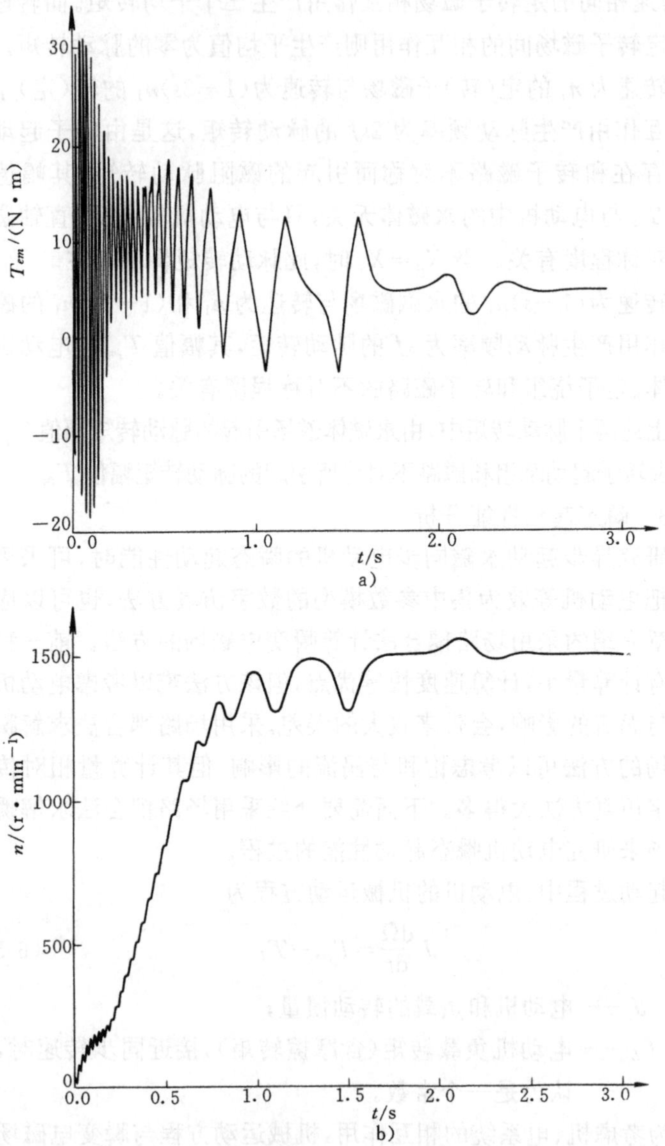

图 6-29　某台永磁同步电动机起动过程的瞬态性能曲线

a) T-t 曲线　b) n-t 曲线

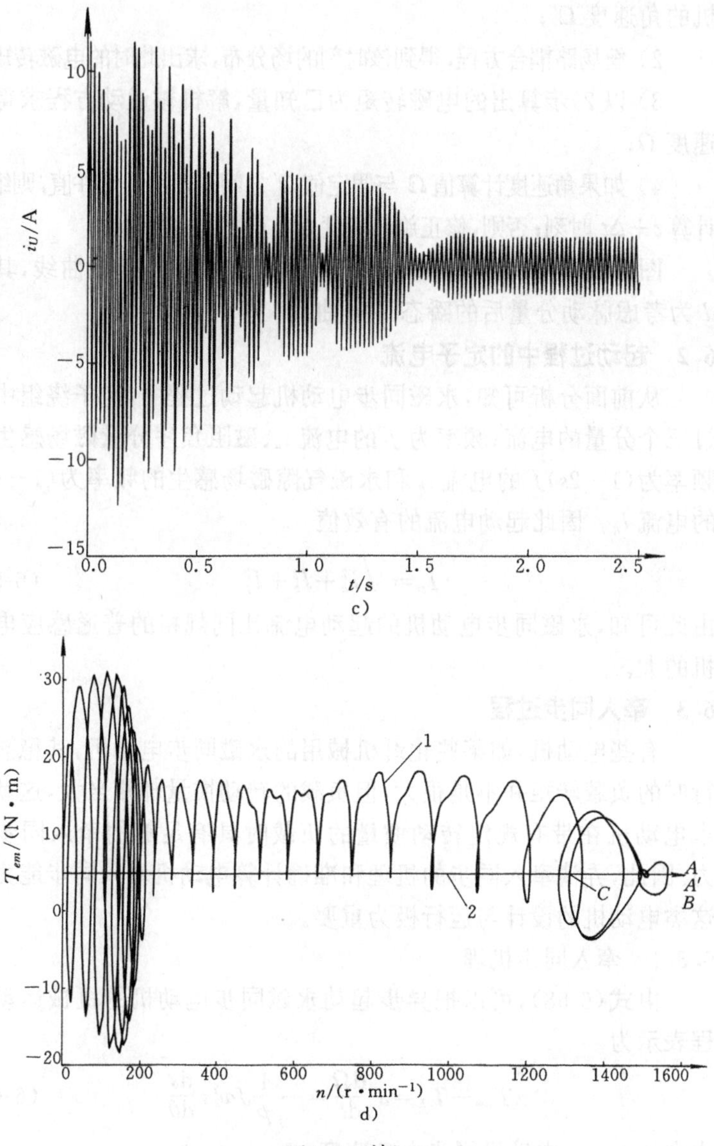

图 6-29(续)

c) i-t 曲线 d) T-n 曲线

1—瞬态转矩 2—负载转矩

机的角速度 Ω'；

2）解场路耦合方程，得到该时刻的场分布，求出此时的电磁转矩；

3）以 2)步算出的电磁转矩为已知量，解机械运动方程求得角速度 Ω；

4）如果角速度计算值 Ω 与假定值 Ω' 之间误差小于允许值，则继续计算 $t+\Delta t$ 时刻；否则，修正旋转角度 $\Delta\theta$，重复 2)、3)两步。

图 6-29 为某台异步起动永磁同步电动机瞬态性能曲线，其中 d 为考虑脉动分量后的瞬态 T-n 曲线。

6.2 起动过程中的定子电流

从前面分析可知，永磁同步电动机起动过程中，定子绕组中流过三个分量的电流：频率为 f 的电流 i_a、磁阻负序分量磁场感生的频率为$(1-2s)f$ 的电流 i_b 和永磁气隙磁场感生的频率为$(1-s)f$ 的电流 i_g。因此起动电流的有效值

$$I_{st}=\sqrt{I_a^2+I_b^2+I_g^2} \tag{6-59}$$

由此可知，永磁同步电动机的起动电流比同规格的普通感应电动机的大。

6.3 牵入同步过程

有些电动机，如某些化纤机械用的永磁同步电动机，其稳态运行时的负载转矩并不是很大，但负载的转动惯量却相当大，这就要求电动机在带有规定转动惯量的负载时具有足够的牵入同步能力。因此，弄清牵入同步的机理和准确计算电动机牵入同步能力对这类电动机的设计与运行极为重要。

6.3.1 牵入同步机理

由式(6-58)，可以把异步起动永磁同步电动机的机械运动方程表示为

$$T_{em}-T_L=J\frac{\mathrm{d}\Omega}{\mathrm{d}t}=-\frac{1}{p}J\omega_s^2 s\frac{\mathrm{d}s}{\mathrm{d}\theta} \tag{6-60}$$

式中 ω_s——电动机同步电角速度。

牵入同步过程中转子能量的增加应等于该过程中转矩所作的功。若负载转矩较大，电动机负载转矩曲线与电磁转矩曲线的交

点所对应的转速离同步转速较远，即牵入同步过程开始时的转差率比较大，意味着需要更多的能量以加速该负载到同步转速。同样，系统转动惯量越大，从式（6-60）可知，电动机所需的电磁转矩越大，相应地牵入同步所需的能量也越大，电动机越难牵入同步。

因此，电动机能否达到同步转速，既与电动机的负载转矩、牵入同步时的脉动转矩和系统（包括电动机和负载）的转动惯量有关，也与电动机平均转矩-转速特性曲线（见图 6-28）在接近同步转速时的陡度有关。

电动机从接近同步转速开始到牵入同步过程中，如果电磁转矩足够大，则使电动机升速到超过同步转速，然后又减速，使转子转速围绕同步转速振荡。由于稳态同步转矩的作用，使振荡衰减，转子逐渐牵入同步。这反映在转矩-转速轨迹上（见图 6-29d）为一系列顺时针方向旋转的近似椭圆的曲线，电动机的转差率在接近零的最小值和最大值之间变动。

牵入同步的最后过程还可用图 6-30 所示的永磁同步电动机矩角特性曲线来分析。开始时电动机工作于电磁转矩曲线与负载转矩曲线的交点 A' 点，对应的转矩角为 θ'_1。A' 点为非稳定工作点，如果有一个减少 θ 角的扰动，便会导致电动机加速，最后稳定运行于稳态工作点 A 点，如图中虚线所示。图 6-30 中的 A' 点和 A 点也对应于图 6-29d 中的 A' 点和 A 点。如果有一个增加 θ 角的扰动，由于 $T_{em}<T_L$，导致电动机减速，进入下一个近似椭圆形转矩-转速轨迹运行。

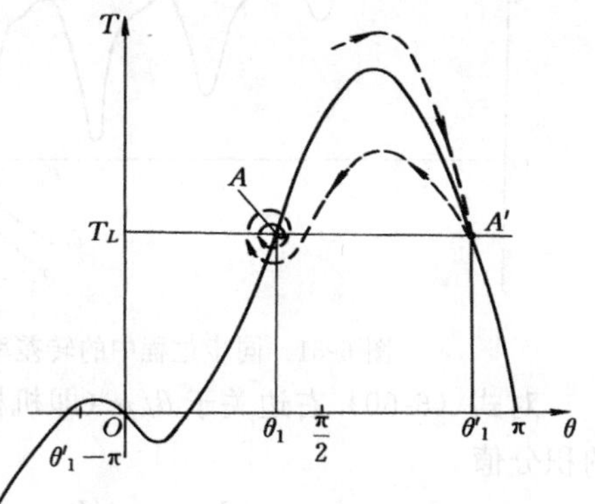

图 6-30　永磁同步电动机的矩角特性

为进一步分析牵入同步能力，画出牵入同步过程的转差率-转矩角曲线，如图 6-31 所示（图中标注的各点均对应于图 6-29d 中的相应点）。从图中可以看出，转差率以 2π 电弧度为极差很有规律地变化，而从 B 点到 A' 点表示同步前的最后一个极差轨迹。为便于得出简明的关系，将同步前的最后一个极差内转差率与转矩角间的复杂关系近似用按正弦变化的虚线来代替，其表达式为

$$s=s_0\sin\frac{\theta'_1-\theta}{2} \tag{6-61}$$

式中 s_0 为牵入同步前最后一个极差内的转差率最大值。分析临界同步过程中最后一个极差内的转差率-转矩角曲线可知，在 C 点和 A' 点处电动机的加速度均为零，即此时式(6-60)等式两端均为零，C 点处的转差率最大，而 A' 点处的转差率为零。

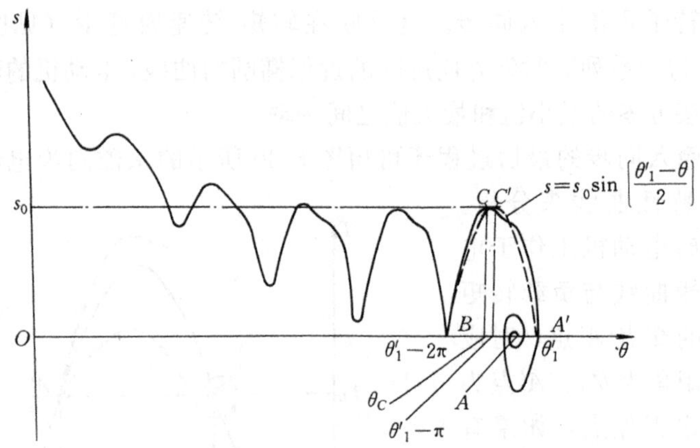

图 6-31　同步过程中的转差率-转矩角曲线

对式（6-60）右边关于 θ/p（即机械角位移）从 C 点到 A' 点的积分值

$$\frac{J}{2p^2}\omega_s^2 s_0^2=\frac{J}{2}\ (\Delta\Omega)^2 \tag{6-62}$$

式中 $\Delta\Omega$ 为 C 点处的机械角速度与同步机械角速度间的差值。$J(\Delta\Omega)^2/2$ 标志着电动机加速至同步转速所需的视在动能，此能量由电动机电磁转矩和负载转矩之差提供，即由式(6-60)左边关于 θ/p 从 C 点到 A' 点的积分值所得的能量来提供。设合成转矩提供

的视在动能为 A，则从式(6-62)即可求出电动机能够牵入同步的最大转动惯量

$$J=\frac{2p^2A}{\omega_s^2 s_0^2} \tag{6-63}$$

6.3.2 牵入同步能力的实用计算方法

对电动机牵入同步能力的要求，体现在当电动机拖动一定负载转矩时所能牵入同步的负载的最大转动惯量。不同的转矩，对应于所能牵入的不同的最大转动惯量，将之画成曲线，即为临界牵入同步 J-T_L 曲线。计算电动机的牵入同步能力，也就是要计算电动机的临界牵入同步 J-T_L 曲线。

有关文献介绍的牵入同步能力的计算方法比较复杂，本书作者提出了一种以计算机为基础的简单实用的永磁同步电动机牵入同步能力的计算方法。其过程如下。

根据电动机稳态性能计算方法，可以把电动机从 0 到 π 电弧度的整条矩角特性曲线求出来。这样，给定电动机的一个负载转矩（含摩擦转矩）T'_L，便可求出对应的稳定工作点的转矩角 θ 和非稳定工作点处的转矩角 θ'_1，即图 6-30 中的 A 点和 A' 点。

把式（6-61）和 $T_L=T'_L$ 代入 $T_{em}-T_L$，并令之为零，然后经过计算机迭代计算便可求出牵入同步最后一个极差内的转差率最大值 s_0。

把式(6-51)代入式(6-60)的左边，其中的 s 以 $s=s_0\sin[(\theta'_1-\theta)/2]$ 代替，对式(6-60)两边对 θ/p 从 $\theta'_1-\pi$ 到 θ'_1 积分，可得到积分后的等式：

$$\int_{\theta'_1-\pi}^{\theta'_1}\frac{T_{em}-T'_L}{p}\mathrm{d}\theta=A \tag{6-64}$$

从式(6-63)即可求出电动机在负载转矩为 T'_L 时所能牵入同步的系统的最大转动惯量 J。

继续给定不同的负载转矩，重复以上过程，便可画出电动机的临界转动惯量-负载转矩曲线(即 J-T_L 曲线)。图 6-32 即为用上述方法对某台异步起动永磁同步电动机进行计算所得的 J-T_L 曲

线。图中，曲线左下侧为可以牵入同步的区域，右上侧为不能牵入同步的区域。

永磁体对电动机牵入同步能力有着复杂的影响。采用较多的永磁体或选用较高性能的永磁体意味着电动机的 E_0 会提高，E_0 的提高对电动机的牵入同步能力有着两方面的影响：一方面，导致电动机同步能量增加，牵入同步能力会提高；另一方面，永磁发电制动转矩增大，导致起动过程中的平均转矩变小，电动机牵入同步开始时的转差率 s_0 增大，从而使牵入同步能力下降。

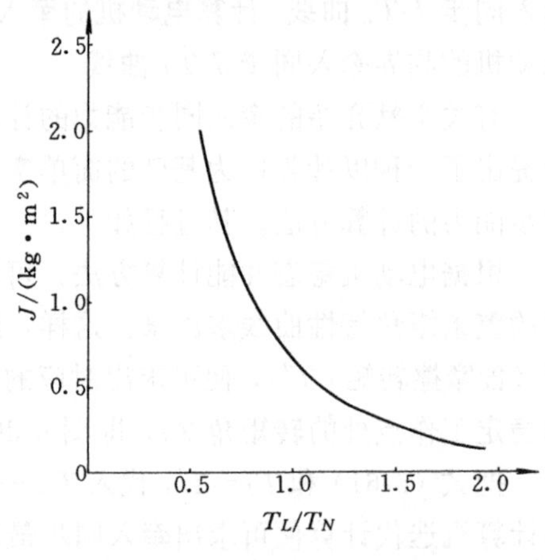

图 6-32　临界 J-T_L/T_N 曲线

对大容量电动机来说，因为电动机定子绕组电阻相对较小，平均发电制动转矩 T_g 达到最大值 T_{gmax}时的转速接近零转速；而接近同步转速时，此制动转矩已很小，电动机总平均转矩下降不大，所以定子绕组电阻对牵入同步能力的影响不是很大。对小容量电动机来说，定子绕组的电阻相对较大，使得平均发电制动转矩在接近同步转速时仍很大，从而使总平均转矩下降很大。

7　异步起动永磁同步电动机的设计特点

异步起动永磁同步电动机一般应用于要求高效的场合，因而对电动机的要求主要是效率高、功率因数高、起动品质因数（T_{st}/I_{st}）高和单位功率的永磁体用量省等。永磁同步电动机电磁设计的主要任务是确定电动机主要尺寸、选择永磁材料和转子磁路结构、估算永磁体的尺寸、设计定转子的冲片和选择绕组数据，然后利用有关公式对初始设计方案进行性能校核，调整电动机的某些设计参数，直至电动机的电磁设计方案符合技术经济指标要求。

7.1 主要尺寸和气隙长度的选择

异步起动永磁同步电动机的主要尺寸与普通电动机的主要尺寸一样，包括定子冲片内径 D_{i1} 和电枢计算长度 L_{ef}。一般来说，异步起动永磁同步电动机的设计可能有如下三种情况：

1）替代原来的感应电动机或原有性能较差的永磁同步电动机。在这种情况下，待设计的永磁同步电动机一般要求与原来电动机同中心高，故可在原来电动机主要尺寸的基础上进行初步的估算，然后再调整设计，直至电动机设计成功。

2）要求待设计的永磁同步电动机直接利用某特定的定子冲片，以提高电动机定子冲片的通用性和缩短电动机的研制周期。在这种情况下，由给定的定子冲片即可知道定子冲片内径，再由电动机的功率和电机常数选择电枢计算长度 L_{ef}。

3）仅给定电动机的性能指标，而无其他限制。此时选择电动机主要尺寸的自由度要比前两种情况大得多。根据预估的电磁负荷，由电动机的功率和转速可选定电动机的 $D_{i1}^2L_{ef}$，然后凭经验选取一定的主要尺寸比 L_{ef}/τ_1，得出电动机的主要尺寸。一般来说，如无其他限制，电动机的主要尺寸比应选小一点，以便于在转子内部放置更多的永磁材料。

永磁同步电动机为减小过大的杂散损耗，降低电动机的振动与噪声和便于电动机的装配，其气隙长度 δ 一般要比同规格感应电动机的气隙大。且电动机中心高越大，永磁同步电动机的气隙长度比感应电动机的气隙大得也越多。设计异步起动永磁同步电动机的气隙长度时，可参照相同规格或相近规格的感应电动机的气隙长度，并加以适当的修改。

7.2 定、转子槽数的选择

异步起动永磁同步电动机的定子槽数选择原则与感应电动机相同，而定、转子槽配合则与感应电动机稍有不同。为提高永磁同步电动机的制造工艺性和便于电动机极弧系数的控制（尤其是对采用内置径向式转子磁路结构的永磁同步电动机），电动机的转子槽数通常在定转子槽配合选用原则的容许范围内被选定为电动机极数的整数倍。

鉴于异步起动永磁同步电动机转子因有永磁体槽而不便斜槽，一般将电动机的定子叠片沿轴向扭斜一定距离以削弱谐波，减小电动机杂散损耗和附加转矩。具体所斜距离应根据需要消除的谐波次数来定。比如，有些电动机采用的斜槽距离 t_{sk}（cm）

$$t_{sk}=\frac{Q_1 t_1}{Q_1+p} \tag{6-65}$$

式中　t_1——定子齿距（cm）。

7.3　转子设计

异步起动永磁同步电动机可采用多种转子磁路结构，设计时应根据待设计电动机的具体性能指标按照本章第 2 节介绍的不同转子磁路结构的特点选用，或者研究、开发新的转子磁路结构。

异步起动永磁同步电动机可采用与普通感应电动机相似的转子槽形。图 6-33 中列出了异步起动永磁同步电动机的定子槽形和 5 种常用的转子槽形（在本书后面所附程序中，依次用代号 $L_V=1\sim5$ 表示）。由于永磁同步电动机的转子槽主要用于起动，因此，为了节约铝材料和给转子中的永磁体槽留出足够的空间，在电动机对牵入同步能力要求不是很高时，转子槽可开得浅一点，窄一点。但当设计高牵入同步能力的电动机时，确定转子槽形时就应注意不能使电动机接近同步转速时的 T-n 特性曲线陡度过小，否则电动机牵入同步能力指标很难达到。因此，此时电动机转子槽也不能开得过浅和过窄。

理论上异步起动永磁同步电动机可采用任一种感应电动机的转子槽形，但当选用内置径向式转子磁路结构且转子槽形尺寸较小时，通常采用平底槽，以保证合适的隔磁磁桥，避免过大的漏磁系数。当转子槽形尺寸足够大时，也可采用圆底槽。转子端环的设计与转子槽的设计原则类似，在保证电动机有足够牵入同步能力的前提下，应尽量使端环的厚度小一点，以节约铝材料和提高电动机的起动品质因数。

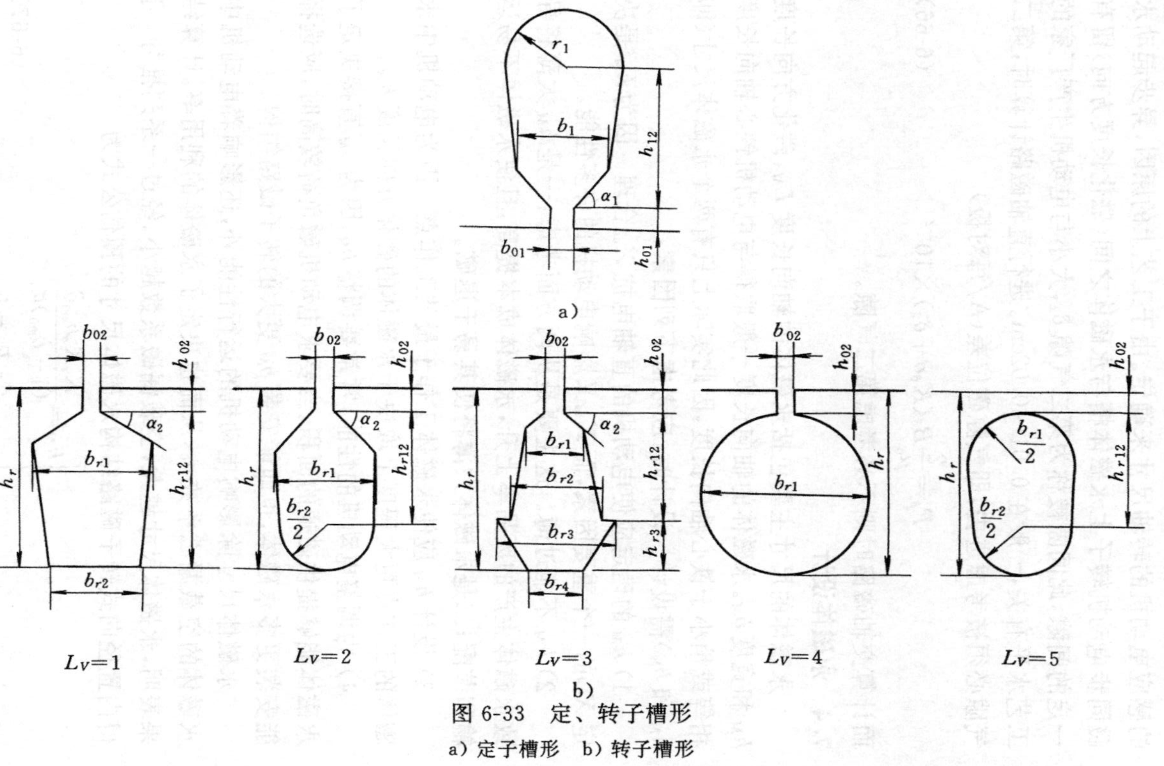

图 6-33　定、转子槽形

a) 定子槽形　b) 转子槽形

永磁同步电动机的转轴可由电动机的转矩确定或参考同规格的感应电动机的转轴尺寸来确定。由于工艺上的原因，异步起动永磁同步电动机转子上永磁体槽与永磁体之间(磁化长度方向)留有一定的间隙，此间隙被称为第二气隙 δ_2，大小与电动机生产厂家的工艺水平有关，一般在 0.01～0.02cm。进行直轴磁路计算时，第二气隙必须被考虑进去，即气隙磁位差(A/每对极)

$$F_\delta=\frac{2}{\mu_0}B_\delta(K_\delta\delta+\delta_2)\times10^{-2} \tag{6-66}$$

而计算交轴磁路时则不必考虑第二气隙。

7.4　永磁体设计

永磁体的尺寸主要包括永磁体的轴向长度 L_M、磁化方向长度 h_M 和宽度 b_M。永磁体的轴向长度一般取得与电动机铁心轴向长度相等或稍小于铁心轴向长度，因此实际上只有两个永磁体尺寸(即 h_M 和 b_M)需设计。设计时，应考虑下列因素：

1) h_M 的确定应使电动机的直轴电抗 X_{ad}合理。因为 h_M 是决定 X_{ad}的一个重要因素，而 X_{ad}又影响电动机的许多性能。

2) h_M 不能过薄。这主要是从两方面考虑：一是 h_M 太薄将导致永磁体生产的废品率上升，永磁体成本提高，且使永磁体不易运输和装配；二是永磁体太薄将使其易于退磁。

3) 设计 h_M 应使永磁体工作于最佳工作点。因为电动机中永磁体的工作点更大程度上取决于永磁体的磁化方向长度 h_M。

4) 为调整电动机的性能，常常要调整 b_M，因为 b_M 直接决定了永磁体能够提供磁通的面积。当要求电动机磁负荷较高时，应选择能安装更多永磁体，也即能安装 b_M 更大的转子磁路结构。

永磁体尺寸除影响电动机的运行性能外，还影响着电动机中永磁体的空载漏磁系数 σ_0，从而也决定了永磁体的利用率。计算结果表明，永磁体尺寸越大，空载漏磁系数越小。经过一系列推导，可得内置径向式转子磁路结构永磁体尺寸的预估公式为

$$\begin{cases}h_M=\dfrac{K_sK_\alpha b_{m0}\delta}{(1-b_{m0})\sigma_0}\\[2ex] b_M=\dfrac{2\sigma_0B_{\delta1}\tau_1L_{ef}}{\pi b_{m0}B_rK_\Phi L_M}\end{cases} \tag{6-67}$$

式中　K_s——电动机的饱和系数，其值为1.05～1.3；

K_α——与转子结构有关的系数，取值范围为0.7～1.2。

对内置切向式转子磁路结构永磁体尺寸的预估公式为

$$\begin{cases} h_M = \dfrac{2K_s K_\alpha b_{m0}\delta}{(1-b_{m0})\sigma_0} \\ b_M = \dfrac{\sigma_0 B_{\delta 1}\tau_1 L_{ef}}{\pi b_{m0} B_r K_\Phi L_M} \end{cases} \tag{6-68}$$

除要求永磁体具有合适的尺寸公差外，还要求永磁体在使用前必须先进行老化处理和表面涂层处理，计算时所用的 B_r 和 H_c 应为材料老化处理后工作温度下的数值。

7.5　电枢绕组设计

异步起动永磁同步电动机的绕组可采用与普通交流电动机一样的三相绕组。由于永磁同步电动机由永磁体励磁，气隙磁场谐波较多，使电动势中的谐波也较多。因此，为设计高性能的电动机，必须在绕组设计上采取一定的措施。异步起动永磁同步电动机通常采用Y接的双层短距绕组以避免电动机绕组中产生环流，并削弱电动势谐波。永磁同步电动机的绕组匝数和线规可根据电动机的电磁负荷、定子槽形尺寸和槽满率的限制来确定。

7.6　提高异步起动永磁同步电动机功率密度和起动性能的措施

由式(6-16)可以看出，E_0 与 X_d 决定着电动机电磁转矩中永磁转矩的幅值，从而也决定着失步转矩倍数。为提高永磁转矩以提高电动机的功率密度，应使 E_0 增大，X_d 减小。这可通过合理设计电动机的磁路，即适当加大电动机的气隙长度和永磁体的磁化方向长度来实现。为提高永磁转矩而增大电动机绕组匝数以提高 E_0 的方法是不可取的，因为绕组匝数的增大，虽使 E_0 提高，但使 X_d 增大得更多，实际上使 E_0/X_d 减小，永磁转矩幅值反而下降。

式(6-16)中的磁阻转矩取决于交、直轴同步电抗 X_q 与 X_d 之差。X_d 与 X_q 相差越大，磁阻转矩幅值越大，电动机的功率密度和过载能力也有所提高。此外，较大的磁阻转矩还有利于电动机的牵入同步能力。但如两者相差过大，将使电动机输出额定转矩时转矩角过大，稳定性变差，并且电动机的振动与噪声也要变大。

异步起动永磁同步电动机起动过程中的 T-n 特性曲线是考核设计性能的一个指标，从图 6-28 可以看出，过小的起动转矩和最小转矩将使电动机不能起动或在低速爬行，而合成转矩的机械特性过软或永磁体发电制动转矩过大也将使电动机无法牵入同步转速。

一般来说，小容量电动机的牵入同步能力更难提高。这是因为小容量电动机的定子相对电阻较大，使得永磁发电制动转矩在接近同步转速时仍相当大，从而在牵入开始瞬间平均转矩的值较小，转差率较大，难以牵入同步。

此外，由于小容量电动机转子外径较小，为了在转子中安放较多的永磁体，势必使转子槽较浅，从而使合成转矩-转速特性曲线的陡度过小，这也使牵入同步变得比较困难。因此设计小容量永磁同步电动机时，应合理设计转子槽形，尽量减小定子电阻和转子电阻，加大交、直轴电抗之差，适当减少永磁体的用量。

选取永磁同步电动机转子电阻时，应注意到电动机的牵入同步能力与起动转矩和最小转矩之间的矛盾，需要综合平衡选定。

7.7 提高异步起动永磁同步电动机效率和功率因数的措施

异步起动永磁同步电动机通常被用作高效电动机以替代力能指标较低的感应电动机，调速永磁同步电动机也为了减小变频电源的视在容量而要求电动机具有较高的效率和功率因数。因此有必要进一步研究提高永磁同步电动机的功率因数和效率的措施。

图 6-22 示出，当其他参数不变时，永磁同步电动机在给定负载下定子电流 I_1 与空载反电动势 E_0 的关系为一 V 形曲线，这说明 E_0 对电动机的功率因数影响很大。要提高电动机的功率因数，必须使电动机的 E_0 在一个合适的取值范围内。调节永磁体的尺寸，可使电动机功率因数接近 1。如要使电动机运行于容性功率因数，则需更多地增大永磁体的用量。需要指出的是，电动机不同，功率因数与电动机 E_0 的关系曲线也不一样，而且电动机功率因数

的大小还与电动机的其他参数（如 X_d、X_q 和 σ_0 等）有着密切的关系。

永磁同步电动机一般设计得即使在轻载运行时功率因数和效率也较高，这是永磁同步电动机一个非常可贵的优点，图 6-34 为某台永磁同步电动机与同规格感应电动机效率和功率因数的比较曲线。

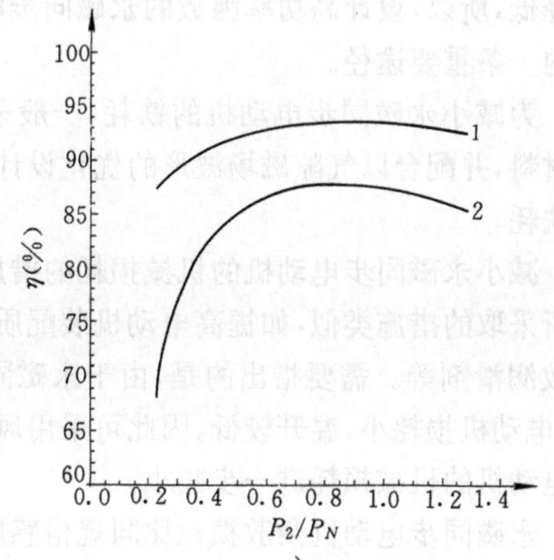

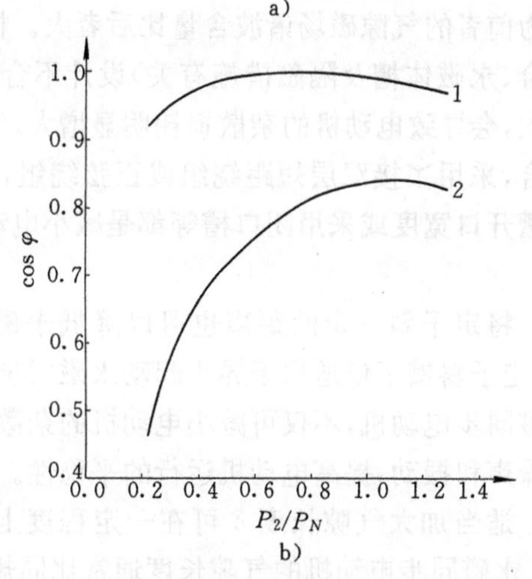

图 6-34　永磁同步电动机与感应电动机的效率和功率因数

a）η-(P_2/P_N)曲线　b）$\cos\varphi$-(P_2/P_N)曲线

1—异步起动永磁同步电动机　2—感应电动机

设计中可通过两个途径来提高 E_0，即增大绕组串联匝数和增加永磁体用量。前者只能在电动机起动转矩、最小转矩、失步转矩和牵入同步能力有裕度的前提下方可进行，而后者则要考虑到不使电动机磁路过于饱和和制造成本不能过高。

永磁同步电动机具有较高的空载反电动势 E_0，不仅可提高稳定运行时的功率因数，还可使运行于冲击负载下的永磁同步电动机具有较强的稳定性、较高的平均功率因数和平均效率。

较高的功率因数还使定子电流变小、铜耗下降、效率提高和温升降低，所以，设计高功率因数的永磁同步电动机是提高电动机效率的一条重要途径。

为减小永磁同步电动机的铁耗，一般采用单位损耗较小的铁磁材料，并配合以气隙磁场波形的优化设计，以减小谐波造成的附加铁耗。

减小永磁同步电动机的机械损耗的措施与设计其他种类电机时所采取的措施类似，如提高电动机装配质量，采用合适的轴承和高效润滑剂等。需要指出的是，由于永磁同步电动机力能指标较高，电动机损耗小，温升较低，因此可采用风量较小的风扇散热，这使电动机的机械损耗进一步减小。

永磁同步电动机杂散损耗比同规格感应电动机的要大。这是因为前者的气隙磁场谐波含量比后者大。极弧系数(与定、转子槽配合、永磁体槽及隔磁措施有关)设计不合理时，气隙磁场谐波尤其大，会导致电动机的杂散损耗明显增大。选取合适的定、转子槽配合，采用丫接双层短距绕组或正弦绕组，合理设计极弧系数，减小槽开口宽度或采用闭口槽等都是减小电动机杂散损耗的有效途径。

将定子斜一定的距离也可以降低永磁同步电动机的杂散损耗。定子斜槽不仅适用于异步起动永磁同步电动机，也适用于调速永磁同步电动机，不仅可减小电动机的杂散损耗，还可减小电动机的噪声和振动，提高电动机运行的平稳性。

适当加大气隙长度 δ 可在一定程度上减小电动机的杂散损耗。永磁同步电动机的气隙长度通常比同规格感应电动机大 0.01～0.02cm，而且电动机容量越大，气隙大得越多。试验表明，当某台永磁同步电动机气隙增大 0.01cm 后，由于电动机杂散损耗的下降可提高效率 1.5 个百分点。

定子采用闭口槽或采用磁性槽楔，可减小电动机齿磁导谐波导致的杂散损耗。但闭口槽使电动机漏磁系数和槽漏抗有所增大。

总之，提高永磁同步电动机力能指标的途径较多，也比较复杂，因为某些措施的采取，有可能影响到电动机的其他性能，必须通盘考虑，根据电动机的性能指标要求和生产厂的具体制造工艺，采取合适的措施，以排除不利因素，提高电动机的力能指标。

8　异步起动永磁同步电动机电磁计算程序和算例[㊀]

序号	名　称	公　　式	单位	算　例
一	**额定数据和技术要求**			
1	额定功率	P_N	kW	15
2	相数	m		3
3	额定线电压	U_{Nl}	V	380
4	额定频率	f	Hz	50
5	极对数	p		2
6	额定效率	η_N	%	93.5
7	额定功率因数	$\cos\varphi_N$		0.95
8	失步转矩倍数	T_{poN}^*	倍	1.8
9	起动转矩倍数	T_{stN}^*	倍	2.0
10	起动电流倍数	I_{stN}^*	倍	9.0
11	绕组型式			单层交叉、丫接
12	额定相电压	丫接法：$U_N=U_{Nl}/\sqrt{3}$ △接法：$U_N=U_{Nl}$	V	219.39
13	额定相电流	$I_N=\dfrac{P_N\times10^5}{mU_N\eta_N\cos\varphi_N}$	A	25.66
14	额定转速	$n_N=\dfrac{60f}{p}$	r/min	1500
15	额定转矩	$T_N=\dfrac{9.549P_N\times10^3}{n_N}$	N·m	95.49
16	绝缘等级		B级	

㊀ 本算例仅用以说明设计计算方法，不是最佳设计。

（续）

序号	名　称	公　式	单位	算　例
二	**主要尺寸**			
17	铁心材料			DW315-50
18	转子磁路结构形式			内置径向“W”型
19	气隙长度	δ	cm	0.065
20	定子外径	D_1	cm	26
21	定子内径	D_{i1}	cm	17
22	转子外径	$D_2=D_{i1}-2\delta$	cm	16.87
23	转子内径	D_{i2}	cm	6
24	定/转子铁心长度	L_1/L_2	cm	19/19
25	电枢计算长度	当定转子铁心长度相等时 $L_{ef}=L_a+2\delta$ 当定转子铁心长度不等时 $L_{ef}=L_a+3\delta$　当$(L_1-L_2)/2\delta\approx8$ $L_{ef}=L_a+4\delta$　当$(L_1-L_2)/2\delta\approx14$ 式中：L_a 为 L_1 和 L_2 中较小者	 cm cm cm cm	 19.13
26	定/转子槽数	Q_1/Q_2		36/32
27	定子每极每相槽数	$q=Q_1/(2mp)$（60°相带） $q=Q_1/(mp)$（120°相带）		3
28	极距	$\tau_1=\dfrac{\pi D_{i1}}{2p}$	cm	13.352
29	硅钢片质量	$m_{Fe}=\rho_{Fe}L_bK_{Fe}(D_1+\Delta)^2\times10^{-3}$ 式中　Δ——冲剪余量 L_b——L_1 和 L_2 中较大者 ρ_{Fe}——铁的密度 K_{Fe}——铁心叠压系数，一般可在 0.92～0.95 范围内取值	kg cm cm g/cm^3	96.79 0.5 19 7.8 0.93
三	**永磁体计算**			
30	永磁材料牌号			NTP264H
31	计算剩磁密度	$B_r=\left[1+(t-20)\dfrac{\alpha_{Br}}{100}\right]\left(1-\dfrac{IL}{100}\right)B_{r20}$ 式中　B_{r20}——20℃时的剩磁密度 α_{Br}——B_r 的可逆温度系数 IL——B_r 的不可逆损失率 t——预计工作温度	T T $\%K^{-1}$ % ℃	1.0741 1.15 −0.12 0 75

（续）

序号	名　　称	公　　式	单位	算　例
32	计算矫顽力	$H_c=\left[1+(t-20)\frac{\alpha_{Br}}{100}\right]\left(1-\frac{IL}{100}\right)H_{c20}$	kA/m	817.25
		式中　H_{c20}——20℃时的计算矫顽力	kA/m	875
33	相对回复磁导率	$\mu_r=\frac{B_{r20}}{\mu_0 H_{c20}\times 10^3}$		1.046
		式中　$\mu_0=4\pi\times 10^{-7}$H/m		
34	磁化方向长度	h_M	cm	0.53
35	宽度	b_M	cm	11
36	轴向长度	L_M	cm	19
37	提供每极磁通的截面积	径向　$A_m=b_M L_M$ 切向　$A_m=2b_M L_M$	cm^2	209
38	永磁体总质量	$m_m=2pb_M h_M L_M \rho_m\times 10^{-3}$	kg	3.28
		式中　ρ_m——永磁体密度	g/cm^3	7.4
四	**定、转子冲片**	定、转子槽形见图 6-33		
39	定子槽形			
	定子槽尺寸	h_{01}	cm	0.08
		b_{01}	cm	0.38
		b_1	cm	0.77
		r_1	cm	0.51
		h_{12}	cm	1.52
		α_1	(°)	30
40	转子槽形	L_V		1
	转子槽尺寸	h_{02}	cm	0.08
		b_{02}	cm	0.2
		b_{r1}	cm	0.64
		b_{r2}	cm	0.55
		b_{r3}	cm	—
		b_{r4}	cm	—
		h_{r12}	cm	1.5
		h_{r3}	cm	—
		h_r	cm	1.58
		α_2	(°)	30

（续）

序号	名　　称	公　　式	单位	算　例
41	定子齿距	$t_1=\frac{\pi D_{i1}}{Q_1}$	cm	1.484
42	定子斜槽距离	$t_{sk}=\frac{t_1 Q_1}{Q_1+p}$ 或另行给定	cm	1.405
43	定子齿宽	$b_{t11}=\frac{\pi[D_{i1}+2(h_{01}+h_{12})]}{Q_1}-2r_1$	cm	0.743
		$b_{t12}=\frac{\pi[D_{i1}+2(h_{01}+h_{s1})]}{Q_1}-b_1$	cm	0.747
		式中　$h_{s1}=\frac{b_1-b_{01}}{2}\tan\alpha_1$	cm	0.113
		离齿最狭 1/3 处齿宽 若 $b_{t12}\leqslant b_{t11}$ $b_{t1}=b_{t12}+\frac{b_{t11}-b_{t12}}{3}$	cm	
		否则 $b_{t1}=b_{t11}+\frac{b_{t12}-b_{t11}}{3}$	cm	0.744
44	定子轭计算高度	$h_{j1}=\frac{D_1-D_{i1}}{2}-\left[h_{01}+h_{12}+\frac{2}{3}r_1\right]$	cm	2.56
45	定子齿磁路计算长度	$h_{t1}=h_{12}+\frac{r_1}{3}$	cm	1.69
46	定子轭磁路计算长度	$L_{j1}=\frac{\pi}{4p}(D_1-h_{j1})$	cm	9.205
47	定子齿体积	$V_{t1}=Q_1 L_1 K_{Fe} h_{t1} b_{t1}$	cm^3	799.83
48	定子轭体积	$V_{j1}=\pi L_1 K_{Fe} h_{j1}(D_1-h_{j1})$	cm^3	3331.07
49	转子齿距	$t_2=\frac{\pi D_2}{Q_2}$	cm	1.656
50	转子齿磁路计算长度	$h_{t2}=h_{r12}+b_{r2}/6$（对圆底槽） $h_{t2}=h_{r12}$（对平底槽） $h_{t2}=h_r+b_{r1}/6$（对圆形槽）	cm cm cm	 1.5
51	转子轭计算高度	平底槽 $h_{j2}=\frac{D_2-D_{i2}}{2}-h_r-h_M$	cm	3.325
		圆底槽 $h_{j2}=\frac{D_2-D_{i2}}{2}-h_r+\frac{b_{r2}}{6}-h_M$	cm	

（续）

序号	名　　称	公　　式	单位	算　例
		圆形槽 $h_{j2}=\frac{D_2-D_{i2}}{2}-h_r+\frac{b_{r1}}{6}-h_M$ 对于转子铁心直接套在轴上的两极电动机，计算时D_{i2}以$D_{i2}/3$代替	cm	
52	转子轭磁路计算长度	$L_{j2}=\frac{\pi}{4p}(D_{i2}+h_{j2})$	cm	3.662
五	**绕组计算**			
53	每槽导体数	N_s		13
54	并联支路数	a		1
55	并绕根数-线径	$N_{t1}-d_{11}$ $N_{t2}-d_{12}$ 式中　N_{t1}、N_{t2}——并绕根数 d_{11}、d_{12}——导线裸线直径	mm	2-1.2 3-1.25
56	每相绕组串联匝数	$N=\frac{N_sQ_1}{2ma}$		78
57	槽满率计算	槽面积 $A_s=\frac{2r_1+b_1}{2}(h_{12}-h)+\frac{\pi r_1^2}{2}$ 式中　h——槽楔厚度	cm² cm	1.59 0.2
		槽绝缘面积 双层绕组 $A_i=C_i(2h_{12}+\pi r_1+2r_1+b_1)$ 单层绕组 $A_i=C_i(2h_{12}+\pi r_1)$ 式中　C_i——槽绝缘厚度	cm² cm² cm	 0.162 0.035
		槽有效面积 $A_{ef}=A_s-A_i$ 槽满率 $S_f=\frac{N_s[N_{t1}(d_{11}+h_{d1})^2+N_{t2}(d_{12}+h_{d2})^2]}{A_{ef}}$ 式中　h_{d1}、h_{d2}——对应于d_{11}、d_{12}导线的双边绝缘厚度	cm² % mm	1.428 78.2 0.08
58	节距	y	槽	1～9 2～10 11～18
59	绕组短距因数	$K_{p1}=\sin\frac{\pi\beta}{2}$		1

（续）

序号	名　　称	公　　　　式	单位	算　例
		式中　$\beta=\dfrac{y}{mq}$		1
60	绕组分布因数	$K_{d1}=\dfrac{\sin\left(q\dfrac{\alpha_1}{2}\right)}{q\sin\left(\dfrac{\alpha_1}{2}\right)}$		0.9598
		式中　$\alpha_1=\dfrac{2p\pi}{Q_1}$		
61	斜槽因数	$K_{sk1}=\dfrac{2\sin\left(\dfrac{\alpha_s}{2}\right)}{\alpha_s}$		0.9954
		式中　$\alpha_s=\dfrac{t_{sk}}{\tau_1}\pi$		
62	绕组因数	$K_{dp}=K_{d1}K_{p1}K_{sk1}$		0.9554
63	线圈平均半匝长	$L_{av}=L_1+2(d+L'_E)$	cm	37.463
		式中　d——绕组直线部分伸出长，一般取 1～3cm		1.5
		$L'_E=k\tau_y$（单层线圈端部斜边长）		7.732
		$L'_E=\tau_y/(2\cos\alpha_0)$（双层线圈端部斜边长）		
		k 为系数： 单层线圈　2 极取 0.58；4、6 极取 0.6；8 极取 0.625 $\cos\alpha_0=\sqrt{1-\sin\alpha_0^2}$ $\sin\alpha_0=\dfrac{b_1+2r_1}{b_1+2r_1+2b_{t1}}$		
		$\tau_y=\dfrac{\pi(D_{i1}+2h_{01}+h_{s1}+h_{12}+r_1)\beta_0}{2p}$	cm	12.89
		式中　β_0——与线圈节距有关的系数，对单层同心式线圈或单层交叉式线圈，β_0 取平均值，对其他型式线圈，$\beta_0=\beta$		0.852
64	线圈端部轴向投影长	$f_d=L'_E\sin\alpha_0$	cm	4.221

（续）

序号	名　　称	公　　式	单位	算　例
65	线圈端部平均长	$L_E=2(d+L'_E)$	cm	18.463
66	定子导线质量	$m_{Cu}=1.05\pi\rho_{Cu}Q_1N_sL_{av}$ $\times\dfrac{(N_{t1}d_{11}^2+N_{t2}d_{12}^2)}{4}\times10^{-5}$	kg	9.74
		式中　ρ_{Cu}——铜的密度	g/cm³	8.9
六	**磁路计算**			
67	极弧系数	$\alpha_p=\dfrac{b_p}{\tau_1}$		
		式中　b_p——电机极靴弧长 对本例所采用的内置径向式结构为 $\alpha_p=\dfrac{\dfrac{Q_2}{2p}-1}{\dfrac{Q_2}{2p}}$		0.875
68	计算极弧系数	$\alpha_i=\alpha_p+\dfrac{4}{\dfrac{\tau_1}{\delta}+\dfrac{6}{1-\alpha_p}}$		0.891
69	气隙磁密波形系数	$K_f=\dfrac{4}{\pi}\sin\dfrac{\alpha_i\pi}{2}$		1.255
70	气隙磁通波形系数	$K_\Phi=\dfrac{8}{\pi^2\alpha_i}\sin\dfrac{\alpha_i\pi}{2}$		0.897
71	气隙系数	$K_\delta=K_{\delta1}K_{\delta2}$		1.276
		式中　$K_{\delta1}=\dfrac{t_1(4.4\delta+0.75b_{01})}{t_1(4.4\delta+0.75b_{01})-b_{01}^2}$		1.205
		$K_{\delta2}=\dfrac{t_2(4.4\delta+0.75b_{02})}{t_2(4.4\delta+0.75b_{02})-b_{02}^2}$ （半闭口槽） $K_{\delta2}=1$（闭口槽）		1.059
72	空载漏磁系数	σ_0 根据转子磁路结构、气隙长度、铁心长度、永磁体尺寸以及永磁材料性能等因素确定		1.28
73	永磁体空载工作点假定值	b'_{m0}		0.829
74	空载主磁通	$\Phi_{\delta0}=\dfrac{b'_{m0}B_rA_m\times10^{-4}}{\sigma_0}$	Wb	0.01454
75	气隙磁密	$B_\delta=\dfrac{\Phi_{\delta0}\times10^4}{\alpha_i\tau_1L_{ef}}$	T	0.639

（续）

序号	名　　称	公　　式	单位	算　例
76	气隙磁位差	直轴磁路		
		$F_\delta=\frac{2B_\delta}{\mu_0}(\delta_2+K_\delta\delta)\times10^{-2}$	A	996.0
		交轴磁路		
		$F_{\delta q}=\frac{2B_\delta}{\mu_0}K_\delta\delta\times10^{-2}$	A	843.4
		式中　δ_2——永磁体沿磁化方向与永磁体槽间的间隙	cm	0.015
77	定子齿磁密	$B_{t1}=\frac{B_\delta t_1 L_{ef}}{b_{t1}K_{Fe}L_1}$	T	1.380
78	定子齿磁位差	$F_{t1}=2H_{t1}h_{t1}$	A	33.8
		H_{t1}根据 B_{t1}查附录 2 硅钢片磁化曲线	A/cm	10.0
79	定子轭部磁密	$B_{j1}=\frac{\Phi_{\delta0}\times10^4}{2L_1K_{Fe}h_{j1}}$	T	1.607
80	定子轭磁位差	$F_{j1}=2C_1H_{j1}L_{j1}$	A	414.2
		H_{j1}根据 B_{j1}查附录 2 硅钢片磁化曲线	A/cm	60.8
		C_1——定子轭部校正系数，查附图 3-1		0.37
81	转子齿磁密	$Bt_2=\frac{B_\delta t_2 L_{ef}}{b_{t2}K_{Fe}L_2}$	T	1.338
		式中　b_{t2}——转子齿宽，对非平行齿取靠近最窄的 1/3 处	cm	0.856
82	转子齿磁位差	$F_{t2}=2H_{t2}h_{t2}$	A	23.8
		H_{t2}根据 B_{t2}查附录 2 硅钢片磁化曲线对槽型 $Lv=3$，应分别计算齿各段高度处的磁密，齿总磁位差为各段磁位差之和	A/cm	7.9
83	转子轭磁密	$B_{j2}=\frac{\Phi_{\delta0}\times10^4}{2L_2K_{Fe}h_{j2}}$	T	1.237
84	转子轭磁位差	$F_{j2}=2C_2H_{j2}L_{j2}$	A	14.6
		H_{j2}根据 B_{j2}查附录 2 硅钢片磁化曲线	A/cm	4.26
		C_2——转子轭部校正系数，查附图 3-1		0.47
85	每对极总磁位差	$\Sigma F=F_\delta+F_{t1}+F_{j1}+F_{t2}+F_{j2}$	A	1482.4
		计算 X_{aq}时，每对极总磁位差应为		
		$\Sigma F=F_{\delta q}+F_{t1}+F_{j1}+F_{t2}+F_{j2}$	A	
86	磁路齿饱和系数	$K_{st}=\frac{F_{\delta q}+F_{t1}+F_{t2}}{F_{\delta q}}$		1.068

（续）

序号	名称	公式	单位	算例
87	主磁导	$\Lambda_\delta=\frac{\Phi_{\delta 0}}{\Sigma F}$	H	9.81×10^{-6}
88	主磁导标么值	径向磁路结构 $\lambda_\delta=\frac{2\Lambda_\delta h_M\times10^2}{\mu_r\mu_0 A_m}$ 切向磁路结构 $\lambda_\delta=\frac{\Lambda_\delta h_M\times10^2}{\mu_r\mu_0 A_m}$		3.785
89	外磁路总磁导标么值	$\lambda_n=\sigma_0\lambda_\delta$		4.845
90	漏磁导标么值	$\lambda_\sigma=(\sigma_0-1)\lambda_\delta$		1.06
91	永磁体空载工作点	$b_{m0}=\frac{\lambda_n}{\lambda_n+1}$ 如计算得到的 b_{m0} 与假设值之间误差超过 1%，则应重新设定 b'_{m0}，重复第 73 至 91 项的计算		0.829
92	气隙磁密基波幅值	$B_{\delta 1}=K_f\frac{\Phi_{\delta 0}\times10^4}{\alpha_i\tau_1 L_{ef}}$	T	0.802
93	空载反电动势	$E_0=4.44fK_{dp}N\Phi_{\delta 0}K_\Phi$	V	215.8
七	**参数计算**			
94	定子直流电阻	$R_1=\rho\frac{2L_{av}N}{\pi a\left[N_{t1}\left(\frac{d_{11}}{2}\right)^2+N_{t2}\left(\frac{d_{12}}{2}\right)^2\right]}$ 式中 ρ——铜线电阻率，见表 6-1	Ω	0.213

表 6-1 导条和端环电阻率 （$\times10^{-3}\Omega mm^2/cm$）

绝缘等级	标准工作温度（℃）	绕组导线	转子导条和端环所用材料				
		铜线	紫铜	黄铜	硬紫铜	铸铝	硅铝
A、E、B	75	0.217	0.217	0.804	0.278	0.434	0.62～0.723
F、H	115	0.245	0.245	0.908	0.314	0.491	0.7～0.816

序号	名称	公式	单位	算例
95	转子折算电阻	$R_r=R_B+R_R$	Ω	0.301
		导条电阻 $R_B=\frac{K_B k_c\rho_B L_B}{A_B}$	Ω	0.205

（续）

序号	名　称	公　式	单位	算　例
95	转子折算电阻	端环电阻 $R_R=\frac{k_cQ_2\rho_RD_R}{2\pi p^2A_R}$	Ω	0.096
		式中　$K_B=1.04$（对铸铝转子）		
		$K_B=1$（对铜条转子）		
		$k_c=\frac{4m(NK_{dp})^2}{Q_2}$		2082.5
		L_B——转子导条长度	cm	19
		A_B——导条截面积	mm^2	87
		D_R——端环平均直径	cm	15.09
		A_R——端环截面积	mm^2	180
		ρ_B——导条电阻率，见表 6-1	$\Omega\cdot mm^2/cm$	0.434×10^{-3}
		ρ_R——端环电阻率，见表 6-1	$\Omega\cdot mm^2/cm$	0.434×10^{-3}
96	转子绕组质量	对铜条转子		
		$m_{Cu2}=8.9(Q_2A_BL_B+2A_R\pi D_R)\times10^{-5}$	kg	
		对铸铝转子		
		$m_{Al}=2.7(Q_2A_BL_B+2A_R\pi D_R)\times10^{-5}$	kg	1.89
97	漏抗系数	$C_x=\frac{4\pi f\mu_0L_{ef}(K_{dp}N)^2\times10^{-2}}{p}$		0.4194
98	定子槽比漏磁导	$\lambda_{s1}=K_{U1}\lambda_{U1}+K_{L1}\lambda_{L1}$		1.175
		式中		
		K_{U1}、K_{L1}——槽上、下部节距漏抗系数		1/1
		对 $0\leqslant\beta\leqslant1/3$		
		$K_{U1}=3\beta/4$　$K_{L1}=(9\beta+4)/16$		
		对 $1/3\leqslant\beta\leqslant2/3$		
		$K_{U1}=(6\beta-1)/4$　$K_{L1}=(18\beta+1)/16$		
		对 $2/3\leqslant\beta\leqslant1$		
		$K_{U1}=(3\beta+1)/4$　$K_{L1}=(9\beta+7)/16$		
		$\lambda_{U1}=\frac{h_{01}}{b_{01}}+\frac{2h_{s1}}{b_{01}+b_1}$		0.407
		λ_{L1}的计算见附录 4		0.768
99	定子槽漏抗	$X_{s1}=\frac{2pmL_1\lambda_{s1}}{L_{ef}K_{dp}^2Q_1}C_x$	Ω	0.179
100	定子谐波漏抗	$X_{d1}=\frac{m\tau_1\Sigma s}{\pi^2K_\delta\delta K_{dp}^2K_{st}}C_x$	Ω	0.271
		Σs 可查附图 3-2		0.0128

（续）

序号	名　称	公　式	单位	算　例
101	定子端部漏抗	双层叠绕组		
		$X_{E1}=\frac{1.2(d+0.5f_d)}{L_{ef}}C_x$	Ω	
		单层同心式		
		$X_{E1}=0.67\left(\frac{L_E-0.64\tau_y}{L_{ef}K_{dp}^2}\right)C_x$	Ω	
		单层交叉式、同心式(分组的)		
		$X_{E1}=0.47\left(\frac{L_E-0.64\tau_y}{L_{ef}K_{dp}^2}\right)C_x$	Ω	0.115
		单层链式		
		$X_{E1}=0.2\left(\frac{L_E}{L_{ef}K_{dp}^2}\right)C_x$	Ω	
102	定子斜槽漏抗	$X_{sk}=0.5\left(\frac{t_{sk}}{t_1}\right)^2X_{d1}$	Ω	0.121
103	定子漏抗	$X_1=X_{s1}+X_{d1}+X_{E1}+X_{sk}$	Ω	0.686
104	转子槽比漏磁导	$\lambda_{s2}=\lambda_{U2}+\lambda_{L2}$		1.416
		式中　$\lambda_{U2}=\frac{h_{02}}{b_{02}}$(对半闭口槽)		0.4
		λ_{L2}的计算见附录 4		1.016
105	转子槽漏抗	$X_{s2}=\frac{2mpL_2\lambda_{s2}}{L_{ef}Q_2}C_x$	Ω	0.2212
106	转子谐波漏抗	$X_{d2}=\frac{m\tau_1\Sigma R}{\pi^2K_\delta\delta K_{st}}C_x$	Ω	0.2488
		式中　$\Sigma R=\frac{\pi^2\left(\frac{2p}{Q_2}\right)^2}{12}$		0.01285
107	转子端部漏抗	$X_{E2}=\frac{0.757}{L_{ef}}\left(\frac{L_B-L_2}{1.13}+\frac{D_R}{2p}\right)C_x$	Ω	0.0626
108	转子漏抗	$X_2=X_{s2}+X_{d2}+X_{E2}$	Ω	0.5326
109	直轴电枢磁动势折算系数	$K_{ad}=\frac{1}{K_f}$		0.7968
110	交轴电枢磁动势折算系数	$K_{aq}=\frac{K_q}{K_f}$		0.2869
		K_q 由电磁场算出，或取经验值		0.36
111	直轴电枢反应电抗	$X_{ad}=\frac{\lvert E_0-E_d\rvert}{I_d}$	Ω	4.123

（续）

序号	名　称	公　式	单位	算　例
111	直轴电枢反应电抗	式中　$E_d=4.44fK_{dp}N\Phi_{\delta N}K_\Phi$	V	162.9
		$\Phi_{\delta N}=[b_{mN}-(1-b_{mN})\lambda_\sigma]A_mB_r\times10^{-4}$	Wb	0.01098
		$b_{mN}=\dfrac{\lambda_n(1-f'_a)}{\lambda_n+1}$		0.752
		对径向磁路结构 $f'_a=\dfrac{F_{ad}}{\sigma_0h_MH_c\times10}$		0.0925
		对切向磁路结构 $f'_a=\dfrac{2F_{ad}}{\sigma_0h_MH_c\times10}$		
		$F_{ad}=0.45mK_{ad}\dfrac{K_{dp}NI_d}{p}$	A	514.23
		取 $I_d=I_N/2$	A	12.83
112	直轴同步电抗	$X_d=X_{ad}+X_1$	Ω	4.809
八	**交轴磁化曲线 X_{aq}-I_q 计算**			
113	设定交轴磁通	Φ_{aq} Φ_{aq}可在 $0.35\Phi_{\delta0}\sim0.85\Phi_{\delta0}$间取值	Wb	
114	交轴磁路总磁位差	ΣF_{aq} 以 Φ_{aq}代替 75 项中的 $\Phi_{\delta0}$，计算第 75～85 项，所得的 ΣF(每对极)即为交轴电枢磁动势 ΣF_{aq}	A	
115	对应交轴电流	$I_q=\dfrac{p\Sigma F_{aq}}{0.9mK_{aq}K_{dp}N}$	A	
116	交轴电动势	$E_{aq}=\dfrac{\Phi_{aq}}{\Phi_{\delta0}}E_0$	V	
117	交轴电枢反应电抗	$X_{aq}=\dfrac{E_{aq}}{I_q}$ 给定 113 项中不同的 Φ_{aq}，重复第 113～117 项，即可得到 I_q-X_{aq} 曲线，见表 6-2	Ω	

表 6-2 I_q-X_{aq}曲线

Φ_{aq} ($\times10^{-3}$Wb)	5.57	6.94	7.62	8.30	8.99	9.67	10.35	11.03	11.72	12.74
ΣF_{aq}(A)	344.2	431.2	475.6	520.8	567.4	615.2	662.2	710.8	768.8	884.2
I_q(A)	11.92	14.94	16.47	18.04	19.65	21.31	22.94	24.62	26.63	30.62
E_{aq}(V)	82.7	102.9	113.1	123.2	133.3	143.4	153.6	163.7	173.8	189.0
X_{aq}(Ω)	6.934	6.890	6.863	6.828	6.783	6.732	6.695	6.648	6.526	6.172

九	工作特性计算			
118	机械损耗	p_{fw}可参考同规格感应电动机的机械损耗	W	160
119	设定转矩角	θ	(°)	45.41
120	假定交轴电流	I'_q	A	20.61
121	交轴电枢反应电抗	X_{aq} 由 I'_q 查 I_q-X_{aq}曲线	Ω	6.754
122	交轴同步电抗	$X_q=X_{aq}+X_1$	Ω	7.439
123	输入功率	$P_1=\dfrac{m}{X_dX_q+R_1^2}\times[E_0U_N(X_q\sin\theta-R_1\cos\theta)+R_1U_N^2+0.5U_N^2(X_d-X_q)\sin2\theta]$	W	15971.3
124	直轴电流	$I_d=\dfrac{R_1U_N\sin\theta+X_q(E_0-U_N\cos\theta)}{X_dX_q+R_1^2}$	A	13.759
125	交轴电流	$I_q=\dfrac{X_dU_N\sin\theta-R_1(E_0-U_N\cos\theta)}{X_dX_q+R_1^2}$ 如 I_q 计算值与 120 项中的假设值间的相对误差超过 1%，重新设定 I'_q，从第 120 项起重新进行迭代计算	A	20.608
126	功率因数	$\cos\varphi$		0.9794
		式中 $\varphi=\theta-\psi$	(°)	11.679
		$\psi=\arctan\dfrac{I_d}{I_q}$	(°)	33.73
127	定子电流	$I_1=\sqrt{I_d^2+I_q^2}$	A	24.779
128	定子电阻损耗	$p_{Cu}=mI_1^2R_1$	W	392.3
129	负载气隙磁通	$\Phi_\delta=\dfrac{E_\delta}{4.44fK_{dp}NK_\Phi}$	Wb	0.01425

(续)

序号	名　称	公　　式	单位	算　例
		式中　$E_\delta=\sqrt{(E_0-I_dX_{ad})^2+(I_qX_{aq})^2}$	V	211.37
130	负载气隙磁密	$B_{\delta d}=\dfrac{\Phi_\delta\times10^4}{\alpha_i\tau_1L_{ef}}$	T	0.6261
131	负载定子齿磁密	$B_{t1d}=B_{\delta d}\dfrac{t_1L_{ef}}{b_{t1}K_{Fe}L_1}$	T	1.3521
132	负载定子轭磁密	$B_{j1d}=\dfrac{\Phi_\delta\times10^4}{2L_1K_{Fe}h_{j1}}$	T	1.5751
133	铁耗	$p_{Fe}=(k_1p_{t1d}V_{t1}+k_2p_{j1d}V_{j1})$ 式中 p_{t1d}、p_{j1d}——定子齿及轭单位铁损耗，可由 B_{t1d} 和 B_{j1d} 查附录 2 硅钢片损耗曲线 k_1、k_2——铁耗修正系数，一般分别取 2.5 和 2 或根据实验确定	W	205.7
134	杂散损耗	$p_s=\left(\dfrac{I_1}{I_N}\right)^2p_{sN}^*P_N\times10^3$	W	211.0
		p_{sN}^*可参考试验值或凭经验给定		0.015
135	总损耗	$\Sigma p=p_{Cu}+p_{Fe}+p_{fw}+p_s$	W	969.0
136	输出功率	$P_2=P_1-\Sigma p$	W	15002.3
137	效率	$\eta=\dfrac{P_2}{P_1}\times100$	%	93.93
138	工作特性	给定一系列递增的转矩角 θ，分别求出不同转矩角的 P_2、η、I_1、$\cos\varphi$ 等性能，即为电机的工作特性，见表 6-3		
139	失步转矩倍数	$T_{po}^*=\dfrac{P_{max}}{P_N}$	倍	1.85
		式中　P_{max}——最大输出功率，由电机工作特性上求得	kW	27.686

表 6-3　永磁同步电动机的工作特性

θ(°)	25	30	40	45.41	55	65	85	95	100.9	105
P_1(kW)	8.322	10.121	13.871	15.971	19.664	23.446	29.453	31.177	31.782	32.023
P_2(kW)	7.786	9.510	13.052	15.002	18.362	21.685	26.457	27.495	27.686	27.636
I_1(A)	12.72	15.50	21.39	24.77	30.98	37.93	52.12	58.53	62.08	64.44

(续)

θ(°)	25	30	40	45.41	55	65	85	95	100.9	105
I_d(A)	4.06	6.00	10.75	13.76	19.76	26.78	42.25	50.18	54.79	57.93
I_q(A)	12.06	14.29	18.49	20.61	23.86	26.85	30.52	30.11	29.18	28.22
η(%)	93.56	93.96	94.10	93.93	93.38	92.49	89.83	88.19	87.11	86.30
$\cos\varphi$	0.9938	0.9920	0.9853	0.9793	0.9643	0.9392	0.8586	0.8093	0.7787	0.7550

序号	名称	公式	单位	数值
140	永磁体额定负载工作点	$b_{mN}=\frac{\lambda_n(1-f'_{aN})}{\lambda_n+1}$		0.746
		式中 $f'_{aN}=\frac{0.45mK_{ad}K_{dp}NI_{dN}}{p\sigma_0H_ch_M\times10}$(对径向结构) $f'_{aN}=\frac{0.9mK_{ad}K_{dp}NI_{dN}}{p\sigma_0H_ch_M\times10}$(对切向结构)		0.0995
		I_{dN}——输出额定功率时定子电流的直轴分量		13.76
141	电负荷	$A_1=\frac{2mNI_N}{\pi D_{i1}}$	A/cm	217.0
142	电密	$J_1=\frac{I_1}{a\pi\left[N_{t1}\left(\frac{d_{11}}{2}\right)^2+N_{t2}\left(\frac{d_{12}}{2}\right)^2\right]}$	A/mm^2	4.167
143	热负荷	A_1J_1	A^2/(cm·mm^2)	904.2
144	永磁体最大去磁工作点	$b_{mh}=\frac{\lambda_n(1-f'_{adh})}{\lambda_n+1}$		0.288
		式中 $f'_{adh}=\frac{0.45mK_{ad}K_{dp}NI_{adh}}{p\sigma_0H_ch_M\times10}$(对径向结构) $f'_{adh}=\frac{0.9mK_{ad}K_{dp}NI_{adh}}{p\sigma_0H_ch_M\times10}$(对切向结构)		0.6530
		$I_{adh}=\frac{E_0X_d+\sqrt{E_0^2X_d^2-(R_1^2+X_d^2)(E_0^2-U_N^2)}}{R_1^2+X_d^2}$	A	90.32
		b_{mh}应高于最高工作温度(钕铁硼)或最低温度(铁氧体)时永磁材料退磁曲线的拐点		

（续）

序号	名 称	公 式	单位	算 例
十	**起动性能计算**			
145	起动电流假定	I'_{st}	A	222
146	漏抗饱和系数	K_z		0.52
		由 B_L 查附图 3-3 $B_L=\dfrac{\mu_0 F_{st}}{2\delta\beta_c\times10^{-2}}$	T	3.952
		式中　$\beta_c=0.64+2.5\sqrt{\delta/(t_1+t_2)}$		0.9997
		$F_{st}=0.707I'_{st}\dfrac{N_s}{a}\times\left(K_{U1}+K_{d1}^2K_{p1}\dfrac{Q_1}{Q_2}\right)\dfrac{E_0}{U_N}$	A	4087.0
147	齿顶漏磁饱和引起定子齿顶宽度的减少	$C_{s1}=(t_1-b_{01})(1-K_z)$	cm	0.5299
148	齿顶漏磁饱和引起转子齿顶宽度的减少	$C_{s2}=(t_2-b_{02})(1-K_z)$	cm	0.6989
149	起动时定子槽比漏磁导	$\lambda_{s1st}=K_{U1}(\lambda_{U1}-\Delta\lambda_{U1})+K_{L1}\lambda_{L1}$ 式中		0.9905
		$\Delta\lambda_{U1}=\dfrac{h_{01}+0.58h_{s1}}{b_{01}}\left(\dfrac{C_{s1}}{C_{s1}+1.5b_{01}}\right)$		0.1845
150	起动时定子槽漏抗	$X_{s1st}=\dfrac{\lambda_{s1st}}{\lambda_{s1}}X_{s1}$	Ω	0.1509
151	起动时定子谐波漏抗	$X_{d1st}=K_zX_{d1}$	Ω	0.1409
152	起动时定子斜槽漏抗	$X_{skst}=K_zX_{sk}$	Ω	0.0629
153	起动时定子漏抗	$X_{1st}=X_{s1st}+X_{d1st}+X_{e1}+X_{skst}$	Ω	0.4697
154	考虑挤流效应转子导条相对高度	$\xi=2\pi h_B\sqrt{\dfrac{b_B}{b_S}\dfrac{f}{\rho_B\times10^7}}$ 式中　h_B——转子导条高度，对铸铝转子，不包括槽口高度 b_B/b_S——转子导条宽与槽宽之比，对铸铝转子可取 1	cm	1.012 1.5
155	导条电阻等效高度	$h_{PR}=\dfrac{h_B}{\varphi(\xi)}K_a$		1.3765

（续）

序号	名　称	公　式	单位	算　例
		式中　$\varphi(\xi)=\xi\left(\dfrac{\mathrm{sh}2\xi+\sin 2\xi}{\mathrm{ch}2\xi-\cos 2\xi}\right)$		1.0897
		K_a——导条截面宽度突变系数，查附图 3-4		1.0
156	槽漏抗等效高度	$h_{PX}=h_B\psi(\xi)K_a$	cm	1.4616
		式中　$\psi(\xi)=\dfrac{3}{2\xi}\left(\dfrac{\mathrm{sh}2\xi-\sin 2\xi}{\mathrm{ch}2\xi-\cos 2\xi}\right)$		0.9744
157	起动转子电阻增大系数	对附录 4 中的 $L_V=1,2,5$ $K_R=\dfrac{(1+\alpha)\varphi^2(\xi)}{1+\alpha[2\varphi(\xi)-1]}$		1.083
		式中　$\alpha=b_1/b_2$ 对附录 4 中的 $L_V=4$，可认为 $K_R=1$ 对附录 4 中的 $L_V=3$，K_R 的计算如下： 当 $h_{PR}>(h_1+h_2)$ 时 $K_R=\dfrac{A_s}{A_{s1}+A_{s2}+\dfrac{1}{2}(b_{PR}+b_3)h_R}$ 式中　$b_{PR}=b_4+\dfrac{1}{h_3}(b_3+b_4)(h_B-h_{PR})$ $h_R=h_{PR}-(h_1+h_2)$ 当 $h_{PR}\leqslant(h_1+h_2)$ 时 $K_R=\dfrac{A_s}{A_{s1}+\dfrac{1}{2}(b_1+b_{PR})h_R}$ 式中　$b_{PR}=b_1+\dfrac{1}{h_2}(b_2-b_1)(h_{PR}-h_1)$ $h_R=h_{PR}-h_1$ A_s、A_{s1}、A_{s2}的计算见附录 4		1.1636
158	起动转子漏抗减小系数	对附录 4 中的 $L_V=1,2,5$ $K_X=\dfrac{b_2(1+\alpha)^2\psi(\xi)K'_{r1}}{b_{PX}(1+\alpha')^2K_{r1}}$		0.9744
		对附录 4 中的 $L_V=4$，可认为 $K_X=1$ 式中　$\alpha'=b_1/b_{PX}$		1.1588
		$b_{PX}=b_1+(b_2-b_1)\psi(\xi)$		0.5523
		K_{r1}、K'_{r1}的计算见附录 4（分别用 α 和 α' 代入计算）		
159	起动转子槽下部漏磁导	对附录 4 中的 $L_V=1,2,4,5$ $\lambda_{L2st}=K_X\lambda_{L2}$		0.99

（续）

序号	名　　称	公　　　式	单位	算　例
		对附录 4 中的 $L_V=3$，λ_{L2st}的计算见附录 4		
160	起动时转子槽比漏磁导	$\lambda_{s2st}=\lambda_{U2st}+\lambda_{L2st}$		1.079
		对半闭口槽		
		$\lambda_{U2st}=\lambda_{U2}-\Delta\lambda_{U2}$		0.089
		$\lambda_{U2}=\dfrac{h_{02}}{b_{02}}$		0.4
		$\Delta\lambda_{U2}=\dfrac{h_{02}}{b_{02}}\left(\dfrac{C_{s2}}{C_{s2}+b_{02}}\right)$		0.311
		对闭口槽，λ_{U2st}可根据导条实际电流查附图 3-5		
161	起动时转子槽漏抗	对半闭口槽 $X_{s2st}=\dfrac{\lambda_{s2st}}{\lambda_{s2}}X_{s2}$	Ω	0.1685
		对闭口槽，X_{s2st}的计算应根据导条实际电流计算		
162	起动时转子谐波漏抗	$X_{d2st}=K_zX_{d2}$	Ω	0.1294
163	转子起动漏抗	$X_{2st}=X_{s2st}+X_{d2st}+X_{E2}$	Ω	0.3605
164	起动总漏抗	$X_{st}=X_{1st}+X_{2st}$	Ω	0.8302
165	转子起动电阻	$R_{2st}=\left[K_R\dfrac{L_2}{L_B}+\dfrac{L_B-L_2}{L_B}\right]R_B+R_R$	Ω	0.318
166	起动时总电阻	$R_{st}=R_1+R_{2st}$	Ω	0.531
167	起动总阻抗	$Z_{st}=\sqrt{R_{st}^2+X_{st}^2}$	Ω	0.9855
168	起动电流	$I_{st}=\dfrac{U_N}{Z_{st}}$	A	222.6
		应与第 145 项相符合，否则重复第 145 至 168 项		
169	起动电流倍数	$I_{st}^*=\dfrac{I_{st}}{I_N}$	倍	8.67
170	异步起动转矩 T_c-s 曲线	$T_c=\dfrac{mpU_N^2\dfrac{R'_{2st}}{s}}{2\pi f\left[\left(R_1+c_1\dfrac{R'_{2st}}{s}\right)^2+(X'_{1st}+c_1X'_{2st})^2\right]}$	N·m	

（续）

序号	名　　称	公　　式	单位	算　例
		式中 $c_1=1+\frac{X'_{1st}}{X_{adq}}$		
		$X_{adq}=\frac{2X_{ad}X_{aq}}{X_{ad}+X_{aq}}$	Ω	
		$R'_{2st}=(R_{2st}-R_2)\sqrt{s}+R_2$	Ω	
		$X'_{1st}=(X_{1st}-X_1)\sqrt{s}+X_1$ 对半闭口槽	Ω	
		$X'_{2st}=(X_{2st}-X_2)\sqrt{s}+X_2$	Ω	
		对闭口槽，X'_{2st}的计算应根据不同转差率下导条的实际电流计算 s——电机转差率		
171	永磁体发电制动转矩 T_g-s 曲线	$T_g=-\frac{mpE_0^2R_1(1-s)[R_1^2+(1-s)^2X_q^2]}{2\pi f[R_1^2+(1-s)^2X_dX_q]^2}$	N·m	
172	合成起动转矩 T_{av}-s 曲线	$T_{av}=T_c+T_g$ T_{av}-s 特性曲线的计算见表 6-4	N·m	
173	起动转矩倍数	$T_{st}^*=\frac{T_{av(s=1)}}{T_N}$	倍	2.89

表 6-4　T_{av}-s 特性曲线的计算

s	1.0	0.9	0.8	0.7	0.6	0.5	0.4	0.3	0.2	0.1	0.05
T_c^*（倍）	2.89	2.97	3.07	3.17	3.27	3.36	3.42	3.36	3.01	2.02	1.14
$-T_g^*$（倍）	0.0	0.73	0.41	0.28	0.21	0.17	0.14	0.12	0.11	0.10	0.09
T_{av}^*（倍）	2.89	2.24	2.66	2.89	3.06	3.19	3.28	3.24	2.90	1.92	1.05

第 7 章　调速永磁同步电动机

永磁同步电动机在开环控制情况下调速运行时，不需位置传感器和速度传感器，只要改变供电电源的频率便可调节电动机的转速，比较简单。开环控制调速永磁同步电动机可采用上一章的方法加以分析，本书不再对其进行讨论。

变频器供电的永磁同步电动机加上转子位置闭环控制系统便构成自同步永磁电动机，其中反电动势波形和供电电流波形都是矩形波的电动机，称为矩形波永磁同步电动机，又称无刷直流电动机。而反电动势波形和供电电流波形都是正弦波的电动机，称为正弦波永磁同步电动机。本书在上一章分析永磁同步电动机转子磁路结构和磁路与参数计算的基础上，先简要介绍矩形波永磁同步电动机的运行原理，再分析研究这两种永磁同步电动机调速运行时的性能、控制和设计特点。

1　矩形波永磁同步电动机的运行原理

矩形波永磁同步电动机是在有刷直流电动机的基础上发展起来的，其内部发生的电磁过程与普通直流电动机类似，因此可用类似于有刷直流电动机的分析方法进行分析。下面以表面式转子磁路结构的永磁同步电动机为例来说明其运行原理。

分析时对理想的矩形波永磁同步电动机作如下的假设：

1）永磁体在气隙中产生的磁通密度呈矩形波分布，在空间占 180°（电角度）；

2）电枢反应磁场很小，可以忽略不计；

3）定子电流为三相对称 120°（电角度）的矩形波，定子绕组为 60°相带的集中整矩绕组。

图 7-1 为理想的矩形波永磁同步电动机气隙磁密和相电流示

意图。在理想情况下，由矩形波气隙磁通与矩形波定子电流相互作用，三相合成产生恒定的电磁转矩，不会产生转矩纹波。或者说，由于供电电流波形为矩形波，为了减少转矩纹波，永磁同步电动机的气隙磁密波形也应该呈矩形波分布。

表面式转子磁路结构永磁同步电动机容易得到矩形波分布的气隙磁密，而且通过调节气隙中永磁体所跨的角度可方便地改变气隙磁密波形，这就是表面式转子磁路结构通常为矩形波永磁同步电动机所采用的原因。

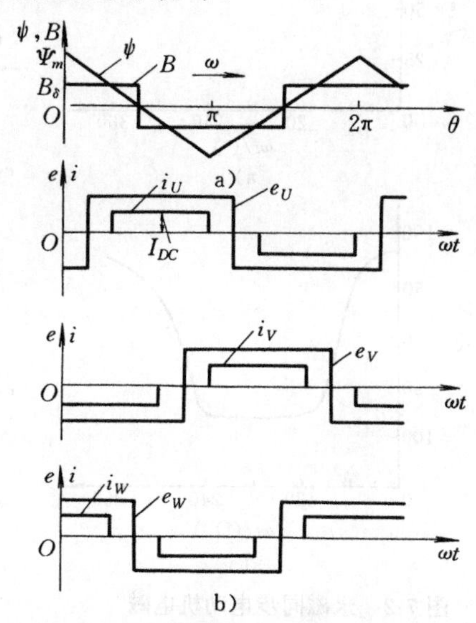

图 7-1　理想矩形波永磁同步电动机的气隙磁密、反电动势和相电流

a）B_δ、Ψ-θ 曲线　b）i、e-ωt 曲线

由于饱和的影响和其他一些因素，电动机的气隙磁密波形并不是理想的矩形波，电动机的电磁转矩中也含有纹波转矩，因此实际设计时需借助于有限元数值计算等方法对气隙磁密的实际波形进行分析计算。图 7-2 即为一台矩形波永磁同步电动机的电磁转矩和相反电动势波形的数值计算结果，例中的电动机每极下的永磁体占有 152°电角度的极弧角。矩形波永磁同步电动机中，当永磁体所跨的极弧角小于 180°电角度时，随着极弧角的增大，电动机的平均转矩也单调增大，但电动机的纹波转矩含量与极弧角的关系则较为复杂，所以设计极弧角时应同时考虑这两个因素，以降低电磁转矩中的纹波含量，提高平均转矩。

与有刷直流电动机一样，当电动机电枢磁动势与永磁体产生的气隙磁通正交时电动机转矩达最大值，换句话说，只有当电流与反电动势同相时电动机才能得到单位电流转矩的最大值。

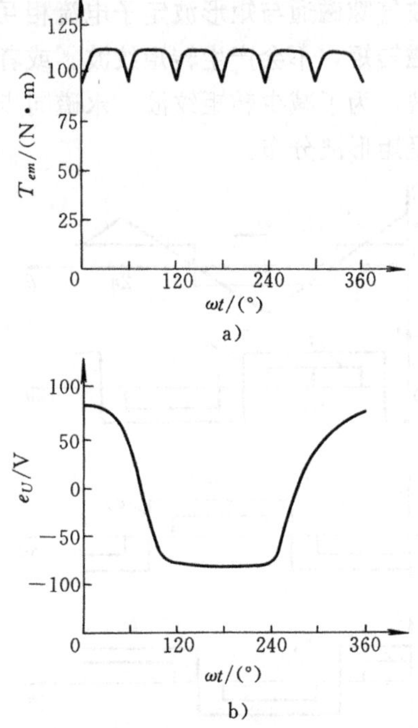

图 7-2　永磁同步电动机电磁转矩和反电动势波形

a）电磁转矩波形　b）相反电动势波形

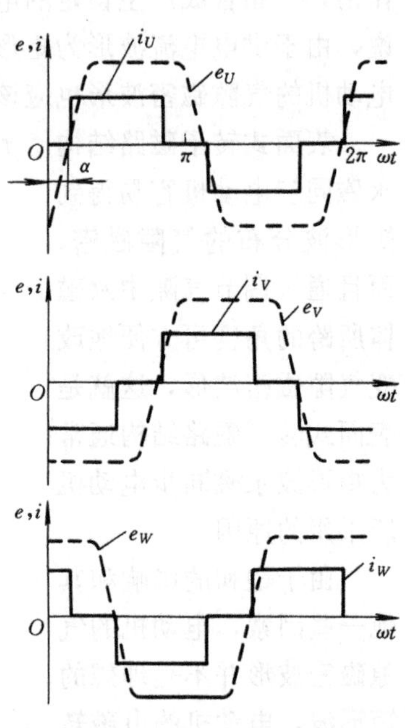

图 7-3　永磁同步电动机相电流和反电动势波形

实际上，为了在逆变器输入电压限定情况下扩展电动机的调速范围，在电动机运行的高速区常使电流超前角 α 为一大于零的角度。此时的相电流和反电动势波形示于图 7-3。图 7-4 给出某台矩形波永磁同步电动机的转矩-转速特性。从图中可以看出电流超前角 α 的增大可

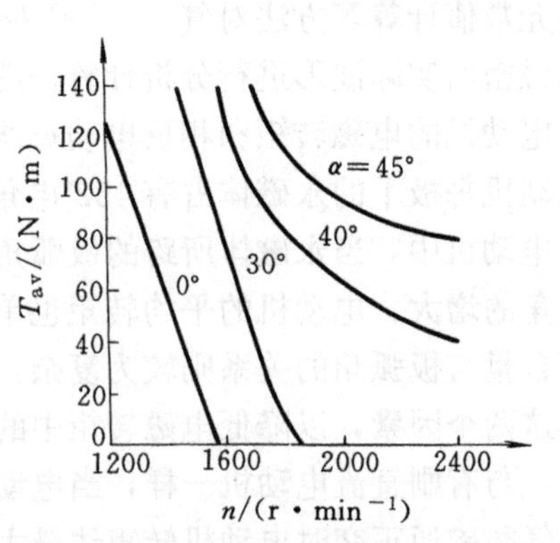

图 7-4　永磁同步电动机的转矩-转速特性

显著提高电动机的调速范围，这主要是因为α的增大实际上意味着电动机直轴去磁电流的增大，而直轴去磁电枢反应的作用，实现了电动机的弱磁。理论分析表明，α的增大也导致电动机转矩纹波的增大，但由于这些脉动转矩的频率较高，不会对电动机的运行产生大的影响。此外，采用增大电流超前角α以扩展电动机的调速范围时，将使电动机的电流增大，温升有所提高。

从图 7-1a 可以得出集中整距的定子相绕组的磁链为

$$\begin{aligned}\Psi(\theta) &= \left(1-\frac{2}{\pi}\theta\right)\Psi_m \qquad 0\leqslant\theta\leqslant\pi \\ &= \left(-3+\frac{2}{\pi}\theta\right)\Psi_m \quad \pi\leqslant\theta\leqslant2\pi \end{aligned} \tag{7-1}$$

而磁链最大值

$$\Psi_m = NB_\delta\tau_1 L_{ef} \tag{7-2}$$

式中　N——定子绕组每相串联匝数；

B_δ——永磁体产生的气隙磁密。

由式（7-1）可得一相定子绕组中感应的反电动势

$$E_a = \left|\frac{\mathrm{d}\Psi}{\mathrm{d}t}\right| = \left|\frac{\mathrm{d}\Psi}{\mathrm{d}\theta}\frac{\mathrm{d}\theta}{\mathrm{d}t}\right| = \frac{2}{\pi}\Psi_m\omega \tag{7-3}$$

由于在任一时刻电动机绕组仅有两相通电，且理想电动机的相电流与相应的相反电动势同相，因而可得电动机的电磁转矩

$$T_{em} = 2E_a I_{DC}\frac{p}{\omega} = \frac{4}{\pi}p\Psi_m I_{DC} \tag{7-4}$$

由于电动机电流换相时间很短，且换相时在定子绕组电感上的电压降可忽略不计，因而在理想情况下，稳态时电动机的电压方程可写为

$$U = 2R_1 I_{DC} + 2E_a = 2R_1 I_{DC} + \frac{4}{\pi}\Psi_m\omega \tag{7-5}$$

式中　R_1——电动机定子绕组相电阻；

U——电动机端电压。

由式（7-4）和式（7-5）可得电动机的转矩-转速特性为

$$\omega=\omega_0\left(1-\frac{T_{em}}{T_{emk}}\right) \tag{7-6}$$

式中 $\omega_0=\frac{\pi U}{4\Psi_m}$；

$T_{emk}=\frac{4}{\pi}p\Psi_m I_k$；

$I_k=\frac{U}{2R_1}$。

从式（7-6）可以看出，改变最大磁链和端电压便可调节矩形波永磁同步电动机的转速，这与理想情况下的直流电动机非常相似。这正是矩形波电流控制的永磁同步电动机被称为无刷直流电动机的缘故。改变电动机端电压可由逆变器实现。当电动机电流超前角不为零，即 $\alpha\neq0$ 时，电动机最大磁链将减小，转速可以提高，而转矩将减小。

2 矩形波永磁同步电动机的调速运行和控制

2.1 矩形波电流控制系统

图 7-5 为一个典型的矩形波电流控制永磁同步电动机传动系统，它由永磁同步电动机、逆变器、位置传感器和控制系统四部分组成。典型的控制系统包括有位置控制器、速度控制器和电流（转矩）控制器。用于矩形波电流控制的位置传感器通常沿电动机转子表面两个极距提供 6 个位置信息，互相错开 60°电角度，每个位置信息触发逆变器中的一个功率晶体管，使之在 120°电角度内导通，如图 7-6 所示。

图 7-6a 中，位置信息 P（U^+）和 P（U^-）分别控制功率晶体管 VT_1 和 VT_6 的导通，即分别提供 U 相绕组的正、负电压（电流）；P（V^+）和 P（V^-）分别使 VT_3 和 VT_4 导通，从而分别提供 V 相绕组的正、负电压（电流）；P（W^+）和 P（W^-）分别控

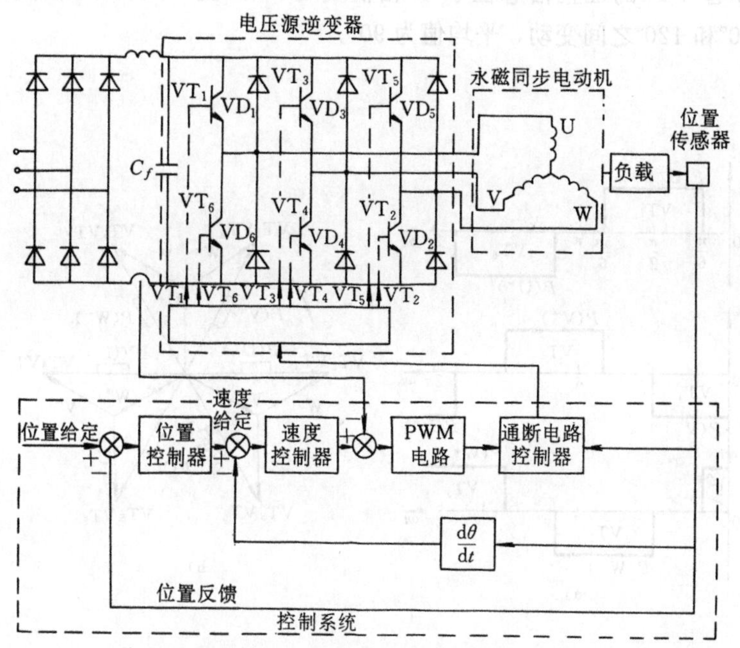

图 7-5 矩形波电流控制永磁同步电动机的传动系统

制 VT_5 和 VT_2 的导通，分别提供 W 相的电压（电流）。在任一时刻，只有两只晶体管（两相）导通。例如，在 $\pi/6 \sim \pi/2$ 之间，VT_1（U^+）和 VT_4（V^-）导通，其空间合成矢量如图 7-6b 中 VT_4VT_1 所示。在 $\pi/2$ 时，P（W^-）触发功率晶体管 VT_2 导通，VT_4 关断，在 $\pi/2 \sim 5\pi/6$ 之间，VT_1（U^+）和 VT_2（W^-）导通，其空间合成矢量如图中 VT_1VT_2 所示。从而电动机定子绕组在气隙中形成了理想的以 60°电角度跳跃的磁动势矢量，如图 7-6b 所示。这与由对称的三相正弦波电压供电的三相交流电机中的旋转磁动势（行波）有点类似。正是这个以跳跃形式旋转的磁动势带动电动机转子，使之与定子磁动势以相同的转速旋转。从图 7-6a 还可看出，串联两相合成的定子磁动势在转子旋转 60°电角度期间是静止的，而且滞后于正向导通的相磁动势（电流）30°。如果使触发功率晶体管 VT_1 的位置信息位于 U 相轴线后 90°产生，则功率角将在 60°和 120°之间变动，平均值为 90°。

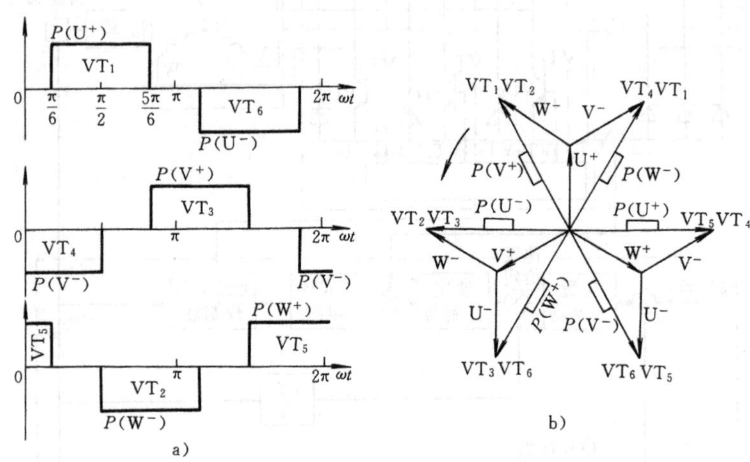

图 7-6　矩形波电流控制示意图

a）位置信息　b）定子电流

2.2　开-关（斩波）矩形波电流控制器

在图 7-6 中，位置传感器所提供的位置信息分别使对应相的晶体管导通 120°电角度，由于系统使用的是电压源逆变器，当晶体管导通时直流电压直接加到电动机的绕组上。幅值为 I_{DC}的矩形波电流可以通过图 7-5 中的控制晶体管通-断的脉宽调制（PWM）电路来实现。

如前所述，通过位置传感器的有关信息，对应相的定子绕组开始通电和终止通电。在由位置传感器决定的开始通电期间，当绕组中的电流上升到最大值 I_{max}时电源便断开，而当绕组中的电流下降至最小值 I_{min}时电源又接通，使电流又开始上升，如此，在由位置传感器决定的通电期间内（对任一相均为 120°电角度），电动机绕组中的电流在最大值 I_{max} 和最小值 I_{min} 之间呈锯齿形变化(如图 7-7 所示)，其间电源的导通与关断的时间间隔 t_{on} 和 t_{off} 由脉宽调制电路来控制，而脉宽调制电路的输入信号为电流指令值 I_{DC}^* 与逆变器实测电流之间的误差。

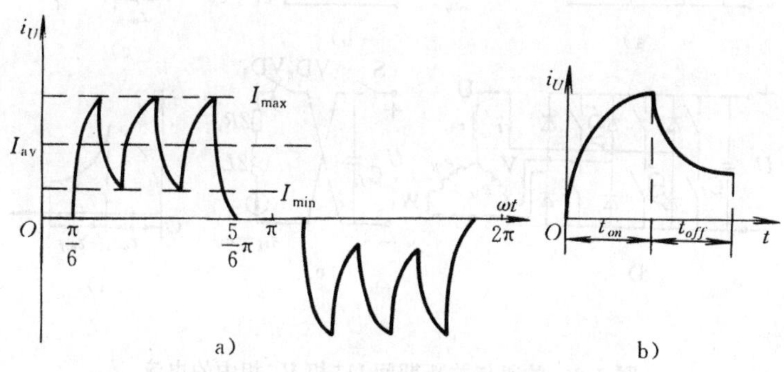

图 7-7　斩波相电流示意图

当电流指令值为 $-I_{DC}^*$ 时，电动机的转矩将反向。只有当所有位置信息被转过 180°电角度，即所有相的电流均反相时，电动机便可实现再生制动。由于电动机的平均功率角为 90°，故电动机的再生制动和速度反向都容易实现，而且正、反转运行时电动机性能一致。

下面具体分析通电、断电期间逆变器—电动机方程。

在通电期间，以晶体管 VT_1 和 VT_4 导通期间为例，电流流过串联的 U^+ 相和 V^- 相绕组，等效电路如图 7-8b 所示，图中，e_U 和 e_V 为两相绕组中的感应电动势，R_1 和 L_1 分别为每相绕组的电阻和漏电感。此时的电压方程

$$U=2R_1 i+2L_1\frac{di}{dt}+(e_U-e_V) \tag{7-7}$$

而

$$e_U-e_V=2e_U=E_0 \tag{7-8}$$

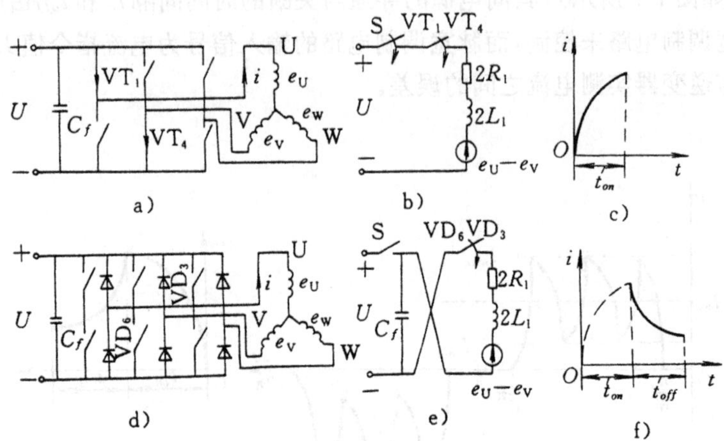

图 7-8 导通与关断期间 U^+ 相 V^- 相中的电流

当电动机以恒定转速旋转时，E_0 为一常数。在 120°电角度导电期间，电动机绕组的线电动势保持不变（忽略换相对 E_0 的影响），但在 60°电角度换相时，线电动势由 e_U-e_V 变为 e_U-e_W。假设电流 i_U 和 i_V 均为理想的矩形波，且零时刻电流为最小值 I_{min}，则从式（7-7）可解得通电期间电动机的电流

$$i(t)=\frac{U-E_0}{2R_1}\left(1-e^{-tR_1/L_1}\right)+I_{min}e^{-tR_1/L_1}\quad 0\leqslant t\leqslant t_{on}\tag{7-9}$$

从上式可以看出，在电流导通期间，为使电流从 I_{min} 上升到 I_{max}，要求 $U>E_0$。

电流关断期间，VT_1 和 VT_4 被关断，续流二极管 VD_6、VD_3 和滤波电容 C_f 构成保持电流连续所需的回路，如图 7-8d 所示，此时的等效电路如图 7-8e 所示。图中的开关 S 断开，标志着绕组中的能量不向电源的直流侧回馈。此时的电压方程

$$\frac{1}{C_f}\int i\mathrm{d}t+2R_1i+2L_1\frac{\mathrm{d}i}{\mathrm{d}t}+(e_U-e_V)=0\tag{7-10}$$

考虑到电流的关断从时刻 t_{on}（$t=t-t_{on}$）开始，且此时回路中的电流和电容上的电压分别为

$$\begin{aligned} i&=I_{max}\\ U_c&=U \end{aligned} \tag{7-11}$$

所以可从式（7-10）解得绕组中的电流

$$\begin{cases} i(t)=-\dfrac{E_0+U}{2\omega_1 L_1}e^{-\alpha_1 t}\sin\omega_1 t-I_{max}\dfrac{\omega_0}{\omega_1}e^{-\alpha_1 t}\sin(\omega_1 t-\varphi) & \alpha_1<\omega_0\\ i(t)=\{I_{max}+[\alpha_1^2 C_f(E_0+U)-\alpha_1 I_{max}]t\}e^{-\alpha_1 t} & \alpha_1=\omega_0\\ i(t)=\dfrac{r_1 I_{max}+\omega_0^2 C_f(E_0+U)}{2\omega_2}e^{r_1 t}-\dfrac{r_2 I_{max}+\omega_0^2 C_f(E_0+U)}{2\omega_2}e^{r_2 t} & \alpha_1>\omega_0 \end{cases} \tag{7-12}$$

式中 $\omega_0=\sqrt{\dfrac{1}{2L_1 C_f}}$；

$\alpha_1=\dfrac{R_1}{2L_1}$；

$\omega_1=\sqrt{\omega_0^2-\alpha_1^2}$ （$\alpha_1<\omega_0$ 时）；

$\varphi=\arctan\left(\dfrac{\omega_1}{\alpha_1}\right)$；

$\omega_2=\sqrt{\alpha_1^2-\omega_0^2}$ （$\alpha_1>\omega_0$ 时）；

$r_1=-\alpha_1+\omega_2$；

$r_2=-\alpha_1-\omega_2$。

调节绕组通电和断电的时间，便可得到所要的平均电流 I_{av}（$I_{av}=I_{DC}^*$）和电磁转矩 T_{em}，T_{em}的计算式为

$$\begin{aligned} T_{em}(t)&=\frac{(e_U-e_V)i(t)}{\Omega}=\frac{p(e_U-e_V)i(t)}{\omega}\\ &=\frac{\pi}{3}E_0 i(t)\sin\left(\frac{2\pi}{3}-\omega t\right) \end{aligned} \tag{7-13}$$

式中　ω——电动机转子电角速度，与机械角速度 Ω 的关系为 $\omega = p\Omega$。

把由式（7-9）和式（7-12）求得的 $i(t)$ 代入式（7-13），即可得到在开-关（斩波）矩形波电流控制下电动机的电磁转矩。

一般来说，电动机采用斩波控制时电流的通断会导致转矩的脉动，但由于电流斩波所造成脉动转矩的频率比较高，所以通过合理的设计，其影响基本上可得到抑制。

电流斩波控制的运行方式通常用于电动机转速较低的情况，这是由于当电动机转速很高时，感应电动势很高，使得逆变器的电压几乎不能在绕组导通期间使电流上升。因而，为扩展电动机的转速范围，高速时需增加电流中的去磁分量，即令电流超前角 $\alpha > 0$。

通过开关将定子绕组从丫接改为△接，可进一步扩展电动机的转速范围，因为改接后的相电压和 ω_0 都为原有值的 2 倍。

3　正弦波永磁同步电动机的 *dq* 轴数学模型

分析正弦波电流控制的调速永磁同步电动机最常用的方法就是 *dq* 轴数学模型，它不仅可用于分析正弦波永磁同步电动机的稳态运行性能，也可用于分析电动机的瞬态性能。

为建立正弦波永磁同步电动机的 *dq* 轴数学模型，首先假设：

1）忽略电动机铁心的饱和；

2）不计电动机中的涡流和磁滞损耗；

3）电动机的电流为对称的三相正弦波电流。由此可以得到如下的电压、磁链、电磁转矩和机械运动方程（式中各量为瞬态值）：

电压方程：

$$u_d = \frac{\mathrm{d}\psi_d}{\mathrm{d}t} - \omega\psi_q + R_1 i_d$$

$$u_q = \frac{\mathrm{d}\psi_q}{\mathrm{d}t} + \omega\psi_d + R_1 i_q$$

$$0=\frac{\mathrm{d}\psi_{2d}}{\mathrm{d}t}+R_{2d}i_{2d}$$

$$0=\frac{\mathrm{d}\psi_{2q}}{\mathrm{d}t}+R_{2q}i_{2q} \tag{7-14}$$

磁链方程：

$$\begin{aligned}\psi_d&=L_di_d+L_{md}i_{2d}+L_{md}i_f\\ \psi_q&=L_qi_q+L_{mq}i_{2q}\\ \psi_{2d}&=L_{2d}i_{2d}+L_{md}i_d+L_{md}i_f\\ \psi_{2q}&=L_{2q}i_{2q}+L_{mq}i_q\end{aligned} \tag{7-15}$$

电磁转矩方程：

$$T_{em}=p\ (\psi_di_q-\psi_qi_d) \tag{7-16}$$

机械运动方程：

$$J\frac{\mathrm{d}\Omega}{\mathrm{d}t}=T_{em}-T_L-R_\Omega\Omega \tag{7-17}$$

式中 u——电压；

i——电流；

ψ——磁链；

d、q——下标，分别表示定子的 d、q 轴分量；

$2d$、$2q$——下标，分别表示转子的 d、q 轴分量；

L_{md}、L_{mq}——定、转子间的 d、q 轴互电感；

L_d、L_q——定子绕组的 d、q 轴电感，$L_d=L_{md}+L_1$，$L_q=L_{mq}+L_1$；

L_{2d}、L_{2q}——转子绕组的 d、q 轴电感，$L_{2d}=L_{md}+L_2$，$L_{2q}=L_{mq}+L_2$；

L_1、L_2——定、转子漏电感；

i_f——永磁体的等效励磁电流（A），当不考虑温度对永磁体性能的影响时，其值为一常数，$i_f=\psi_f/L_{md}$；

ψ_f——永磁体产生的磁链，可由 $\psi_f=e_0/\omega$ 求取，e_0 为空载反电动势，其值为每相绕组反电动势有效值的 $\sqrt{3}$ 倍，即 $e_0=\sqrt{3}E_0$；

J——转动惯量（包括转子转动惯量和负载机械折算过来的转动惯量）；

R_Ω——阻力系数；

T_L——负载转矩。

电动机的 dq 轴系统中各量与三相系统中实际各量间的联系可通过坐标变换实现。如从电动机三相实际电流 i_U、i_V、i_W 到 dq 坐标系的电流 i_d、i_q，采用功率不变约束的坐标变换（即 $e^{-j\theta}$变换）时有：

$$\begin{bmatrix} i_d \\ i_q \\ i_0 \end{bmatrix} = \sqrt{\frac{2}{3}} \begin{bmatrix} \cos\theta & \cos\left(\theta-\frac{2\pi}{3}\right) & \cos\left(\theta+\frac{2\pi}{3}\right) \\ -\sin\theta & -\sin\left(\theta-\frac{2\pi}{3}\right) & -\sin\left(\theta+\frac{2\pi}{3}\right) \\ \sqrt{\frac{1}{2}} & \sqrt{\frac{1}{2}} & \sqrt{\frac{1}{2}} \end{bmatrix} \begin{bmatrix} i_U \\ i_V \\ i_W \end{bmatrix} \tag{7-18}$$

式中 θ——电动机转子的位置信号，即电动机转子磁极轴线（直轴）与 U 相定子绕组轴线的夹角（电角度），且有 $\theta=\int\omega\mathrm{d}t+\theta_0$（$\theta_0$ 为电动机转子初始位置电角度）；

i_0——零轴电流。对三相对称系统，变换后的零轴电流 $i_0=0$。

对绝大多数正弦波调速永磁同步电动机来说，转子上不存在阻尼绕组，因而，电动机的电压、磁链和电磁转矩方程可简化为

$$\begin{aligned} u_d &= \frac{\mathrm{d}\psi_d}{\mathrm{d}t} - \omega\psi_q + R_1 i_d \\ u_q &= \frac{\mathrm{d}\psi_q}{\mathrm{d}t} + \omega\psi_d + R_1 i_q \\ \psi_d &= L_d i_d + L_{md} i_f \\ \psi_q &= L_q i_q \\ T_{em} &= p(\psi_d i_q - \psi_q i_d) = p[L_{md} i_f i_q + (L_d - L_q) i_d i_q] \end{aligned} \tag{7-19}$$

如把上式中的有关量表示为空间矢量的形式，则

$$\begin{aligned}&\boldsymbol{u}_s=u_d+\mathrm{j}u_q=R_1\boldsymbol{i}_s+\frac{\mathrm{d}\boldsymbol{\psi}_s}{\mathrm{d}t}+\mathrm{j}\omega\boldsymbol{\psi}_s\\&\boldsymbol{i}_s=i_d+\mathrm{j}i_q\\&\boldsymbol{\psi}_s=\psi_d+\mathrm{j}\psi_q\\&T_{em}=p\boldsymbol{\psi}_s\times\boldsymbol{i}_s=p\mathrm{Re}\ (\mathrm{j}\boldsymbol{\psi}_s\boldsymbol{i}_s^*)\end{aligned}\tag{7-20}$$

式中　$\boldsymbol{i}_s^*$——$\boldsymbol{i}_s$ 的共轭复数。

图 7-9 为正弦波永磁同步电动机的空间矢量图。从图中可以看出，定子电流空间矢量 $\boldsymbol{i}_s$ 与定子磁链空间矢量 $\boldsymbol{\Psi}_s$ 同相，而定子磁链与永磁体产生的气隙磁场间的空间电角度为 β，且

$$\begin{aligned}&i_d=i_s\cos\beta\\&i_q=i_s\sin\beta\end{aligned}\tag{7-21}$$

将之代入式(7-19)的电磁转矩公式中，则

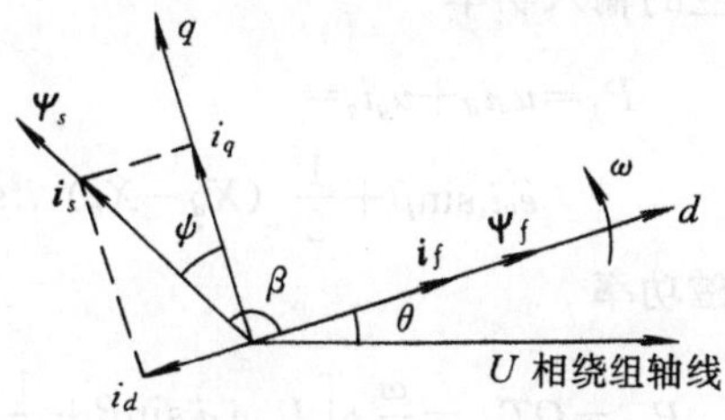

图 7-9　永磁同步电动机空间矢量图

$$\begin{aligned}T_{em}=&p\left[L_{md}i_fi_s\sin\beta+\frac{1}{2}(L_d-L_q)i_s^2\sin2\beta\right]=\\&p[\psi_fi_q+(L_d-L_q)i_di_q]\end{aligned}\tag{7-22}$$

由上式可以看出，永磁同步电动机输出转矩中含有两个分量，第 1 项是永磁转矩 T_m，第 2 项是由转子不对称所造成的磁阻转矩 T_r。对凸极永磁同步电动机，一般 $L_q>L_d$，因此，为充分利用转子磁路结构不对称所造成的磁阻转矩，应使电动机的直轴电流分量为负值，即 β 大于 90°（请注意，此处 i_d 正负的规定与第 6 章中的规定不同）。

在采用功率不变约束的坐标变换后，dq 轴系统中的各量（电压、电流、磁链）等于 UVW 轴系统中各量相有效值的 $\sqrt{m}$ 倍。比如，当 $m=3$ 时 $e_0=\sqrt{3}E_0$，$i_s=\sqrt{3}I_1$。

电动机稳定运行时，电磁转矩可表示为

$$T_{em}=p\left[L_{md}i_f i_s\sin\beta+\frac{1}{2}(L_d-L_q)i_s^2\sin2\beta\right]=$$
$$p[\psi_f i_q+(L_d-L_q)i_d i_q]=$$
$$\frac{p}{\omega}[e_0 i_q+(X_d-X_q)i_d i_q] \quad (7\text{-}23)$$

而电压可表示为

$$\begin{aligned}u_d&=-\omega L_q i_q+R_1 i_d\\u_q&=\omega L_d i_d+\omega\psi_f+R_1 i_q\end{aligned} \quad (7\text{-}24)$$

相应的输入功率

$$P_1=u_d i_d+u_q i_q=$$
$$e_0 i_s\sin\beta+\frac{1}{2}\ (X_d-X_q)\ i_s^2\sin2\beta+i_s^2 R_1 \quad (7\text{-}25)$$

电磁功率

$$P_{em}=\Omega T_{em}=\frac{\omega}{p}p\left[L_{md}i_f i_s\sin\beta+\frac{1}{2}\ (L_d-L_q)\ i_s^2\sin2\beta\right]=$$
$$e_0 i_q+\ (X_d-X_q)\ i_d i_q \quad (7\text{-}26)$$

4 正弦波永磁同步电动机的矢量控制原理

近二十多年来电动机矢量控制、直接转矩控制等控制技术的问世和计算机人工智能技术的进步，使得电动机的控制理论和实际控制技术上升到了一个新的高度。目前，永磁同步电动机调速传动系统仍以采用矢量控制的为多。

4.1 永磁同步电动机矢量控制原理简介

矢量控制实际上是对电动机定子电流矢量相位和幅值的控制。从式（7-22）可以看出，当永磁体的励磁磁链和直、交轴电感确定后，电动机的转矩便取决于定子电流的空间矢量 $\boldsymbol{i}_s$，而 $\boldsymbol{i}_s$ 的大小和相位又取决于 i_d 和 i_q，也就是说控制 i_d 和 i_q 便可以控制电动机的转矩。一定的转速和转矩对应于一定的 i_d^* 和 i_q^*，通过这两个电流的控制，使实际 i_d 和 i_q 跟踪指令值 i_d^* 和 i_q^*，便实现了电动机转矩和转速的控制。

由于实际馈入电动机电枢绕组的电流是三相交流电流 i_U、i_V 和 i_W，因此，三相电流的指令值 i_U^*、i_V^* 和 i_W^* 必须由下面的变换（$e^{j\theta}$变换）从 i_d^* 和 i_q^* 得到：

$$\begin{bmatrix} i_U^* \\ i_V^* \\ i_W^* \end{bmatrix} = \sqrt{\frac{2}{3}} \begin{bmatrix} \cos\theta & -\sin\theta \\ \cos\left(\theta-\frac{2\pi}{3}\right) & -\sin\left(\theta-\frac{2\pi}{3}\right) \\ \cos\left(\theta+\frac{2\pi}{3}\right) & -\sin\left(\theta+\frac{2\pi}{3}\right) \end{bmatrix} \begin{bmatrix} i_d^* \\ i_q^* \end{bmatrix} \tag{7-27}$$

上式中，电动机转子的位置信号由位于电动机非负载端轴伸上的速度、位置传感器（如光电编码器或旋转变压器等）提供。

通过电流控制环，可以使电动机实际输入三相电流 i_U、i_V 和 i_W 与给定的指令值 i_U^*、i_V^* 和 i_W^* 一致，从而实现了对电动机转矩的控制。

需要指出的是，上述电流矢量控制对电动机稳态运行和瞬态运行都适用。而且，i_d 和 i_q 是各自独立控制的，因此更便于实现各种先进的控制策略。

4.2 正弦波永磁同步电动机矢量控制运行时的基本电磁关系

正弦波永磁同步电动机的控制运行是与系统中的逆变器密切相关的，电动机的运行性能要受到逆变器的制约。最为明显的是电动机的相电压有效值的极限值 $U_{\lim}$ 和相电流有效值极限值 $I_{\lim}$ 要受到逆变器直流侧电压和逆变器的最大输出电流的限制。当逆变器直流侧电压最大值为 U_c 时，丫接的电动机可达到的最大基波相电压有效值

$$U_{\lim} = \frac{U_c}{\sqrt{3}\sqrt{2}} = \frac{U_c}{\sqrt{6}} \tag{7-28}$$

而在 dq 轴系统中的电压极限值为 $u_{\lim}=\sqrt{3}U_{\lim}$。

4.2.1 电压极限椭圆

电动机稳定运行时，电压矢量的幅值

$$u=\sqrt{u_d^2+u_q^2} \tag{7-29}$$

将式（7-24）代入上式，可得稳定运行时电动机的电压

$$u=\sqrt{(-\omega L_q i_q+R_1 i_d)^2+(\omega L_d i_d+\omega\psi_f+R_1 i_q)^2}=$$
$$\sqrt{(-X_q i_q+R_1 i_d)^2+(X_d i_d+e_0+R_1 i_q)^2} \tag{7-30}$$

由于电动机一般运行于较高转速，电阻远小于电抗，电阻上的电压降可以忽略不计，上式可简化为

$$u=\sqrt{(-\omega L_q i_q)^2+(\omega L_d i_d+\omega\psi_f)^2}$$
$$=\sqrt{(X_q i_q)^2+(X_d i_d+e_0)^2} \tag{7-31}$$

以 $u_{\lim}$ 代替上式中的 u，有

$$(L_q i_q)^2+(L_d i_d+\psi_f)^2=(u_{\lim}/\omega)^2 \tag{7-32}$$

当 $L_d\neq L_q$ 时，式（7-32）是一个椭圆方程，当 $L_d=L_q$ 时（即电动机为表面凸出式转子磁路结构时），式（7-32）是一个以（$-\Psi_f/L_d$，0）为圆心的圆方程，下面以 $L_d\neq L_q$ 为例进行分析。将式（7-32）表示在图 7-10 的 $i_d i_q$ 平面上，即可得到电动机运行时的电压极限轨迹——电压极限椭圆。对某一给定转速，电动机稳态运行时，定子电流矢量不能超过该转速下的椭圆轨迹，最多只能落在椭圆上。随着电动机转速的提高，电压极限椭圆的长轴和短轴与转速成反比地相应缩小，从而形成了一族椭圆曲线。

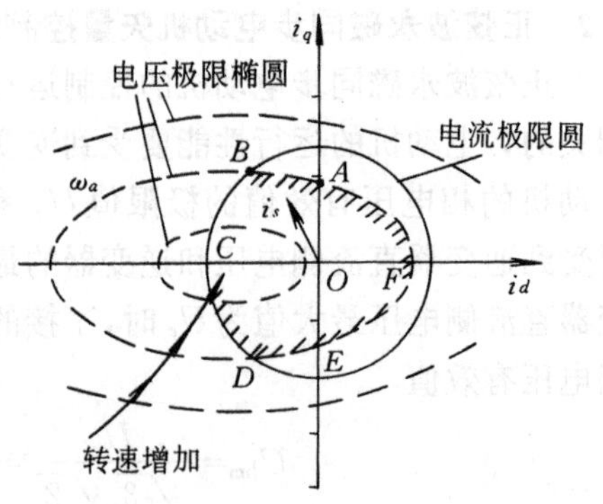

图 7-10　电压极限椭圆和电流极限圆

4.2.2　电流极限圆

电动机的电流极限方程为

$$i_d^2+i_q^2=i_{\lim}^2 \tag{7-33}$$

上式中 $i_{\lim}=\sqrt{3}\,I_{\lim}$，$I_{\lim}$为电动机可以达到的最大相电流基波有效值。式 (7-33) 表示的电流矢量轨迹为一以 $i_d i_q$ 平面上坐标原点为圆心的圆（示于图 7-10 中）。

电动机运行时，定子电流空间矢量既不能超出电动机的电压极限椭圆，也不能超出电流极限圆。如电动机转速为 ω_a 时电流矢量的范围只能是如图 7-10 中阴影线所包围的面积 $ABCDEF$。

4.2.3 恒转矩轨迹

把电磁转矩公式 (7-22) 用标幺值表示，当 $L_d\neq L_q$ 时可以得到

$$T_{em}^*=i_q^*(1-i_d^*) \tag{7-34}$$

式中电流的基值为 $i_b=\psi_f/(L_q-L_d)$，转矩的基值为 $T_b=p\psi_f i_b$。

图 7-11 在 $i_d^* i_q^*$ 平面上给出了一组转矩标幺值各不相同的转矩曲线（如图上的虚线所示）。对 $L_d=L_q$ 的电动机，电动机的恒转矩轨迹在 $i_d^* i_q^*$ 平面上为一系列平行于 d 轴的水平线（图中未画出）。从图 7-11 中可以发现，电动机的恒转矩曲线不仅关于 d 轴对称，而且在第二象限为正（运行于电动机状态），在第三象限为负（运行于制动状态）。

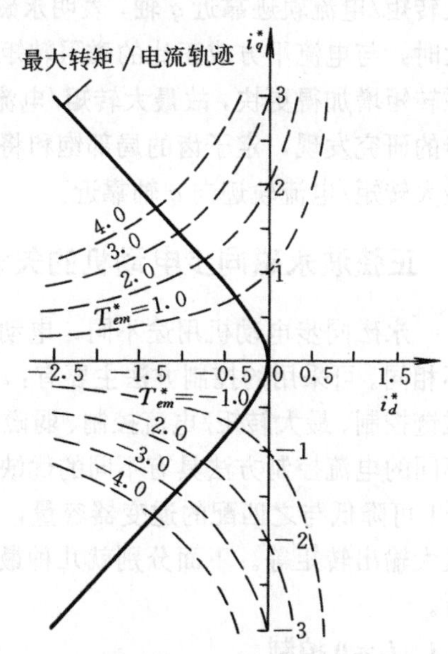

图 7-11 恒转矩轨迹

4.2.4 最大转矩/电流轨迹

不论在第二象限还是在第三象限，某指令值的恒转矩轨迹上的任一点所对应的定子电流矢量均导致相同值的电动机转矩，这就牵涉到寻求一个幅值最小的定子电流矢量的问题，因为定子电流越小，电动机效率越高，所需逆变器容量也越低。在图 7-11 中，某指令值的恒转矩轨迹上距离坐标原点最近的点，即为产生该转矩时所需的最小电流的空间矢量。把产生不同转矩值所需的最小电流点连起来，即形成电动机的最大转矩/电流轨迹，如图 7-11 中的实线所示。对 $L_d=L_q$ 的电动机来说，由于转子磁路对称，磁阻转矩为零，因而电动机的最大转矩/电流轨迹就是 q 轴。

凸极永磁同步电动机的最大转矩/电流轨迹也是一条关于 d 轴对称的曲线，且在坐标原点处与 q 轴相切，在第二象限和第三象限内的渐近线均为一条 45°的直线。这些清楚地反映了 d、q 轴电感不等的永磁同步电动机的转矩特性。因为 q 轴代表永磁转矩，恒转矩曲线上各点是永磁转矩和磁阻转矩的合成。当转矩较小时，最大转矩/电流轨迹靠近 q 轴，表明永磁转矩起主导作用。当转矩增大时，与电流平方成正比的磁阻转矩要比与电流成线性关系的永磁转矩增加得更快，故最大转矩/电流轨迹越来越偏离 q 轴。进一步的研究发现，定子齿的局部饱和将导致定子电流增加时电动机最大转矩/电流轨迹向 q 轴靠近。

5 正弦波永磁同步电动机的矢量控制方法

永磁同步电动机用途不同，电动机电流矢量的控制方法也各不相同。可采用的控制方法主要有：$i_d=0$ 控制、$\cos\varphi=1$ 控制、恒磁链控制、最大转矩/电流控制、弱磁控制、最大输出功率控制等。不同的电流控制方法具有不同的优缺点，如 $i_d=0$ 最为简单，$\cos\varphi=1$ 可降低与之匹配的逆变器容量，恒磁链控制可增大电动机的最大输出转矩等。下面分别就几种最常用的矢量控制方法进行分析。

5.1 $i_d=0$ 控制

$i_d=0$ 时，从电动机端口看，相当于一台他励直流电动机，定子电流中只有交轴分量，且定子磁动势空间矢量与永磁体磁场空间矢量正交，β 等于 90°，电动机转矩中只有永磁转矩分量，其值为

$$T_{em}=p\psi_f i_s \tag{7-35}$$

$i_d=0$ 控制时的时间相量图如图 7-12 所示。从图中可以看出，反电动势相量 $\dot{E}_0$ 与定子电流相量 $\dot{I}_1$ 同相。对表面凸出式转子磁路结构的永磁同步电动机来说，此时单位定子电流可获得最大的转矩。或者说，在产生所要求转矩的情况下，只需最小的定子电流，从而使铜耗下降，效率有所提高。这也是表面凸出式转子磁路结构的永磁同步电动机通常采用 $i_d=0$ 控制的原因。

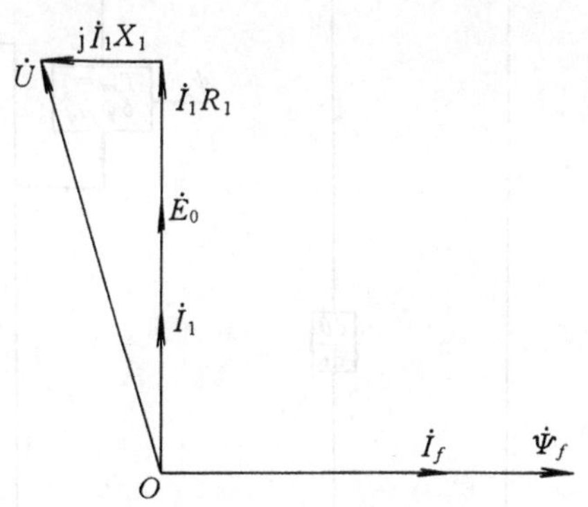

图 7-12　磁场定向控制时的时间相量图

图 7-13 为 $i_d=0$ 控制系统简图。图中，ω 和 θ 为检测出的电动机转速和角度空间位移，i_U、i_V 和 i_W 为检测出的实际定子三相电流值。

在图 7-13 中采用了三个串联的闭环分别实现电动机的位置、速度和转矩控制。转子位置实际值与指令值的差值作为位置控制器的输入，其输出信号作为速度的指令值，并与实际速度比较后，作为速度控制器的输入。速度控制器的输出即为转矩的指令值。转矩的实际值可根据给定的励磁磁链和经矢量变换（$e^{-j\theta}$变换）后实际的 i_d、i_q 由转矩公式求出。实际转矩信号与转矩指令值的差值经转矩控制器和矢量逆变换 $e^{j\theta}$后，即可得到电动机三相电流的指令

值，再经电流控制器便可实现电动机的控制。

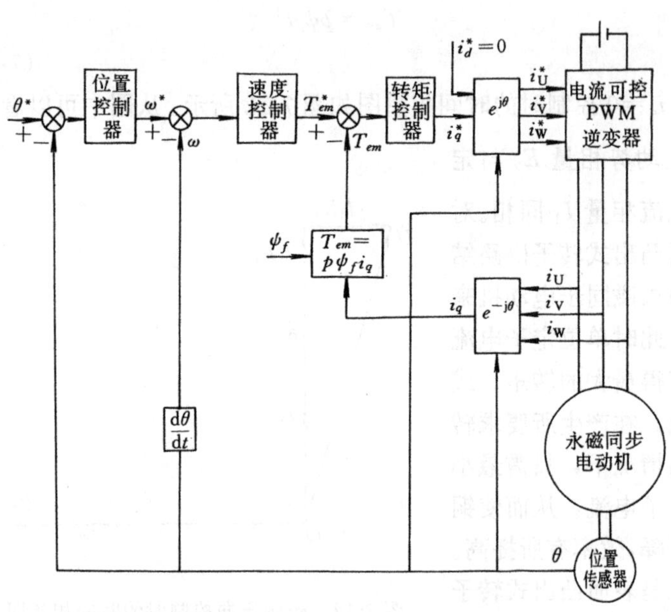

图 7-13　$i_d=0$ 控制系统简图

从电动机的电压方程（忽略定子电阻）和转矩方程可以得到采用 $i_d=0$ 控制时在逆变器极限电压下电动机的最高转速

$$\Omega_b=\frac{u_{\lim}}{\sqrt{(p\psi_f)^2+\left(\frac{T_{em}L_q}{\psi_f}\right)^2}} \tag{7-36}$$

从式（7-36）可以看出，采用 $i_d=0$ 控制时，电动机的最高转速既取决于逆变器可提供的最高电压，也决定于电动机的输出转矩。电动机可达到的最高电压越大，输出转矩越小，则最高转速越高。

5.2 最大转矩/电流控制

最大转矩/电流控制也称单位电流输出最大转矩的控制，它是凸极永磁同步电动机用得较多的一种电流控制策略。本章 4.2.4 节中已经说过，隐极永磁同步电动机的最大转矩/电流轨迹就是 q 轴，所以，对隐极永磁同步电动机来说，最大转矩/电流控制就是 $i_d=0$ 控制。本节仅讨论凸极永磁同步电动机的最大转矩/电流控制时。

采用最大转矩/电流控制时，电动机的电流矢量应满足

$$\begin{cases}\dfrac{\partial\ (T_{em}/i_s)}{\partial i_d}=0\\[2ex]\dfrac{\partial\ (T_{em}/i_s)}{\partial i_q}=0\end{cases}\tag{7-37}$$

把式（7-23）和 $i_s=\sqrt{i_d^2+i_q^2}$ 代入上式，可求得

$$i_d=\frac{-\psi_f+\sqrt{\psi_f^2+4(L_d-L_q)^2i_q^2}}{2(L_d-L_q)}=\frac{\psi_f-\sqrt{\psi_f^2+4(\rho-1)^2L_d^2i_q^2}}{2(\rho-1)L_d}\tag{7-38}$$

式中　ρ——电动机的凸极率，$\rho=L_q/L_d$。

把式（7-38）表示为标幺值，并代入式（7-34），可以得到交、直轴电流分量与电磁转矩的关系为

$$T_{em}^*=\sqrt{i_d^*\ (1-i_d^*\ )^3}\tag{7-39}$$

$$T_{em}^*=\frac{i_d^*}{2}\left[1+\sqrt{1+4i_q^{*2}}\right]\tag{7-40}$$

反过来，此时的定子电流分量 i_d^* 和 i_q^* 可表示为

$$\begin{aligned}i_d^*&=f_1(T_{em}^*)\\i_q^*&=f_2(T_{em}^*)\end{aligned}\tag{7-41}$$

对任一给定转矩，按上式求出最小电流的两个分量作为电流

的控制指令值，即可实现电动机的最大转矩/电流控制。图 7-14 给出了式（7-41）所表示的曲线。图 7-15 为最大转矩/电流控制系统示意图，图中只给出了电动机的转矩控制环节。

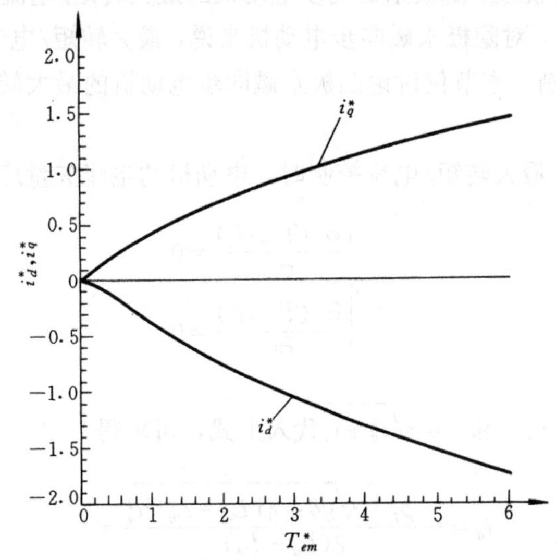

图 7-14　i_d^* 和 i_q^* 曲线

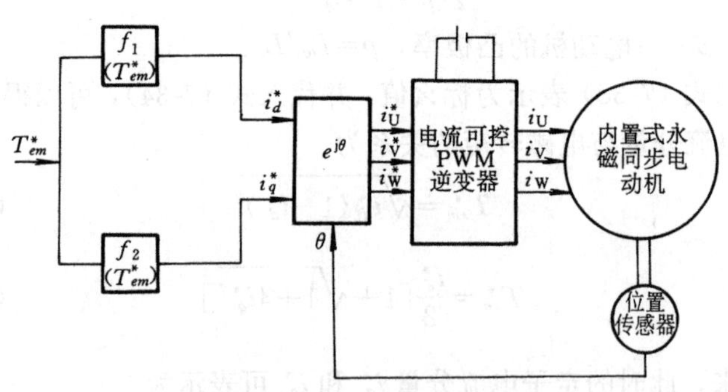

图 7-15　最大转矩/电流控制系统简图

电动机最大转矩/电流轨迹与电流极限圆相交于 A_1 点（如图 7-16 所示），通过 A_1 点的电压极限椭圆所对应的转速为 ω_1。在最大转矩/电流轨迹的 OA_1 段上，电动机可以以该轨迹上的各点作恒转矩运行，且通过该点的电压极限椭圆所对应的转速即为在该转矩下的转折速度，而交点 A_1 对应于输出转矩最大时电动机的转折速度。从图上还可以看出，恒转矩运行时的转矩值越大，电动机的转折速度就越低。由于电动机运行时电压和电流不能超过各自的极限，故 A_1 点对应转矩就是电动机可以输出的最大转矩，此时电动机的电压和电流均达到了极限值。

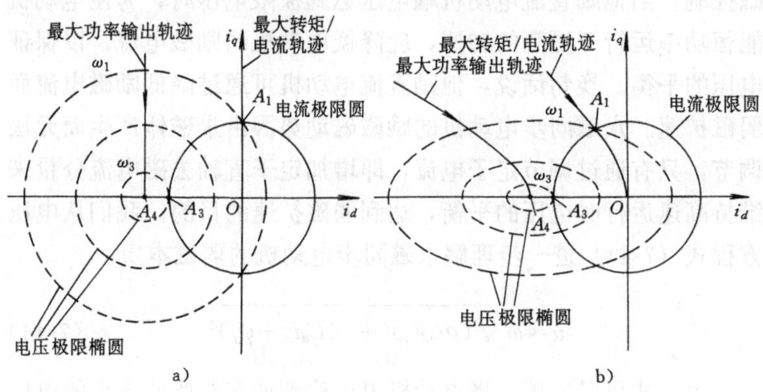

图 7-16　定子电流矢量轨迹

a）表面凸出式　b）内置式

（$\psi_f/L_d>i_{\lim}$）

联立求解式（7-33）和式（7-38），可以得到电动机采用最大转矩/电流控制且电流达极限值时（即最大转矩/电流轨迹与电流极限圆相交时）电动机的直、交轴电流

$$i_d=\frac{-\psi_f+\sqrt{\psi_f^2+8\ (L_d-L_q)^2 i_{\lim}^2}}{4\ (L_d-L_q)} \tag{7-42}$$

$$i_q=\sqrt{i_{\lim}^2-i_d^2}$$

当电动机的端电压和电流均达到极限值时，由上式和电压方

程可推导出此时电动机的转折速度

$$\Omega_b=\frac{u_{\lim}}{p\sqrt{(L_q i_{\lim})^2+\psi_f^2+\frac{(L_d+L_q)\ C^2+8\psi_f L_d C}{16\ (L_d-L_q)}}}$$
(7-43)

式中 $C=-\psi_f+\sqrt{\psi_f^2+8\ (L_d-L_q)^2 i_{\lim}^2}$

5.3 弱磁控制

永磁同步电动机弱磁控制的思想来自对他励直流电动机的调磁控制。当他励直流电动机端电压达到极限电压时，为使电动机能恒功率运行于更高的转速，应降低电动机的励磁电流，以保证电压的平衡。换句话说，他励直流电动机可通过降低励磁电流而弱磁扩速。永磁同步电动机的励磁磁动势因由永磁体产生而无法调节，只有通过调节定子电流，即增加定子直轴去磁电流分量来维持高速运行时电压的平衡，达到弱磁扩速的目的。我们从电压方程式（7-44）进一步理解永磁同步电动机的弱磁本质。

$$u=\omega\sqrt{(\rho L_d i_q)^2+\ (L_d i_d+\psi_f)^2} \tag{7-44}$$

由上式可以发现，当电动机电压达到逆变器所能输出的电压极限时，即当 $u=u_{\lim}$时，要想继续升高转速只有靠调节 i_d 和 i_q 来实现。这就是电动机的“弱磁”运行方式。增加电动机直轴去磁电流分量和减小交轴电流分量，以维持电压平衡关系，都可得到“弱磁”效果，前者“弱磁”能力与电动机直轴电感直接相关，后者与交轴电感相关。由于电动机相电流也有一定极限，增加直轴去磁电流分量而同时保证电枢电流不超过电流极限值，交轴电流分量就相应减小。因此，一般是通过增加直轴去磁电流来实现弱磁扩速的。

永磁同步电动机的弱磁扩速控制可以用图 7-17 所示的定子电流矢量轨迹加以阐述。图中，A 点对应的转矩为 T_{em1}，为电动机在转速 ω_1 时可以输出的最大转矩（电压和电流均达到极限值，故

ω_1 即为电动机最大恒转矩运行的转折速度）。转速进一步升高至 ω_2（$\omega_2>\omega_1$）时，最大转矩/电流轨迹与电压极限椭圆相交于 B 点，对应的转矩为 T_{em2}（$T_{em2}<T_{em1}$），若此时定子电流矢量偏离最大转矩/电流轨迹由 B 点移至 C 点，则电动机可输出更大的转矩 T_{em1}，从而提高了电动机超过转折速度运行时的输出功率。从图上还可以看出，定子电流矢量从 B 点移至 C 点，直轴去磁电流分量增大，削弱了永磁体产生的气隙磁场，达到了弱磁扩速的目的。

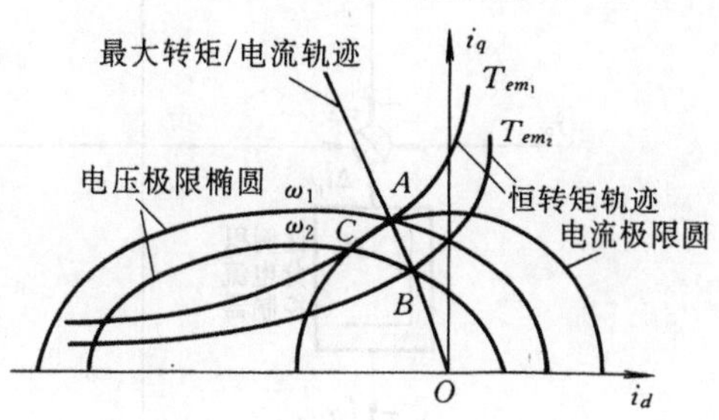

图 7-17　定子电流矢量轨迹

当电动机运行于某一转速 ω 时，由电压方程可得到弱磁控制时电流矢量轨迹

$$i_d=-\frac{\psi_f}{L_d}+\sqrt{\left(\frac{u_{\lim}}{L_d\omega}\right)^2-(\rho i_q)^2} \tag{7-45}$$

由电压方程（7-44）可以得出转速的表达式

$$\Omega=\frac{u_{\lim}}{p\sqrt{(\psi_f+L_d i_d)^2+(L_q i_q)^2}} \tag{7-46}$$

当电动机端电压和电流达到最大值，电流全部为直轴电流分量，并且忽略定子电阻的影响时，电动机可以达到的理想最高转速为

$$\Omega_{\max}=\frac{u_{\lim}}{p(\psi_f-L_d i_{\lim})} \tag{7-47}$$

实现弱磁控制有多种方式，常用的是采用直轴电流负反馈补偿控制的方法。因为电压达极限值时，电动机转速达到转折速度，迫使定子电流跟踪其指令值所需的电压差 $u-e_0$ 减小至零，逆变器的电流控制器开始饱和，定子中的直轴电流分量 i_d 与其指令值

i_d^* 的偏差 Δi_d 明显增大，因此在控制中必须增加直轴电流负反馈环节。其控制简图如图 7-18 所示。

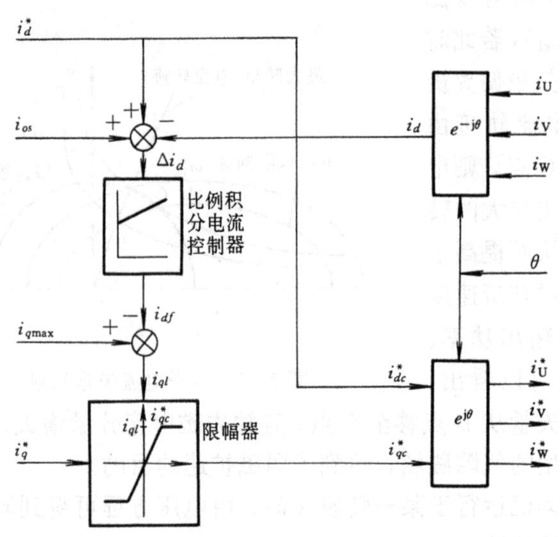

图 7-18　通过电流 i_d 反馈的弱磁控制简图

图 7-18 中，由实测的三相电流 i_U、i_V、i_W 和转子位置信息 θ 经矢量变换得到的 i_d，与指令值 i_d^* 比较后，其偏差信号 Δi_d 输入比例积分电流控制器（注意：不是逆变器中的电流控制器），其输出信号为 i_{df}，与 $i_{q\max}$比较后输出的 i_{ql}是个限定值，$i_{ql}=i_{q\max}-i_{df}$。i_q^* 经过限幅器后，如果其值大于 i_{ql}，则限幅器的输出为 $i_q^*=i_{ql}$，否则，限幅器仍输出 i_q^*。

逆变器中的电流控制器越饱和，偏差 Δi_d 越大，则 i_{ql}越小，限幅器输出的交轴电流指令值也越小，使电流矢量幅值降低，Δi_d 趋向减小，直至逆变器中的电流控制器脱离饱和状态，恢复其调节电流的功能。图 7-18 中的 i_{os}和 $i_{q\max}$为两个可以调整的量，通过充分的调整，可以使电动机从最大转矩/电流控制到弱磁控制的转换得以平稳地实现。

图 7-19 为某台内置式转子结构调速永磁同步电动机的转矩-

转速特性。从图中可以看出，采用前面所述的电流负反馈弱磁控制后，与不采用弱磁控制措施相比，转折速度也有提高，且电动机在高于转折速度后可以在较宽的转速范围内保持恒功率运行，而后者则由于转速下降过快而无法保证恒功率输出。

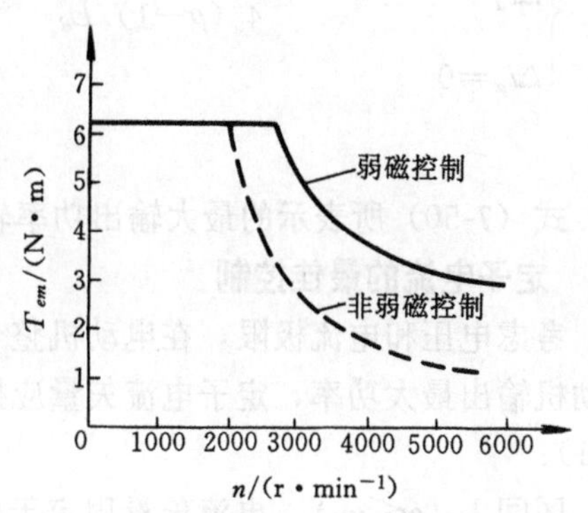

图 7-19 永磁同步电动机转矩-转速特性

5.4 最大输出功率控制

电动机超过转折速度后，对定子电流矢量的控制转为弱磁控制。此时定子电流矢量沿着电压极限椭圆轨迹取值。电动机超过某一转速后，在任一给定转速下，在电动机电压极限椭圆轨迹上存在着一点，该点所表示的定子电流矢量使电动机输入的功率最大，相应地输出功率也最大。某转速下输入功率最大时定子电流矢量的求解过程如下：

电动机运行于某转速 ω 而输入功率最大时应为

$$\frac{\mathrm{d}P_1}{\mathrm{d}i_d}=0 \tag{7-48}$$

由电压方程可把交轴电流分量表示为

$$i_q=\frac{\sqrt{(u_{\lim}/\omega)^2-(L_d i_d+\psi_f)^2}}{L_q} \tag{7-49}$$

把上式和式（7-25）代入式（7-48）并忽略定子电阻，可求得电动机输入最大功率时的定子直、交轴电流

$$\begin{aligned} i_d&=-\frac{\psi_f}{L_d}+\Delta i_d \\ i_q&=\frac{\sqrt{(u_{\lim}/\omega)^2-(L_d\Delta i_d)^2}}{L_q} \end{aligned} \tag{7-50}$$

式中

$$\begin{cases}\Delta i_d=\dfrac{\rho\psi_f-\sqrt{(\rho\psi_f)^2+8\ (\rho-1)^2\ (u_{\lim}/\omega)^2}}{4\ (\rho-1)\ L_d} & \rho\neq 1\\ \Delta i_d=0 & \rho=1\end{cases} \tag{7-51}$$

式（7-50）所表示的最大输出功率轨迹如图 7-16 所示。

5.5 定子电流的最佳控制

考虑电压和电流极限，在电动机整个运行速度范围内，为使电动机输出最大功率，定子电流矢量应按下面的方法控制（见图 7-21）：

区间Ⅰ（$\omega\leqslant\omega_1$） 电流矢量固定于图 7-21 中的 A_1 点。对凸极永磁同步电动机，电流的各分量由式（7-42）给定，电动机采用最大转矩/电流控制运行的最高转速为 ω_1，其值可由式（7-43）确定。实际上，A_1 点为速度等于 ω_1 时最大转矩/电流轨迹、电压极限椭圆和电流极限圆三者的交点。在区间Ⅰ运行时，$|i_s|=i_{\lim}$；$|u|\leqslant u_{\lim}$，电动机以最大转矩恒转矩运行。

区间Ⅱ（$\omega_1<\omega\leqslant\omega_2$） 当转速升高时，电流矢量沿电流极限圆从 A_1 点移至 A_2 点。最大输出功率轨迹与电流极限圆的交点 A_2 处的转速 ω_2 是电压达极限值时电动机能够运行于最大输出功率的最低转速，因为低于 ω_2 的转速运行时，最大输出功率轨迹与电压极限椭圆的交点将落在电流极限圆外，电流矢量幅值将超过电流的极限值。本转速区间中，电流的各分量按运行转速的电压极限椭圆与电流极限圆的交点取值，且有 $|i_s|=i_{\lim}$；$|u|=u_{\lim}$，其电流控制方式即为本章 5.3 节中的弱磁控制。

区间Ⅲ（$\omega>\omega_2$） 电流各分量由式（7-50）确定，电流矢量沿最大输出功率轨迹从 A_2 点移至 A_4 点，A_4 点的坐标为（$-\psi_f/L_d$，0）。本转速区间中，$|i_s|\leqslant i_{\lim}$，$|u|=u_{\lim}$。

图 7-20 为某台表面式永磁同步电动机采用输出功率最大控制时的功率输出特性（图中 ψ_f^* 和 L_d^* 为标幺值）。由图可见采用输

出功率最大的控制时电动机可达到的最高转速比采用 $i_d=0$ 控制时最高转速大得多。

当 $\psi_f/L_d > i_{\lim}$ 时，最大输出功率轨迹将落在电流极限圆的外面，如图 7-16 所示。此时就不存在区间Ⅲ，且在 $\omega=\omega_3$ 时，电动机的输出功率变为零。ω_3 由下式给出：

$$\omega_3=\frac{u_{\lim}}{\psi_f-L_d i_{\lim}} \tag{7-52}$$

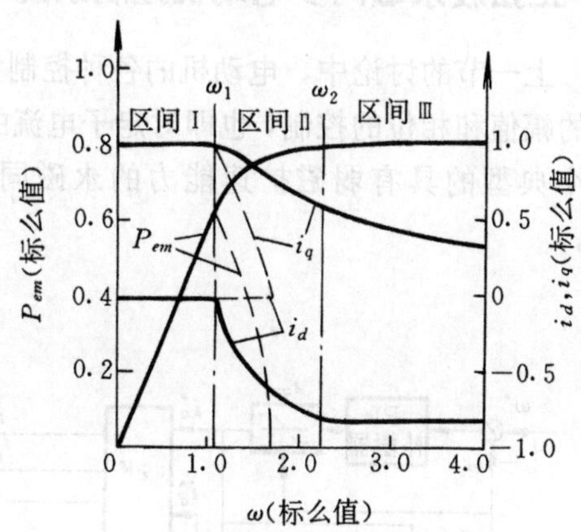

图 7-20 永磁同步电动机功率输出特性

($\psi_f^*=0.6$，$L_d^*=0.75$，$\rho=1$)

——有弱磁 ----无弱磁

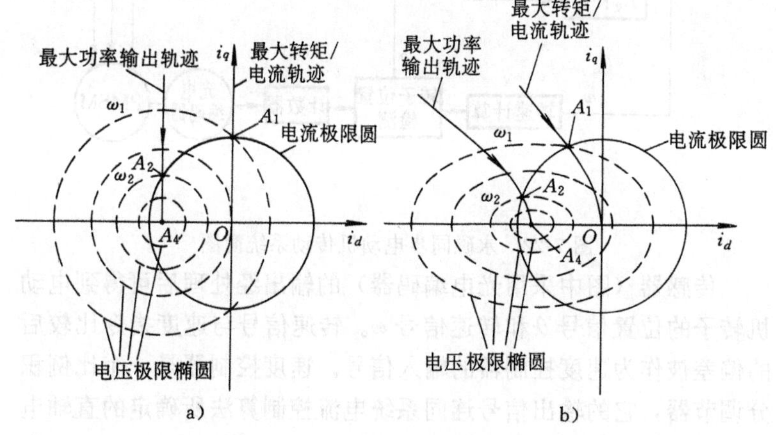

图 7-21 定子电流矢量轨迹

a) $\rho=1$ b) $\rho\neq1$

($\psi_f/L_d<i_{\lim}$)

6　正弦波永磁同步电动机控制系统

上一节的讨论中，电动机的各种控制策略均是基于对定子电流的幅值和相位的控制，也即对定子电流的矢量控制。图 7-22 为一个典型的具有弱磁扩速能力的永磁同步电动机传动系统简图。

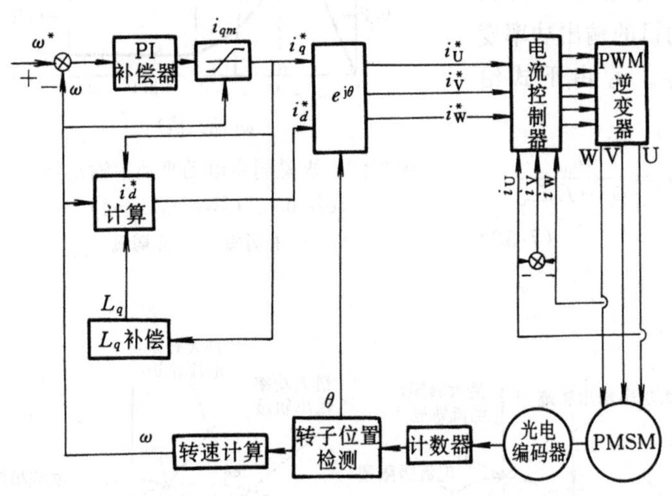

图 7-22　永磁同步电动机传动系统简图

传感器（图中采用光电编码器）的输出经处理后可得到电动机转子的位置信号 θ 和转速信号 ω。转速信号与速度指令比较后的偏差被作为速度控制器的输入信号。速度控制器是一个比例积分调节器，它的输出信号连同系统电流控制算法所确定的直轴电流一起，经 $e^{j\theta}$ 坐标变换得到作为电流控制器输入的三相电流指令值，电流控制器利用事先制定的策略，根据检测出的实际定子三相电流与电流指令值之间的偏差产生控制逆变器功率元件导通和关断的控制信号，从而实现了永磁同步电动机的电流控制。

系统中直轴电流指令算法（即前面所说的系统电流控制算法）如图 7-23 所示。

图 7-23 中 ω_c 的计算如下：

$$\omega_c=\frac{u_{\lim}-i_{\lim}R_1}{\psi_f} \tag{7-53}$$

图 7-22 中的电流指令信号是三相正弦波的电流信号，在电流控制器中要采取一定的措施（策略），以使电动机实际电流与电流指令之间的偏差尽量小，这一过程即为电动机定子电流的调制。目前，永磁同步电动机常用的定子电流的调制方法（或称定子电流的控制策略）有滞环电流控制、斜坡比较控制和预测电流控制等。此外，为减小电动机转矩中的纹波，提高电动机瞬态转矩的品质，还可以采取直接转矩控制和对电动机电流指令进行优化处理的控制方式等。

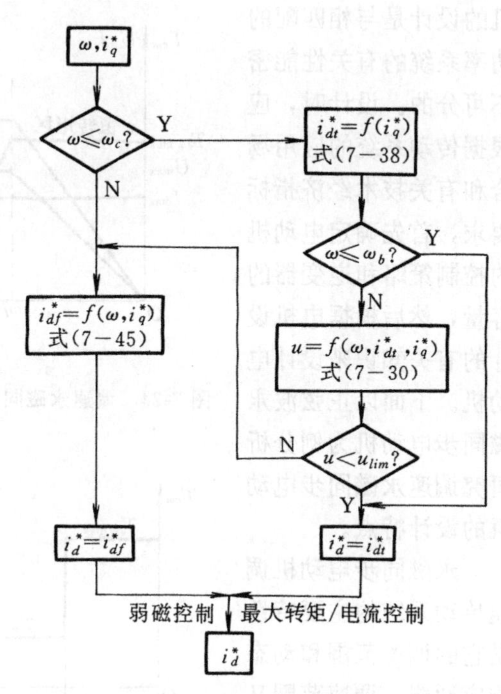

图 7-23　定子电流算法

7　调速永磁同步电动机的设计特点

调速永磁同步电动机的应用场合极为广泛，与其配套的传动系统和控制方式也不一样，因而对其技术经济性能的要求大不相同。一般来说对调速永磁同步电动机的主要要求是：调速范围宽，转矩和转速平稳（或者说转矩纹波小），动态响应快速准确，单位电流转矩大等。

调速永磁同步电动机的设计是与相匹配的功率系统的有关性能密不可分的。设计时，应根据传动系统的应用场合和有关技术经济指标要求，首先确定电动机的控制策略和逆变器的容量，然后根据电机设计的有关知识来设计电动机。下面以正弦波永磁同步电动机为例分析研究调速永磁同步电动机的设计特点。

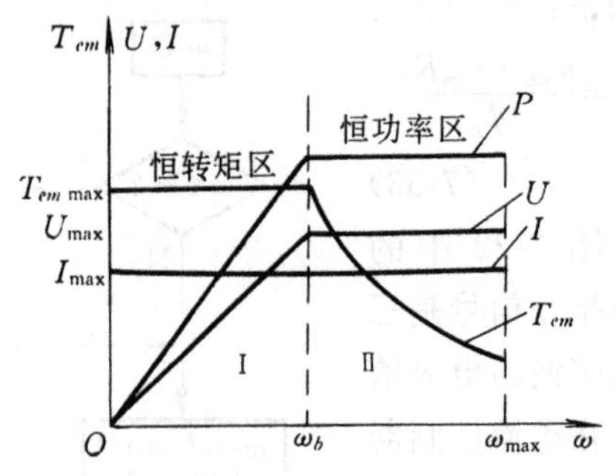

图 7-24　调速永磁同步电动机的调速范围

永磁同步电动机调速传动系统的主要特性是它的调速范围和动态响应性能。调速范围又分为恒转矩调速区和恒功率调速区，如图 7-24 所示。而电动机的运行过程可以用工作周期来表示，如图 7-25 所示，

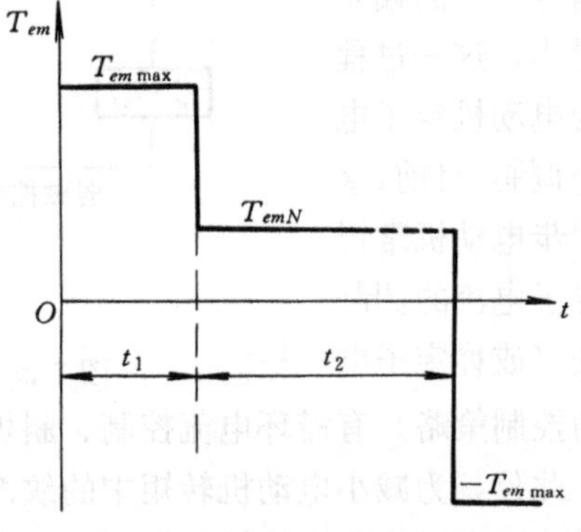

图 7-25　调速永磁同步电动机的工作周期

调速永磁同步电动机的动态响应性能常常以从静止加速到额定转速所需的加速时间 t_b（kW 级的电动机一般仅几十 ms）来表示。为了提供足够的加速能力，一般情况下，最大转矩（又称峰值转矩）T_{emmax} 为额定转矩 T_{emN} 的 3 倍左右。

7.1 主要尺寸的选择

调速永磁同步电动机的主要尺寸可以由所需的最大转矩和动态响应性能指标确定。下面分析表面凸出式转子磁路结构正弦波永磁同步电动机主要尺寸的设计过程。

当调速永磁同步电动机最大电磁转矩指标为 T_{emmax}（N·m）时，则最大转矩与电磁负荷和电动机主要尺寸有如下关系：

$$T_{emmax}=\frac{\sqrt{2}\pi}{4}B_{\delta1}L_{ef}D_{i1}^{2}A\times10^{-4} \tag{7-54}$$

式中　$B_{\delta1}$——气隙磁密基波幅值（T）；

A——定子电负荷有效值（A/cm），

$$A=\frac{mNI_1K_{dp}}{p\tau_1} \tag{7-55}$$

当选定电动机的电磁负荷后，电动机的主要尺寸

$$D_{i1}^{2}L_{ef}=\frac{4T_{emmax}\times10^{4}}{\sqrt{2}\pi B_{\delta1}A} \tag{7-56}$$

对永磁同步电动机动态响应性能指标的要求体现为在最大电磁转矩作用下，电动机在时间 t_b 内可线性地由静止加速到转折速度（此时的转折速度又称为基本转速）ω_b，即

$$T_{emmax}=\frac{J\Delta\omega}{p\Delta t}=\frac{J\omega_b}{pt_b} \tag{7-57}$$

式中　J——电动机转子和负载的转动惯量（kg·m²）。

电动机的最大电磁转矩与转动惯量之比

$$\frac{T_{emmax}}{J}=\frac{\omega_b}{pt_b} \tag{7-58}$$

而电动机转子的转动惯量可近似表示为

$$J=\frac{\pi}{2}\rho_{Fe}L_{ef}\left(\frac{D_{i1}}{2}\right)^{4}\times10^{-7} \tag{7-59}$$

式中　ρ_{Fe}——转子材料（钢）的密度（g/cm³）。

将式（7-54）和（7-59）代入式（7-58），可得电动机的定子内径 D_{i1}（cm）

$$D_{i1}=\sqrt{\frac{8\sqrt{2}pt_bB_{\delta1}A}{\omega_b\rho_{Fe}\times10^{-3}}} \tag{7-60}$$

由上式得到的 D_{i1} 即为在保证动态响应性能指标的前提下可选择的定子内径最大值。由式（7-56）和式（7-60）即可确定电动机的定子内径和铁心长度这两个主要尺寸。

内置式调速永磁同步电动机的主要尺寸可参考上述步骤进行设计。

调速永磁同步电动机的气隙长度一般大于同规格感应电动机的气隙长度，且不同用途的电动机，其气隙长度的取值也不相同：对采用表面式转子磁路结构的永磁同步电动机，由于转子铁心上的瓦片形磁极需加以表面固定，其气隙长度不得不做得较大；对采用内置式转子磁路结构，要求具有一定的恒功率运行速度范围的永磁同步电动机，则电动机的气隙长度不宜太大，否则，将导致电动机的直轴电感过小，弱磁能力不足，电动机的最高转速无法达到。

确定电动机定子外径时，一般是在保证电动机足够散热能力的前提下，视具体情况为提高电动机效率而加大定子外径或为减小电动机制造成本而缩小定子外径。

7.2　转子磁路结构的选择

转子磁路结构选择的原则：当电动机最高转速不是很高时，可选用表面凸出式转子磁路结构；反之，则应选取内置式转子磁路结构。

内置式转子磁路结构的永磁同步电动机的漏磁系数比表面式转子磁路结构的永磁同步电动机的漏磁系数大，且转子上铁磁极靴的存在使得电动机的直轴电感较大，从而易于弱磁扩速。

7.3 永磁体设计

永磁体的尺寸连同电动机的转子磁路结构，便决定了电动机的磁负荷。而磁负荷则决定着电动机的功率密度和损耗。对表面式转子磁路结构调速永磁同步电动机，其永磁体尺寸可近似地由下式确定：

$$\begin{cases} h_M = \dfrac{\mu_r}{\dfrac{B_r}{B_\delta} - 1}\delta_i \\ b_M = \alpha_p \tau_2 \end{cases} \tag{7-61}$$

式中 δ_i——电动机的计算气隙长度；

B_r/B_δ——一般取为 1.1～1.35；

τ_2——电动机转子极矩。

对内置径向式转子磁路结构的电动机，永磁体尺寸的确定比较复杂，因为它与许多因素都有关，如，确定永磁体的磁化方向长度时，应考虑它对永磁体工作点的影响，对电动机抗不可逆退磁能力的影响和电动机的弱磁扩速能力（因为永磁体的磁化方向长度直接决定了电动机直轴电感的大小和永磁磁链的大小）等。

值得注意的是永磁体的磁化方向长度与电动机的气隙长度有着很大的关系，气隙越长，永磁体的磁化方向长度也越大。

需要指出的是在正弦波永磁同步电动机中，由永磁体产生的气隙磁密并不是呈正弦波分布（见图 6-13 和图 6-14），因而设计时必须合理设计电枢绕组以减少转矩纹波。当永磁体产生的气隙磁密接近正弦波，且通过先进的 PWM 技术使定子绕组产生的磁动势也接近正弦波时，便可得到低纹波的转矩输出。

以上对调速永磁同步电动机的设计特点进行了简要的论述。对有着某些特殊性能要求的电动机的设计，则要根据其具体要求，从性能参数分析着手，有针对性地设计电动机。比如，对要求具有超高速调速能力的电动机，就要从电动机电磁结构出发，增大电动机的直轴电感，提高电动机的高速弱磁能力，并在控制系统中采用适当的控制策略，电动机才能达到所要求最高转速。

7.4 定位力矩的抑制和低速平稳性的改善

高精度的调速传动系统通常要求系统具有较高的定位精度。影响永磁同步电动机停转时定位精度的主要原因是永磁同步电动机的定位力矩，即电动机不通电时所呈现出的磁阻力矩——该力矩力图使电动机转子定位于某一位置。定位力矩主要是由转子中的永磁体与定子开槽的相互影响而产生的。

分析表明，当永磁体的磁极宽度为整数个定子齿距时，可使由齿磁导谐波引起的定位力矩得到有效的抑制。减小定子槽开口或采用磁性槽楔，也可有效地减小定位力矩。另外，在设计上使磁极发出的磁通呈正弦波，在工艺上提高铁心的加工精度和选用一致性较好的永磁体等，都是抑制永磁同步电动机定位力矩的可行措施。

低速平稳性是宽调速永磁同步电动机的一个重要技术指标。影响电动机低速平稳性的主要原因是电动机低速运行时的脉动转矩。通常分为两种，由感应电动势或电流波形畸变而引起的纹波转矩和由齿槽或铁心磁阻变化引起的齿槽转矩。减小电动机低速脉动转矩的措施主要有以下几点：

1）增大电动机的气隙长度；

2）增大电动机的交轴同步电感；

3）采用定子斜槽或转子斜极；

4）减小定子槽开口宽度或采用磁性槽楔，以降低由于定子槽开口引起的气隙磁导变化，或采用无槽定子；

5）合理选择定子槽数，使在该槽数下采用短距绕组时有效地削弱定子侧的某些磁动势谐波；

6）采用阻尼绕组。阻尼绕组可减小电枢反应磁链的脉动，从而有效地减小电动机的转矩纹波。

7.5 提高永磁同步电动机弱磁扩速能力的措施

由式（7-47）可知，永磁同步电动机“弱磁”运行时，在端电压达极限值、电流达额定值情况下，可以“弱磁”运行到任意高

速的条件是

$$\psi_f = L_d i_{\lim} \tag{7-62}$$

也即在高于额定转速的任一转速

$$e_0 = X_d i_{\lim} \tag{7-63}$$

实际上，由于永磁同步电动机直轴磁路上存在磁阻率很大的永磁体，使得电动机的直轴电感不可能做得很大，因此式（7-63）的关系一般是难以达到的。对实际的永磁同步电动机，一般

$$e_0 \gg X_d i_{\lim} \tag{7-64}$$

由式(7-47)可看出提高永磁同步电动机的最高转速可采取的主要方法：

1）减小 ψ_f；

2）增大 $i_{\lim}$；

3）增大 L_d；

4）提高电动机极限电压；

5）采用前四种方法的组合。

提高电动机的极限电压和极限电流势必要增大系统中逆变器的容量，从而提高了系统的制造成本。减小 ψ_f 是对永磁同步电动机“弱磁”扩速的一条重要途径，但减小 ψ_f“弱磁”扩速的同时，将使低速转矩变小，电动机的瞬态性能也将变差。且 ψ_f 过小使转矩中永磁转矩分量降低，磁阻转矩（对凸极永磁同步电动机）比例增大，不利于充分利用永磁体的磁能。增大 L_d，使之满足或接近式（7-62）所示的关系，是一条比较理想的永磁同步电动机“弱磁”扩速措施。

由电压极限方程可知，在定子电路内串接外电感，也可以起到扩速的功能，这实际上相当于从电路上人为地增大了电动机的直轴电感。

在要求弱磁扩速范围宽且高转速运行的永磁同步电动机中，通常都采用内置式转子磁路结构而不采用表面式转子磁路结构，这主要是因为：

1）同样的永磁体磁化方向长度和气隙长度的前提下，内置式

转子磁路结构的永磁同步电动机比表面凸出式电动机的直轴同步电感大，有利于恒功率运行速度范围的扩展；

2）内置式永磁同步电动机中的永磁体的抗不可逆退磁能力比表面凸出式的大；

3）内置式永磁同步电动机的磁阻转矩可被充分利用，永磁磁链可设计得较低，从而使得电动机的“弱磁”扩速能力增大；

4）内置式电动机的转子机械强度更高，更适合于高速运转。

第8章　永磁同步发电机

根据机电能量转换原理，永磁同步电动机都可以作为永磁同步发电机运行。但由于发电机和电动机两种运行状态下对电机的性能要求不同，它们的磁路结构、参数分析和运行性能计算既有相似之处，又有许多特点。本章分别对这些特点进行分析和讨论。

1　概述

永磁同步发电机具有许多优点：由于省去了励磁绕组和容易出问题的集电环和电刷，结构较为简单，加工和装配费用减少，运行更为可靠。采用稀土永磁后可以增大气隙磁密，并把电机转速提高到最佳值，从而显著缩小电机体积，提高功率质量比；由于省去了励磁损耗，电机效率得以提高；处于直轴磁路中的永磁体的磁导率很小，直轴电枢反应电抗 X_{ad} 较电励磁同步发电机小得多，因而固有电压调整率也比电励磁同步发电机小。

永磁同步发电机的缺点是：制成后难以调节磁场以控制其输出电压和功率因数；由于永磁材料和加工工艺的分散性，而且永磁材料，特别是铁氧体永磁和钕铁硼永磁的温度系数较大，导致电机的输出电压分散，偏离额定电压；采用稀土永磁后，目前价格仍较贵。随着电力电子器件性能价格比的不断提高，目前正逐步采用可控整流器和变频器来调节电压，上述缺点可以得到弥补。

永磁同步发电机的应用领域广阔，功率大的如航空、航天用主发电机、大型火电站用副励磁机，功率小的如汽车、拖拉机用发电机、风力发电机、小型水力发电机、小型内燃发电机组等都广泛使用各种类型的永磁同步发电机。

2 永磁同步发电机转子磁路结构

永磁同步发电机的定子结构与永磁同步电动机相同。其转子磁路结构，除不需要起动绕组外，也与永磁同步电动机相似。但由于对永磁同步发电机的性能，特别是固有电压调整率、电压波形正弦性畸变率和功率密度的要求较高，有的运行转速又很高（例如航空发电机的转速通常为10000～60000r/min），其结构布置与选用原则有许多特点。通常按永磁体磁化方向与转子旋转方向的相互关系，分为切向式、径向式、混合式和轴向式四种。

2.1 切向式转子磁路结构

切向式转子磁路结构中（如图8-1和图8-2所示），永磁体的磁化方向与气隙磁通轴线接近垂直且离气隙较远，其漏磁比轴向式结构、径向式结构要大。但是，在切向式结构中永磁体并联作用，有两个永磁体截面对气隙提供每极磁通，可提高气隙磁密，尤其在极数较多情况下更为突出。因此适合于极数多且要求气隙磁密高的永磁同步发电机。

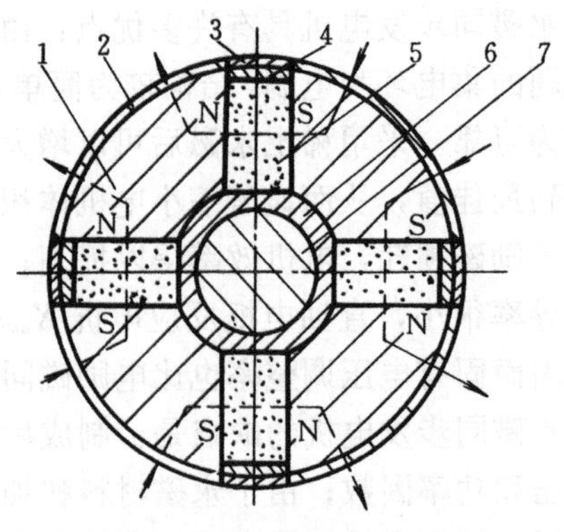

图8-1 切向套环式转子磁路结构示意图
1—极靴 2—套环（磁性材料段） 3—套环（非磁性材料段） 4—垫片 5—永磁体 6—非磁性衬套 7—转轴

切向式转子磁路结构由于永磁体和极靴的固定方式不同，通常分为切向套环式结构（图8-1）和切向槽楔式结构（图8-2）。

永磁材料，尤其稀土钴永磁材料的抗拉强度很低。如果转子结构上无防护措施，当发电机转子直径较大或高速运转时，转子表面所承受的离心力已接近甚至超过永磁材料的抗拉强度，将使永磁体出现破坏，所以高速运行的永磁同步发电机选用套环式转子结构。所谓套环，实际上是一个高强度金属材料制成的薄壁圆环，紧紧地套在转子外圆处。通过套环把永磁体、软铁极靴都固定在应有的位置上。套环的力学特点是，在它所包容下的转子内部各组件，在整个转速范围内（静止状态的零转速、额定转速和超速状态），应全部处于压缩状态。因此在静止状态装配时，需采取过盈配合。这样，转子内部虽然是由许多零件类似“积木”的方式组合而成，但在高速旋转时，仍像一个实心体一样，保证了运行上的可靠。

切向套环式转子的磁通路径为：永磁体 N 极→软铁极靴→套环的磁性材料段→气隙→定子铁心→气隙→套环的磁性材料段→软铁极靴→永磁体 S 极。从磁通路径上可以看出：套环的一部分是主磁路的组成部分，要求导磁性能好；而套环的另一部分是两磁极的间隔，需要隔磁。因此套环是由高强度、高电阻率的磁性金属材料和非磁性金属材料交替组合，用电子束焊接而成。有时为了简化工艺，套环全部用非磁性金属材料，这时增加了主磁路的计算气隙长度，增加了永磁体用量。

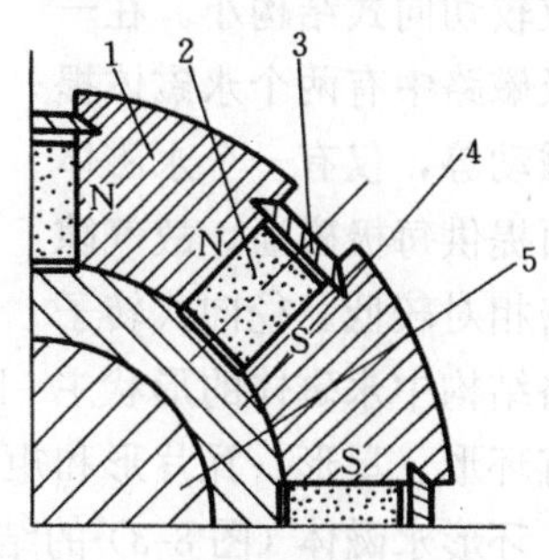

图 8-2　切向槽楔式转子磁路结构示意图

1—极靴　2—永磁体　3—槽楔
4—非磁性衬套　5—转轴

从磁通路径还可以看出：对于切向结构，为了减少漏磁，转子里面的衬套必须由非磁性材料构成。而永磁体和软铁极靴之间、软铁极靴和套环内壁之间是主磁通的路径，零件必须进行高精度加工。

槽楔式结构中永磁体用槽楔固定，工艺和结构比较简单，但对高速运行的发电机，套环式的可靠性比槽楔式高。

考虑到容量较大的永磁同步发电机整体装配比较困难，有的发电机将转子沿轴向分为几段，每段为一个磁盘。装配时，先将每一磁盘分别进行组装，再将所有磁盘套装在转轴上。而且采用不同数目的磁盘，改变转子的轴向长度，就可在保持定、转子径向尺寸和主要工装不变的情况下得到各种不同的额定输出功率。

2.2 径向式转子磁路结构

径向式转子磁路结构（见图 8-3～图 8-6）中永磁体的磁化方向与气隙磁通轴线一致且离气隙较近，漏磁系数较切向式结构小。在一对极磁路中有两个永磁体提供磁动势，仅有一个永磁体截面提供每极磁通，故气隙磁密相对较低。径向式转子磁路结构中永磁体的形状主要有环形、星形、瓦片形和矩形四种。

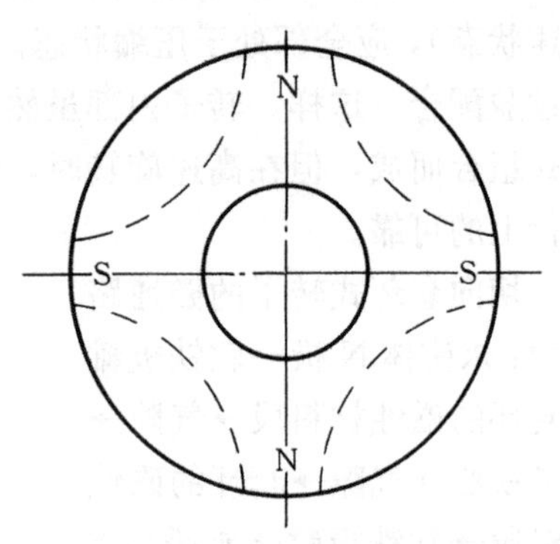

图 8-3 径向环形永磁体转子磁路结构

环形永磁体（图 8-3）的结构和工艺最为简单，可以直接浇铸或粘结在发电机转轴上，机械强度较高，可以在较高转速下运行。但是永磁材料的利用率不高。目前主要应用于微型和小功率发电机。

星形永磁体（图 8-4）提高了永磁材料的利用率；可以直接浇铸或粘结在发电机转轴上，结构和工艺较为简单；极间通常采用铝合金浇铸，保证了转子结构的整体性且起阻尼作用，既可改善发电机的瞬态性能，又可提高永磁材料的抗去磁能力。但由于极间漏磁较大，充磁较为困难，容易造成永磁体的不均匀磁化，而且永磁体的形状较复杂，永磁材料的磁性能同样偏低，因而发电机的容量受到限制。为了改善电动势波形，星形转子可以作成斜极。

径向星形永磁体转子磁路结构又分无极靴和有极靴两种（图 8-4a 和 b）。在星形永磁体两端装上软铁极靴后，使交轴电枢反应磁通经极靴闭合，减弱了电枢磁动势对永磁体的去磁作用。适当选择极靴的形状和尺寸，可以使气隙不均匀和极弧系数适宜，以改善空载气隙磁场波形和调节空载漏磁系数，但结构较复杂，制造费时；交轴电枢反应对气隙磁场的作用大，容易使负载气隙磁场严重畸变；使转子直径加大，导致发电机外径加大。

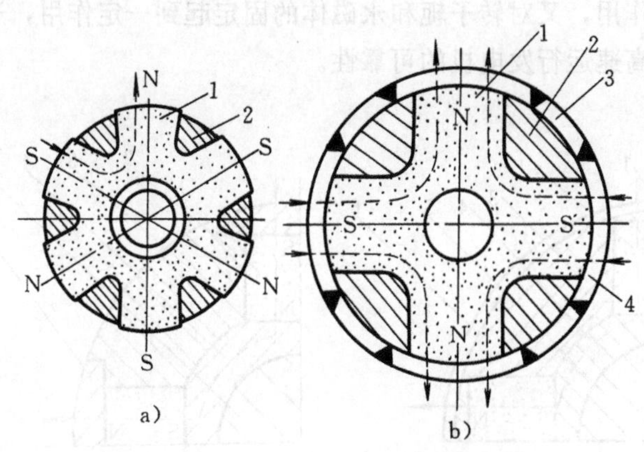

图 8-4　径向星形永磁体转子磁路结构

a）无极靴星形转子　b）有极靴星形转子

1—永磁体　2—非磁性材料　3—套环（非磁性材料段）　4—套环（磁性材料段）

为在尽可能小的转子直径内放置尽可能大的永磁体，以提高气隙磁密，同时考虑到稀土永磁的矫顽力高，永磁体磁化方向长度可以小，近年来又多采用瓦片形永磁体（图 8-5）和矩形永磁体（图 8-6）。矩形永磁体

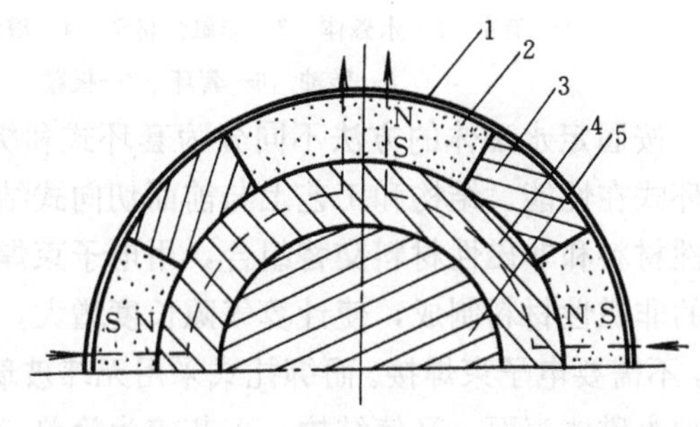

图 8-5　径向瓦片形永磁体转子磁路结构

1—套环　2—永磁体　3—非磁性材料

4—磁性材料衬套　5—转轴

的加工费用最低，磁化均匀，同样永磁材料的磁性能最好。瓦片形永磁体也可以用矩形永磁体条组成,以减少永磁体加工费用。调节瓦片形永磁体的宽度和矩形永磁体极靴的形状和宽度，也就是调节极弧系数，可以改善气隙磁场波形。衬套（即转子轭）用磁性材料制成。瓦片形和矩形永磁体之间是非磁性材料，既可以起到阻尼作用，又对转子轭和永磁体的固定起到一定作用，进一步提高了高速运行发电机的可靠性。

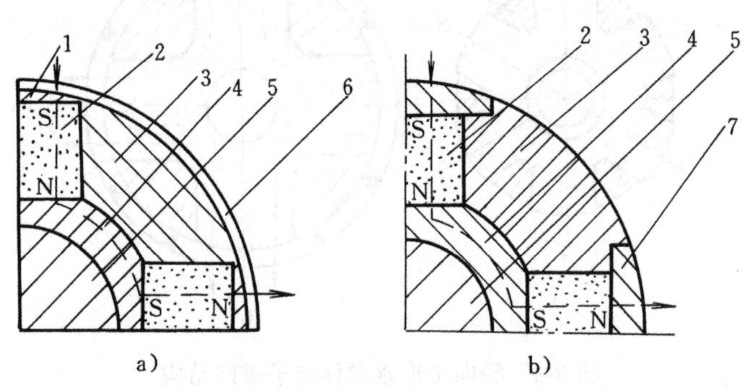

图 8-6　径向矩形永磁体转子磁路结构

a）套环式　b）绑扎式（图中未画无纬玻璃丝带）

1—垫片　2—永磁体　3—非磁性材料　4—磁性材料衬套

5—转轴　6—套环　7—极靴

按固定永磁体的方法不同分为套环式和绑扎式（见图 8-6）。套环式在性能、结构和工艺上与前面切向式结构相似，它既可由磁性材料和非磁性材料交替组合，用电子束焊接而成；也可由单一的非磁性材料制成，使计算气隙长度增大，但它所需零件数减少，不需要电子束焊接。而绑扎式采用无纬玻璃丝带绑扎工艺，既防护永磁体表面，又使结构、工艺较为简单。

2.3　混合式转子磁路结构

混合式转子磁路结构是在径向和切向都放置永磁体，如图 8-7 所示。它可以在一定的转子直径下提供更高的气隙磁密，或者可以在气隙磁密相同的情况下缩小转子体积。在切向永磁体和径向永磁体的尺寸、相互位置配合合理的情况下，漏磁系数可以比纯切向和径向结构大大减少，即在额定输出功率和转子尺寸相同的情况下，减少永磁体用量。转子内轭采用磁性材料。混合式转子结构较复杂，对转子槽形和永磁体的加工精度要求高，制造费时。

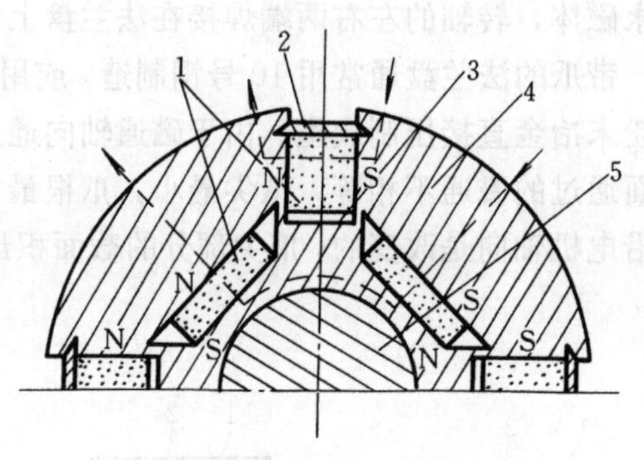

图 8-7　混合式转子磁路结构

1—永磁体　2—槽楔　3—永磁体槽

4—极靴　5—转轴

2.4　轴向式转子磁路结构

轴向式转子磁路的代表结构是爪极式转子，如图 8-8 所示。

爪极式转子通常由两个带爪的法兰盘和一个轴向充磁的圆环或圆柱形永磁体组成。两个带爪法兰盘的爪数相等(等于极数之半)。左右两个法兰盘对合，爪极互相错开,沿圆周均匀分布。永磁体夹在两个带爪法兰盘中间，一个法兰盘上的爪为N极，另一个法兰盘上的爪为S极，形成极性相异、相互错开的多极转子，法兰盘上的爪起极靴作用。图 8-8 所示为18 极转子。

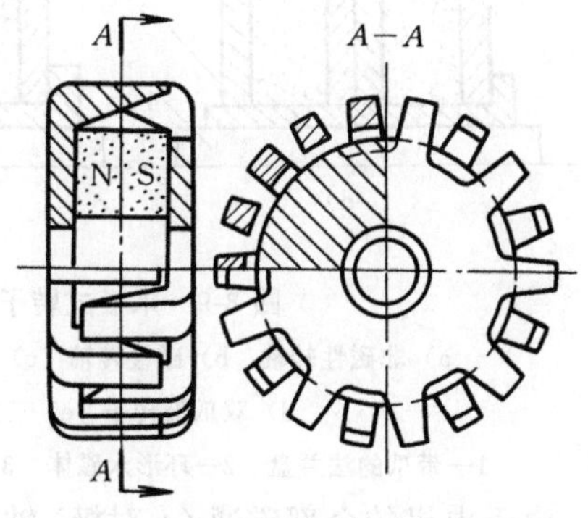

图 8-8　爪极转子

为了避免磁分路，转轴应采用非磁性钢，如图 8-9a 所示。如果转轴上有非磁性材料（通常为黄铜）做的环，那么转轴可用磁性钢制造，如图 8-9b 所示。在转子结构中还可以采用无轴孔的实心永磁体，转轴的左右两端焊接在法兰盘上，如图 8-9c 所示。

带爪的法兰盘通常用 10 号钢制造，或用钢板冲成，也可以采用粉末冶金直接压制成型。由于磁通轴向通过爪极，爪极的每一截面通过的磁通不相等，爪尖最小，爪根最多。因此爪极的截面积沿电机轴向是改变的，爪尖部分的截面积最小，爪根部分最大。

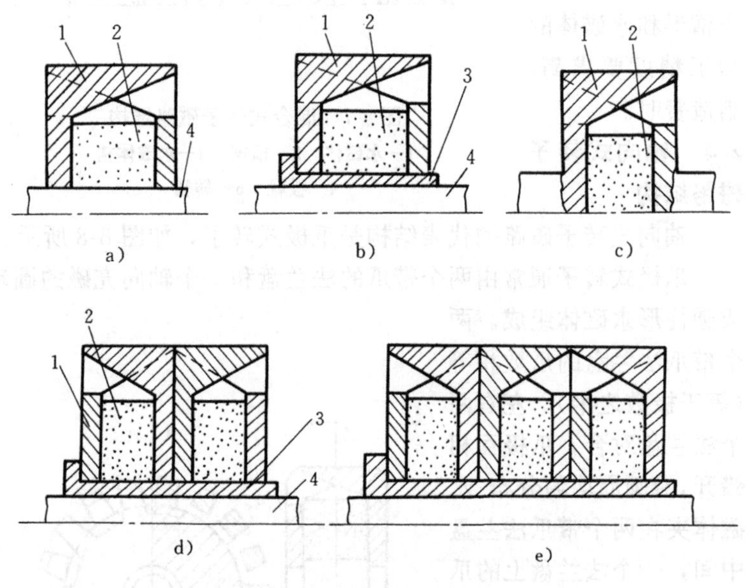

图 8-9 爪极式转子的型式

a）非磁性转轴 b）磁性转轴 c）带轴柄的实心体结构

d）双爪极转子 e）三爪极转子

1—带爪的法兰盘 2—环形永磁体 3—非磁性套筒 4—转轴

由于电机的全部磁通（p 对极）轴向穿过圆环形永磁体，圆环形的截面积很大，而圆环的轴向长度 L_M 即为永磁体的磁化方向

长度 h_M，所以永磁体的长细比 L_M/D_M 较小，适宜于采用 H_c 较大的永磁材料。为了减小电机的径向尺寸，改善永磁体的磁性能，提高电机的制造容量，可以采用双爪极（图 8-9d）或三爪极（图 8-9e）。

爪极转子的优点：永磁体形状简单、磁性能好、磁化均匀、利用程度高；爪极的存在使气隙磁场稳定，不会发生不可逆畸变；交轴电枢反应在爪极中闭合，爪极之间的漏磁较大，直轴电枢反应对永磁体的去磁作用较小，永磁体具有较大的抗去磁能力；爪极系统具有良好的阻尼作用。故特别适用于极数较多或频率较高的中频发电机。

爪极转子的缺点：爪极的结构复杂，制造困难费时；当发电机的转速较高或容量较大时，爪极所受的离心力很大，需要采用专门的紧固措施，并适当增大电机气隙；爪极和法兰盘所占转子体积的比例较大；与其他几种结构相比，电机质量增加，故不宜做成工频发电机；爪极中的脉动损耗较大，导致效率下降。

此外，永磁同步发电机的磁路结构还有飞轮式外转子磁路结构，应用于内燃机、汽车、拖拉机和摩托车中，作为照明电源或点火用永磁发电机；复合励磁磁路结构由永磁体提供基本励磁磁通，由电励磁提供补充励磁磁通，以进行电压调节；静止永磁体的磁路结构中，永磁体安装在机座上，励磁磁通经过附加气隙和转子后，在工作气隙中建立气隙磁场等。由于这些结构电机的工作原理和电磁计算方法与前述基本结构的电机相同，本书不再对其详细讨论。

3　永磁同步发电机的运行性能

从前面的分析可以看出，永磁同步发电机的转子磁路结构既不同于电励磁同步发电机，又与永磁同步电动机的磁路结构有区别。要想准确进行电磁性能计算，需要运用电磁场数值解法。在初始设计进行估算时，可以参照本书第 5、6 两章所提供的典型结构的计算曲线并根据实验验证结果进行修正，本章不再介绍。

对永磁同步发电机运行性能的要求是多方面的，本节主要分析其中三个重要性能指标——固有电压调整率、短路电流倍数和电压波形正弦性畸变率的计算和影响因素。为此，需要先讨论励磁电动势和交、直轴电枢反应电抗的计算。

3.1 励磁电动势和气隙合成电动势

永磁同步发电机在空载运行时，空载气隙基波磁通在电枢绕组中产生励磁电动势 E_0 (V)；在负载运行时，气隙合成基波磁通在电枢绕组中产生气隙合成电动势 E_δ (V)，计算公式与永磁同步电动机相同，为

$$E_0 = 4.44 f N K_{dp} \Phi_{\delta 0} K_\Phi \tag{8-1}$$

$$E_\delta = 4.44 f N K_{dp} \Phi_{\delta N} K_\Phi \tag{8-2}$$

式中 N——电枢绕组每相串联匝数；

K_{dp}——绕组因数；

K_Φ——气隙磁通的波形系数；

$\Phi_{\delta 0}$——每极空载气隙磁通 (Wb)；

$\Phi_{\delta N}$——每极气隙合成磁通 (Wb)。

空载气隙磁通和气隙合成磁通需要根据所选用的永磁材料性能、转子磁路结构形式和具体尺寸，运用电磁场数值解法求出。也可运用本书第 3 章推荐的等效磁路图（标幺值）求出。

空载时

$$b_{m0} = \varphi_{m0} = \frac{\lambda_n}{\lambda_n + 1} \tag{8-3}$$

$$h_{m0} = f_{m0} = \frac{1}{\lambda_n + 1} \tag{8-4}$$

$$\Phi_{\delta 0} = (b_{m0} - h_{m0}\lambda_\sigma) B_r A_m \times 10^{-4} \tag{8-5}$$

负载时

$$b_{mN} = \varphi_{mN} = \frac{\lambda_n (1 - f')}{\lambda_n + 1} \tag{8-6}$$

$$h_{mN} = f_{mN} = \frac{\lambda_n f' + 1}{\lambda_n + 1} \tag{8-7}$$

$$\Phi_{\delta N}=(b_{mN}-h_{mN}\lambda_{\sigma})B_rA_m\times10^{-4} \tag{8-8}$$

式中　λ_n——外磁路合成磁导标幺值，

$$\lambda_n=\lambda_{\sigma}+\lambda_{\delta}=\sigma_0\lambda_{\delta} \tag{8-9}$$

λ_{δ}——主磁导标幺值；

λ_{σ}——漏磁导标幺值；

σ_0——空载漏磁系数，

$$\sigma_0=\frac{\lambda_n}{\lambda_{\delta}}=\frac{b_{m0}}{b_{m0}-h_{m0}\lambda_{\sigma}} \tag{8-10}$$

A_m——永磁体提供每极磁通的截面积（cm^2），

对径向结构　　$A_m=b_ML_M$

对切向结构　　$A_m=2b_ML_M$

b_M——永磁体宽度（cm）；

L_M——永磁体轴向长度（cm）；

$$f'=\frac{f_{ad}}{\sigma_0}=\frac{F_{ad}}{\sigma_0F_c}=\frac{F_{ad}}{\sigma_0H_ch_{Mp}\times10^{-2}} \tag{8-11}$$

f_{ad}——直轴电枢反应的标幺值；

h_{Mp}——永磁体每对极磁化方向长度（cm），

对径向结构　　$h_{Mp}=2h_M$

对切向结构　　$h_{Mp}=h_M$

h_M——永磁体磁化方向长度，又称厚度（cm）。

对于切向径向混合结构，可以等效地化为两个恒磁通源并联供应同一条外磁路的等效磁路，如图 8-10 所示。如不考虑饱和，求解时可以应用叠加原理分别求取切向结构和径向结构的标幺值后，相加而得。如需计及饱和，需用

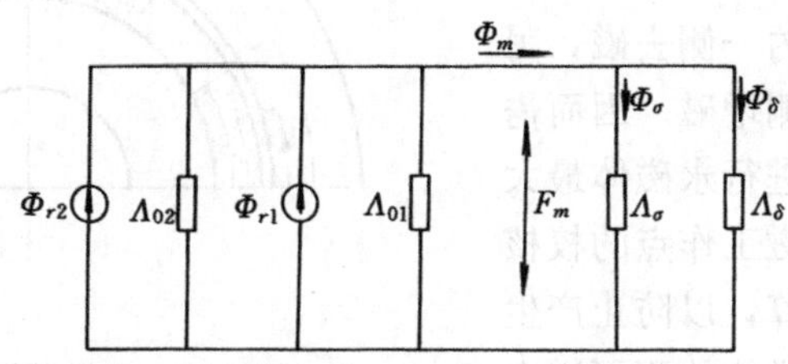

图 8-10　切向径向混合式永磁同步发电机的等效磁路

计算机迭代求解或用永磁体工作图图解法求得,读者可自行导出。

3.2 交、直轴电枢反应和电枢反应电抗

永磁同步发电机负载运行时，电枢绕组电流产生的电枢磁动势既影响气隙磁场的分布和大小，又影响永磁体的工作状态，影响的程度与转子磁路结构有很大关系。

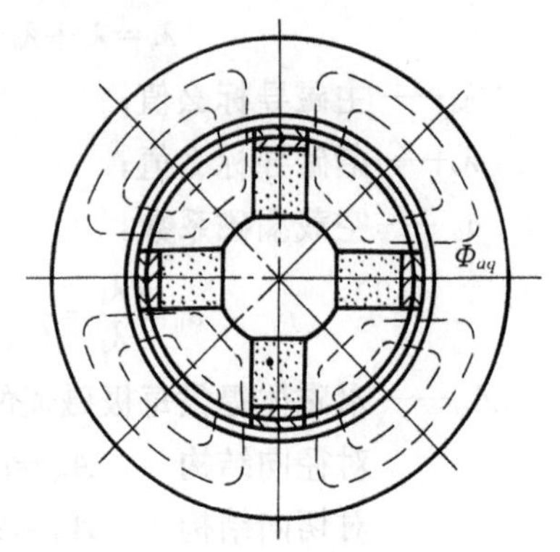

图 8-11 有极靴转子的交轴电枢反应磁通

对于有极靴的转子磁路结构，由于永磁体的磁导率很小，交轴电枢反应磁通主要经极靴闭合，如图 8-11 所示。当极靴有足够高度时，电枢反应对永磁体几乎没有影响。对气隙磁场的影响则与电励磁同步发电机基本相同，而且它的作用是可逆的，当负载去掉后气隙磁场能回复到原来的形状。

对于无极靴的转子磁路结构，交轴电枢反应磁通经永磁体闭合，如图 8-12 所示，使永磁体的一侧去磁，另一侧增磁。因而需要进行永磁体最大去磁工作点的校核计算，以防止产生永磁体的不可逆去磁。由于永磁体的磁导率低，这种结构的交轴电枢反应磁场比同规格的电励磁同步发电机小得多，因而交轴电枢反应电抗也小得多。

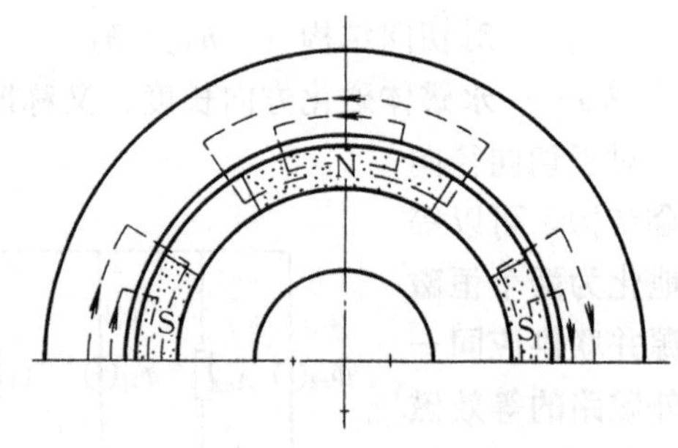

图 8-12 无极靴转子的交轴电枢反应磁通

从电磁场计算可以看出，直轴电枢磁动势所产生的直轴电枢反应磁通，一部分经过磁导率小的永磁体，另一部分经过高度饱和的隔磁磁桥，因而直轴电枢反应电抗比同规格电励磁同步发电机小得多。同时还可以看出，空载漏磁系数固然影响永磁体的利用率，但也对直轴电枢反应起分流作用，改善永磁体的抗去磁能力。

由于永磁同步发电机的转子磁路结构多种多样，在分析电枢反应时，需要针对具体的磁路结构，运用电磁场数值解法进行。

计算交、直轴电枢反应电抗 X_{aq}、X_{ad}（Ω）时，应首先求得在电枢电流交、直轴分量 I_q、I_d（A）作用下电枢反应基波磁密幅值 B_{aq1}、B_{ad1}，然后用下式求得：

$$X_{aq}=\frac{2}{\pi}L_{ef}\tau K_{dp}N\frac{B_{aq1}}{I_q} \tag{8-12}$$

$$X_{ad}=\frac{2}{\pi}L_{ef}\tau K_{dp}N\frac{B_{ad1}}{I_d} \tag{8-13}$$

式中 L_{ef}——电枢计算长度（cm）；

τ——极距（cm）。

X_{aq}也可以按下列近似公式估算：

对有极靴转子磁路结构，交轴电枢反应的作用与电励磁电机基本相同，交轴电枢反应电抗 X_{aq}可用电励磁同步发电机的公式计算，即

$$X_{aq}=\frac{E_0}{I_N}\frac{F_{aq}}{F_\delta}K_{aq} \tag{8-14}$$

对无极靴转子磁路结构，交轴电枢反应磁通经永磁体闭合，故

$$X_{aq}=\frac{E_0}{I_N}\frac{F_{aq}}{F_\delta}K_{aq}\frac{1}{1+\dfrac{b_M}{2\mu_r\delta K_\delta}} \tag{8-15}$$

式中 F_δ——气隙磁位差（A）；

F_{aq}——交轴电枢磁动势（A）；

K_{aq}——交轴电枢磁动势折算系数。

对于有极靴均匀气隙：

$$K_{aq}=\frac{\alpha_p\pi-\sin\alpha_p\pi+\frac{2}{3}\cos\frac{\alpha_p\pi}{2}}{4\sin\frac{\alpha_p\pi}{2}} \tag{8-16}$$

对于有极靴不均匀气隙，需用电磁场数值解法求得，或参照电励磁同步发电机的 K_{aq} 曲线。

X_{ad}可以按下列公式计算：

$$X_{ad}=\frac{E_0-E_\delta}{I_d}=\frac{4.44fNK_{dp}K_\Phi}{I_N\sin\psi_N}(\Phi_{\delta0}-\Phi_{\delta N}) \tag{8-17}$$

式中　ψ_N——额定负载时的内功率因数角。

按额定数据 U_N、I_N、$\cos\varphi$ 和已求得的阻抗 R_1、X_q，利用相量图（图 8-13），计算额定负载时的内功率因数角 ψ_N。

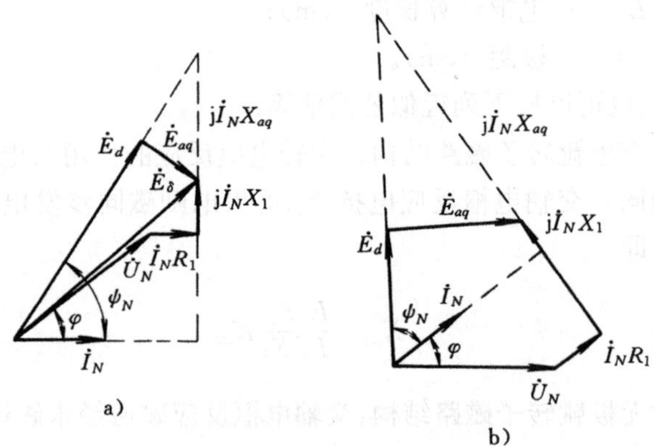

图 8-13　永磁同步发电机的相量图

a）电阻电感性负载　b）电阻电容性负载

对于电阻电感性负载：

$$\psi_N=\arctan\frac{U_N\sin\varphi+I_NX_q}{U_N\cos\varphi+I_NR_1} \tag{8-18}$$

对于电阻电容性负载：

$$\psi_N=\arctan\frac{I_NX_q-U_N\sin\varphi}{U_N\cos\varphi+I_NR_1} \tag{8-19}$$

额定负载时每极直轴电枢磁动势

$$F_{ad}=0.45m\frac{NK_{dp}}{p}K_{ad}I_N\sin\psi_N \tag{8-20}$$

式中 K_{ad}——直轴电枢磁动势折算系数，

对于均匀气隙 $$K_{ad}=\frac{\alpha_p\pi+\sin\alpha_p\pi}{4\sin\frac{\alpha_p\pi}{2}} \tag{8-21}$$

对于不均匀气隙，需用电磁场数值解析法求得，或参考电励磁同步发电机的 K_{ad} 曲线。

3.3 固有电压调整率和降低措施

众所周知，永磁同步发电机制成后，气隙磁场调节困难，为使其能得到大量推广，需要对永磁同步发电机的固有电压调整率有严格要求，故要深入研究降低固有电压调整率的措施。

发电机的固有电压调整率 ΔU（%）是指在负载变化而转速保持不变时所出现的电压变化，其数值完全取决于发电机本身的基本特性，用额定电压的百分数或标么值表示：

$$\Delta U=\frac{E_0-U}{U_N}\times100 \tag{8-22}$$

式中 U——输出电压（V）。

对于图 8-13a 所示的电阻电感性负载，输出电压

$$U=\sqrt{E_d^2+I_N^2X_{aq}^2\cos^2\psi_N-I_N^2(R_1\sin\varphi-X_1\cos\varphi)^2}-I_N(R_1\cos\varphi+X_1\sin\varphi) \tag{8-23}$$

从上两式中可以看出，为了降低电压调整率，必须在给定 E_0 值的情况下尽量增大输出电压 U，为此既要设法降低电枢反应引起的去磁磁通量，又要减小电枢电阻 R_1 和漏抗 X_1。

1）为了降低电枢反应引起的去磁磁通量，首先要增大永磁体的抗去磁能力，即增大永磁体的抗去磁磁动势，为此应选用矫顽力 H_c 大、回复磁导率 μ_r 小的永磁材料；同时增大永磁体磁化方向长度，使工作点提高，削弱电枢反应的影响。如图 8-14 所示，当 $h_{M1}>h_{M2}$时，$\Delta\Phi_1$ 明显小于 $\Delta\Phi_2$。

其次，需减少电枢绕组每相串联匝数和增加转子漏磁导以削弱电枢反应对永磁体的去磁作用。为此应选用剩磁密度 B_r 大的永磁材料；并且应增加永磁体提供每极磁通的截面积，这时磁通明显增加，可以有效地减少每相串联匝数。

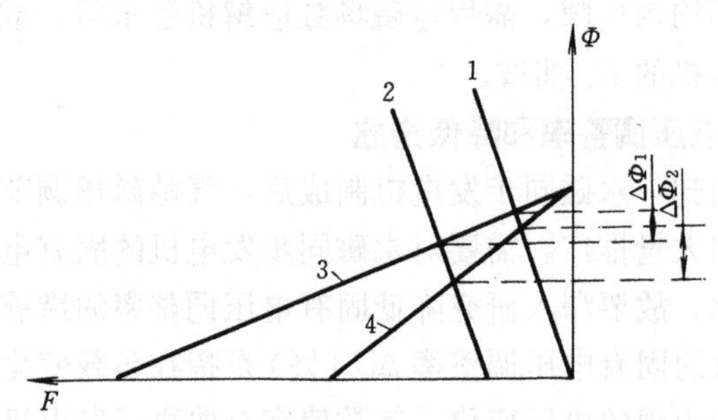

图 8-14　不同磁化方向长度的永磁体工作图

1—空载时的磁导线　2—负载时的磁导线　3—磁化方向长度为 h_{M1}的 Φ-F 曲线　4—磁化方向长度为 h_{M2}的 Φ-F 曲线

2）为了减小定子漏抗 X_1，需要选择宽而浅的定子槽形；减少电枢绕组每相串联匝数，但要注意小的电枢绕组每相串联匝数使短路电流增大；缩短绕组端部长度；适当加大气隙长度；加大长径比等。

3）为了减小电枢电阻，需减少电枢绕组每相串联匝数和增大导体截面积。

在上述措施中，都将导致耗用更多的永磁体材料（参见式(3-51)），所以在满足规定的性能指标的前提下，合理地选择各参数，尽量减少永磁材料的用量。

3.4 短路电流倍数计算

永磁同步发电机的短路状态分为稳态短路和瞬态（冲击）短路。瞬态短路电流通常大于稳态短路电流，但计算比较复杂，工程上常常先求出稳态短路电流倍数 I_k^*，然后乘以经验修正系数后得出瞬态短路电流倍数。

由永磁同步发电机稳态短路时（$U=0$）的相量图（图 8-15），可以推出下式：

$$E_0=E_d+I_k^* I_N X_{ad}\sin\psi_k \tag{8-24}$$

又 $E_0=4.44(b_{m0}-h_{m0}\lambda_\sigma)fNK_{dp}K_\Phi B_r A_m\times10^{-4}=$

$$4.44\frac{\lambda_n-\lambda_\sigma}{\lambda_n+1}fNK_{dp}K_\Phi B_r A_m\times10^{-4}$$

$$X_{ad}=\frac{4.44[(b_{m0}-h_{m0}\lambda_\sigma-(b_{mN}-h_{mN}\lambda_\sigma)]fNK_{dp}K_\Phi B_r A_m\times10^{-4}}{I_N\sin\psi_k}=$$

$$4.44\frac{(1+\lambda_\sigma)\lambda_n f'}{(\lambda_n+1)I_N\sin\psi_k}fNK_{dp}K_\Phi B_r A_m\times10^{-4}$$

$$E_d=I_k^* I_N\sqrt{R_1^2+X_1^2-X_{aq}^2\cos^2\psi_k}$$

代入式（8-24），并加整理得

$$I_k^*=\frac{4.44(\lambda_n-\lambda_\sigma)fNK_{dp}B_r A_m K_\Phi\times10^{-4}}{4.44fNK_{dp}(1+\lambda_\sigma)\lambda_n f' B_r A_m K_\Phi\times10^{-4}+(1+\lambda_n)I_N\sqrt{R_1^2+X_1^2-X_{aq}^2\cos^2\psi_k}} \tag{8-25}$$

式中 ψ_k——稳态短路时的内功率因数角，$\psi_k=\arctan\dfrac{X_q}{R_1}$。

短路电流对永磁体去磁作用的大小，除与短路电流倍数有关外，还取决于转子磁路结构形式和空载漏磁系数的大小。

对于有软铁极靴、极间浇铸非磁性材料、转子上安放阻尼笼等有阻尼系统的磁路结构，瞬态短路电流对永磁体的去磁作用大大减弱，并接近于稳态短路电流的去磁作用。

对于无极靴的转子磁路结构，由于永磁体的电阻率很大，几乎没有阻尼作用，瞬态短路电流的去磁作用很大。

为了避免永磁体在发电机短路过程中发生不可逆退磁，需要运用本书第 3 章推荐的方法进行最大去磁工作点（b_{mh}，h_{mh}）的校核计算。应保证此工作点在最高工作温度时（铁氧体为最低环境温度时）回复线的线性段或者说应高于回复线的拐点（b_k，h_k）。

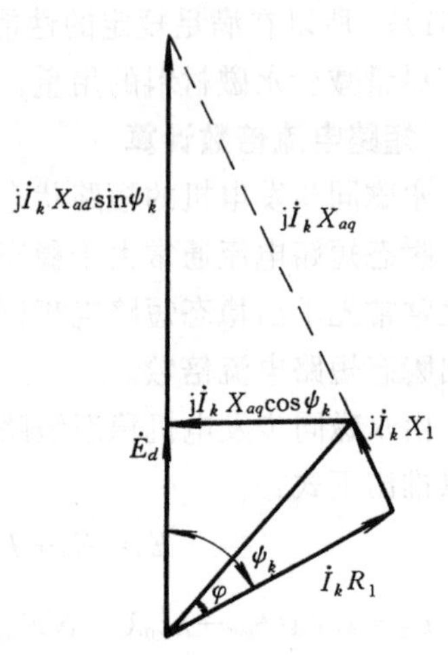

图 8-15　永磁体同步发电机稳态短路时的相量图

$$b_{mh}=\varphi_{mh}=\frac{\lambda_n\ (1-f_k')}{\lambda_n+1} \tag{8-26}$$

$$h_{mh}=f_{mh}=1-b_{mh} \tag{8-27}$$

式中

$$f_k'=I_k^* f' \tag{8-28}$$

3.5　永磁同步发电机电动势波形

工业生产对同步发电机的电动势波形的正弦性有严格的要求，实际电动势（通常指空载线电压）波形与正弦波形之间的偏差程度用电压波形正弦性畸变率来表示。我国国家标准规定，电压波形正弦性畸变率是指该电压波形中不包括基波在内的所有各次谐波有效值平方和的平方根值与该波形基波有效值的百分比，用 k_U（%）表示，即

$$k_U = \frac{\sqrt{U_2^2 + U_3^2 + \cdots + U_\nu^2 + \cdots}}{U_1} \times 100$$

$$= \frac{\sqrt{\sum_{\nu=2}^{\infty} U_\nu^2}}{U_1} \times 100 \tag{8-29}$$

式中　U_ν——线电压中ν次谐波的有效值（V）；

U_1——线电压的基波有效值（V）。

为了减小电压波形正弦性畸变率，除采用分布绕组、短距绕组、正弦绕组、斜槽等措施外，还应改善气隙磁场波形，它不但与气隙形状和极弧系数α有关外，还与有无软铁极靴和稳磁处理方法有关。

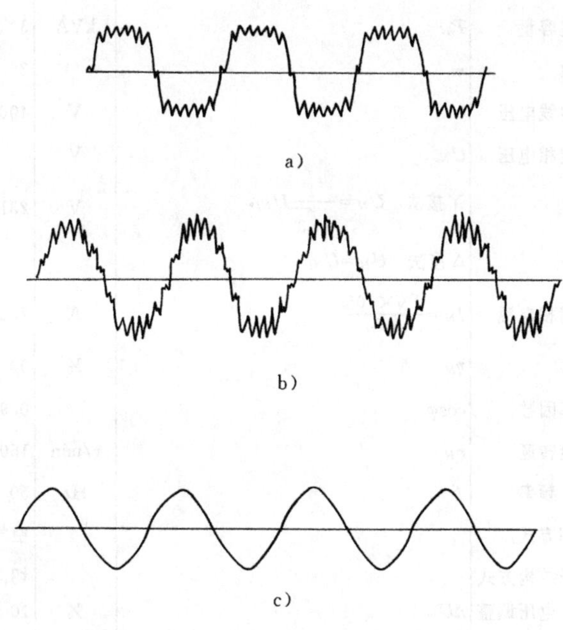

图 8-16　永磁同步发电机气隙磁场波形和电动势波形

a）空载气隙磁场波形　b）负载气隙磁场波形　c）线电动势波形

微型和小功率永磁同步发电机如对电压波形要求不高时通常采用均匀气隙。空载气隙磁场可近似地看成宽度为 $\alpha_i\tau$，幅值为 B_δ 的矩形波(参见图 6-15)。当发电机容量较大或对电压波形要求严格时，需对极靴形状进行加工，使气隙不均匀，并选用合适的极弧系数 α_p，从而使气隙磁场分布波形尽可能接近正弦。气隙磁通波形系数需运用电磁场数值解法求出或参照电励磁同步发电机的相应曲线。图 8-16 示出某台永磁同步发电机的气隙磁场波形和电动势波形。

4 永磁同步发电机电磁计算程序和算例[⊖]

序号	名称	公式	单位	算例
一	**额定数据**			
1	额定容量	P_N	kVA	5
2	相数	m		3
3	额定线电压	U_{Nl}	V	400
	额定相电压	U_N	V	
		Y接法　$U_N=\dfrac{1}{\sqrt{3}}U_{Nl}$	V	231
		Δ接法　$U_N=U_{Nl}$		
4	额定相电流	$I_N=\dfrac{P_N\times10^3}{mU_N}$	A	7.22
5	效率	η_N	%	90
6	功率因数	$\cos\varphi$		0.9
7	额定转速	n_N	r/min	1500
8	额定频率	f	Hz	50
9	冷却方式			空气冷却
10	转子结构方式			切向套环
11	固有电压调整率	ΔU_N	%	10

⊖ 本算例仅用以说明设计计算方法，不是最佳设计。

（续）

序号	名称	公式	单位	算例
二	**永磁材料选择**			
12	永磁材料牌号			XGS-200
13	预计工作温度	t	℃	80
14	剩余磁通密度	B_{r20}	T	1.04
		工作温度时的剩磁密度		
		$B_r=\left[1+(t-20)\frac{\alpha_{Br}}{100}\right]\left(1-\frac{IL}{100}\right)B_{r20}$	T	1.02
		式中　α_{Br}——B_r 的温度系数	%K^{-1}	−0.03
		IL——B_r 的不可逆损失率	%	0
15	计算矫顽力	H_{c20}	kA/m	774
		工作温度时的计算矫顽力		
		$H_c=\left[1+(t-20)\frac{\alpha_{Br}}{100}\right]\left(1-\frac{IL}{100}\right)H_{c20}$	kA/m	760
16	相对回复磁导率	$\mu_r=\frac{B_r}{H_c\mu_0}\times10^{-3}$		1.068
		式中 μ_0	H/m	$4\pi\times10^{-7}$
17	在最高工作温度时退磁曲线拐点位置	b_K		0
三	**永磁体尺寸**			
18	永磁体磁化方向长度	h_M	cm	2
19	永磁体宽度	b_M	cm	4.5
20	永磁体轴向长度	L_M	cm	13
21	永磁体段数	W		5
22	极对数	$p=\frac{60f}{n_N}$		2
23	永磁体每极截面积	径向结构　$A_m=L_Mb_M$ 切向结构　$A_m=2L_Mb_M$	cm^2	117

（续）

序号	名称	公式	单位	算例
24	永磁体每对极磁化方向长度	径向结构　$h_{Mp}=2h_M$ 切向结构　$h_{Mp}=h_M$	cm	2
25	永磁体体积	$V_m=pA_mh_{Mp}$	cm^3	468
26	永磁体质量	$m_m=\rho V_m\times10^{-3}$	kg	3.791
		稀土钴永磁　$\rho=8.1\sim8.3g/cm^3$		
		铁氧体永磁　$\rho=4.8\sim5.2g/cm^3$		
		钕铁硼永磁　$\rho=7.3\sim7.5g/cm^3$		
四	**转子结构尺寸**			
27	气隙长度	δ		
		均匀气隙　$\delta=\delta_1+\Delta$	cm	0.2
		式中　δ_1——空气隙长度	cm	0.05
		Δ——无纬玻璃丝带厚度或非磁性材料套环厚度	cm	0.15
		不均匀气隙　$\delta_{max}=1.5\delta$	cm	
28	转子外径	D_2	cm	14.5
29	轴孔直径	D_{i2}	cm	4
30	转子铁心长度	$L_2=L_M+(W-1)\Delta L$	cm	13
		式中　ΔL——隔磁板厚度	cm	0
31	衬套厚度	瓦片形径向结构： $h_h=\dfrac{D_2-D_{i2}-2(\Delta+h_M)}{2}$ 有极靴径向结构： $h_h=\dfrac{D_2-D_{i2}-2(h_p+h_M)}{2}$ 式中　h_p——极靴高度 切向套环结构： $h_h=\dfrac{D_2-D_{i2}-2(\Delta+\Delta'+b_M)}{2}$	cm	0.45
		式中　Δ'——垫片最大厚度	cm	0.15

（续）

序号	名称	公式	单位	算例
		切向槽楔结构： $h_h=\dfrac{D_2-D_{i2}-2(h_w+\Delta_1+b_M+\Delta_2)}{2}$ 式中　h_w——槽楔厚度及槽口高度 Δ_1——外侧垫条厚度 Δ_2——里侧垫条厚度		
32	极距	$\tau=\dfrac{\pi D_2}{2p}$	cm	11.39
33	极弧系数	α_p		0.8218
34	极间宽度	$b_2=(1-\alpha_p)\tau$	cm	2.03
五	**定子绕组和定子冲片**			
35	定子外径	D_1	cm	22.0
36	定子内径	$D_{i1}=D_2+2\delta_1$	cm	14.6
37	定子铁心长度	L_1	cm	13.0
38	每极每相槽数	q		3
39	定子槽数	$Q=2mpq$		36
40	绕组节距	y		8
41	短距因数	$K_p=\sin\dfrac{180\beta}{2}$		0.9848
		式中　$\beta=y/mq$		0.8889
42	分布因数	整数槽绕组　$K_d=\dfrac{\sin\dfrac{180}{2m}}{q\sin\dfrac{180}{2mq}}$		0.9598
		分数槽绕组　$K_d=\dfrac{\sin\dfrac{180}{2m}}{d\sin\dfrac{180}{2md}}$		
		式中　d——将 q 化为假分数后分数的分子		

（续）

序号	名称	公式	单位	算例
43	斜槽因数	$K_{sk}=\dfrac{2\sin\dfrac{\alpha_s}{2}}{\alpha_s}$		0.9949
		式中　$\alpha_s=\dfrac{t_{sk}}{\tau_1}\pi$——斜槽中心角	rad	0.349
		t_{sk}——斜槽宽距离	cm	1.265
44	绕组因数	$K_{dp}=K_dK_pK_{sk}$		0.9404
45	预估永磁体空载工作点	b'_{m0}		0.83
46	预估空载漏磁系数	σ'_0		1.125
47	预估空载磁通	$\Phi''_{\delta0}=\dfrac{b'_{m0}B_rA_m}{\sigma'_0}\times10^{-4}$	Wb	8.805×10^{-3}
48	预估空载电动势	$E'_0=\left(1+\dfrac{\Delta U_N}{100}\right)\times U_N$	V	254.1
49	绕组每相串联匝数	$N'=\dfrac{E'_0}{4.44fK_{dp}\Phi''_{\delta0}K_\Phi}$		143.88
		式中　K_Φ——磁场波形系数，根据空载磁场计算求出		0.9613
50	每槽导体数	$N'_s=\dfrac{aN'}{pq}$		47.4
		双层绕组　N_s 取偶整数		48
		单层绕组　N_s 取整数		
		式中　a——并联支路数		2
51	实际每相串联匝数	$N=\dfrac{pqN_s}{a}$		144
52	估算绕组线规	$A_{Cu}=\dfrac{I_N}{aJ'}$	mm^2	0.9025
		式中　J'——定子电流密度	A/mm^2	4
	采用QZ-2漆包线，一根并绕，绝缘后直径为 φ1.13，截面积 A_{Cu} 为 $0.8825mm^2$			

（续）

序号	名称	公式	单位	算例
53	实际电流密度	$J=\dfrac{I_N}{aN_tA_{Cu}}$	A/mm²	4.1
		式中　N_t——并绕根数		1
54	电负荷	$A=\dfrac{QN_sI_N}{a\pi D_{i1}}=\dfrac{2mNI_N}{\pi D_{i1}}$	A/cm	136
55	定子冲片设计	见图 8-17b		
		b_{s1}	cm	0.75
		b_{s2}	cm	0.85
		b_{s0}	cm	0.35
		h_{s1}	cm	0.13
		h_j	cm	2.4
		h_{s2}	cm	0.8
		$t=\dfrac{\pi D_{i1}}{Q}$	cm	1.274
		$b_t=\dfrac{\pi(D_{i1}+2h_{s1})}{Q}$	cm	0.567

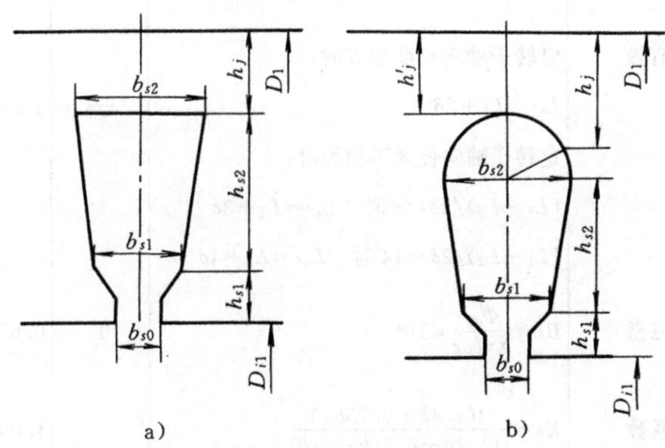

图 8-17　定子冲片

a）半开口梯形槽　b）平行齿梨形槽

（续）

序号	名称	公式	单位	算例
56	槽满率	S_f		
		槽面积：		
		$A_s=\frac{b_{s2}+b_{s1}}{2}h_{s2}+\frac{\pi b_{s2}^2}{8}$	cm^2	0.9372
		槽绝缘占面积：		
		$A_i=C_i(2h_{s2}+\frac{\pi b_{s2}}{2}+b_{s2}+b_{s1})$	cm^2	0.1142
		式中　C_i——槽绝缘厚度	cm	0.025
		$A_{ef}=A_s-A_i$	cm^2	0.8230
		$S_f=\frac{N_t N_s d^2}{A_{ef}}$		0.745
六	**磁路计算**			
57	计算空载磁通	$\Phi'_{\delta0}=\frac{E'_0}{4.44fNK_{dp}K_\Phi}$	Wb	8.792×10^{-3}
58	计算极弧系数	α_i		
		均匀气隙　$\alpha_i=\alpha_p+\frac{4}{\frac{\tau}{\delta}+\frac{6}{1-\alpha}}$		0.8569
59	铁心有效长度	定转子轴向长度相等时：		
		$L_{ef}=L_1+2\delta$	cm	13.4
		定转子轴向长度不相等时：		
		$(L_1-L_2)/2\delta=8$ 时　$L_{ef}=L_1+3\delta$		
		$(L_1-L_2)/2\delta=14$ 时　$L_{ef}=L_1+4\delta$		
60	气隙磁密	$B_\delta=\frac{\Phi'_{\delta0}}{\alpha_i\tau L_{ef}}\times10^4$	T	0.6722
61	气隙系数	$K_\delta=\frac{t(4.4\delta+0.75b_{s0})}{t(4.4\delta+0.75b_{s0})-b_{s0}^2}$		1.092
62	气隙磁位差	$F_\delta=\frac{2B_\delta\delta K_\delta}{\mu_0}\times10^{-2}$	A	2336.53

（续）

序号	名称	公式	单位	算例
63	定子齿磁密	$B_t=B_\delta\dfrac{tL_{ef}}{b_tK_{Fe}L_1}$	T	1.639
		式中　K_{Fe}——铁心叠压系数，一般取 0.92～0.95		0.95
64	定子齿磁位差	$F_t=2H_th_t$	A	105.9
		查附录 2 磁化曲线得 H_t	A/cm	49.8
		h_t——定子齿磁路计算长度		
		圆底槽　$h_t=h_{s1}+h_{s2}+b_{s2}/6$	cm	1.0633
		平底槽　$h_t=h_{s1}+h_{s2}$		
65	定子轭磁密	$B_j=\dfrac{\Phi'_{\delta0}}{2L_1K_{Fe}h_j}$	T	1.502
66	定子轭磁位差	$F_j=2C_jH_jl_j$	A	131.3
		查附录 2 磁化曲线得 H_j	A/cm	20.3
		C_j——考虑到轭部磁通密度不均匀而引入的轭部磁路长度校正系数，查附录 3 曲线得		0.42
		l_j——定子轭磁路计算长度		
		$l_j=\dfrac{\pi(D_1-h_j)}{4p}$	cm	7.7
67	极靴平均磁密	$B_p=\dfrac{(\sigma'_0+1)\Phi'_{\delta0}}{2\alpha_p\tau L_p}\times10^4$	T	0.7665
		式中　L_p——极靴轴向长度	cm	13
68	极靴磁位差	$F_p=2H_pl_p$	A	22.46
		式中　l_p——极靴磁路平均计算长度		
		切向套环结构　$l_p=b_M+\Delta'+\Delta$	cm	4.8
		切向槽楔结构　$l_p=b_M+h_w+\Delta_1$		
		有极靴径向结构　$l_p=h_p$		

（续）

序号	名称	公式	单位	算例
69	磁性衬套平均磁密	$B_h=\frac{(\sigma_0'+1)\Phi_{\delta0}'}{2h_hL_1}$（仅适用径向结构）	T	0
		式中 h_h——磁性衬套的计算厚度	cm	0
70	磁性衬套磁位差	$F_h=2H_hl_h$	A	0
		式中 l_h——磁性衬套平均计算长度	cm	0
71	总磁位差	$\Sigma F=F_\delta+F_t+F_j+F_p+F_h$	A	2596.2
		切向结构 $F_h=0$		0
72	主磁导	$\Lambda_\delta=\frac{\Phi_{\delta0}'}{\Sigma F}$	H	3.386×10^{-6}
		主磁导标幺值 $\lambda_\delta=\Lambda_\delta\frac{h_{Mp}}{\mu_r\mu_0A_m}\times10^2$		4.313
73	漏磁导	Λ_σ 由电磁场计算求得	H	0.4146×10^{-6}
74	漏磁导标幺值	$\lambda_\sigma=\Lambda_\sigma\frac{h_{Mp}}{\mu_r\mu_0A_m}\times10^2$		0.5281
75	外磁路总磁导	$\Lambda_n=\Lambda_\delta+\Lambda_\sigma$	H	3.801×10^{-6}
		标幺值 $\lambda_n=\lambda_\delta+\lambda_\sigma$		4.8414
76	永磁体空载工作点	$b_{m0}=\varphi_{m0}=\frac{\lambda_n}{\lambda_n+1}$		0.8288
		$h_{m0}=f_{m0}=\frac{1}{\lambda_n+1}$		0.1712
77	空载漏磁系数	$\sigma_0=\frac{b_{m0}}{b_{m0}-h_{m0}\lambda_\sigma}$		1.1224
78	空载气隙磁通	$\Phi_{\delta0}=(b_{m0}-h_{m0}\lambda_\sigma)B_rA_m\times10^{-4}$	Wb	8.812×10^{-3}
		$\left\vert\frac{\Phi_{\delta0}-\Phi_{\delta0}'}{\Phi_{\delta0}}\right\vert\times100$		0.23%<1%
		判断上式的值是否小于1%，否则修改 b_{m0}'、σ_0'，重新进行计算		

（续）

序号	名称	公式	单位	算例
79	空载气隙磁密	$B_{\delta 0}=\dfrac{\Phi_{\delta 0}}{\alpha_i \tau L_{ef}}\times 10^4$	T	0.6738
80	空载定子齿磁密	$B_{t0}=B_{\delta 0}\dfrac{tL_{ef}}{b_t K_{\mathrm{Fe}} L_1}$	T	1.6427
81	空载定子轭磁密	$B_{j0}=\dfrac{\Phi_{\delta 0}}{2L_1 h_j K_{\mathrm{Fe}}}\times 10^4$	T	1.5181
82	绕组平均半匝长	$L_{av}=L_1+L_E$ 式中　L_E——线圈端部平均长	cm cm	27.4 14.4
83	每相绕组电阻	$R_1=\dfrac{2\rho L_{av} N}{aN_t A_{\mathrm{Cu}}}$ A、E、B 级绝缘： $\rho_{\mathrm{Cu75}}=0.217\times 10^{-3}\Omega\cdot \mathrm{mm}^2/\mathrm{cm}$ F、H 级绝缘： $\rho_{\mathrm{Cu115}}=0.245\times 10^{-3}\Omega\cdot \mathrm{mm}^2/\mathrm{cm}$	Ω	0.97
84	槽比漏磁导	梨形槽：(图 8-18) $\lambda_s=\dfrac{1}{4}\left[0.31+\dfrac{2h_1}{3(d_2+b)}+\dfrac{h_2}{b}+\dfrac{k_1 h_3}{b+d_1}+k_2\left(0.985+\dfrac{h_5}{b_0}\right)\right]$ 半开口梯形槽： $\lambda_s=\dfrac{1}{4}\left[\dfrac{2h_1}{3(b_2+b)}+\dfrac{h_2}{b}+\dfrac{k_1 h_3}{b_1+b}+k_2\left(\dfrac{h_4}{b_1}+\dfrac{2h_5}{b_1+b_0}+\dfrac{h_6}{b_0}\right)\right]$		1.4488

（续）

序号	名称	公式	单位	算例

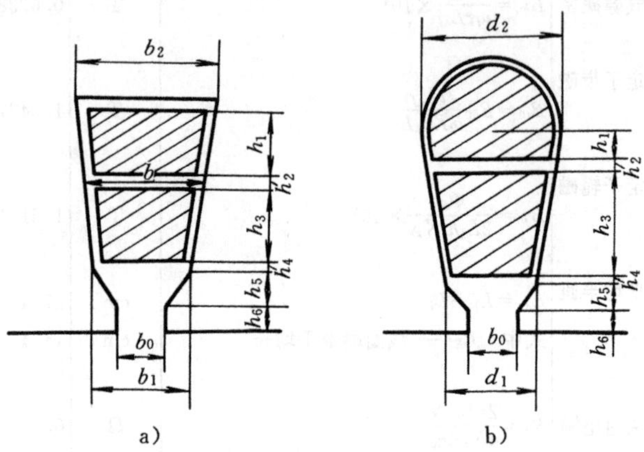

图 8-18 定子槽形

a）半开口梯形槽 b）平行齿梨形槽

序号	名称	公式	单位	算例
		式中 $k_1=3\beta+1.67$		4.337
		$k_2=3\beta+1$		3.667
85	端部比漏磁导	$\lambda_E=0.34\dfrac{q}{L_1}(l_E-0.64\tau\beta)$		0.6214
86	差漏磁导	$\lambda_d=\alpha_p\dfrac{\dfrac{5\delta}{b_{s0}}}{5+\dfrac{4\delta}{b_{s0}}}$		0.3222
87	齿顶比漏磁导	$\lambda_t=\dfrac{\lambda_{t\max}(\tau-b_2)+\lambda_{t\min}b_2}{\tau}$		1.1551
		不均匀气隙：		
		$\lambda_{t\max}=\dfrac{t-b_{s0}}{4\delta'}$		
		$\delta'=\delta_{\min}+\dfrac{1}{3}(\delta_{\max}-\delta_{\min})$		
		$b_2<\dfrac{t}{3}$ $\qquad\lambda_{t\min}=\dfrac{(t-b_{s0})h_p}{4\delta h_p+(t-b_{s0})b_2}$		

（续）

序号	名称	公式	单位	算例
		$b_2 \geqslant \frac{t}{3} \qquad \lambda_{t\min}=\frac{1}{\pi}\ln\frac{t}{b_{s0}}$ 均匀气隙： $\lambda_{t\max}=\lambda_{t\min}=\frac{t-b_{s0}}{4\delta}$		1.1551
88	总漏磁导系数	$\Sigma\lambda=\lambda_s+\lambda_E+\lambda_d+\lambda_t$		3.5475
89	每相绕组漏抗	$X_1=15.5\frac{f}{100}\left(\frac{N}{100}\right)^2\frac{L_1}{pq}\Sigma\lambda\times10^{-2}$ 标么值： $X_1^*=\frac{X_1I_N}{U_N}$	Ω	1.2352 0.0386
90	每极电枢磁动势	$F_a=0.45m\frac{NK_{dp}}{p}I_N$	A	660
91	交轴电枢反应电抗	$X_{aq}=\frac{2}{\pi}L_{ef}\tau K_{dp1}N\frac{B_{aq1}}{I_q}\times10^{-4}$ 式中　B_{aq1}——交轴电枢反应基波磁密幅值 　　　I_q——电枢电流交轴分量 X_{aq}也可以按下列近似公式估算： 有极靴： $X_{aq}=\frac{2F_aK_{aq}E_0}{I_N\Sigma F}$ 无极靴： $X_{aq}=\frac{2F_aK_{aq}E_0}{I_N\Sigma F}\frac{1}{1+\frac{b_M}{2\mu_r\delta K_\delta}}$ 式中　K_{aq}——交轴电枢磁动势的折算系数 均匀气隙时，K_{aq}按下式估算：	Ω	10.413

（续）

序号	名称	公式	单位	算例
		$K_{aq}=\dfrac{\alpha_p\pi-\sin\alpha_p\pi+\dfrac{2}{3}\cos\dfrac{\alpha_p\pi}{2}}{4\sin\dfrac{\alpha_p\pi}{2}}$		0.5814
		不均匀气隙时，K_{aq}应用电磁场计算求得		
92	交轴同步电抗	$X_q=X_1+X_{aq}$	Ω	11.638
		$X_q^*=\dfrac{X_qI_N}{U_N}$		0.3638
93	内功率因数角	$\psi_N=\arctan\dfrac{U_N\sin\varphi+I_NX_q}{U_N\cos\varphi+I_NR_1}$	(°)	40.7
94	每极直轴电枢磁动势	$F_{ad}=0.45m\dfrac{NK_{dp}}{p}K_{ad}I_N\sin\psi_N$ 式中　K_{ad}——直轴电枢磁动势折算系数 均匀气隙按下式计算：	A	348.43
		$K_{ad}=\dfrac{\alpha_p\pi+\sin\alpha_p\pi}{4\sin\dfrac{\alpha_p\pi}{2}}$		0.8097
		标幺值		
		$f_{ad}=\dfrac{2F_{ad}}{H_ch_{Mp}}\times10^{-1}$		0.04585
95	永磁体负载工作点	$b_{mN}=\varphi_{mN}=\dfrac{\lambda_n(1-f')}{\lambda_n+1}$		0.7951
		$h_{mN}=f_{mN}=\dfrac{\lambda_nf'+1}{\lambda_n+1}$		0.2049
		式中　$f'=\dfrac{f_{ad}}{\sigma_0}$		0.04085
96	额定负载气隙磁通	$\Phi_{\delta N}=(b_{mN}-h_{mN}\lambda_\sigma)B_rA_m\times10^{-4}$	Wb	8.194×10^{-3}

（续）

序号	名称	公式	单位	算例
97	负载漏磁系数	$\sigma_N=\dfrac{b_{mN}}{b_{mN}-h_{mN}\lambda_\sigma}$		1.158
98	负载气隙磁密	$B_{\delta N}=\dfrac{\Phi_{\delta N}}{\alpha_i\tau L_{ef}}\times10^4$	T	0.6267
99	负载定子齿磁密	$B_{tN}=B_{\delta N}\dfrac{tL_{ef}}{b_zK_{Fe}L_1}$	T	1.5279
100	负载定子轭磁密	$B_{jN}=\dfrac{\Phi_{\delta N}}{2L_1h_jK_{Fe}}\times10^4$	T	1.412
101	直轴电枢反应电抗	$X_{ad}=\dfrac{2}{\pi}L_{ef}\tau K_{dp1}N\dfrac{B_{ad1}}{I_d}\times10^{-4}$ 式中 B_{ad1}——直轴电枢反应基波磁密幅值 I_d——电枢电流直轴分量 X_{ad}也可按下式估算： $X_{ad}=\dfrac{4.44fNK_{dp}K_\Phi}{I_N\sin\psi_N}(\Phi_{\delta0}-\Phi_{\delta N})$ 标么值　$X_{ad}^*=\dfrac{X_{ad}I_N}{U_N}$	Ω	3.78 0.1181
102	直轴同步电抗	$X_d=X_1+X_{ad}$ $X_d^*=\dfrac{X_dI_N}{U_N}$	Ω	5.0152 0.1568
七	**电压调整率和短路电流计算**			
103	空载励磁电动势	$E_0=4.44fNK_{dp}\Phi_{\delta0}K_\Phi$	V	254.67
104	额定负载时直轴内电动势	$E_d=4.44fNK_{dp}\Phi_{\delta N}K_\Phi$	V	236.87
105	输出电压	$U=[E_d^2-I_N^2(R_1\sin\varphi-X_1\cos\varphi)^2+I_N^2X_{aq}^2\cos^2\psi_N]^{0.5}-I_N(R_1\cos\varphi+X_1\sin\varphi)$	V	233.39

（续）

序号	名称	公式	单位	算例
106	电压调整率	$\Delta U=\frac{E_0-U}{U_N}\times 100$	%	9.21
		判断 ΔU 是否小于 ΔU_N，如是则成立；否则，重新选择永磁体的尺寸和调整参数		
107	短路电流倍数	$I_k^*=4.44(\lambda_n-\lambda_\sigma)fNK_{dp}B_rA_m\times[4.44fNK_{dp}(1+\lambda_\sigma)\lambda_nf'B_rA_m+(1+\lambda_n)K_\Phi I_N\sqrt{R_1^2+X_1^2-X_{aq}^2\cos^2\psi_k}]^{-1}$		12.28
		式中　$\psi_k=\arctan\frac{X_q}{R_1}$	(°)	84.67
108	永磁体最大去磁工作点	$f_k'=I_k^*f'$		0.5016
		$b_{mh}=\varphi_{mh}=\frac{\lambda_n(1-f_k')}{\lambda_n+1}$		0.4131
		$h_{mh}=f_{mh}=1-b_{mh}$		0.5869
		判断 b_{mh} 是否大于 b_k，如是则成立；否则，重新选择永磁体的尺寸和调整参数		
八	**损耗和效率计算**			
109	定子齿质量	$m_t=QL_1K_{Fe}h_tb_t\rho_{Fe}\times 10^{-3}$ 式中　ρ_{Fe}——硅钢片密度，一般为 7.8g/cm³	kg	2.091
110	定子轭质量	$m_j=\pi(D_1-h_j)h_cL_1K_{Fe}\rho_{Fe}\times 10^{-3}$	kg	14.236
111	齿部单位铁耗	p_t 按齿磁密查损耗曲线	W	5.43
112	轭部单位铁耗	p_j 按轭磁密查损耗曲线	W	4.29

（续）

序号	名称	公式	单位	算例
113	定子铁耗	$p_{Fe}=k_t p_t m_t+k_j p_j m_j$ 式中 k_t、k_j 为铁耗校正系数， 对半闭口槽　取 k_t k_j	W	150.53 2.5 2
114	定子绕组铜耗	$p_{Cu}=K_e m I_N^2 R_1$ 式中 K_e——涡流系数，由于涡流使铜耗增加的系数，取	W	151.69 1
115	机械损耗	参考 Y 系列感应电动机实测数据，p_{fw} 取	W	70
116	杂散损耗	$p_s=(0.5\sim2.5)P_N\times10$	W	67.5
117	总损耗	$\Sigma p=p_{Fe}+p_{Cu}+p_{fw}+p_s$	W	439.72
118	效率	$\eta=\left(1-\frac{\Sigma p}{P_N\cos\varphi\times10^3+\Sigma p}\right)\times100$	%	91.1

第 9 章　盘式永磁电动机

盘式永磁电动机的气隙是平面型的，气隙磁场是轴向的，所以又称为轴向磁场电机。1821 年，法拉第发明的世界上第一台电机就是轴向磁场盘式永磁电机。限于当时材料和工艺水平，盘式永磁电机未能得到进一步发展。然而，人们逐渐认识到普通圆柱式电机存在一些弱点，如冷却困难和转子铁心利用率低等。本世纪 40 年代起，轴向磁场盘式永磁电机重新受到了电机界的重视。目前，国外已开发了许多不同种类、不同结构的盘式永磁电机，其中，尤以盘式永磁直流电动机、盘式永磁同步电动机和盘式无刷直流电动机等应用最为广泛。

1　盘式永磁电动机基本结构和特点

1.1　盘式永磁直流电动机结构和特点

盘式永磁直流电动机的典型结构如图 9-1 所示，电机外形呈扁平状。定子上粘有多块扇形或圆柱形按 N、S 极性交替排列的永磁磁极，并固定在电枢一侧或两侧的端盖上。永磁体轴向磁化，从而在气隙中产生多极的轴向磁场。电枢通常无铁心，仅由导体以适当方式制成圆盘形。电枢绕组的有效导体在空间沿径向呈辐射状分布，各元件按一定规律与换向器联结成一体，绕组一般都采用常见的叠绕组或波绕组联结方式。由于电枢绕组直接放置在轴向气隙中，这种电机的气隙比圆柱式的大。

盘形电枢的制造是这种电机的制造关键。盘形绕组的成形工艺不仅决定着绕组本身的耐热、寿命和机械强度等，而且决定着气隙的大小，直接影响永磁材料的用量。按制造方法的不同，盘形电枢分为印制绕组电枢和线绕电枢两种，如图 9-2 所示。

1）印制绕组的制造最初采用与印制电路相同的方法，并因此得名。出于经济性考虑，目前多采用由铜板冲制然后焊接制造而成的工艺。其电枢片最多不能超过 8 层，每层之间用高粘结强度的耐热绝缘材料隔开，在电枢片最内圈和最外圈处的连接点把各层电枢片连接起来，电枢片最内圈处的一层导体作为换向器用。这样，电机的热过载能力和机械稳定性受导体厚度（0.2～0.3mm）的限制。印制绕组电枢制造精度较高，成本也高，但转动惯量很小。

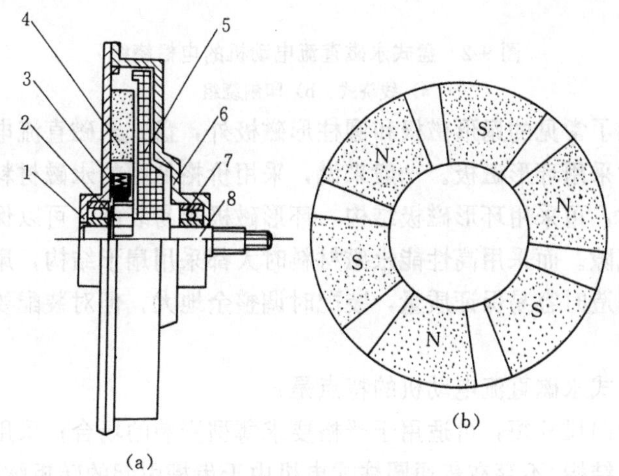

图 9-1　盘式永磁直流电动机典型结构

a）结构示意图　b）永磁体排列方式

1—端盖　2—换向器　3—电刷　4—永磁体　5—电枢

6—端盖　7—轴承　8—轴

2）线绕电枢的成形过程分为三个步骤：绕组元件成形；绕组元件与（带轴）换向器焊接成形；盘形电枢绝缘材料灌注成形。关键问题是在绕制时能使导体固定在正确位置上，特别是在换向器区域，无法采用机械固定方法，为此需要采用高精度的绕线机和专用卡具。

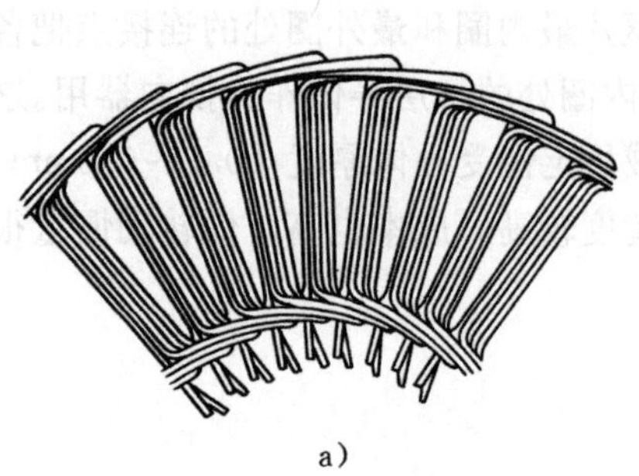

a)

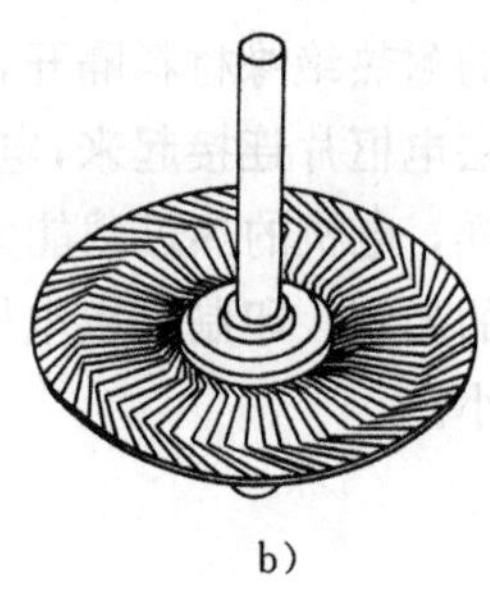

b)

图 9-2　盘式永磁直流电动机的电枢绕组

a）线绕式　b）印制绕组

除了常见的扇形磁极和圆柱形磁极外，盘式永磁直流电动机还常常采用环形磁极。一般来说，采用价格低廉的永磁材料如铁氧体时，可采用环形磁极结构，环形磁极容易装配，可以保证较小的气隙。而采用高性能永磁材料时大都采用扇形结构，扇形永磁体制造时容易保证质量，装配时调整余地大，但对装配要求较高。

盘式永磁直流电动机的特点是：

轴向尺寸短，可适用于严格要求薄型安装的场合；采用无铁心电枢结构，不存在普通圆柱式电机由于齿槽引起的转矩脉动，转矩输出平稳；不存在磁滞和涡流损耗，可达到较高的效率；电枢绕组电感小，具有良好的换向性能；由于电枢绕组两端面直接与气隙接触，有利于电枢绕组散热，可取较大的电负荷；转动部分只是电枢绕组，转动惯量小，具有优良的快速反应性能，可用于频繁起动和制动的场合。

基于盘式永磁直流电动机优良的性能和较短的轴向尺寸，已被广泛应用于机器人、计算机外围设备、汽车空调器、录像机、办公自动化用品、电动自行车和家用电器等场合。

盘式电动机要求严格的轴向装配尺寸，图 9-1 所示的结构由于永磁体结构的轴向不对称，存在着单边磁拉力，会造成电枢变形而影响电机的性能。同时，盘式永磁直流电动机由于工作气隙大，如果磁路设计不合理，漏磁通将会很大。为了克服单边磁拉力、减少漏磁，可以采用图 9-3 所示的双边永磁体结构。相应地，把图 9-1 所示的结构称为单边永磁体结构。

在同体积永磁体情况下，采用双边永磁体结构比单边永磁体结构的气隙磁密可高出 10%左右，而且改善了极面下气隙磁密的均匀性。所以双边永磁体结构可以充分利用永磁材料，有利于提高电机性能、降低成本、缩小体积；但磁体加工工时及磁体的粘接工时都比单边永磁体结构有所增加。所以究竟采用哪种结构，应综合考虑有关因素。一般地，较大容量的电机应优先考虑采用双边永磁体结构。

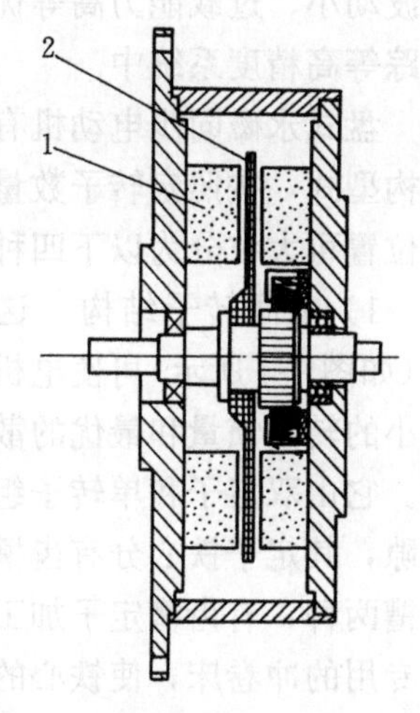

图 9-3　双边永磁体盘式永磁直流电动机结构图

1—永磁体　2—电枢

1.2　盘式永磁同步电动机结构和特点

盘式永磁同步电动机的典型结构如图 9-4 所示，其定、转子均为圆盘形，在电机中对等放置，产生轴向的气隙磁场。定子铁心一般由双面绝缘的冷轧硅钢片带料冲制卷绕而成，定子绕组有效导体在空间呈径向分布。转子为高磁能积的永磁体和强化纤维树脂灌封而成的薄圆盘。盘式定子铁心的加工是这种电机的制造关键。近年来，采用钢带卷绕的冲卷机床来制造盘式永磁电机铁心既节省材料，又简化工艺，促使盘式永磁电机迅速发展。

这种电机轴向尺寸短、重量轻、体积小、结构紧凑。由于励磁系统无损耗，电机运行效率高。由于定转子对等排列，定子绕组具有良好的散热条件，可获得很高的功率密度。这种电机转子的转动惯量小，机电时间常数小，峰值转矩和堵转转矩高，转矩质量比大，低速运行平稳，具有优越的动态性能。

以盘式永磁同步电动机为执行元件的伺服传动系统是新一代机电一体化组件，具有不用齿轮、精度高、响应快、加速度大、转矩波动小、过载能力高等优点，应用于数控机床、机器人、雷达跟踪等高精度系统中。

盘式永磁同步电动机有多种结构型式，按照定转子数量和相对位置可大致分为以下四种：

1）中间转子结构　这种结构（如图 9-4 所示）可使电机获得最小的转动惯量和最优的散热条件。它由双定子和单转子组成双气隙，其定子铁心分有齿槽和无齿槽两种，有齿槽定子加工时采用专用的冲卷床，使铁心的冲槽和卷绕一次成形，这样既提高了硅钢片的利用率，又可降低电机损耗。

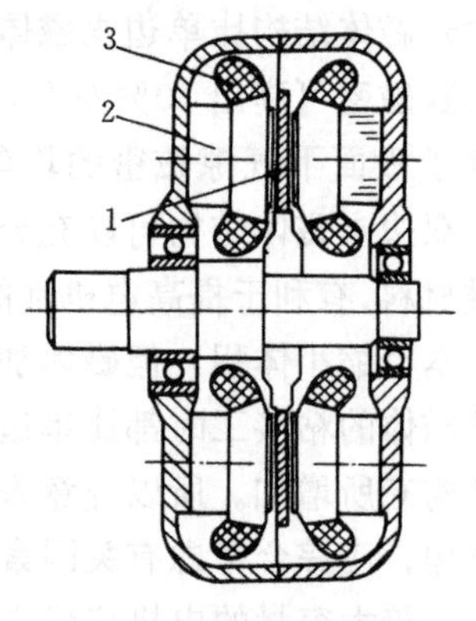

图 9-4　盘式永磁同步电动机（中间转子结构）

1—转子　2—定子铁心　3—定子绕组

2）单定子、单转子结构　这种结构（如图 9-5 所示）最为简单，但由于其定子同时作为旋转磁极的磁回路，需要推力轴承以保证转子不致发生轴向串动。而且转子磁场在定子中交变，会引起损耗，导致电机的效率降低。

3）中间定子结构　由双转子和单定子组成双气隙，如图 9-6 所示。定子铁心一般不开槽，定子绕组既可以粘结在铁心上，也可以均匀环绕于铁心上，形成环形绕组定子。转子为高性能永磁材料粘结在实心钢构成的圆盘上如图 9-7 所示，所以这种电机的转动惯量比中间转子结构要大。

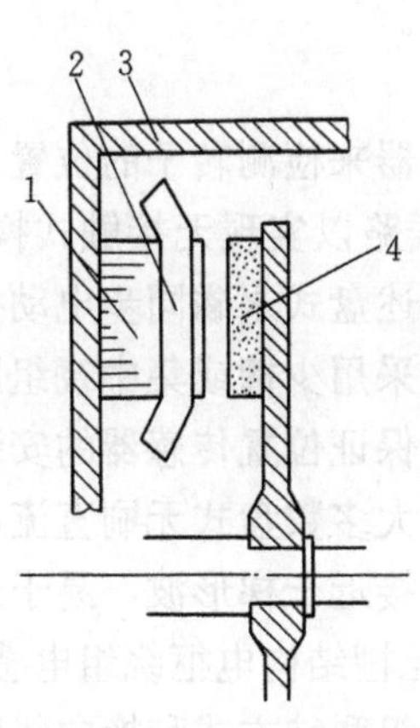

图 9-5　单定子、单转子结构

1—定子铁心　2—定子绕组

3—机座　4—永磁体

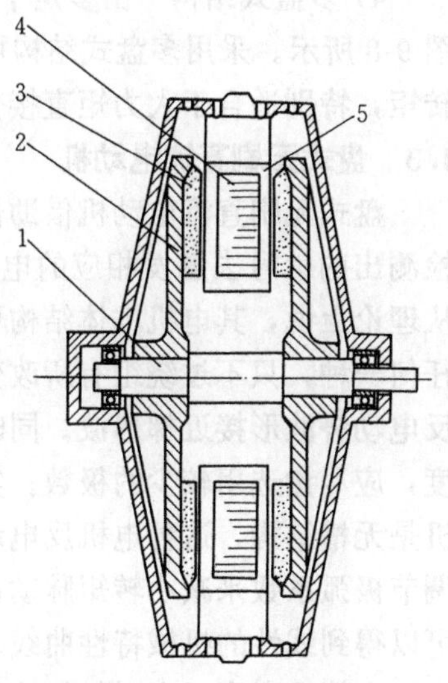

图 9-6　中间定子结构

1—轴　2—转子轭　3—永磁体

4—定子铁心　5—定子绕组

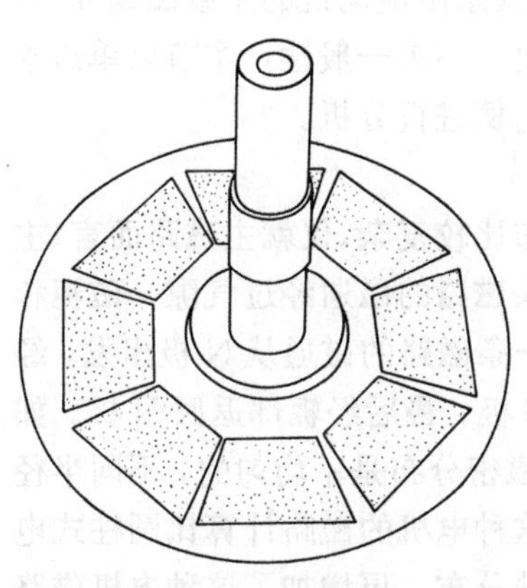

图 9-7　盘形转子

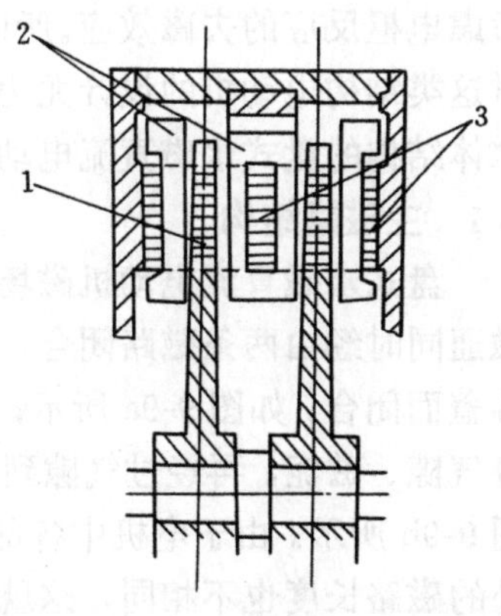

图 9-8　多盘式结构

1—转子　2—定子绕组　3—定子铁心

4）多盘式结构　由多定子和多转子交错排列组成多气隙，如图 9-8 所示。采用多盘式结构可进一步提高盘式永磁同步电动机转矩，特别适合于大力矩直接传动装置。

1.3　盘式无刷直流电动机

盘式无刷直流电动机借助位置传感器来检测转子的位置，所检测出的信号去触发相应的电子换向线路以实现无接触式换流。从理论上说，其电机本体结构可以是上述盘式永磁同步电动机中任何一种，只不过绕组有所改变，即宜采用少槽或集中绕组以使反电动势波形接近梯形波。同时，为了保证位置传感器的安装精度，应尽量选用较少的极数。实际上，大多数盘式无刷直流电动机是无槽结构，这种电机反电动势非常接近于梯形波，易于通过调节极弧系数来减小转矩脉动；同时，无槽结构电枢绕组电感小，可以得到线性的机械特性曲线。电枢绕组联结方式和换向线路等内容在第 7 章中已有详细叙述，此处不再赘述。

2　盘式永磁电动机空载磁场计算

大多数盘式永磁电动机采用无槽结构，气隙较大，电枢反应作用较弱，通常可以忽略不计。只有当功率密度非常高时，才需考虑电枢反应的去磁效应。所以盘式永磁电动机的空载磁场分析，对这类结构电动机的设计尤为重要。不失一般性，本节以单边永磁体结构的盘式永磁直流电动机为例进行分析。

2.1　主磁路结构

盘式永磁直流电动机磁场分布比较复杂。仅就主磁路而言，主磁通同时经由两条磁路闭合，一条磁路的磁通经过气隙、磁轭和端盖而闭合，如图 9-9a 所示；另一条磁路的磁通从 N 极出发，经过气隙、磁轭，再经过气隙到达 S 极，最后经轭部返回 N 极，如图 9-9b 所示。由于电机中各部分磁密分布是不均匀的，不同半径处的磁路长度也不相同，这就使这种电机的磁路计算比圆柱式电机复杂。而主磁通在磁轭中的特殊分布，更增加了这种电机磁路计算的难度。但由于盘式永磁直流电动机气隙较长，主磁路一般不饱和，对于工程设计可取平均直径处如图 9-9b 所示的磁路作为盘式永磁直流电动机的主磁路进行分析。

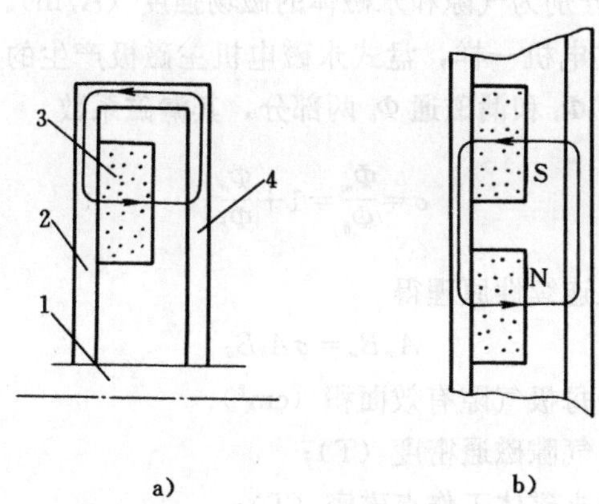

图 9-9 盘式永磁直流电机主磁路示意图

a）径向截面 b）周向截面

1—轴 2—磁轭 3—永磁体 4—端盖

2.2 空载工作点确定

假定磁路不饱和，铁心中的磁位差可以忽略，同时忽略电枢反应，则

$$H_\delta \delta = H_m h_M \tag{9-1}$$

$$\delta = \delta_1 + \delta_2 \tag{9-2}$$

$$\delta_1 = \delta_{c1} + \delta_{c2} + \delta_w \tag{9-3}$$

式中 δ——电机的总气隙长度（cm）；

δ_1——电机主气隙长度，也叫第一气隙（cm）；

δ_2——永磁体与机座之间粘结间隙长度，称为第二气隙，其大小主要取决于磁极的粘结工艺，一般为 0.03～0.05cm；

δ_{c1}、δ_{c2}——电枢盘与永磁体和磁轭间的气隙长度，通常在 0.034～0.05cm 范围内取值；

δ_w——电枢盘的厚度（cm）；

h_M——永磁体磁化方向的长度（cm）；

H_δ、H_m——分别为气隙和永磁体的磁场强度（A/m）。

同圆柱式电机一样，盘式永磁电机主磁极产生的总磁通 Φ_m 也分为主磁通 Φ_δ 和漏磁通 Φ_σ 两部分，其漏磁系数

$$\sigma=\frac{\Phi_m}{\Phi_\delta}=1+\frac{\Phi_\sigma}{\Phi_\delta} \tag{9-4}$$

根据磁通连续性原理得

$$A_mB_m=\sigma A_\delta B_\delta \tag{9-5}$$

式中　A_δ——每极气隙有效面积（cm^2）；

B_δ——气隙磁通密度（T）；

B_m——永磁体工作点磁密（T）；

A_m——永磁体提供每极磁通的面积（cm^2）。

由式（9-5）得

$$B_\delta=\frac{B_mA_m}{\sigma A_\delta} \tag{9-6}$$

设电机极对数为 p，永磁体内、外径分别为 D_{mi}（cm）和 D_{mo}（cm），极弧系数和计算极弧系数分别为 α_p、α_i，则

$$A_m=\frac{1}{8p}\pi\alpha_p\left(D_{mo}^2-D_{mi}^2\right) \tag{9-7}$$

$$A_\delta=\frac{1}{8p}\pi K_F\alpha_i\left(D_{mo}^2-D_{mi}^2\right) \tag{9-8}$$

式中　K_F——气隙磁密分布系数，定义为气隙磁密沿圆周分布曲线所对应的幅值随半径变化曲线的平均值与最大值之比，它同时考虑了气隙磁密的三维分布、边缘效应和电枢绕组端部伸长对气隙磁密幅值的影响。

由第 3 章，永磁材料的回复线可表示为

$$B_m=-\mu_r\mu_0H_m+B_r \tag{9-9}$$

根据式（9-6）～（9-9）和（9-1）且 $B_\delta=\mu_0H_\delta$，可以确定永磁体工作点磁密 B_m 和相应气隙磁密 B_δ 为

$$B_m=\frac{\sigma K_F B_r\dfrac{\alpha_i}{\alpha_p}}{\sigma K_F\dfrac{\alpha_i}{\alpha_p}+\mu_r\dfrac{\delta}{h_M}} \tag{9-10}$$

$$B_\delta=\frac{B_r}{\sigma K_F\dfrac{\alpha_i}{\alpha_p}+\mu_r\dfrac{\delta}{h_M}} \tag{9-11}$$

对于盘式永磁电机，一般情况下可近似地取

$$\alpha_i\approx\alpha_p \tag{9-12}$$

所以永磁体工作点磁密 B_m 和相应气隙磁密 B_δ 为

$$B_m=\frac{\sigma K_F B_r}{\sigma K_F+\mu_r\dfrac{\delta}{h_M}} \tag{9-13}$$

$$B_\delta=\frac{B_r}{\sigma K_F+\mu_r\dfrac{\delta}{h_M}} \tag{9-14}$$

2.3 盘式永磁直流电动机三维磁场分析

盘式永磁电动机的磁场实际分布比较复杂，为了精确计算磁场分布，需要进行三维磁场计算。通过三维磁场计算还可以求出漏磁系数、气隙磁密分布系数和计算极弧系数等主要参数。

盘式永磁直流电动机的空载磁场是静磁场，可用标量位进行计算。用等效磁荷模拟永磁体效应，取一个极的范围为求解区，如图 9-10 所示。本书作者选用钕铁硼永磁材料，对不同极数和磁极尺寸，在不同气隙长度 δ、不同永磁体长度 h_M 和不同极弧系数 α_p

条件下进行计算，得出的结果如图 9-11～图 9-15 所示。

磁场计算结果表明：

1）气隙磁密的分布与半径 r 有关，在某一半径处气隙磁密的分布基本为平顶波，在平均半径附近气隙磁密幅值最大，而在靠近内、外径处，由于受边缘效应的影响，气隙磁密的幅值下降（见图 9-11 和图 9-12）。

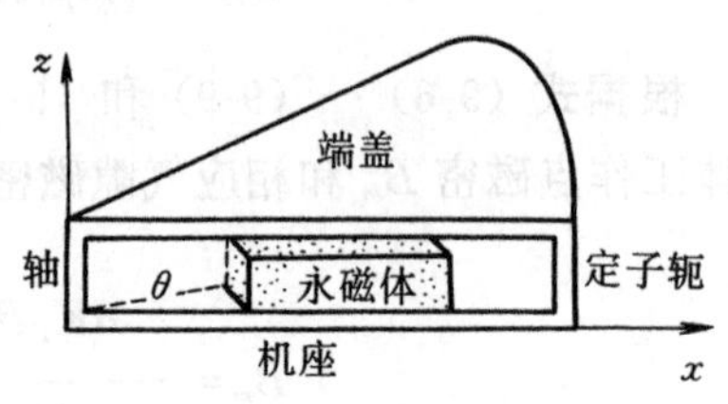

图 9-10　求解区域示意图

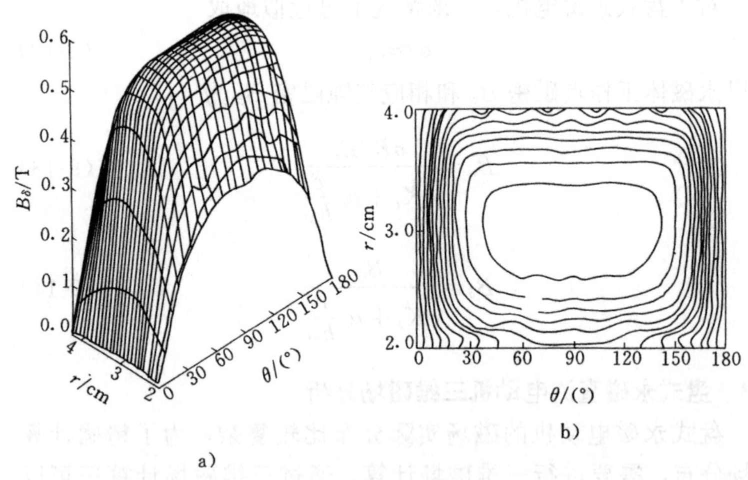

图 9-11　气隙磁密的空间分布图

a）空间分布　b）磁密等值线

2）如用平均半径处气隙磁密来代替实际的气隙磁密，需要引入气隙磁密分布系数 K_F 以保证每极磁通量不变。从气隙磁密幅值变化曲线上看，气隙磁密分布系数小于 1，一般在 0.85～0.98 范围内。

3）气隙磁密最大值 B_δ 基本与极弧系数 α_p 无关（见图 9-13），而主要决定于永磁体磁化方向长度和气隙长度之比（见图 9-14）。

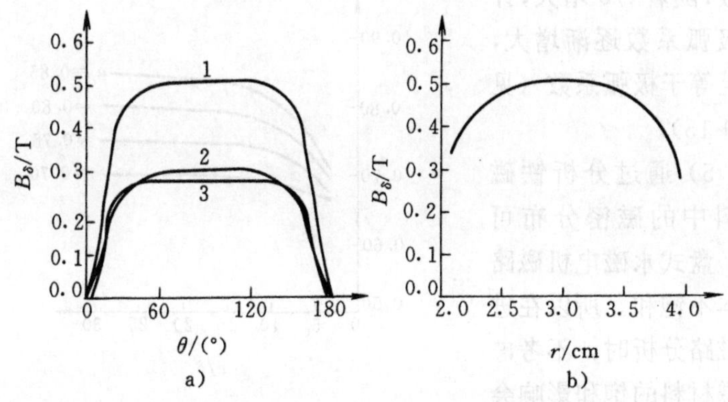

图 9-12　气隙磁密分布曲线

a）不同半径处沿圆周分布　b）气隙磁密幅值随半径变化

1—平均半径处　2—内径处　3—外径处

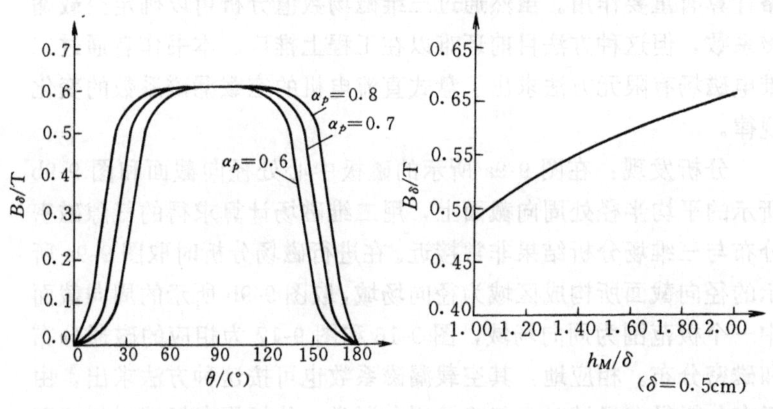

图 9-13　平均半径处不同极弧系数下气隙磁密

图 9-14　平均半径处气隙磁密幅值变化

4）计算极弧系数 α_i 受永磁体磁化方向长度与气隙长度之比的影响不大，主要决定于极距与气隙长度之比 τ/δ。当 τ/δ 较小时，计算极弧系数小于极弧系数；随着 τ/δ 增大，计算极弧系数逐渐增大，直至等于极弧系数（见图 9-15）。

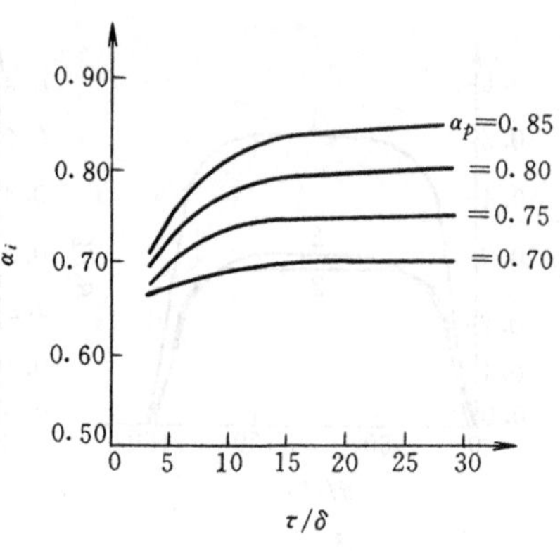

图 9-15　计算极弧系数 α_i

5）通过分析铁磁材料中的磁密分布可知，盘式永磁电机磁路基本不饱和。所以在进行磁路分析时，不考虑铁磁材料的饱和影响会带来一定的误差，但在工程上是可行的。

2.4　空载漏磁系数计算

空载漏磁系数的计算，对于确定永磁体工作点、准确进行磁路计算有重要作用。虽然通过三维磁场数值分析可以确定空载漏磁系数，但这种方法目前还难以在工程上推广。本书作者通过二维电磁场有限元方法求出了盘式直流电机的空载漏磁系数的变化规律。

分析发现：在图 9-9a 所示的磁极中心处径向截面和图 9-9b 所示的平均半径处周向截面上，用二维磁场计算求得的气隙磁密分布与三维场分析结果非常接近。在进行磁场分析时取图 9-9a 所示的径向截面所构成区域为径向场域，取图 9-9b 所示的周向截面中一个极范围为周向场域，图 9-16 和图 9-17 为相应的磁通分布和磁密分布。相应地，其空载漏磁系数也可按这种方法求出。由于在分析径向场域时，忽略了周向漏磁；分析周向场域时忽略了径向漏磁，所以总空载漏磁系数

$$\sigma_0=k\ (\sigma_1+\sigma_2-1) \tag{9-15}$$

式中 σ_1——径向漏磁系数；

σ_2——周向漏磁系数；

k——经验修正系数。

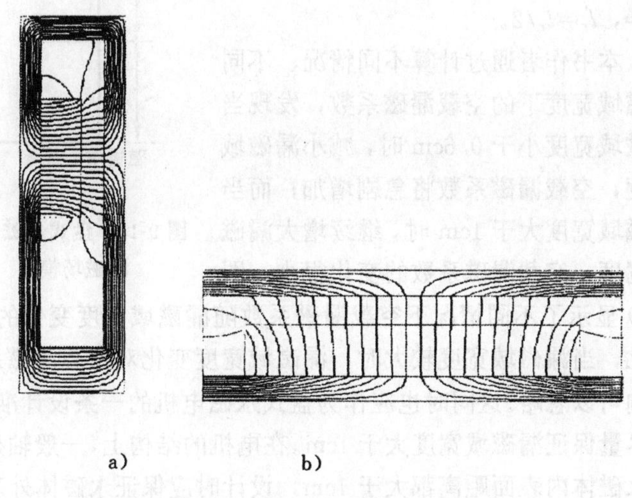

图 9-16 盘式永磁电机二维场磁通分布

a）径向场域 b）周向场域

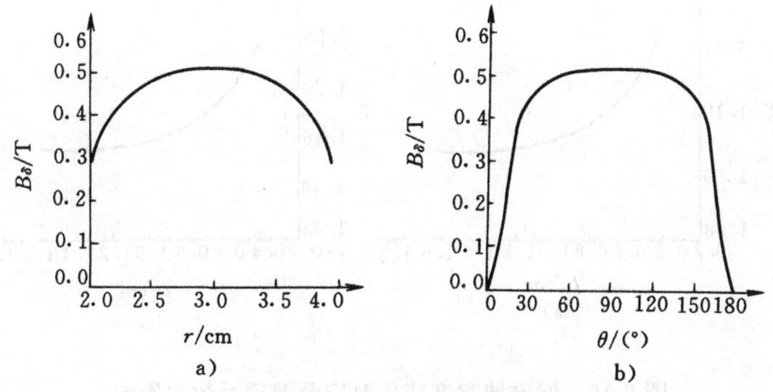

图 9-17 盘式永磁电机二维场气隙磁密分布

a）径向场域 b）周向场域

此外，对图 9-9a 所示的区域，如果取磁极的磁中心线为边界并忽略铁磁材料的饱和影响，可以得到漏磁场计算的统一模型，如图 9-18 所示。图中 l_l 为漏磁域宽度 (cm)，l_r' 为永磁体径向长度 l_r (cm) 的一半，$l_r'=l_r/2$。

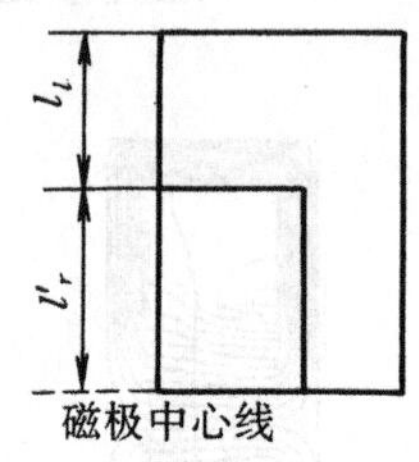

图 9-18 盘式永磁电机漏磁场模型

本书作者通过计算不同情况、不同漏磁域宽度下的空载漏磁系数，发现当漏磁域宽度小于 0.6cm 时，减小漏磁域宽度，空载漏磁系数将急剧增加；而当漏磁域宽度大于 1cm 时，继续增大漏磁域宽度，空载漏磁系数的变化很小。图 9-19 显示了不同情况下空载漏磁系数随漏磁域宽度变化的规律。因此，当漏磁域宽度较大时，漏磁域宽度变化对空载漏磁系数的影响可以忽略。这同时也应作为盘式永磁电机的一条设计准则，即应尽量保证漏磁域宽度大于 1cm。在电机的结构上，一般轴外表面到永磁体内表面距离都大于 1cm，设计时应保证永磁体外表面到定子轭内表面的距离大于 1cm。

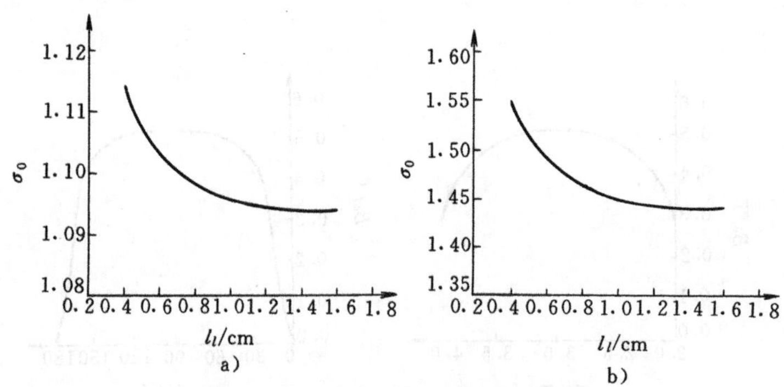

图 9-19 漏磁域宽度变化对空载漏磁系数的影响

a) $l_r'=1$cm，$h_M=1$cm，$\delta=0.5$cm

b) $l_r'=4$cm，$h_M=1$cm，$\delta=0.5$cm

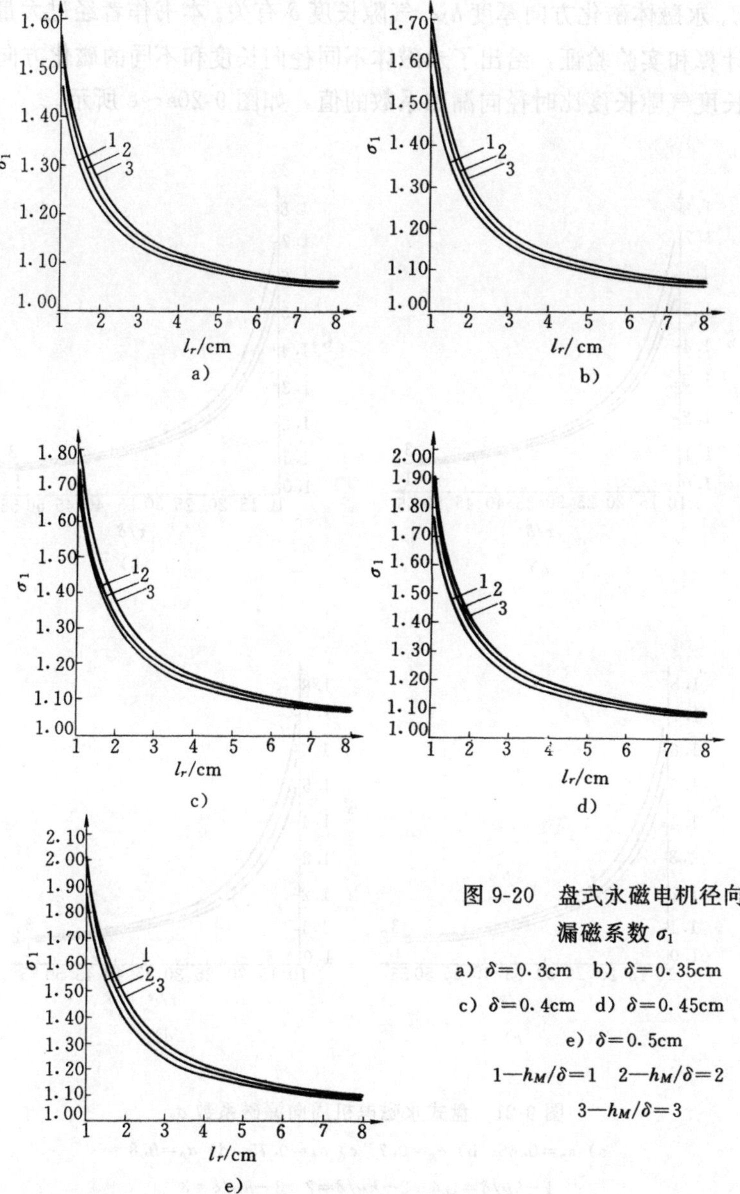

图 9-20　盘式永磁电机径向漏磁系数 σ_1

a）δ=0.3cm　b）δ=0.35cm

c）δ=0.4cm　d）δ=0.45cm

e）δ=0.5cm

1—$h_M/\delta=1$　2—$h_M/\delta=2$

3—$h_M/\delta=3$

在漏磁域宽度一定的情况下，径向漏磁系数只与永磁体径向长度 l_r、永磁体磁化方向厚度 h_M、气隙长度 δ 有关。本书作者经过大量计算和实验验证，给出了永磁体不同径向长度和不同的磁化方向长度气隙长度比时径向漏磁系数的值，如图 9-20a～e 所示。

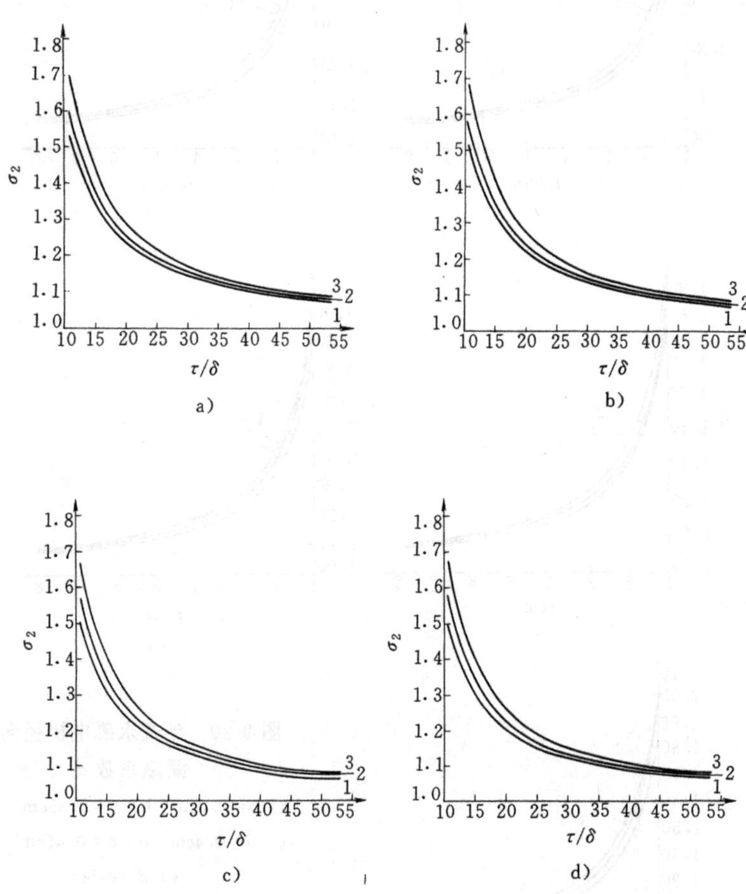

图 9-21 盘式永磁电机周向漏磁系数 σ_2

a) $\alpha_p=0.65$ b) $\alpha_p=0.7$ c) $\alpha_p=0.75$ d) $\alpha_p=0.8$

1—$h_M/\delta=1.4$ 2—$h_M/\delta=2$ 3—$h_M/\delta=3$

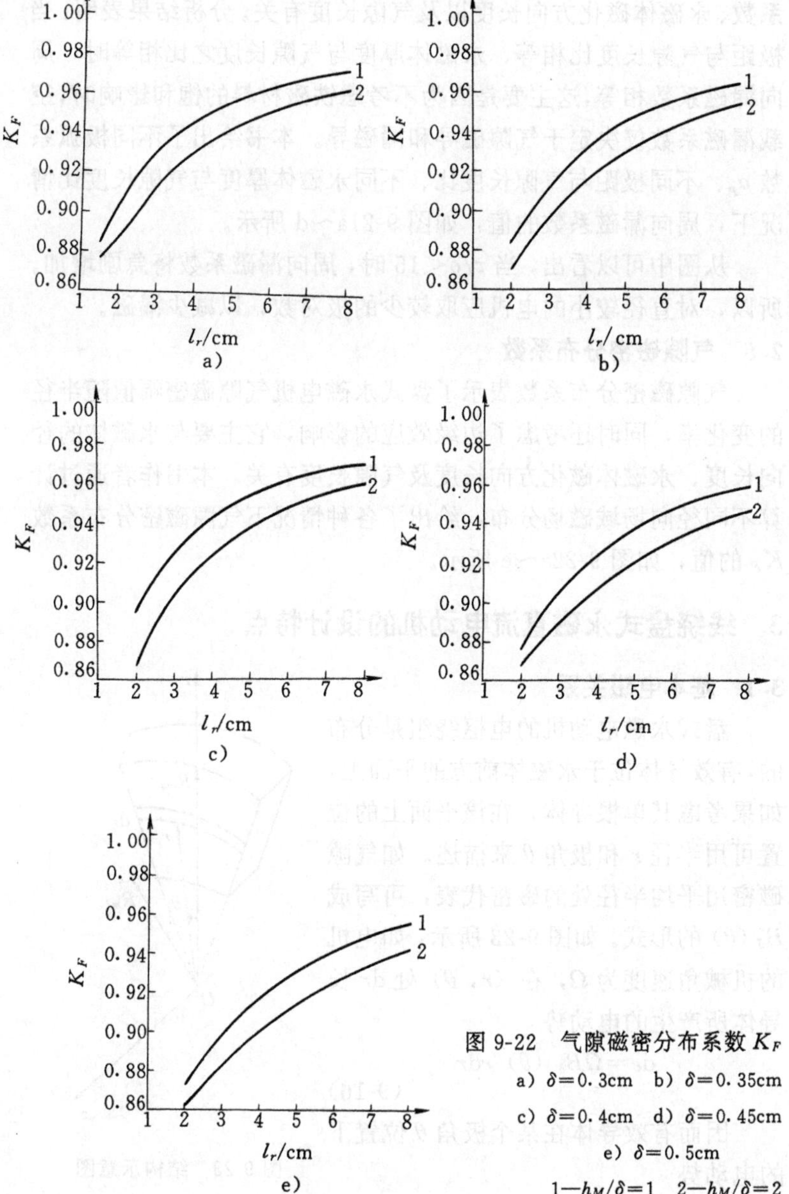

图 9-22　气隙磁密分布系数 K_F

a) $\delta=0.3$cm　b) $\delta=0.35$cm

c) $\delta=0.4$cm　d) $\delta=0.45$cm

e) $\delta=0.5$cm

1—$h_M/\delta=1$　2—$h_M/\delta=2$

周向漏磁系数 σ_2 与盘式永磁电机的平均直径、极对数、极弧系数、永磁体磁化方向长度以及气隙长度有关。分析结果表明：当极距与气隙长度比相等、永磁体厚度与气隙长度之比相等时，周向漏磁系数相等，这主要是因为不考虑铁磁材料的饱和影响时，空载漏磁系数仅决定于气隙磁导和漏磁导。本书给出了不同极弧系数 α_p、不同极距与气隙长度比、不同永磁体厚度与气隙长度比情况下，周向漏磁系数的值，如图 9-21a～d 所示。

从图中可以看出，当 $\tau/\delta<15$ 时，周向漏磁系数将急剧增加。所以，对直径较小的电机应取较少的极对数，以减少漏磁。

2.5 气隙磁密分布系数

气隙磁密分布系数表示了盘式永磁电机气隙磁密幅值随半径的变化率，同时还考虑了边缘效应的影响，它主要与永磁体的径向长度、永磁体磁化方向长度及气隙长度有关，本书作者通过计算不同径向场域磁场分布，给出了各种情况下气隙磁密分布系数 K_F 的值，如图 9-22a～e 所示。

3 线绕盘式永磁直流电动机的设计特点

3.1 基本电磁关系

盘式永磁电动机的电枢绕组是分布的，有效导体位于永磁体前方的平面上，如果考虑其单根导体，在该平面上的位置可用半径 r 和极角 θ 来描述。如气隙磁密用平均半径处的磁密代表，可写成 $B_\delta(\theta)$ 的形式。如图 9-23 所示，如电机的机械角速度为 Ω，在 (r, θ) 处 dr 长导体所产生的电动势

$$de=\Omega B_\delta(\theta)\ r dr \tag{9-16}$$

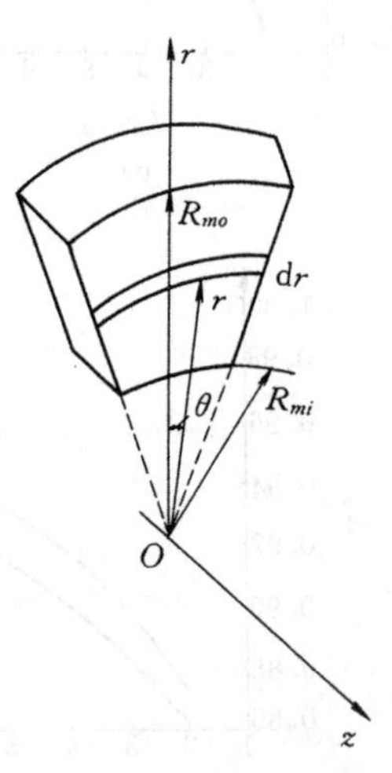

图 9-23 结构示意图

因而有效导体在某个极角 θ 位置下的电动势

$$e=\Omega\int_{D_{mi}/2}^{D_{mo}/2}B_{\delta}(\theta)r\mathrm{d}r=\frac{1}{8}\Omega(D_{mo}^{2}-D_{mi}^{2})B_{\delta}(\theta)\tag{9-17}$$

由此可得每根导体的平均电动势

$$E_{c}=\frac{p}{\pi}\int_{0}^{\pi/p}e\mathrm{d}\theta=\frac{1}{8}\Omega(D_{mo}^{2}-D_{mi}^{2})\frac{p}{\pi}\int_{0}^{\pi/p}B_{\delta}(\theta)\mathrm{d}\theta$$

$$=\frac{1}{8}\Omega B_{\delta\mathrm{av}}\ (D_{mo}^{2}-D_{mi}^{2})\tag{9-18}$$

式中 $B_{\delta\mathrm{av}}$是一个极距下的气隙磁密平均值，它与磁密幅值 B_{δ} 之间关系为

$$B_{\delta\mathrm{av}}=\alpha_{i}B_{\delta}\tag{9-19}$$

如果绕组并联支路对数为 a，总导体数为 N，则电枢电动势

$$E=\frac{NE_{c}}{2a}=C_{e}\Phi n\tag{9-20}$$

式中

$$C_{e}=\frac{pN}{60a}\tag{9-21}$$

$$\Phi=\frac{\pi}{8p}B_{\delta\mathrm{av}}\ (D_{mo}^{2}-D_{mi}^{2})\tag{9-22}$$

式(9-20)说明盘式永磁直流电动机的电动势公式与普通圆柱式电动机完全一致，盘式永磁电动机的电磁本质未变，只是结构改变而已。经过同样推导，可以得出盘式永磁直流电动机的电磁转矩公式与普通圆柱式直流电动机一致，为

$$T_{em}=C_{T}\Phi I\tag{9-23}$$

式中

$$C_{T}=\frac{pN}{2\pi a}\tag{9-24}$$

如设每根导体的电流为 I_{c}，则电动机的电负荷（A/cm）

$$A=\frac{NI_{c}}{\pi D}=\frac{NI}{2\pi aD}\tag{9-25}$$

由于盘式永磁电动机电枢绕组的有效导体在空间呈径向辐射，电动机的线负荷随考察处的直径变化而变化。如果考虑平均直径处电动机的线负荷 A_{av}，由式（9-20）和式（9-25）可以得到盘式永磁直流电动机的电磁功率

$$P_{em}=EI=\frac{\pi^2}{480}nB_{\delta av}A_{av}\ (D_{mo}^2-D_{mi}^2)\ (D_{mo}+D_{mi})$$

(9-26)

如果考虑电动机最小直径处的电负荷，其电磁功率

$$P_{em}=EI=\frac{\pi^2}{240}nB_{\delta av}A_{max}\ (D_{mo}^2-D_{mi}^2)\ D_{mi}$$

(9-27)

3.2 主要尺寸

将式（9-26）改写，并考虑到长度的单位用cm，A的单位用A/cm，可以得到与普通圆柱式电动机相似的主要尺寸计算公式：

$$\frac{D_{av}^2L_{ef}n}{P_{em}}=\frac{60\times10^4}{\pi^2B_{\delta av}A_{av}}=\frac{6.1\times10^4}{B_{\delta av}A_{av}} \tag{9-28}$$

根据式（9-26），可得到盘式永磁直流电动机单位体积的功率（W/cm^3）

$$\frac{P_{em}}{V}=\frac{P_{em}}{\pi D_{av}L_{ef}\Sigma h}=\frac{\pi}{120}nB_{\delta av}A_{av}\left(\frac{D_{av}}{\Sigma h}\right)\times10^{-4}$$

(9-29)

式中 D_{av}——电枢的平均直径（cm），$D_{av}=(D_{mo}+D_{mi})/2$；

L_{ef}——电枢绕组导体的有效长度（cm），$L_{ef}=(D_{mo}-D_{mi})/2$；

Σh——电机轴向总长度（cm）。

可见，盘式永磁直流电动机单位体积的功率与电枢平均直径成正比而与总的轴向长度成反比，这与普通圆柱式电动机是不同的。

盘式永磁电动机的主要尺寸比

$$\frac{L_{ef}}{D_{av}}=\frac{D_{mo}-D_{mi}}{D_{mo}+D_{mi}}=\frac{\gamma-1}{\gamma+1} \tag{9-30}$$

其中，$\gamma=D_{mo}/D_{mi}$为盘式永磁电动机磁极的外径与内径比，近似为电枢外径与内径之比，称为电枢直径比，它是盘式永磁电动机初始设计时最重要的几何尺寸比。

设计盘式永磁电动机时，其外形尺寸需满足安装要求。当外径给定时，可以通过确定最佳的直径比获得最大输出功率。由于盘式永磁电动机绕组在内径处导线密集，电负荷最大，如果此处电负荷过高，会引起电枢绕组局部过热。所以，应根据内径处电负荷不超过允许值进行初始设计。将式（9-27）对功率求极值，可以得到

$$\gamma=\frac{D_{mo}}{D_{mi}}=\sqrt{3} \tag{9-31}$$

即如外径 D_{mo}和最大电负荷 $A_{\max}$一定，盘式永磁电动机的电枢直径比为$\sqrt{3}$时可获得最大输出功率。在实际设计时，直径比的选择还应综合考虑用铜量、效率、漏磁等因素。如要产生一定电动势，γ 值越大所需的匝数就越小，从而减少端部用铜量。然而，内径过小时会增加导线安放的困难，同时 γ 增大还会引起漏磁增加。一般地，盘式永磁电动机的直径比在 1.5～2.2 之间，对于小型电动机取 1.5～1.73；对大中型电动机取 1.7～2.2。

3.3 磁极设计

3.3.1 极数和极弧系数 α_p

对于一定的极弧系数，采用较少的极数使极间距离增加，漏磁显著减少。但是极数太少势必会对电动机的效率带来不利的影响，因盘式永磁直流电动机一般采用波绕组，其支路数与极数无关，对于一定的电枢导体数，极数少的电动机其端接部分较长，致使用铜量增加，电枢绕组铜损耗增加和效率降低。所以盘式永磁电动机尽管漏磁很大，但为了有较高的效率，仍然采用较多的极数，一般为 6～12 极。

减小极弧系数有利于减少漏磁，但会引起每极磁通量降低，而磁通的降低又会导致匝数加大和气隙增大，一般情况下选取 0.8 左右为最佳。

3.3.2 磁极尺寸的确定

在电枢内、外径确定之后，磁极内、外径随即确定，关键的问题是如何选择永磁体的厚度。通过近似分析可以得出在理想情

况下，永磁体最经济的尺寸是永磁体厚度近似等于气隙长度。但是，这时气隙磁密 $B_\delta \approx B_r/2$，如果永磁体的剩余磁感应强度不是很高，对于电机设计并不有利。为了提高气隙磁密，不得不增加永磁体厚度。通常对于铁氧体永磁，永磁体厚度 $h_M=(3\sim6)\delta$；对于钕铁硼永磁，$h_M=(1\sim2)\delta$。

4 线绕盘式永磁直流电动机电磁计算程序和算例㊀

序号	名称	公式	单位	算例
一	**额定数据**			
1	额定功率	P_N	W	200
2	额定电压	U_N	V	24
3	额定转速	n_N	r/min	3100
4	额定效率	η_N	%	75
5	堵转转矩倍数	T_k^*	倍	6.5
6	堵转电流倍数	I_k^*	倍	6
二	**永磁材料**			
7	永磁材料型号			NTP33H
8	工作温度	t	℃	90
9	永磁体剩磁密度	B_{r20}	T	1.15
		工作温度时剩磁密度 $B_r=[1-(t-20)\alpha_{Br}/100]\times[1-IL/100]B_{r20}$	T	1.043
		式中　α_{Br}——B_r 的温度系数	%	0.12
		IL——B_r 的不可逆去磁损失率	%	1
10	永磁体计算矫顽力	H_{c20}	kA/m	875
		工作温度时计算矫顽力 $H_c=[1-(t-20)\alpha_{Br}/100]\times[1-IL/100]H_{c20}$	kA/m	793.5

㊀ 本算例仅用以说明设计计算方法，不是最佳设计。

（续）

序号	名称	公式	单位	算例
11	相对回复磁导率	$\mu_r=\dfrac{B_{r20}}{\mu_o H_{c20}\times 1000}$ $\mu_o=4\pi\times10^{-7}\text{H/m}$		1.046
12	最高工作温度退磁曲线的拐点	b_k		0.287
三	**磁极设计**			
13	永磁体形状	环形或扇形		扇形
14	永磁体外径	D_{mo}	cm	10
15	永磁体内径	D_{mi}	cm	6
16	永磁体磁化方向长度	h_M	cm	0.8
17	极对数	p		3
18	每极夹角	θ_p	(°)	48
19	极弧系数	$\alpha_p=\dfrac{p\theta_p}{180}$		0.8
20	永磁体每极截面积	$A_m=\dfrac{\pi\alpha_p(D_{mo}^2-D_{mi}^2)}{8p}$	cm^2	6.702
21	永磁体体积	$V_m=2pA_mh_M$	cm^3	32.17
22	永磁体质量	$m_m=\rho_mV_m\times10^{-3}$ $\rho_m=7.4\text{g/cm}^3$（烧结钕铁硼）	kg	0.238
四	**主要尺寸**			
23	磁轭材料	铸铁、铸钢、A3钢、10#钢等		10#钢
24	机座与端盖计算外径	D_j	cm	12
25	机座厚度	Δ_1	cm	0.4
26	端盖厚度	Δ_2	cm	0.4

（续）

序号	名称	公式	单位	算例
27	第一气隙长度	$\delta_1=\delta_{c1}+\delta_{c2}+\delta_w$	cm	0.42
		电枢盘厚 δ_w	cm	0.35
		电枢与永磁体间气隙 $\delta_{c1}\approx0.034\sim0.05$	cm	0.035
		电枢与磁轭间气隙 $\delta_{c2}\approx0.034\sim0.05$	cm	0.035
28	第二气隙长度	$\delta_2\approx0.025\sim0.05$	cm	0.03
29	总气隙长度	$\delta=\delta_1+\delta_2$	cm	0.45
五	**磁路计算**			
30	计算极弧系数	对于扇形磁极　$\alpha_i\approx\alpha_p$		0.8
		对于环形磁极　$\alpha_i\approx0.6\sim0.8$		
31	气隙磁势分布系数	K_F		0.95
32	气隙有效面积	$A_\delta=\dfrac{\alpha_i}{\alpha_p}K_FA_m$	cm^2	6.367
33	空载漏磁系数估算	$\sigma_0=k(\sigma_1+\sigma_2-1)$		1.620
		σ_1——径向漏磁系数，由电磁场计算求得或查图 9-20		1.38
		σ_2——周向漏磁系数，由电磁场计算求得或查图 9-21		1.24
		k——经验修正系数，此处取 1		
34	预选永磁体空载工作点	$b'_{mo}=\dfrac{B_m}{B_r}=\dfrac{\sigma_0K_F\alpha_i/\alpha_p}{\sigma_0K_F\alpha_i/\alpha_p+\mu_r\delta/h_M}$		0.723
35	空载磁通	$\Phi_\delta=\dfrac{b_{mo}B_rA_m\times10^{-4}}{\sigma_0}$	Wb	3.119×10^{-4}
36	气隙磁位差	$F_\delta=\dfrac{\Phi_\delta}{\mu_0A_\delta}\delta\times100$	A	1755
37	轭部计算长度	$l_j=\dfrac{\pi(D_{mo}+D_{mi})}{4p}$	cm	4.189

（续）

序号	名称	公式	单位	算例
38	轭部磁密	机座部分 $B_{j1}=\dfrac{\Phi_\delta\times10^4}{\Delta_1(D_j-D_{mi})}$	T	1.299
		端盖部分 $B_{j2}=\dfrac{\Phi_\delta\times10^4}{\Delta_2(D_j-D_{mi})}$	T	1.299
39	轭部磁位差	$F_j=H_{j1}l_j+H_{j2}l_j$	A	101.4
		由轭部磁密查相应磁化曲线		
		H_{j1}	A/cm	12.1
		H_{j2}	A/cm	12.1
40	一对极磁位差	$\Sigma F=F_j+2F_\delta$	A	3611.4
41	主磁导	$\Lambda_\delta=\dfrac{\Phi_\delta}{\Sigma F}\times10^6$	μH	0.086
42	主磁导标幺值	$\lambda_\delta=\dfrac{2\Lambda_\delta h_M\times10^2}{\mu_r\mu_o A_m}$		1.57
43	外磁路总磁导标幺值	$\lambda_n=\sigma_0\lambda_\delta$		2.543
44	空载工作点计算值	$b_{m0}=\dfrac{\lambda_n}{\lambda_n+1}$		0.718
45	空载工作点校核	$\Delta b_{mo}=\dfrac{\lvert b'_{mo}-b_{mo}\rvert}{b'_{m0}}\times100$	%	0.692
		如果 $\Delta b_{mo}<1\%$，合格；否则应修正 σ，重新计算 b_{mo}，重复第 34～45 项的计算		
46	气隙磁密	$B_\delta=\dfrac{\Phi_\delta}{A_\delta}\times10^4$	T	0.489
六	**电枢绕组计算**			
47	绕组形式	波绕组或叠绕组，最常用单波绕组		单波
48	并联支路对数	a		1
49	选计算效率	η'（略大于额定值）	%	75

（续）

序号	名称	公式	单位	算例
50	计算电动势	$E_i=\frac{1+2\eta'/100}{3}U_N$	V	20
51	电枢槽数	Q		23
52	换向器片数	$K=Q$		23
53	绕组节距			
	合成节距或换向器节距	单波绕组：$y=y_K=\frac{K\mp 1}{p}$		8
		复 m 波绕组：$y=y_K=\frac{K\mp m}{p}$		
	第一节距	$y_1=\frac{Q}{2p}\mp\varepsilon$		4
	第二节距	$y_2=y-y_1$		4
54	电枢导体数计算	$N'=\frac{60aE_i}{pn_N\Phi_\delta}$		413.7
55	每槽导体数计算	$N_s'=\frac{N'}{Q}$		17.99
		选取实际每槽导体数 N_s		18
56	每元件匝数	$W_s=\frac{N_s}{2}$		9
	实际导体数	$N=2QW_s$		414
57	电枢绕组每半匝平均长	$l_{av}=l_a+l_{end}+2l_{ec}$	cm	6.309
		导体有效长度　$l_a=\frac{1}{2}(D_{mo}-D_{mi})$	cm	2
		导体端部伸长量　$l_{ec}\approx 0.1\sim 0.2$	cm	0.12
		导体端部长度　$l_{end}=\frac{\pi(D_{mo}+D_{mi})}{4p}$	cm	4.189
58	导线计算直径	$d_1'=\frac{10\pi D_{mi}S_fN_L}{NN_t}$	mm	0.865

（续）

序号	名称	公式	单位	算例
		选导线		QZY—1
		导线标称直径 d_1	mm	0.8
		导线带绝缘外径 d	mm	0.86
		单根导线截面积 A'_{Cu}	mm^2	0.523
		实际导线截面积 $A_{Cu}=N_tA'_{Cu}$	mm^2	0.523
		N_L——导线空间放置层数		2
		N_t——导线并绕根数		1
		S_f——电枢内圆导线占空率取 0.9～0.97		0.95
		注：为充分利用空间，可选用扁线，也可将圆线挤压为非标准扁线		
		电枢厚度校验： 所选导线应满足　$N_Ld<\delta_W$		
59	每串联支路导线长度	$L_s=\dfrac{Nl_{av}}{2a}$	cm	1306
60	电枢电阻	$R_{a20}=\rho_{20}\dfrac{L_s}{2aA_{Cu}}$	Ω	0.184
		$R_{a75}=\rho_{75}\dfrac{L_s}{2aA_{Cu}}$	Ω	0.224
		$\rho_t=1.75[1+0.004(t-15)]\times10^{-4}$	$\Omega\cdot mm^2/cm$	
61	额定电枢电流	$I_N=\dfrac{P_N}{\eta U_N}\times100$	A	11.11
62	电流密度	$J=\dfrac{I_N}{2aA_{Cu}}$	A/mm^2	10.62
		J 可取 $5\sim12A/mm^2$		
63	平均电负荷	$A_{av}=\dfrac{NI_N}{\pi a(D_{mo}+D_{mi})}$	A/cm	91.5
64	最大电负荷	$A_{max}=\dfrac{NI_N}{2\pi aD_{mi}}$	A/cm	122

（续）

序号	名称	公式	单位	算例
65	最大热负荷	$A_{max}J$	$\frac{A^2}{mm^2 \cdot cm}$	1296
66	平均热负荷	$A_{av}J$	$\frac{A^2}{mm^2 \cdot cm}$	971.7
67	电动势常数	$C_e=\frac{pN}{60a}$		20.7
68	转矩常数	$C_T=\frac{pN}{2\pi a}$		197.7
69	绕组铜质量	$m_{Cu}=2a\rho_{Cu}LsA_{Cu}\times10^{-5}$ $\rho_{Cu}=8.9g/cm^3$	kg	0.122
七	**换向器与电刷**			

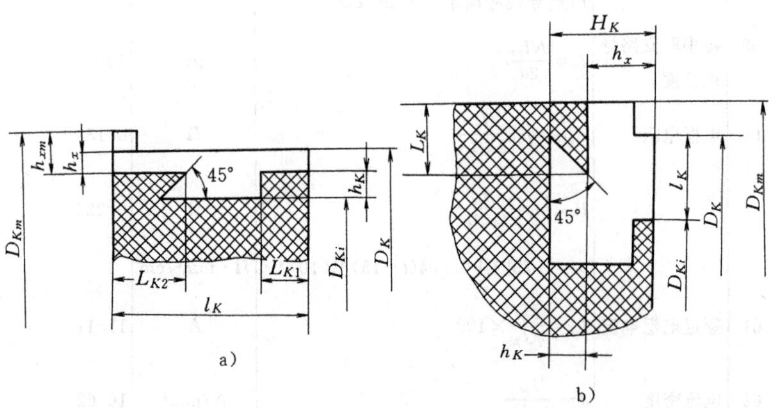

图 9-24　换向器结构

a）柱面式　b）端面式

序号	名称	公式	单位	算例
70	换向器结构	可根据需要选择图 9-24a 或 b 任一种结构		a）

（续）

序号	名称	公式	单位	算例
71	换向器最大外径	D_{Km}	cm	4.8
72	换向器外径	D_K	cm	4.6
73	换向器内径	D_{Ki}	cm	3.6
74	换向器片长	$l_K=l_b+(0.5\sim0.9)$	cm	1.8
		l_b——电刷与换向器表面接触长度	cm	1.2
75	换向器片距	对图 9-24a 换向器结构： $t_K=\frac{\pi D_K}{K}$ 对图 9-24b 换向器结构： $t_K=\frac{\pi(D_K+D_{Ki})}{2K}$	cm	0.655
76	换向器片间下刻宽度	ΔK_b	cm	0.1
77	换向器片间下刻深度	ΔK_h	cm	0.15
78	换向器片宽	$b_K=t_K-\Delta K_b$	cm	0.555
79	换向器片厚	$H_K=(0.12\sim0.19)D_K$	cm	0.5
80	换向器片燕尾槽深度	$L_K=(0.15\sim0.3)l_K$	cm	0.36
81	换向器片内表面至燕尾槽底的距离	$h_K=(0.1\sim0.2)l_K$	cm	0.25
82	换向器片外表面至燕尾槽底的距离	$h_x=H_K-h_K$	cm	0.25
83	电刷宽度	b_b	cm	1.0
84	电刷长度	l_b	cm	1.2

（续）

序号	名称	公式	单位	算例
85	电刷高度	h_b	cm	3.0
86	电刷截面积	$A_b=b_bl_b$	cm^2	1.2
87	一对电刷接触压降	$\Delta U_b\approx0.3\sim2$	V	1.4
88	电动势	$E=U_N-I_NR_{a75}-\Delta U_b$	V	20.11
89	电动势校核	$\Delta E=\frac{\lvert E-E_i\rvert}{E_i}\times100$ 如果 $\Delta E>1\%$，需要重新计算第 50～89 项	%	0.55
90	实际转速	$n_N=\frac{E}{C_e\Phi_\delta}$	r/min	3115
八	**损耗和效率计算**			
91	电刷与换向器摩擦损耗	$p_{Kb}=2N_{Cub}p_sA_bv_K\mu$ N_{Cub}——电刷对数，一般取 1～2 p_s——电刷单位面积压力，一般取 $(0.3\sim0.6)\times9.81\times10^4$Pa μ——摩擦系数，一般取 0.2～0.3 v_K——电刷线速度(m/s)	W	12.93
		$v_K=\frac{\pi D_Kn_N}{6000}$ （图 9-24a）	m/s	7.466
		$v_K=\frac{\pi(D_K+D_{Ki})n_N}{12000}$ （图 9-24b）		
92	轴承摩擦损耗和电枢对空气的摩擦损耗	$p_{Bf}+p_{Wf}=(0.04\sim0.05)P_N$	W	8
93	总机械损耗	$p_{fw}=\frac{n}{n_N}p_m$	W	21.03
		$p_m=p_{Kb}+p_{Bf}+p_{Wf}$	W	20.93
94	电枢铜损耗	$p_{Cua}=I_N^2R_a$	W	27.65
95	电刷铜损耗	$p_{Cub}=I_N\Delta U_b$	W	15.55

（续）

序号	名称	公式	单位	算例
96	额定负载的总损耗	$\Sigma p = p_{fw} + p_{Cua} + p_{Cub}$	W	64.23
97	输入功率	$P_1 = P_2 + \Sigma p$	W	264.23
98	效率	$\eta = \frac{P_2}{P_1} \times 100$	%	75.69
		效率校验：		
		$\Delta\eta = \frac{\lvert \eta - \eta' \rvert}{\eta'} \times 100$	%	0.92
		η 应大于等于额定值且 $\Delta\eta < 1\%$，否则应重新计算第 49～98 项		
99	额定机械转矩	$T_N = 9.549 \frac{P_2}{n_N}$	N·m	0.607
九	**起动计算**			
100	堵转电流	$I_k = \frac{U_N - \Delta U_b}{R_{a20} + R_s}$	A	66.67
		R_s——蓄电池内阻		
		$R_s = \frac{0.05 U_N}{C}$	Ω	0.12
		C——蓄电池容量	Ah	10
101	堵转电流倍数	$I_k^* = \frac{I_k}{I_N}$	倍	6.001
102	堵转转矩	$T_k = C_T \Phi_\delta I_k$	N·m	4.111
103	堵转转矩倍数	$T_k^* = \frac{T_k}{T_N}$	倍	6.668
104	堵转时交轴电枢磁动势（极尖处）	$F_{aq} = I_k^* A_{av} b_c$	A	1840
		b_c——计算极弧宽度		
		$b_c = \alpha_i \frac{\pi(D_{mo} + D_{mi})}{4p}$	cm	3.351

（续）

序号	名称	公式	单位	算例
105	堵转时直轴去磁磁动势	$F_{ad}=2b_\beta A_{av}I_k^*$ b_β——电刷偏离几何中心线距离 $b_\beta\approx0.015\sim0.03$cm	A	21.96
106	堵转时总去磁磁动势	$\Sigma F_{am}=F_{aq}+F_{ad}$	A	1862
107	最大去磁时永磁体工作点	$b_{mh}=\dfrac{\lambda_n(1-f')}{1+\lambda_n}$		0.588
		$f'=\dfrac{\Sigma F_{am}}{\sigma H_c h_M\times10}$		0.181
108	可逆退磁校核	$b_{mh}>b_k$		
十	**工作特性计算**			
109	工作特性	见下表和图 9-25		

I_a/I_N	0.4	0.5	0.7	0.8	0.9	1	1.2
E/V	21.60	21.36	20.86	20.61	20.36	20.11	19.61
n/(r·min^{-1})	3346	3309	3231	3192	3153	3115	3037
p_{Cua}/W	4.424	6.912	13.55	17.70	22.40	27.65	39.80
p_{Cub}/W	6.222	7.777	10.89	12.44	14.00	15.55	18.66
p_{fw}/W	22.59	22.34	21.81	21.55	21.29	21.03	20.50
Σp/W	33.24	37.03	46.25	51.69	57.69	64.23	78.96
P_1/W	106.7	133.3	186.6	213.3	240.0	266.6	319.3
P_2/W	73.46	96.27	140.4	161.6	182.3	202.4	240.3
η(%)	68.85	72.22	75.24	75.76	75.96	75.92	75.26
T_2/(N·m)	0.210	0.278	0.415	0.483	0.552	0.620	0.756

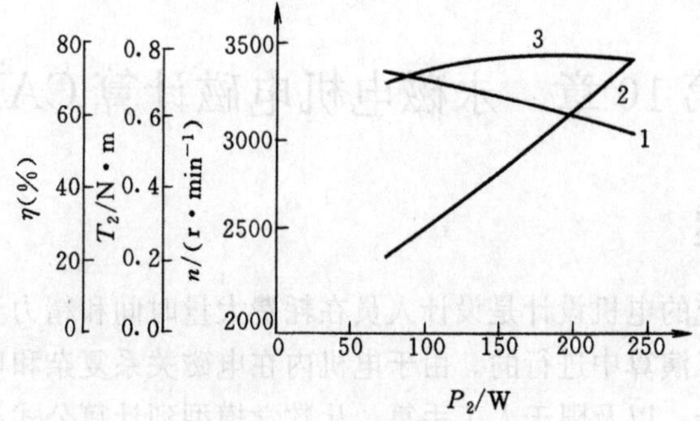

图 9-25 工作特性曲线

1—n—P_2 曲线 2—T_2—P_2 曲线 3—η—P_2 曲线

第10章　永磁电机电磁计算CAD

1　概述

传统的电机设计是设计人员在耗费大量时间和精力于简单重复的手工演算中进行的。由于电机内在电磁关系复杂和电磁计算步骤繁杂，以及限于人工手算，从数学模型到计算公式只能基于简化的、经验或半经验性质的。这样，传统的设计方法不但设计精度不高、设计面窄，而且没有将设计人员从繁重、单调的手算中解脱出来，因此，人们在不断地寻求新的、更好的设计方法。随着计算机及其应用技术的迅猛发展，电机设计进入了崭新的现代设计阶段——电机的计算机辅助设计（CAD）阶段。电机CAD充分发挥计算机计算功能强、运算速度快及拥有逻辑判断功能等优势，使电机设计能够建立在更加完善的理论基础和更为精确的数学模型之上，计算结果更准确、更全面，并能实现设计方案的优化，同时也使设计周期缩短，设计费用减小，使设计人员能更轻松自信地参与设计。

计算机应用于电机设计始于50年代，在至今不到50年的时间里，电机CAD有了迅速发展：电磁设计程序从分析校核计算、综合设计、优化设计到设计专家系统；计算内容除电磁计算外，还能进行通风、温升、振动、噪声、谐波分析、电磁场分析等与电机设计密切相关的分析与计算；从简单的计算程序到兼有丰富图形处理和数据库管理功能的完整的CAD软件，直到具有多功能综合的CAD系统。

在如此丰富而生动的电机CAD中，应用得最普遍、也是最基本的是计算机辅助电磁分析程序，它也是其他综合设计程序所调用的子程序，因为电磁设计是电机设计的基础和主要内容，而电磁分析校核计算又是电磁设计的基础，它的准确性是电机设计的核心，是综合设计和优化设计获得正确结果的保证。因此，本章主要介绍电机电磁分析校核计算的计算机程序的编制，并给出永磁直流电动机和永磁同步电动机电磁计算的计算机源程序及其说明。

2 电磁计算源程序的编制

2.1 计算机程序设计语言的选择

就科学计算而言，目前具有较强计算功能的高级语言主要有FORTRAN 语言、C 语言、BASIC 语言等。其中 FORTRAN 语言是国际上广泛流行的，特别适合于科学计算的高级语言，它也是电机电磁计算的计算机程序最普遍使用的高级语言。另外,C 语言以其使用灵活、运算符及数据结构丰富、兼有高低级语言特点等优点，以及作为理想的结构化语言已被广泛应用于应用软件的编制，它也将成为今后程序设计的主要语言。

2.2 计算机源程序与手算程序的区别

为保证源程序计算结果的正确性，源程序的编制必须忠实地反映手算程序的设计思路和过程，因此，源程序一般被认为是对手算程序的计算机语言的“翻译”。但这种“翻译”并不是、也不可能是照搬手算程序，还要根据计算机语言及其语法特点，根据计算机运算的特殊性进行特殊处理。

2.2.1 对标识符的处理

标识符是程序中变量的符号。在手算程序中，这些标识符一般都以国际通用或常用的符号标识。但在计算机源程序中，计算机语言一般只识别英文字母、阿拉伯数字及少数几个其他字符,而且它们的组合顺序、字符个数、字母大小写的区分等也因所使用的不同语言而各有限制。因此,对以下几种手算程序中的字符,在计算机源程序中应代以另外的可被计算机语言识别的符号：

1）非英文字母的其他字母、或含有此种字母的字符组合，如 η（效率）、$\cos\varphi$（功率因数）、δ（气隙长度）等；

2）一些英文字母大小写代表不同物理意义但又不被所用的计算机语言（如FORTRAN语言）区分的标识符，如A（电负荷）和a（并联支路数或对数）、B_t（齿部磁通密度）和b_t（齿部宽度）等。

2.2.2　对曲线、图表的处理

电机设计常常要查一些曲线和图表，这在手算过程中是很方便的，凭设计者的肉眼能直观、准确地查取所需数据。而计算机没有“肉眼查看”功能，只能以特殊形式来处理曲线、图表数据，这也是计算机源程序与手算程序的最大区别。

电机设计中用到的曲线、图表一般来源于两种情况：一种是由较复杂的数学计算式计算后绘制成的（如槽下部单位漏磁导曲线等），它大大节省了手算的时间和精力；另一种是由长期实践积累得到的试验数据、经验或半经验数据绘制成的（如导磁材料磁化曲线等），它无法或目前还不能用精确数学计算式表达。针对第一种情况的曲线、图表，在计算机源程序中应尽可能地将其还原成原始公式，以充分利用计算机运算速度快的特点，同时也使计算结果更为准确。对于第二种情况的曲线、图表，计算机运算常采用插值方式来处理，即根据曲线、图表所提供的离散数据构造插值函数，使得所有给定离散点的已知函数值分别等于插值函数在这些点处的函数值，将此插值函数作为曲线、图表中各变量的函数关系表达式。插值函数类型的不同也就形成了不同的插值方法，如拉格朗日插值、牛顿插值、埃尔米特插值、样条函数插值等，其中电机设计用得最多的是拉格朗日插值。

2.2.3　对数据输入输出的处理

在电机设计中肯定要给定已知数据，并通过设计计算得出计算结果。在手算过程中，这些数据都通过每一步计算公式的具体数据的代入计算而直接反映在计算纸上，它可永久保留并可供随时查看。而在计算机的运算中，对未赋初值的变量均视为0值，而且只在程序运算过程中将已算过的变量值暂时保留于计算机内存中，一旦程序运行结束则内存中的数据不再保留。因此，在计算机源程序的编制中必须考虑数据输入输出的问题。

一般来说计算机源程序中已知数据的输入不是像手算程序那样，在用到这些数据时再分别输入（手算是用到时直接代入公式计算），特别对于输入数据量大的电机电磁计算程序更不宜如此，而是在程序中集中读入已知数据。已知数据输入方式一般分两种：一种对于固定不变数据（如曲线、图表中的离散数据）的输入以程序内直接赋值（如 FORTRAN 中的 DATA 语句赋值）的方式进行；另一种对于其他一般的已知数据（如额定数据、结构参数等）的输入则以从数据文件读入的方式进行。

计算机源程序中计算数据输出的安排一般分两类：一类是在程序运算过程中将计算得到的数据从屏幕输出，这样可以适时掌握程序运行情况，方便地对程序进行调试和控制，但它是一次性反映在屏幕上，不能长久保留，而且数据的屏幕输出将占用较多的运行时间，因而它通常在程序调试过程中采用；另一类是在程序中建立数据文件，将计算得到的数据在程序运行最后输入该数据文件中，在程序运行结束后可查看该文件内容，数据文件可以长久保存，而且其中的内容无需按计算先后顺序排列而可根据实际需要灵活地归类排列。

2.3　程序的易读性和可维护性

计算机源程序的正确性（通过计算结果与手算结果的比较来验证）是考核源程序编制好坏的重要指标，但它仅是一个方面；另一方面就是程序易读性和可维护性考核。因为一个设计程序通常不是实现某预定功能的最佳和最终程序，它受当前的理论研究水平、设计开发手段、应用场合等的限制，随着这些方面的不断发展和程序的不断应用于工程实际，设计程序也必定要不断地被修正、改进和完善，这就是程序的维护。对计算机源程序的维护是建立在首先读懂程序的基础上，因此提高程序的易读性和可维护性将使对程序的维护得到事半功倍的效果。

2.3.1　提高程序易读性的方法

程序的易读性既便于程序的维护，也便于程序的编后调试。在计算机源程序的编制中，可从以下几个方面注意提高程序的易读性：

1）尽量使用易于识别的标识符　手算程序中的变量符号基本都是符合有关标准的规范化的符号，它们对应的物理意义都是专业人员所熟知的。因此，计算机源程序中的标识符应尽量与手算程序中的对应符号一致；对于在 2.2.1 节中提及的需要替换的符号，最好选用在读音、字形或含义上与原符号相近的为计算机语言所识别的标识符，如 Φ 可用 FI（读音相似）、δ 可用 g（英文 gap 的第一个字母）等。

2）尽可能按照手算程序的计算步骤编制源程序　手算程序的设计思路和结构一般也为专业设计人员所熟悉，按照手算程序的计算步骤编制源程序不但使源程序的编制不易出现错、漏现象，而且也方便读程序时的对照。

当然，计算机源程序常常在一些计算项的计算次序上作调整而与手算程序的计算步骤不完全相同，这主要由于模块划分的需要，以及考虑将计算结果固定不变的计算项置于循环迭代计算过程外以节省计算时间。这也说明了程序的易读性、易维护性和运行速度有时候并不是统一的，特别是前两者与第三者的矛盾更为突出，这就要根据具体情况，视主次矛盾而定了。

3）充分利用程序的注释功能　适当地在源程序中加入注释语句对程序进行注释、说明，如在程序的每个功能段、模块和子程序的开头加以注释，说明该部分程序的功能，或主要内容或对个别比较特殊、不好识别和记忆的标识符进行说明等。这对编者和读者对程序的备忘和理解都大有益处。

4）利用空行和缩格提高程序结构清晰性　程序的自然段可用空行隔开，表示嵌套关系的不同程序小块最好采用缩格，这样整个程序显得结构清晰、易读。

2.3.2　结构化的程序设计

结构化程序设计是根据使程序易于维护的要求，从分析语言的逻辑结构出发而提出的一种程序设计方法。它改变了只注重编程技巧和编程方便而忽视程序维护的传统程序设计风格，提出了以“自顶向下、逐步求精”为设计思路，以分层结构和模块结构为程序结构，以尽量减少GOTO语句为控制结构要求的程序设计风格，从而提高了程序设计和维护的效率。

结构化程序设计规定了程序的三种基本结构，即顺序结构、分支选择结构和循环结构（分为“当型”循环结构和“直到型”循环结构两种），它们的结构流程如图10-1所示。三种结构中的每一种都具有这样的特点：

1）有且仅有一个入口和出口；

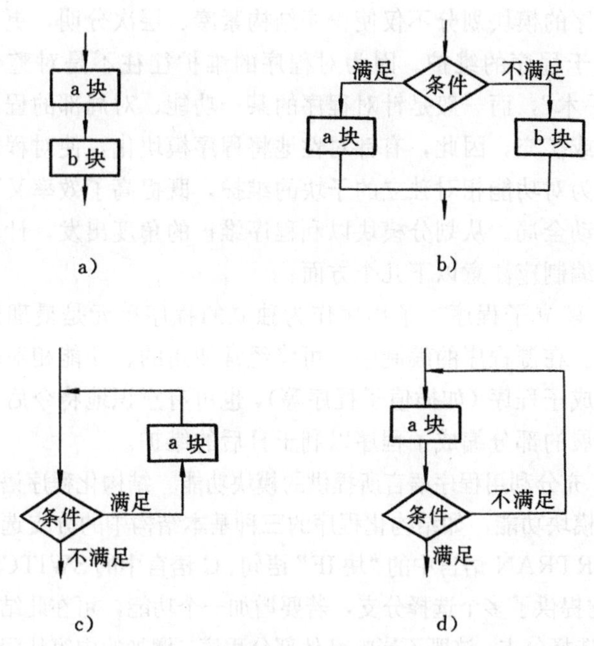

图10-1　结构化程序的基本结构框图

a）顺序结构　b）分支选择结构

c）当型循环结构　d）直到型循环结构

2）没有永远执行不到的语句；

3）没有死循环已经证明，任何满足上述三个条件的程序都可以表示为三种基本结构的结构化程序，任何一个结构化程序都可以分解为三种基本结构。因此，源程序的编制应符合结构化程序的要求，而GOTO语句最易破坏程序的结构化，滥用GOTO语句将使程序流程上下跳跃，来回转向，使程序看起来如同一团乱麻，很难读懂，因而应尽量少用GOTO语句。当然，适当地使用GOTO语句并不影响程序的结构化，特别是在电机电磁计算程序中，总有几个参量需要迭代计算，GOTO语句不可避免，这对于专业技术人员来说，并不影响程序的可读性。

2.3.3　程序的模块划分

程序的模块划分不仅使程序结构紧凑、层次分明，更主要的是有利于程序的维护。因为对程序的维护往往不是对整个程序"动大手术"，而一般是针对程序的某一功能、对局部的程序段进行修改或扩充，因此，有针对性地将程序模块化，使对程序的维护转化为对功能相对独立的子块的维护，既提高了效率又不致牵一处而动全局。从划分模块以利程序维护的角度出发，计算机源程序的编制应注意以下几个方面：

1）建立子程序　子程序作为独立的程序单元是最理想的模块形式。在源程序的编制中，可将经常使用的、功能相对独立的部分编成子程序（如插值子程序等），也可有意识地将今后可能改动和扩展的部分编成子程序以利于日后的维护。

2）充分利用程序语言所提供的模块功能　结构化程序语言本身就带有模块功能，如结构化程序的三种基本结构中的分支选择结构（像FORTRAN语言中的"块IF"语句、C语言中的SWITCH语句等），它提供了多个选择分支，若要增加一个功能，可在此结构中增加一个选择分支，这既不影响其他部分程序，增加的内容从程序结构角度看也清晰可辨，很方便于程序功能的扩充。

3）设置逻辑开关变量　程序功能的扩充很多是由于结构、材料等的增加或变化而需要增加相应的计算内容，逻辑开关变量就好像岔路上的路标，控制着相关分支的选择和相关子程序的调用。特别对于当前只有一种选择而以后可能增为多种选择的情况，预设逻辑开关变量将增强程序的灵活性和通用性，也为以后的程序功能扩充提供方便。

3 永磁直流电动机电磁计算源程序及说明

3.1 源程序说明

3.1.1 总体结构

本程序是根据“永磁直流电动机电磁计算程序”（见第 5 章第 8 节）用 FORTRAN 语言编制的。它包括两大功能结构，即额定点性能计算与不同负载率的工作特性计算，程序框图如图 10-2 所示。

3.1.2 变量说明

为便于与手算程序对照，本程序绝大部分变量的符号和所有变量的单位与手算程序中的相应变量一致。对于一些无法取得一致或本程序另外增加的符号说明于表 10-1 中。

3.1.3 数据的输入与输出

1）已知数据的输入　本程序对已知数据的读入形式分为两种：对于固定不变的数据（即曲线、图表离散数据）采用 DATA 语句赋值，且都是以数组存贮这类数据的，具体说明见表 10-2；对于其他数据(即每次计算都可能变动的电磁计算所需已知参数)采用 READ 语句从输入数据文件 YCZLIN. DAT 中读入，该数据文件的格式和内容见 3.3.1 节算例的输入数据。

2）计算结果的输出　本程序通过 WRITE 语句将计算结果输出于输出数据文件中。本程序的计算输出结果有三类，它们是电机额定运行时的性能和主要的中间变量计算结果、电机的空载特性以及不同负载率时的工作特性。它们分别存贮于数据文件 EDDOUT. DAT、NOLOAD. DAT 和 TXOUT. DAT 中。限于篇幅，书中只给出 EDDOUT. DAT 和 TXOUT. DAT 这两个输出数据文件的格式和内容，见 3.3.2 节算例的输出结果。

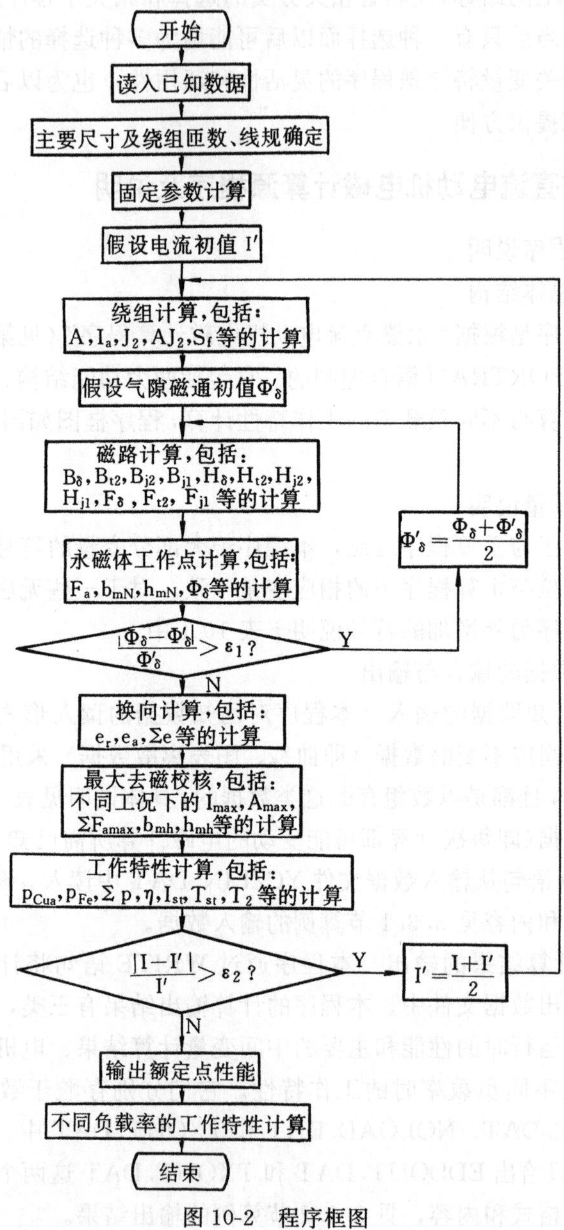
开始
读入已知数据
主要尺寸及绕组匝数、线规确定
固定参数计算
假设电流初值 I′
绕组计算,包括:
A, I_a, J_2, AJ_2, S_f 等的计算
假设气隙磁通初值 Φ'_δ
磁路计算,包括:
$B_\delta, B_{t2}, B_{j2}, B_{j1}, H_\delta, H_{t2}, H_{j2}, H_{j1}, F_\delta, F_{t2}, F_{j1}$ 等的计算
$\Phi'_\delta=\frac{\Phi_\delta+\Phi'_\delta}{2}$
永磁体工作点计算,包括:
$F_a, b_{mN}, h_{mN}, \Phi_\delta$ 等的计算
$\frac{|\Phi_\delta-\Phi'_\delta|}{\Phi'_\delta}>\varepsilon_1$?
Y
N
换向计算,包括:
$e_r, e_a, \Sigma e$ 等的计算
最大去磁校核,包括:
不同工况下的 $I_{max}, A_{max}, \Sigma F_{amax}, b_{mh}, h_{mh}$ 等的计算
工作特性计算,包括:
$p_{Cua}, p_{Fe}, \Sigma p, \eta, I_{st}, T_{st}, T_2$ 等的计算
$\frac{|I-I'|}{I'}>\varepsilon_2$?
Y
$I'=\frac{I+I'}{2}$
N
输出额定点性能
不同负载率的工作特性计算
结束

图 10-2 程序框图

表 10-1 程序中特殊符号说明

手算程序中符号——FORTRAN 程序中符号			说明
$*$——BN	$'$——1	μ——MU	这里只列出单个字符的替换，若是它们的组合或与其他字符的组合，其组合顺序仍与手算程序一致 如：ΔU_b 为 DELTUb
δ——g	α——ALFA	σ——SIGMA	
τ——TAO	θ——SITA	Φ——FI	
ρ——ROU	Λ——NUMDA	λ——LUMDA	
Σ——SUM	β——BETA	Δ——DELT	
π——PAI	η——eff		
P'——PJS	B'_δ/B_R——XSBGR	H_M/δ——XSHMG	确定主要尺寸时的假设数据
L_M/L_A——XSLMA	L_J/L_A——XSLJA		
λ_E 计算式中系数——XSDB	P_{Fe}计算式中系数——XSTH		经验系数
A——AX	D_0——DJ	H_{T2}——ht	程序中重名变量（不分大小写）的区分
B_{T2}——Vbt2	H_{J2}——H2J	电刷对数 P_B——NPB	
A_{MAX}——AXMAX	N——RPM	T——TEMP	
电刷单位面积压力 P_s——PBP			
扁线窄边长——ABX	扁线宽边长——BBX		矩形槽用
永磁材料——YCCL：1—NdFeB 2—Ferrite			开关变量及其适用范围
机座材料——JZCL：1—铸钢 2—铸铁			
绕组材料——RZCL：1—黄铜 2—紫铜			
绝缘等级——INSC：1—A 2—E 3—B 4—F 5—H			
电枢材料——DSCL：1—DR510-50 2—DR420-50 3—DR490-50 4—DR550-50 5—DW315-50			
槽形——CX：1-梨形槽 2—半梨形槽 3—圆形槽 4—斜肩圆底槽 5—矩形槽			
特殊工况：突然起动——TSGK1； 瞬时堵转——TSGK2：1—有此工况 0—无此工况 突然停转——TSGK3； 突然反转——TSGK4；			
输入数据文件中说明性字符（串）赋给变量 TERM			不参与计算

表 10-2 程序中数组说明

数组名	存放的数据	对应关系
HW10(150)	DW315-50 磁化曲线的 H 值离散点数据	HW10——BW10
BW10(150)	DW315-50 磁化损耗曲线的 B 值离散点数据	
PW10(150)	DW315-50 损耗曲线的 p 值离散点数据	PW10——BW10
BD21(150)	DR550-50 磁化曲线的 B 值离散点数据	
HD21(150)	DR550-50 磁化曲线的 H 值离散点数据	HD21——BD21
PD21(150)	DR550-50 损耗曲线的 p 值离散点数据	
BPD21(150)	DR550-50 损耗曲线的 B 值离散点数据	PD21——BPD21
BD23(150)	DR510-50 磁化曲线的 B 值离散点数据	
HD23(150)	DR510-50 磁化曲线的 H 值离散点数据	
BD24(150)	DR490-50 磁化曲线的 B 值离散点数据	HD23——BD23
HD24(150)	DR490-50 磁化曲线的 H 值离散点数据	HD24——BD24
PD234(150)	DR510-50 损耗曲线的 p 值离散点数据 DR490-50 损耗曲线的 p 值离散点数据	PD234——BD234
BD234(150)	DR510-50 损耗曲线的 B 值离散点数据 DR490-50 损耗曲线的 B 值离散点数据	
BD25(21)	DR420-50 磁化曲线的 B 值离散点数据	
HD25(21)	DR420-50 磁化曲线的 H 值离散点数据	HD25——BD25
PD25(22)	DR420-50 损耗曲线的 p 值离散点数据	
BPD25(22)	DR420-50 损耗曲线的 B 值离散点数据	PD25——BPD25
BZG(160)	铸钢磁化曲线的 B 值离散点数据	HZG——BZG
HZG(160)	铸钢磁化曲线的 H 值离散点数据	
BZT(77)	铸铁磁化曲线的 B 值离散点数据	HZT——BZT
HZT(77)	铸铁磁化曲线的 H 值离散点数据	
DLX(45)	漆包圆铜线标称直径规格	
SZDLMB(12)	查 ΔL_a^* 曲线的 ΔL_m^* 值离散点数据	
SZHMG(3)	查 ΔL_a^* 曲线的 h_m/δ 值离散点数据	SZDLAB——SZGAP,
SZGAP(4)	查 ΔL_a^* 曲线的 δ 值离散点数据	SZDLMB, SZHMG
SZDLAB(144)	查 ΔL_a^* 曲线的 ΔL_a^* 值离散点数据	

3.1.4 子程序说明(见表 10-3)

表 10-3 子程序说明

子程序名	功能	虚参说明	说明
LAG	拉格朗日线性插值	K——离散点个数 X——自变量插值点值 XX0——自变量离散点数组 YY0——函数离散点数组 Y——函数插值点值	

（续）

子程序名	功　　能	虚　参　说　明	说　　明
YYCZ	一元线性插值	M——离散点个数 X——自变量插值点值 XX——自变量离散点数组 YY——函数离散点数组 XLAG——函数插值点值	
EYCZ	二元线性插值	M——第一元自变量离散点个数 N——第二元自变量离散点个数 X1——第一元自变量插值点值 X2——第二元自变量插值点值 XX1—第一元自变量离散点数组 XX2——第二元自变量离散点数组 YY——函数离散点数组 XLAG——函数插值点值 YY1,YY2,YY3——中间变量数组	一元、二元、三元线性插值子程序都调用LAG子程序
SYCZ	三元线性插值	L——第一元自变量离散点个数 M——第二元自变量离散点个数 N——第三元自变量离散点个数 X1—第一元自变量插值点值 X2——第二元自变量插值点值 X3——第三元自变量插值点值 XX1——第一元自变量离散点数组 XX2——第二元自变量离散点数组 XX3——第三元自变量离散点数组 YY——函数离散点数组	
SYCZ	三元线性插值	XLAG——函数插值点值 YY1,YY2,YY3——中间变量数组	一元、二元、三元线性插值子程序都调用LAG子程序
CLCD	槽比漏磁导计算	CX——槽形代号 bo2——槽口宽度 ho2——槽口高度 d1—槽上部宽度 h2——槽上部高度 d2——槽下部宽度 h22——槽下部高度 LUMDAS——槽比漏磁导	
XXG	圆导线自动选线规	DLX——标准线规数组 S——导体截面积 d——所选导线标称直径 N——并绕根数	

3.2　源程序

```
*=====================================================*
*                                                     *
*         永 磁 直 流 电 动 机 电 磁 计 算 程 序         *
*                                                     *
*              沈阳工业大学  特种电机研究所              *
*                                                     *
*=====================================================*
      PARAMETER (PAI=3.1415926)
      REAL  nN, IN, La, Lj, MUr, LM, Lb, LK, Lef, Lav, KE, I1, KgM, Kg,
     &      KFe, Lj2, Ia, J2, NUMDAG, NUMDAB, LUMDAG, LUMDAN, Jb,
     &      LUMDAS, LUMDAE, LUMDAZ, Ist, Istb, Imax1, Imax2,
     &      Imax3, Imax4, I, IL, Lj1, MU, mt2, mj2
      REAL  LUMDA, J21, n1, Ns1
      INTEGER YCCL, DSCL, CX, RZXS, RZCL, TSGK1, TSGK2, TSGK3,
     &        TSGK4, Ws
      CHARACTER  TERM*9
      DIMENSION  BW10(150), HW10(150), BD21(150), HD21(150),
     &           BD23(150), HD23(150), BD24(150), HD24(150),
     &           BD25(21), HD25(21), BZG(160), HZG(160),
     &           BZT(77), HZT(77), PW10(150), PD25(22),
     &           BPD25(22), PD21(150), BPD21(150), PD234(150),
     &           BD234(150), DLX(45), DHQ(45), SZDLMB(12),
     &           SZHMG(3), SZGAP(4), SZDLAB(144), BCSZ1(12),
     &           BCSZ2(3), BCSZ3(4),
     &           BBB1(10), BBB2(10), BBB3(10), BBB4(10),
     &                     HHH2(10), HHH3(10), HHH4(10),
     &         FFF1(10), FFF2(10), FFF3(10), FFF4(10), FFF5(10),
     &            FFII1(10), FFII2(10)
C================== 读 入 已 知 数 据 ==================
      OPEN(1, FILE='YCZLIN.DAT', STATUS='OLD')
      READ(1, 99)  TERM
      READ(1, 99)  TERM
      READ(1, *)  PN, UN, nN, IN, TstbN, TEMP
      READ(1, 99)  TERM
      READ(1, 99)  TERM
      READ(1, *)  A1, Bj11, J21, LUMDA
      READ(1, 99)  TERM
      READ(1, 99)  TERM
```

```
      READ (1, 99)  TERM
      READ (1, *)  XSBGR, XSHMG, XSLMA, XSLJA, XSDB, XSTH
      READ (1, 99)  TERM
      READ (1, 99)  TERM
      READ (1, *)  D0, g, SIGMA0, SITAP, p, KFe
      READ (1, 99)  TERM
      READ (1, 99)  TERM
      READ (1, *)  YCCL, Br20, Hc20, MUr, ALFABr, IL
      READ (1, 99)  TERM
      READ (1, 99)  TERM
      READ (1, *)  CX, Q, b02, h02, r21, r22
      READ (1, 99)  TERM
      READ (1, 99)  TERM
      READ (1, *)  r23, h2, d1, h22, d2, d3
      READ (1, 99)  TERM
      READ (1, 99)  TERM
      READ (1, *)  RZXS, u, y1, Ci, ABX, BBX
      READ (1, 99)  TERM
      READ (1, 99)  TERM
      READ (1, *)  Lb, bb, Nb, LK, DK, NPB
      READ (1, 99)  TERM
      READ (1, 99)  TERM
      READ (1, *)  BBTEA, bs, MU, DELTUb, Pbp
      READ (1, 99)  TERM
      READ (1, 99)  TERM
      READ (1, *)  DSCL, JZCL, RZCL, INSC
      READ (1, 99)  TERM
      READ (1, 99)  TERM
      READ (1, *)  TSGK1, TSGK2, TSGK3, TSGK4
      READ (1, 99)  TERM
99       FORMAT (1X, 8A9)
      CLOSE (1)
C================ 主 要 尺 寸 确 定 ====================
      Br= (1. + (TEMP-20. ) *ALFABr/100. ) * (1-IL) *Br20
      HC= (1. + (TEMP-20. ) *ALFABr/100. ) * (1-IL) *Hc20
      effN=PN/ (UN*IN) *100.
      PJS= (1. +2. *effN/100. ) / (3. *effN/100. ) *PN
```

```
      E=(1.+2.*effN/100.)/3.*UN
      Bg1=XSBGR*Br
      ALFAP=SITAP/(180./p)
      ALFAI=ALFAP
      SIGMA=SIGMA0
      Da=ANINT(((6.1*PJS*1.E+4/(ALFAI*A1*Bg1*nN*LUMDA))
     &          **(1./3.)+2.*g)*10.)/10.-2.*g
      TAO=PAI*Da/(2.*p)
      La=ANINT(LUMDA*Da*10.)/10.
      hM=ANINT(XSHMG*g*10.)/10.
      LM=ANINT(XSLMA*La*10.)/10.
      IF(YCCL.EQ.1)  THEN
        Lef=La+2.*g
       ELSE IF(YCCL.EQ.2)  THEN
         DETLMB=(LM-La)/(hM+g)
         hMG=hM/g
         CALL SYCZ(12,3,4,DETLMB,hMG,g,SZDLMB,SZHMG,
     &             SZDGAP,SZDLAB,DETLAB,BCSZ1,BCSZ2,BCSZ3)
         Lef=La+DETLAB*(hM+g)
      END IF
      DMi=Da+2.*g
      DMo=DMi+2.*hM
      Lj=ANINT(XSLJA*La*10.)/10.
      hj=ANINT(SIGMA*ALFAI*TAO*Lef*Bg1/(2.*Lj*Bj11)*10.)/10.
      Dj=DMo+2.*hj
      FIg1=ALFAI*TAO*Lef*Bg1*1.E-4
      IF(RZXS.EQ.1)  THEN
        a=p
       ELSE IF(RZXS.EQ.2)  THEN
         a=1
      END IF
      n1=60.*a*E/(p*FIg1*nN)
      Ns1=n1/Q
      Ws=ANINT(Ns1/(2.*u))
      NS=2.*u*Ws
      N=Q*NS
      ACua1=IN/(2.*a)/J21
      CALL XXG(DLX,ACua1,di,Nt)
```

```
      IF(di.GE.0.053.AND.di.LT.0.5) THEN
       d=di+0.015
      ELSE IF(di.GE.0.5.AND.di.LT.1.0) THEN
       d=di+0.02
      END IF
C================== 固定参数计算 ===================
      IF(p.EQ.1) THEN
        KE=1.35
       ELSE IF(p.EQ.2) THEN
         KE=1.10
       ELSE
         KE=0.80
      END IF
      Lav=La+KE*Da
      ACua=Nt*PAI*di**2/4.
      ROU20=0.1785*1.E-3
      Ra20=ROU20*N*Lav/ACua/(2.*a)**2
      IF(INSC.EQ.1.OR.INSC.EQ.2.OR.INSC.EQ.3) THEN
       ROU75=0.217*1.E-3
       Ra75=ROU75*N*Lav/ACua/(2.*a)**2
       Raw=Ra75
       ELSE
       ROU115=0.245*1.E-3
       Ra115=ROU115*N*Lav/ACua/(2.*a)**2
       Raw=Ra115
      END IF
      t2=PAI*Da/Q
      ht=h02+h2+h22+r22
      Bt21=PAI*(Da-2.*h02-2.*h2)/Q-d1
      Bt22=PAI*(Da-2.*ht+2.*r22)/Q-d2
      IF(Bt21.GT.Bt22) THEN
        Vbt2=(Bt21+2.*Bt22)/3.
       ELSE
        Vbt2=(Bt22+2.*Bt21)/3.
      END IF
      h2j=(Da-2.*ht-DO)/2.
      hj21=h2j+DO/8.
```

```
      IF(CX.EQ.1) THEN
        As=PAI*(r21**2+r22**2)/2.+h22*(r21+r22)
     &        -Ci*(PAI*(r21+r22)+2.*h22)
       ELSE IF(CX.EQ.2) THEN
        As=PAI*(r22**2+r23**2)/2.+h22*(d1+2.*r22)/2.
     &        +d3*r23-Ci*(PAI*(r21+r22)+2.*h22+d1)
       ELSE IF(CX.EQ.3) THEN
        As=PAI*d1**2/4.-Ci*PAI*d1
       ELSE IF(CX.EQ.4) THEN
        As=(b02+d1)*H2/2.+(d1+2.*r22)*h22/2.+PAI*r22**2
     &        /2.-Ci*(PAI*r22+2.*(h22+h2)+d1)
      END IF
      K=u*Q
      Ab=Lb*bb
      tK=PAI*DK/K
C===================== 绕 组 计 算 ======================
      I1=IN
20      AX=N*I1/(2.*PAI*A*Da)
      Ia=I1/(2.*a)
      J2=Ia/ACua
      AJ2=AX*J2
      Sf=NS*Nt*d**2*1.E-2/As*100.
C=========== 磁 路 计 算 =========================
      SIGMAS=2./PAI*(ATAN(b02/(hM+g)/2.)
     &        -(hM+g)/b02*ALOG(1+(b02/(hM+g))**2/4.))
      KgM=t2/(t2-SIGMAS*b02)
      Kg=KgM+(KgM-1)*hM/g
10      Bg=FIg1*1.E+4/(ALFAI*TAO*Lef)
      Hg=Bg/(4.*PAI*1.E-5)
      Fg=1.6*Kg*g*Bg*1.E+4
      Bt2=t2*Lef*Bg/(Vbt2*La*KFe)
      Bj2=FIg1*1.E+4/(2.*KFe*hj21*La)
      IF(DSCL.EQ.1) THEN
        CALL YYCZ(150,Bt2,BD23,HD23,Ht2)
        CALL YYCZ(150,Bj2,BD23,HD23,Hj2)
       ELSE IF(DSCL.EQ.2) THEN
        CALL YYCZ(21,Bt2,BD25,HD25,Ht2)
        CALL YYCZ(21,Bj2,BD25,HD25,Hj2)
```

```
      ELSE IF(DSCL.EQ.3) THEN
        CALL YYCZ(150,Bt2,BD24,HD24,Ht2)
        CALL YYCZ(150,Bj2,BD24,HD24,Hj2)
      ELSE IF(DSCL.EQ.4) THEN
        CALL YYCZ(150,Bt2,BD21,HD21,Ht2)
        CALL YYCZ(150,Bj2,BD21,HD21,Hj2)
      ELSE IF(DSCL.EQ.5) THEN
        CALL YYCZ(150,Bt2,BW10,HW10,Ht2)
        CALL YYCZ(150,Bj2,BW10,HW10,Hj2)
      END IF
      Ft2=2.*Ht2*ht
      Lj2=PAI*(D0+h2j)/(2.*p)
      Fj2=Hj2*Lj2
      Bj1=SIGMA*FIg1*1.E+4/(2.*hj*Lj)
      IF(JZCL.EQ.1) THEN
        CALL YYCZ(160,Bj1,BZG,HZG,HJ1)
      ELSE IF(JZCL.EQ.2) THEN
        CALL YYCZ(77,Bj1,BZT,HZT,HJ1)
      END IF
      Lj1=PAI*(Dj-hj)/(2.*p)
      Fj1=hj1*Lj1
      SUMF=Fg+Ft2+Fj2+Fj1
C================== 空 载 特 性 计 算 ====================
      OPEN(7,FILE='NOLOAD.DAT',STATUS='NEW')
      WRITE(7,17)
 17     FORMAT(1X,23('*'),' 空 载 特 性 ',24('*')/)
      NFIg=INT(FIg1*1.E+4-1)
      DO 18 KK1=1,6
      FIg10=(NFIg+(KK1-1)*0.5)*1.E-4
      Bg0=FIg10*1.E+4/(ALFAI*TAO*Lef)
      Fg0=1.6*Kg*g*Bg0*1.E+4
      Bt20=t2*Lef*Bg0/(Vbt2*La*KFe)
      Bj20=FIg10*1.E+4/(2.*KFe*hj21*La)
      IF(DSCL.EQ.1) THEN
        CALL YYCZ(150,Bt20,BD23,HD23,Ht20)
        CALL YYCZ(150,Bj20,BD23,HD23,Hj20)
      ELSE IF(DSCL.EQ.2) THEN
```

```
    CALL YYCZ(21, Bt20, BD25, HD25, Ht20)
    CALL YYCZ(21, Bj20, BD25, HD25, Hj20)
   ELSE IF(DSCL.EQ.3) THEN
    CALL YYCZ(150, Bt20, BD24, HD24, Ht20)
    CALL YYCZ(150, Bj20, BD24, HD24, Hj20)
   ELSE IF(DSCL.EQ.4) THEN
    CALL YYCZ(150, Bt20, BD21, HD21, Ht20)
    CALL YYCZ(150, Bj20, BD21, HD21, Hj20)
   ELSE IF(DSCL.EQ.5) THEN
    CALL YYCZ(150, Bt20, BW10, HW10, Ht20)
    CALL YYCZ(150, Bj20, BW10, HW10, Hj20)
  END IF
  Ft20=2.*Ht20*ht
  Fj20=Hj20*Lj2
  Bj10=SIGMA0*FIg10*1.E+4/(2.*hj*Lj)
  IF(JZCL.EQ.1) THEN
    CALL YYCZ(160, Bj10, BZG, HZG, HJ10)
   ELSE IF(JZCL.EQ.2) THEN
    CALL YYCZ(77, Bj10, BZT, HZT, HJ10)
  END IF
  Fj10=HJ10*Lj1
  SUMF0=Fg0+Ft20+Fj20+Fj10
  FIgM=SIGMA0*FIg10
  FFII1(KK1)=FIg10
  BBB1(KK1)=Bg0
  FFF1(KK1)=Fg0
  BBB2(KK1)=Bt20
  BBB3(KK1)=Bj20
  HHH2(KK1)=Ht20
  HHH3(KK1)=Hj20
  FFF2(KK1)=Ft20
  FFF3(KK1)=Fj20
  BBB4(KK1)=Bj10
  HHH4(KK1)=HJ10
  FFF4(KK1)=Fj10
  FFF5(KK1)=SUMF0
  FFII2(KK1)=FIgM
18     CONTINUE
```

```
      WRITE(7,71)  (FFII1(L),L=1,KK1-1)
      WRITE(7,72)  (BBB1(L),L=1,KK1-1)
      WRITE(7,73)  (FFF1(L),L=1,KK1-1)
      WRITE(7,74)  (BBB2(L),L=1,KK1-1)
      WRITE(7,76)  (HHH2(L),L=1,KK1-1)
      WRITE(7,78)  (FFF2(L),L=1,KK1-1)
      WRITE(7,75)  (BBB3(L),L=1,KK1-1)
      WRITE(7,77)  (HHH3(L),L=1,KK1-1)
      WRITE(7,79)  (FFF3(L),L=1,KK1-1)
      WRITE(7,80)  (BBB4(L),L=1,KK1-1)
      WRITE(7,81)  (HHH4(L),L=1,KK1-1)
      WRITE(7,82)  (FFF4(L),L=1,KK1-1)
      WRITE(7,83)  (FFF5(L),L=1,KK1-1)
      WRITE(7,84)  (FFII2(L),L=1,KK1-1)
      WRITE(7,1)
71       FORMAT(2X,'Φδ  (Wb)',1X,6(E8.2)/)
72       FORMAT(2X,'Bδ  (T)',2X,6(3X,F5.3)/)
73       FORMAT(2X,'Fδ  (F)',2X,6(2X,F6.1)/)
74       FORMAT(2X,'Bt2  (T)',2X,6(3X,F5.3)/)
75       FORMAT(2X,'Bj2  (T)',2X,6(3X,F5.3)/)
76       FORMAT(2X,'Ht2  (A/cm)',1X,6(F6.1,2X)/)
77       FORMAT(2X,'Hj2  (A/cm)',1X,6(F6.1,2X)/)
78       FORMAT(2X,'Ft2  (A)',2X,6(2X,F6.1)/)
79       FORMAT(2X,'Fj2  (A)',2X,6(2X,F6.1)/)
80       FORMAT(2X,'Bj1  (T)',2X,6(3X,F5.3)/)
81       FORMAT(2X,'HJ1  (A/cm)',1X,6(F6.1,2X)/)
82       FORMAT(2X,'Fj1  (A)',2X,6(2X,F6.1)/)
83       FORMAT(2X,'∑F  (A)',2X,6(2X,F6.1)/)
84       FORMAT(2X,'ΦM  (Wb)',1X,6(E8.2))
C==================== 工 作 点 计 算 ====================
      NUMDAG=FIg1/SUMF
      AM=PAI/(2.*p)*ALFAP*LM*(DMi+hM)
      NUMDAB=Br*AM/(2.*hM*HC)*1.E-5
      LUMDAG=NUMDAG/NUMDAB
      LUMDAN=SIGMA0*LUMDAG
      FadN=BBETA*AX
      FasN=0.025*AX
```

```
      Fa=FadN+FasN
      Fa1=2. *Fa*1. E-1/ (2. *hM*HC*SIGMA0)
      bMN=LUMDAN* (1. -Fa1) / (1. +LUMDAN)
      hMN= (LUMDAN*Fa1+1. ) / (1. +LUMDAN)
      FIg=bMN*Br*AM/SIGMA*1. E-4
      ERR=ABS ( (FIg-FIg1) /FIg1)
      IF (ABS ( (FIg-FIg1) /FIg1). GE. 0. 005)  THEN
        FIg1= (FIg1+FIg) /2.
        GOTO 10
      END IF
C==================== 换 向 计 算 ====================
      E=UN-DELTUb-I1*Raw
      RPM=60. *a*E/ (p*FIg1*N)
      Va=PAI*Da*RPM/6000.
      Jb=I1/ (NPB*Nb*Ab)
      VK=PAI*DK*RPM/6000.
      LUMDAE=0. 75*Lav/ (2. *La)
      LUMDAZ=0. 92*ALOG10 (PAI*t2/b02)
      CALL  CLCD (CX, b02, h02, d1, h2, h22, d2, LUMDAS)
      SUMLMD=LUMDAS+LUMDAE+LUMDAZ
      Er=2. *Ws*Va*AX*La*SUMLMD*1. E-6
      IF (YCCL. EQ. 2)  THEN
       hM1=hM/MUr* (DMi-g) / (DMi+hM)
       Gaq=g+MUr*hM1
       Baq=PAI*Da*AX/ (2. *p) * (1. -2. *p/K*bb/tK) *4. *PAI
     &            *1. E-7/Gaq*1. E+2
      ELSE
       Baq=4. *PAI*1. E-7*AX*TAO/ (2. * (g+hM) ) *1. E+2
      END IF
      Ea=2. *Ws*Va*La*Baq*1. E-2
      SUME=Er+Ea
      bb1=Da/DK*bb
      tK1=Da/DK*tK
      bKr=bb1+ (K/Q+K/ (2. *p) -y1-a/p) *tK1
      HXQKB=bKr/TAO/ (1. -ALFAP)
C================= 最 大 去 磁 点 核 算 ================
      IF (TSGK1. EQ. 1)  THEN
        Imax1= (UN-DELTUb) /Ra20
```

```
      AXmax1=N*Imax1/(2.*a*PAI*Da)
      FadM1=BBETA*AXmax1
      FasM1=0.025*AXmax1
      FaqM1=ALFAP*TAO*AXmax1/2.
      SUMFA1=2.*(FadM1+FasM1+FaqM1)
    END IF
    IF(TSGK2.EQ.1) THEN
      Imax2=(UN-DELTUb)/Raw
      AXmax2=N*Imax2/(2.*a*PAI*Da)
      FadM2=BBETA*AXmax2
      FasM2=0.025*AXmax2
      FaqM2=ALFAP*TAO*AXmax2/2.
      SUMR=2.*Ws*Lav*ROU/ACua+DELTUb/IN
      FK2=bKr*N**2*Ws*La*RPM*Imax2*SUMLMD*1.E-8
  &          /(2.*60.*a*PAI*Da*SUMR)
      SUMFA2=2.*(FadM2+FasM2+FaqM2+FK2)
    END IF
    IF(TSGK3.EQ.1) THEN
      Imax3=(E-DELTUb)/Raw
      AXmax3=N*Imax3/(2.*a*PAI*Da)
      FadM3=BBETA*AXmax3
      FasM3=0.025*AXmax3
      FaqM3=ALFAP*TAO*AXmax3/2.
      SUMFA3=2.*(FadM3+FasM3+FaqM3)
    END IF
    IF(TSGK4.EQ.1) THEN
      Imax4=(UN+E-DELTUb)/Raw
      AXmax4=N*Imax4/(2.*a*PAI*Da)
      FadM4=BBETA*AXmax4
      FasM4=0.025*AXmax4
      FaqM4=ALFAP*TAO*AXmax4/2.
      SUMR=2.*Ws*Lav*ROU/ACua+DELTUb/IN
      FK4=bKr*N**2*Ws*La*RPM*Imax4*SUMLMD*1.E-8
  &          /(2.*60.*a*PAI*Da*SUMR)
      SUMFA4=2.*(FadM4+FasM4+FaqM4+FK4)
    END IF
    SUMFAM=Amax1(SUMFA1,SUMFA2,SUMFA3,SUMFA4)
```

```
      FAM1=SUMFAM*1.E-1/(SIGMA0*HC*2.*hM)
      bMh=LUMDAN*(1.-FAM1)/(1.+LUMDAN)
      hMh=(LUMDAN*FAM1+1.)/(1.+LUMDAN)
C=================== 工 作 特 性 计 算 ====================
      pCua=I1**2*Raw
      pb=I1*DELTUb
      mt2=7.8*1.E-3*KFe*La*(PAI/4.*(Da**2-(Da-2.*ht)**2)
     &      -Q*As)
      mj2=7.8*1.E-3*KFe*La*PAI/4.*((Da-2.*ht)**2-D0**2)
      IF(DSCL.EQ.1) THEN
        CALL YYCZ(150,Bt2,BD234,PD234,PKET)
        CALL YYCZ(150,Bj2,BD234,PD234,PKEJ)
       ELSE IF(DSCL.EQ.2) THEN
         CALL YYCZ(22,Bt2,BPD25,PD25,PKET)
         CALL YYCZ(22,Bj2,BPD25,PD25,PKEJ)
       ELSE IF(DSCL.EQ.3) THEN
         CALL YYCZ(150,Bt2,BD234,PD234,PKET)
         CALL YYCZ(150,Bj2,BD234,PD234,PKEJ)
       ELSE IF(DSCL.EQ.4) THEN
         CALL YYCZ(150,Bt2,BPD21,PD21,PKET)
         CALL YYCZ(150,Bj2,BPD21,PD21,PKEJ)
       ELSE IF(DSCL.EQ.5) THEN
         CALL YYCZ(150,Bt2,BW10,PW10,PKET)
         CALL YYCZ(150,Bj2,BW10,PW10,PKEJ)
      END IF
      F=p*RPM/60.
      pFe=2.5*(F/50.)**1.3*(PKET*mt2+PKEJ*mj2)
      pKbm=2.*0.25*3.5*Ab*NPB*VK
      pbwf=0.04*PN
      pfw=pKbm+pbwf
      SUMp=pCua+pb+pFe+pfw
      P1=PN+SUMp
      eff=PN/P1*100.
      I=P1/UN
       EERR2=ABS((I-I1)/I1)
      IF(ABS((I-I1)/I1).GT.0.01) THEN
        I1=(I+I1)/2.
        GOTO 20
```

```
      END IF
      Ist=(UN-DELTUb)/Ra20
      Istb=Ist/IN
      Tst=p*N*FIg1/(2.*PAI*a)*Ist
      T=9.549*P2/RPM
      TN=9.549*PN/nN
      Tstb=Tst/TN
C================= 输 出 计 算 结 果 ====================
      OPEN(4,FILE='EDDOUT.DAT',STATUS='NEW')
      WRITE(4,11) PN
      WRITE(4,91) PN,UN,IN,nN,TstbN
91      FORMAT(1X,22('-'),' 性 能 要 求 ',22('-')/
     &  3X,'PN=',F5.0,1X,'(W)',3X,'UN=',F5.0,1X,
     & '(V)',3X,'IN=',F5.0,1X,'(A)',3X,'nN=',F5.0,'r/min'/
     &  3X,'TstbN=',F3.1)
      WRITE(4,92) eff,P1,I1,RPM,Tst,Tstb,Ist,Istb,E,TEMP,TN
92      FORMAT(1X,21('-'),' 性 能 计 算 结 果 ',20('-')/
     &  3X,'η=',F5.2,'%',6X,'P1=',F5.0,1X,'(W)',
     &  3X,'I1=',F5.0,1x,'(A)',3X,'n=',F5.0,1X,'r/min'/
     &  3X,'Tst=',F5.2,'N.m',3X,'Tstb=',F5.1,5X,'Ist=',
     &  F4.1,1x,'(A)',3X,'Istb=',F4.1/
     &  3X,'E=',F5.1,1X,'(V)',4X,'TEMP=',F3.0,'(℃)',
     &  3X,'TN=',F5.2,1X,'N.M')
      WRITE(4,93) Dj,hj,Lj,YCCL,p,hM,LM,ALFAP,Br,HC,
     &                ALFABr,MUr
93      FORMAT(1X,17('-'),' 定子尺寸及永磁体性能数据 ',
     &  17('-')/3X,'Dj=',F4.1,1X,'(cm)',3X,'hj=',F4.1,1X,
     &  '(cm)',3X,'Lj=',F4.1,1X,'(cm)',3X,'YCCL=',I2/
     &  3X,'p=',F3.0,10X,'hM=',F4.1,1X,'(cm)',3X,'LM=',
     &  F4.1,1X,'(cm)',3X,'αp=',F4.3,1X/
     &  3X,'Br=',F4.2,1X,'(T)',4X,'Hc=',F5.1,'kA/m',3X,
     &  'αBr=',F5.2,'%/K',2X,'μr=',F5.3)
      WRITE(4,94) Da,D0,La,g,CX,Q,b02,h02,r21,r22,r23,h2,
     &                d1,h22,d2,d3
94    FORMAT(1X,18('-'),' 转子结构尺寸及槽形数据 ',18('-')/
     &  3X,'Da=',F4.1,1X,'(cm)',3X,'D0=',F4.1,1X,'(cm)',
     &  3X,'La=',F4.1,1X,'(cm)',3X,'δ=',F5.3,1X,'(cm)'/
```

```
      &  3X, 'CX=', I2, 10X, 'Q=', F3. 0, 10X, 'b02=', F3. 2, 1X, '(cm)',
      &  3X, 'h02=', F4. 3, 1X, '(cm)'/
      &  3X, 'r21=', F4. 3, '(cm)', 3X, 'r22=', F4. 3, '(cm)',
      &  3X, 'r23=', F4. 3, '(cm)', 3X, 'h2=', F5. 3, 1X, '(cm)'/
      &  3X, 'd1=', F5. 3, '(cm)', 3X, 'h22=', F4. 3, '(cm)',
      &  3X, 'd2=', F5. 3, '(cm)', 3X, 'd3=', F5. 3, 1X, '(cm)')
      WRITE(4, 95)  u, Ws, NS, a, Nt, d, Sf, Lav, Raw, Ra20, AX, J2
95    FORMAT(1X, 21('-'), '绕  组  数  据', 20('-')/
      &  3X, 'u=', F3. 0, 10X, 'Ws=', I4, 8X, 'Ns=', I5, 7X, 'a=', F3. 0/
      &  3X, 'Nt=', I2, 10X, 'd=', F5. 3, 1X, '(mm)',
      &  3X, 'Sf=', F5. 2, '%', 6X, 'Lav=', F4. 1, 1X, '(cm)'/
      &  3X, 'Raw=', F5. 2, 1X, 'Ω', 3X, 'Ra20=', F4. 2, 1X, 'Ω',
      &  3X, 'A=', F5. 1, '(A/m)', 3X, 'J2=', F4. 2, 'A/mm^2')
      WRITE(4, 96)  DK, LK, K, VK, Nb, NPB, Lb, bb, DELTUb, Er, Ea,
      &             SUME, bKr, HXQKB
96    FORMAT(1X, 17('-'), '换向器数据及换向计算结果',
      &  17('-')/
      &  3X, 'Dk=', F4. 1, 1X, '(cm)', 3X, 'Lk=', F4. 1, 1X, '(cm)',
      &  3X, 'K=', I3, 10X, 'Vk=', F4. 0, 1X, '(m/s)'/
      &  3X, 'Nb=', I3, 9X, 'NPB=', I3, 8X, 'Lb=', F5. 2, '(cm)',
      &  3X, 'bb=', F5. 2, 1X, '(cm)'/
      &  3X, 'ΔUb=', F4. 2, '(V)', 3X, 'Er=', F5. 3, 1X, '(V)',
      &  3X, 'Ea=', F5. 3, 1X, '(V)', 3X, '∑e=', F5. 3, 1X, '(V)'/
      &  3X, 'bKr=', F5. 2, 1X, 'cm', 3X, 'HXQKB=', F5. 3)
      WRITE(4, 97)  bMN, bMh, FIg1, SIGMA0,
      &             Bg, Bt2, Bj2, Bj1,
      &             Fg, Ft2, Fj2, Fj1, SUMF
97    FORMAT(1X, 21('-'), '磁 路 计 算 结 果', 20('-')/
      &  3X, 'bMN=', F5. 3, 6X, 'bMh=', F5. 3, 6X, 'Φ=', E8. 2, 'Wb',
      &  2X, 'σ0=', F5. 3/
      &  3X, 'Bδ=', F5. 3, '(T)', 3X, 'Bt2=', F5. 3, '(T)',
      &  3X, 'Bj2=', F5.3, '(T)', 3X, 'Bj1=', F5. 3, '(T)'/
      &  3X, 'Fδ=', F5. 1, '(A)', 3X, 'Ft2=', F5. 1, '(A)',
      &  3X, 'Fj2=', F5. 1, '(A)', 3X, 'Fj1=', F5. 1, '(A)'/
      &  3X, '∑F=', F6. 1, 'A')
      WRITE(4, 98)  pCua, pFe, pfw, pb, SUMp
98    FORMAT(1X, 21('-'), '损 耗 计 算 结 果', 20('-')/
      &  3X, 'pCua=', F5. 1, 1X, 'W', 3X, 'pFe=', F5. 1, 1X, 'W',
```

```
      &  4X, 'pfw=', F5.1, 1x, 'W', 4X, 'pb=', F5.1, 'W'/
      &  3X, '∑p=', f6.1, 1x, 'W')
     WRITE(4,1)
11        FORMAT(1X,60('*')/
      &  ('*'),18(' '),'永磁直流电动机电磁方案',
      &  18(' '),('*')/('*'),25X,f5.0,1x,'W',26(' '),('*')/
      &  1X,60('*'))
1         FORMAT(1X,60('*'))
C========== 不 同 负 载 率 的 工 作 特 性 计 算 ==========
      OPEN(2,FILE='TXOUT.DAT',STATUS='NEW')
     WRITE(2,12)
     WRITE(2,8)
12    FORMAT(1X,15('*'),' 不 同 负 载 率 的 工 作 特 性 ',
      &  14('*')/)
8     FORMAT(3X,'I/IN',2X,'P2(W)',2X,'E(V)',2X,'n(r/min)',
      &            2X,'∑P(W)',3X,'η(%)',2X,'T2(N·m)'/)
     DO 500 KKK=2,12
       I1=KKK*0.1*IN
       E=UN-DELTUb-I1*Raw
       RPM=60.*a*E/(p*FIg1*N)
       VK=PAI*DK*RPM/6000.
       F=p*RPM/60.
       pCua=I1**2*Raw
       pb=I1*DELTUb
       pFe=2.5*(F/50.)**1.3*(PKET*mt2+PKEJ*mj2)
       pKbm=2.*0.25*3.5*Ab*NPB*VK
       pbwf=0.04*PN*RPM/nN
       pfw=pKbm+pbwf
       SUMp=pCua+pb+pFe+pfw
       P1=UN*I1
       P2=P1-SUMp
       eff=P2/P1*100.
       T=9.549*P2/RPM
       WRITE(2,7) I1/IN,P2,E,RPM,SUMp,eff,T
7          FORMAT(3X,F3.1,2X,F6.2,1X,F5.1,3X,F6.1,3X,F6.2,
      &               4X,F5.2,1X,F6.3/)
500   CONTINUE
```

```
      WRITE(2,1)
      CLOSE(2)

C==========================================================
C============ 读入曲线图表离散点数据 ============
C==========================================================

C---------------- DW315-50 磁化损耗曲线 ----------------
      DATA HW10/0.60,0.62,0.63,0.65,0.66,0.68,0.69,0.71,
     &    0.72,0.74,0.75,0.76,0.77,0.78,0.79,0.80,0.82,0.84,
     &    0.86,0.88,0.90,0.92,0.95,0.97,1.00,1.02,1.05,1.07,
     &    1.10,1.12,1.15,1.18,1.21,1.24,1.27,1.30,1.33,1.36,
     &    1.39,1.42,1.45,1.48,1.51,1.54,1.57,1.60,1.64,1.68,
     &    1.72,1.75,1.79,1.83,1.87,1.92,1.96,2.00,2.05,2.10,
     &    2.16,2.21,2.26,2.32,2.38,2.44,2.50,2.56,2.62,2.68,
     &    2.75,2.81,2.87,2.95,3.03,3.11,3.19,3.27,3.37,3.47,
     &    3.56,3.66,3.76,3.80,4.00,4.15,4.30,4.45,4.60,4.85,
     &    5.10,5.55,6.00,6.50,7.00,7.50,8.00,8.50,9.00,9.50,
     &    10.0,10.7,11.3,12.2,13.0,14.1,15.2,16.5,17.8,19.4,
     &    21.0,23.5,26.0,28.5,31.0,34.0,37.0,40.0,43.0,46.5,
     &    50.0,54.0,58.0,62.0,66.0,70.3,74.5,78.8,83.0,87.3,
     &    91.5,95.8,100.,106.,112.,118.,124.,131.,137.,144.,
     &    151.,158.,165.,172.,179.,186.,193.,200.,207.,214.,
     &    221.,228./
      DATA PW10/0.23,0.25,0.26,0.27,0.29,0.30,0.31,0.32,
     &    0.34,0.35,0.36,0.38,0.39,0.40,0.42,0.43,0.44,0.45,
     &    0.47,0.48,0.49,0.51,0.52,0.53,0.56,0.57,0.58,0.61,
     &    0.62,0.64,0.65,0.68,0.69,0.70,0.73,0.74,0.75,0.78,
     &    0.80,0.82,0.84,0.86,0.88,0.90,0.92,0.94,0.95,0.97,
     &    0.99,1.01,1.03,1.05,1.06,1.08,1.10,1.12,1.14,1.16,
     &    1.18,1.21,1.24,1.27,1.29,1.31,1.34,1.36,1.39,1.42,
     &    1.44,1.47,1.49,1.52,1.55,1.57,1.60,1.64,1.66,1.69,
     &    1.71,1.74,1.78,1.84,1.88,1.92,1.96,2.00,2.04,2.08,
     &    2.10,2.12,2.14,2.18,2.22,2.26,2.30,2.34,2.38,2.40,
     &    2.44,2.48,2.52,2.56,2.60,2.64,2.68,2.70,2.74,2.78,
     &    2.82,2.86,2.90,2.95,3.00,3.05,3.10,3.17,3.22,3.27,
     &    3.34,3.39,3.45,3.51,3.57,3.62,3.68,3.74,3.79,3.84,
     &    3.91,3.96,4.01,4.08,4.13,4.18,4.23,4.30,4.35,4.40,
     &    4.47,4.52,4.57,4.64,4.69,4.74,4.81,4.86,4.91,4.96,
```

```
&     5.03,5.08/
      DATA BW10/0.40,0.41,0.42,0.43,0.44,0.45,0.46,0.47,
&     0.48,0.49,0.50,0.51,0.52,0.53,0.54,0.55,0.56,0.57,
&     0.58,0.59,0.60,0.61,0.62,0.63,0.64,0.65,0.66,0.67,
&     0.68,0.69,0.70,0.71,0.72,0.73,0.74,0.75,0.76,0.77,
&     0.78,0.79,0.80,0.81,0.82,0.83,0.84,0.85,0.86,0.87,
&     0.88,0.89,0.90,0.91,0.92,0.93,0.94,0.95,0.96,0.97,
&     0.98,0.99,1.00,1.01,1.02,1.03,1.04,1.05,1.06,1.07,
&     1.08,1.09,1.10,1.11,1.12,1.13,1.14,1.15,1.16,1.17,
&     1.18,1.19,1.20,1.21,1.22,1.23,1.24,1.25,1.26,1.27,
&     1.28,1.29,1.30,1.31,1.32,1.33,1.34,1.35,1.36,1.37,
&     1.38,1.39,1.40,1.41,1.42,1.43,1.44,1.45,1.46,1.47,
&     1.48,1.49,1.50,1.51,1.52,1.53,1.54,1.55,1.56,1.57,
&     1.58,1.59,1.60,1.61,1.62,1.63,1.64,1.65,1.66,1.67,
&     1.68,1.69,1.70,1.71,1.72,1.73,1.74,1.75,1.76,1.77,
&     1.78,1.79,1.80,1.81,1.82,1.83,1.84,1.85,1.86,1.87,
&     1.88,1.89/
C--------------- DR550-50 磁化损耗曲线 ---------------
      DATA HD21/1.40,1.43,1.46,1.49,1.52,1.55,1.58,1.61,
&     1.64,1.67,1.71,1.75,1.79,1.83,1.87,1.91,1.95,1.99,
&     2.03,2.07,2.12,2.17,2.22,2.27,2.32,2.37,2.42,2.48,
&     2.54,2.60,2.67,2.74,2.81,2.88,2.95,3.02,3.09,3.16,
&     3.24,3.32,3.40,3.48,3.56,3.64,3.72,3.80,3.89,3.98,
&     4.07,4.16,4.25,4.35,4.45,4.55,4.65,4.76,4.88,5.00,
&     5.12,5.24,5.36,5.49,5.62,5.75,5.88,6.02,6.16,6.30,
&     6.45,6.60,6.75,6.91,7.08,7.26,7.45,7.65,7.86,8.08,
&     8.31,8.55,8.80,9.06,9.33,9.61,9.90,10.2,10.5,10.9,
&     11.2,11.6,12.0,12.5,13.0,13.5,14.0,14.5,15.0,15.6,
&     16.2,16.8,17.4,18.2,18.9,19.8,20.6,21.6,22.6,23.8,
&     25.0,26.4,28.0,29.7,31.5,33.7,36.0,38.5,41.3,44.0,
&     47.0,50.0,52.9,55.9,59.0,62.1,65.3,69.2,72.8,76.6,
&     80.4,84.2,88.0,92.0,95.6,100,105,110,115,120,126,
&     132,138,145,152,159,166,173,181,189,197,205/
      DATA BD21/0.40,0.41,0.42,0.43,0.44,0.45,0.46,0.47,
&     0.48,0.49,0.50,0.51,0.52,0.53,0.54,0.55,0.56,0.57,
&     0.58,0.59,0.60,0.61,0.62,0.63,0.64,0.65,0.66,0.67,
&     0.68,0.69,0.70,0.71,0.72,0.73,0.74,0.75,0.76,0.77,
```

```
&     0.78, 0.79, 0.80, 0.81, 0.82, 0.83, 0.84, 0.85, 0.86, 0.87,
&     0.88, 0.89, 0.90, 0.91, 0.92, 0.93, 0.94, 0.95, 0.96, 0.97,
&     0.98, 0.99, 1.00, 1.01, 1.02, 1.03, 1.04, 1.05, 1.06, 1.07,
&     1.08, 1.09, 1.10, 1.11, 1.12, 1.13, 1.14, 1.15, 1.16, 1.17,
&     1.18, 1.19, 1.20, 1.21, 1.22, 1.23, 1.24, 1.25, 1.26, 1.27,
&     1.28, 1.29, 1.30, 1.31, 1.32, 1.33, 1.34, 1.35, 1.36, 1.37,
&     1.38, 1.39, 1.40, 1.41, 1.42, 1.43, 1.44, 1.45, 1.46, 1.47,
&     1.48, 1.49, 1.50, 1.51, 1.52, 1.53, 1.54, 1.55, 1.56, 1.57,
&     1.58, 1.59, 1.60, 1.61, 1.62, 1.63, 1.64, 1.65, 1.66, 1.67,
&     1.68, 1.69, 1.70, 1.71, 1.72, 1.73, 1.74, 1.75, 1.76, 1.77,
&     1.78, 1.79, 1.80, 1.81, 1.82, 1.83, 1.84, 1.85, 1.86, 1.87,
&     1.88, 1.89/
   DATA PD21/0.82, 0.84, 0.88, 0.91, 0.94, 0.97, 1.00, 1.03,
&     1.06, 1.09, 1.12, 1.16, 1.19, 1.22, 1.25, 1.29, 1.31, 1.35,
&     1.38, 1.42, 1.44, 1.48, 1.51, 1.55, 1.57, 1.61, 1.65, 1.68,
&     1.71, 1.74, 1.77, 1.82, 1.84, 1.87, 1.91, 1.95, 1.97, 2.01,
&     2.05, 2.08, 2.12, 2.16, 2.19, 2.23, 2.27, 2.31, 2.35, 2.40,
&     2.44, 2.48, 2.53, 2.58, 2.62, 2.68, 2.73, 2.78, 2.83, 2.90,
&     2.95, 3.01, 3.08, 3.14, 3.21, 3.27, 3.34, 3.42, 3.48, 3.55,
&     3.62, 3.70, 3.77, 3.84, 3.91, 3.99, 4.06, 4.14, 4.22, 4.30,
&     4.38, 4.45, 4.53, 4.61, 4.68, 4.77, 4.84, 4.92, 5.00, 5.08,
&     5.16, 5.23, 5.31, 5.39, 5.47, 5.55, 5.62, 5.71, 5.79, 5.87,
&     5.95, 6.03, 6.12, 6.19, 6.27, 6.35, 6.44, 6.52, 6.60, 6.68,
&     6.74, 6.83, 6.90, 6.97, 7.05, 7.13, 7.21, 7.29, 7.36, 7.44,
&     7.52, 7.60, 7.68, 7.75, 7.83, 7.91, 8.00, 8.09, 8.17, 8.26,
&     8.36, 8.44, 8.55, 8.65, 8.75, 8.86, 8.96, 9.08, 9.19, 9.31,
&     9.43, 9.55, 9.66, 9.79, 9.91, 10.0, 10.1, 10.2, 10.4, 10.5,
&     10.6, 10.8/
   DATA BPD21/0.50, 0.51, 0.52, 0.53, 0.54, 0.55, 0.56, 0.57,
&     0.58, 0.59, 0.60, 0.61, 0.62, 0.63, 0.64, 0.65, 0.66, 0.67,
&     0.68, 0.69, 0.70, 0.71, 0.72, 0.73, 0.74, 0.75, 0.76, 0.77,
&     0.78, 0.79, 0.80, 0.81, 0.82, 0.83, 0.84, 0.85, 0.86, 0.87,
&     0.88, 0.89, 0.90, 0.91, 0.92, 0.93, 0.94, 0.95, 0.96, 0.97,
&     0.98, 0.99, 1.00, 1.01, 1.02, 1.03, 1.04, 1.05, 1.06, 1.07,
&     1.08, 1.09, 1.10, 1.11, 1.12, 1.13, 1.14, 1.15, 1.16, 1.17,
&     1.18, 1.19, 1.20, 1.21, 1.22, 1.23, 1.24, 1.25, 1.26, 1.27,
&     1.28, 1.29, 1.30, 1.31, 1.32, 1.33, 1.34, 1.35, 1.36, 1.37,
&     1.38, 1.39, 1.40, 1.41, 1.42, 1.43, 1.44, 1.45, 1.46, 1.47,
```

```
&    1.48,1.49,1.50,1.51,1.52,1.53,1.54,1.55,1.56,1.57,
&    1.58,1.59,1.60,1.61,1.62,1.63,1.64,1.65,1.66,1.67,
&    1.68,1.69,1.70,1.71,1.72,1.73,1.74,1.75,1.76,1.77,
&    1.78,1.79,1.80,1.81,1.82,1.83,1.84,1.85,1.86,1.87,
&    1.88,1.89,1.90,1.91,1.92,1.93,1.94,1.95,1.96,1.97,
&    1.98,1.99/
C------------- DR510-50 磁化曲线 -------------
      DATA HD23/1.38,1.40,1.42,1.44,1.46,1.48,1.50,1.52,
&    1.54,1.56,1.58,1.60,1.62,1.64,1.66,1.69,1.71,1.74,
&    1.76,1.78,1.81,1.84,1.86,1.89,1.91,1.94,1.97,2.00,
&    2.03,2.06,2.10,2.13,2.16,2.20,2.24,2.28,2.32,2.36,
&    2.40,2.45,2.50,2.55,2.60,2.65,2.70,2.76,2.81,2.87,
&    2.93,2.99,3.06,3.13,3.19,3.26,3.33,3.41,3.49,3.57,
&    3.65,3.74,3.83,3.92,4.01,4.11,4.22,4.33,4.44,4.56,
&    4.67,4.80,4.93,5.07,5.21,5.36,5.52,5.68,5.84,6.00,
&    6.16,6.38,6.52,6.72,6.94,7.16,7.38,7.62,7.86,8.10,
&    8.36,8.62,8.90,9.20,9.50,9.80,10.1,10.5,10.9,11.3,
&    11.7,12.1,12.6,13.1,13.6,14.2,14.8,15.5,16.3,17.1,
&    18.1,19.1,20.1,21.2,22.4,23.7,25.0,26.7,28.5,30.4,
&    32.6,35.1,37.8,40.7,43.7,46.8,50.0,53.4,56.8,60.4,
&    64.0,67.8,72.0,76.4,80.8,85.4,90.2,95.0,100,105,
&    110,116,122,128,134,140,146,152,158,165,172,180/
      DATA BD23/0.40,0.41,0.42,0.43,0.44,0.45,0.46,0.47,
&    0.48,0.49,0.50,0.51,0.52,0.53,0.54,0.55,0.56,0.57,
&    0.58,0.59,0.60,0.61,0.62,0.63,0.64,0.65,0.66,0.67,
&    0.68,0.69,0.70,0.71,0.72,0.73,0.74,0.75,0.76,0.77,
&    0.78,0.79,0.80,0.81,0.82,0.83,0.84,0.85,0.86,0.87,
&    0.88,0.89,0.90,0.91,0.92,0.93,0.94,0.95,0.96,0.97,
&    0.98,0.99,1.00,1.01,1.02,1.03,1.04,1.05,1.06,1.07,
&    1.08,1.09,1.10,1.11,1.12,1.13,1.14,1.15,1.16,1.17,
&    1.18,1.19,1.20,1.21,1.22,1.23,1.24,1.25,1.26,1.27,
&    1.28,1.29,1.30,1.31,1.32,1.33,1.34,1.35,1.36,1.37,
&    1.38,1.39,1.40,1.41,1.42,1.43,1.44,1.45,1.46,1.47,
&    1.48,1.49,1.50,1.51,1.52,1.53,1.54,1.55,1.56,1.57,
&    1.58,1.59,1.60,1.61,1.62,1.63,1.64,1.65,1.66,1.67,
&    1.68,1.69,1.70,1.71,1.72,1.73,1.74,1.75,1.76,1.77,
&    1.78,1.79,1.80,1.81,1.82,1.83,1.84,1.85,1.86,1.87,
```

```
&    1.88,1.89/
C------------------ DR490-50 磁化曲线 ------------------
     DATA HD24/1.37,1.38,1.40,1.42,1.44,1.46,1.48,1.50,
&    1.52,1.54,1.56,1.58,1.60,1.62,1.64,1.66,1.68,1.70,
&    1.72,1.75,1.77,1.79,1.81,1.84,1.87,1.89,1.92,1.94,
&    1.97,2.00,2.03,2.06,2.09,2.12,2.16,2.20,2.23,2.27,
&    2.31,2.35,2.39,2.43,2.48,2.52,2.57,2.62,2.67,2.73,
&    2.79,2.85,2.91,2.97,3.03,3.10,3.17,3.24,3.31,3.39,
&    3.47,3.55,3.63,3.71,3.79,3.88,3.97,4.06,4.16,4.26,
&    4.37,4.48,4.60,4.72,4.86,5.00,5.14,5.29,5.44,5.60,
&    5.76,5.92,6.10,6.28,6.46,6.65,6.85,7.05,7.25,7.46,
&    7.68,7.90,8.14,8.40,8.68,8.96,9.26,9.58,9.86,10.2,
&    10.6,11.0,11.4,11.8,12.3,12.8,13.3,13.8,14.4,15.0,
&    15.7,16.4,17.2,18.0,18.9,19.9,20.9,22.1,23.5,25.0,
&    26.8,28.6,30.7,33.0,35.6,38.2,41.1,44.0,47.0,50.0,
&    53.5,57.5,61.5,66.0,70.5,75.0,79.7,84.5,89.5,94.7,
&    100,105,110,116,122,128,134,141,148,155,162,170/
     DATA BD24/0.40,0.41,0.42,0.43,0.44,0.45,0.46,0.47,
&    0.48,0.49,0.50,0.51,0.52,0.53,0.54,0.55,0.56,0.57,
&    0.58,0.59,0.60,0.61,0.62,0.63,0.64,0.65,0.66,0.67,
&    0.68,0.69,0.70,0.71,0.72,0.73,0.74,0.75,0.76,0.77,
&    0.78,0.79,0.80,0.81,0.82,0.83,0.84,0.85,0.86,0.87,
&    0.88,0.89,0.90,0.91,0.92,0.93,0.94,0.95,0.96,0.97,
&    0.98,0.99,1.00,1.01,1.02,1.03,1.04,1.05,1.06,1.07,
&    1.08,1.09,1.10,1.11,1.12,1.13,1.14,1.15,1.16,1.17,
&    1.18,1.19,1.20,1.21,1.22,1.23,1.24,1.25,1.26,1.27,
&    1.28,1.29,1.30,1.31,1.32,1.33,1.34,1.35,1.36,1.37,
&    1.38,1.39,1.40,1.41,1.42,1.43,1.44,1.45,1.46,1.47,
&    1.48,1.49,1.50,1.51,1.52,1.53,1.54,1.55,1.56,1.57,
&    1.58,1.59,1.60,1.61,1.62,1.63,1.64,1.65,1.66,1.67,
&    1.68,1.69,1.70,1.71,1.72,1.73,1.74,1.75,1.76,1.77,
&    1.78,1.79,1.80,1.81,1.82,1.83,1.84,1.85,1.86,1.87,
&    1.88,1.89/
C------------ DR510-50 DR490-50 损耗曲线 ------------
     DATA PD234/0.70,0.72,0.74,0.76,0.78,0.80,0.82,0.84,
&    0.87,0.89,0.91,0.93,0.96,0.98,1.01,1.03,1.06,1.08,
&    1.11,1.13,1.16,1.19,1.22,1.25,1.28,1.31,1.34,1.37,
```

```
&     1.40,1.43,1.46,1.49,1.52,1.56,1.59,1.62,1.65,1.68,
&     1.72,1.75,1.78,1.81,1.84,1.88,1.91,1.94,1.97,2.00,
&     2.04,2.07,2.10,2.14,2.19,2.23,2.28,2.32,2.36,2.40,
&     2.45,2.49,2.53,2.57,2.62,2.66,2.71,2.75,2.80,2.85,
&     2.90,2.95,3.00,3.05,3.10,3.16,3.21,3.26,3.32,3.38,
&     3.44,3.50,3.56,3.62,3.67,3.73,3.78,3.84,3.91,3.98,
&     4.06,4.13,4.20,4.28,4.36,4.44,4.52,4.60,4.70,4.80,
&     4.90,5.00,5.10,5.22,5.34,5.46,5.58,5.70,5.84,5.98,
&     6.12,6.26,6.40,6.53,6.66,6.80,6.93,7.06,7.18,7.28,
&     7.41,7.52,7.64,7.70,7.77,7.83,7.90,7.96,8.00,8.04,
&     8.07,8.11,8.15,8.24,8.33,8.42,8.51,8.60,8.70,8.80,
&     8.90,9.00,9.10,9.20,9.30,9.40,9.50,9.60,9.74,9.88,
&     10.0,10.2/
  DATA BD234/0.50,0.51,0.52,0.53,0.54,0.55,0.56,0.57,
&     0.58,0.59,0.60,0.61,0.62,0.63,0.64,0.65,0.66,0.67,
&     0.68,0.69,0.70,0.71,0.72,0.73,0.74,0.75,0.76,0.77,
&     0.78,0.79,0.80,0.81,0.82,0.83,0.84,0.85,0.86,0.87,
&     0.88,0.89,0.90,0.91,0.92,0.93,0.94,0.95,0.96,0.97,
&     0.98,0.99,1.00,1.01,1.02,1.03,1.04,1.05,1.06,1.07,
&     1.08,1.09,1.10,1.11,1.12,1.13,1.14,1.15,1.16,1.17,
&     1.18,1.19,1.20,1.21,1.22,1.23,1.24,1.25,1.26,1.27,
&     1.28,1.29,1.30,1.31,1.32,1.33,1.34,1.35,1.36,1.37,
&     1.38,1.39,1.40,1.41,1.42,1.43,1.44,1.45,1.46,1.47,
&     1.48,1.49,1.50,1.51,1.52,1.53,1.54,1.55,1.56,1.57,
&     1.58,1.59,1.60,1.61,1.62,1.63,1.64,1.65,1.66,1.67,
&     1.68,1.69,1.70,1.71,1.72,1.73,1.74,1.75,1.76,1.77,
&     1.78,1.79,1.80,1.81,1.82,1.83,1.84,1.85,1.86,1.87,
&     1.88,1.89,1.90,1.91,1.92,1.93,1.94,1.95,1.96,1.97,
&     1.98,1.99/
C-------------- DR420-50 磁化损耗曲线 --------------
  DATA HD25/3.00,3.30,3.74,4.27,4.90,5.50,6.50,7.50,
&     8.90,10.5,13.2,16.4,20.4,25.2,30.5,36.0,42.4,50.0,
&     58.0,67.0,77.0/
  DATA BD25/1.225,1.250,1.275,1.300,1.325,1.350,
&     1.375,1.400,1.425,1.450,1.475,1.500,1.525,1.550,
&     1.575,1.600,1.625,1.650,1.675,1.700,1.725/
  DATA PD25/0.48,0.54,0.60,0.70,0.80,0.91,1.04,1.18,
```

```
&    1.30,1.42,1.55,1.70,1.81,2.00,2.16,2.34,2.54,2.77,
&    3.08,3.38,3.76,4.10/
  DATA BPD25/0.45,0.50,0.55,0.60,0.65,0.70,0.75,0.80,
&    0.85,0.90,0.95,1.00,1.05,1.10,1.15,1.20,1.25,1.30,
&    1.35,1.40,1.45,1.50/
C———————— 铸钢磁化损耗曲线 ————————
  DATA HZG/0.80,0.88,0.96,1.04,1.12,1.20,1.28,1.36,
&    1.44,1.52,1.60,1.68,1.76,1.84,1.92,2.00,2.08,2.16,
&    2.24,2.32,2.40,2.48,2.56,2.64,2.72,2.80,2.88,2.96,
&    3.04,3.12,3.20,3.28,3.36,3.44,3.52,3.60,3.68,3.76,
&    3.84,3.92,4.00,4.08,4.17,4.26,4.34,4.43,4.52,4.61,
&    4.70,4.79,4.88,4.97,5.06,5.16,5.25,5.35,5.44,5.54,
&    5.64,5.74,5.84,5.93,6.03,6.13,6.23,6.32,6.42,6.52,
&    6.62,6.72,6.82,6.93,7.03,7.20,7.34,7.45,7.55,7.66,
&    7.76,7.87,7.98,8.10,8.23,8.35,8.48,8.60,8.72,8.85,
&    8.98,9.10,9.24,9.38,9.53,9.69,9.86,10.04,10.22,
&    10.39,10.56,10.73,10.9,11.08,11.27,11.47,11.67,
&    11.87,12.07,12.27,12.48,12.69,12.9,13.15,13.4,13.7,
&    14.0,14.3,14.6,14.9,15.2,15.55,15.9,16.3,16.7,17.2,
&    17.6,18.1,18.6,19.2,19.7,20.3,20.9,21.6,22.3,23.0,
&    23.7,24.4,25.3,26.2,27.1,28.0,28.9,29.9,31.0,32.1,
&    33.2,34.3,35.6,37.0,38.3,39.6,41.0,42.5,44.0,45.5,
&    47.0,48.5,50.0,51.5,53.0,55.0/
  DATA BZG/0.10,0.11,0.12,0.13,0.14,0.15,0.16,0.17,
&    0.18,0.19,0.20,0.21,0.22,0.23,0.24,0.25,0.26,0.27,
&    0.28,0.29,0.30,0.31,0.32,0.33,0.34,0.35,0.36,0.37,
&    0.38,0.39,0.40,0.41,0.42,0.43,0.44,0.45,0.46,0.47,
&    0.48,0.49,0.50,0.51,0.52,0.53,0.54,0.55,0.56,0.57,
&    0.58,0.59,0.60,0.61,0.62,0.63,0.64,0.65,0.66,0.67,
&    0.68,0.69,0.70,0.71,0.72,0.73,0.74,0.75,0.76,0.77,
&    0.78,0.79,0.80,0.81,0.82,0.83,0.84,0.85,0.86,0.87,
&    0.88,0.89,0.90,0.91,0.92,0.93,0.94,0.95,0.96,0.97,
&    0.98,0.99,1.00,1.01,1.02,1.03,1.04,1.05,1.06,1.07,
&    1.08,1.09,1.10,1.11,1.12,1.13,1.14,1.15,1.16,1.17,
&    1.18,1.19,1.20,1.21,1.22,1.23,1.24,1.25,1.26,1.27,
&    1.28,1.29,1.30,1.31,1.32,1.33,1.34,1.35,1.36,1.37,
&    1.38,1.39,1.40,1.41,1.42,1.43,1.44,1.45,1.46,1.47,
```

```
&    1.48,1.49,1.50,1.51,1.52,1.53,1.54,1.55,1.56,1.57,
&    1.58,1.59,1.60,1.61,1.62,1.63,1.64,1.65,1.66,1.67,
&    1.68,1.69/
C—————————————铸铁磁化曲线—————————————
     DATA HZT/1.90,4.40,8.00,8.50,8.70,9.00,12.6,13.0,
&    13.5,14.2,15.0,15.7,16.3,17.0,17.6,18.3,19.0,20.0,
&    21.0,22.0,23.0,24.0,25.0,26.3,27.6,28.8,30.0,31.5,
&    33.0,34.5,36.0,37.5,39.0,40.5,42.0,43.5,45.0,47.0,
&    49.0,51.0,53.0,55.0,57.0,59.0,61.0,63.0,65.0,67.7,
&    70.4,73.1,75.8,78.5,81.2,84.0,86.6,89.3,92.0,95.8,
&    99.6,103.6,107.2,111,115,119,123,127,130,137,144,
&    151,158,165,172,179,186,193,200/
     DATA BZT/0.10,0.20,0.30,0.31,0.32,0.33,0.40,0.41,
&    0.42,0.43,0.44,0.45,0.46,0.47,0.48,0.49,0.50,0.51,
&    0.52,0.53,0.54,0.55,0.56,0.57,0.58,0.59,0.60,0.61,
&    0.62,0.63,0.64,0.65,0.66,0.67,0.68,0.69,0.70,0.71,
&    0.72,0.73,0.74,0.75,0.76,0.77,0.78,0.79,0.80,0.81,
&    0.82,0.83,0.84,0.85,0.86,0.87,0.88,0.89,0.90,0.91,
&    0.92,0.93,0.94,0.95,0.96,0.97,0.98,0.99,1.00,1.01,
&    1.02,1.03,1.04,1.05,1.06,1.07,1.08,1.09,1.10/
C—————————————漆包圆铜线规格—————————————
     DATA DLX/0.070,0.080,0.090,0.100,0.110,0.120,0.130,
&    0.140,0.150,0.160,0.170,0.180,0.190,0.200,0.210,
&    0.230,0.250,0.280,0.310,0.330,0.350,0.380,0.400,
&    0.420,0.450,0.470,0.500,0.530,0.560,0.630,0.670,
&    0.710,0.750,0.800,0.850,0.900,0.950,1.000,1.060,
&    1.120,1.180,1.250,1.300,1.400,1.500/
     DATA DHQ/0.078,0.088,0.098,0.110,0.120,0.130,0.140,
&    0.152,0.162,0.172,0.182,0.195,0.205,0.215,0.225,
&    0.250,0.270,0.300,0.330,0.350,0.370,0.400,0.420,
&    0.440,0.470,0.490,0.520,0.555,0.585,0.655,0.695,
&    0.735,0.780,0.830,0.880,0.930,0.980,1.040,1.100,
&    1.160,1.220,1.290,1.340,1.450,1.550/
C——————————求ΔL*曲线——————————
     DATA SZDLMB/-0.4,0,0.4,0.8,1.2,1.6,2,2.4,2.8,3.2,
&                3.6,4/
```

```
      DATA SZHMG/4, 9, 14/
      DATA SZGAP/0. 4, 0. 6, 0. 8, 1. 0/
      DATA SZDLAB/-0. 48, -0. 16, 0. 08, 0. 32, 0. 52, 0. 70, 0. 88,
     &    1. 04, 1. 16, 1. 28, 1. 40, 1. 48, -0. 44, -0. 12, 0. 14, 0. 42,
     &    0. 64, 0. 84, 1. 00, 1. 16, 1. 30, 1. 44, 1. 56, 1. 64, -0. 40,
     &    -0. 08, 0. 16, 0. 44, 0. 66, 0. 86, 1. 04, 1. 20, 1. 36, 1. 48,
     &    1. 60, 1. 72, -0. 44, -0. 12, 0. 12, 0. 36, 0. 56, 0. 76, 0. 94,
     &    1. 10, 1. 26, 1. 34, 1. 50, 1. 60, -0. 40, -0. 10, 0. 13, 0. 40,
     &    0. 64, 0. 84, 1. 02, 1. 16, 1. 32, 1. 48, 1. 60, 1. 72, -0. 36,
     &    -0. 08, 0. 20, 0. 44, 0. 68, 0. 88, 1. 07, 1. 22, 1. 36, 1. 52,
     &    1. 66, 1. 78, -0. 46, -0. 14, 0. 14, 0. 40, 0. 64, 0. 84, 1. 02,
     &    1. 18, 1. 32, 1. 44, 1. 56, 1. 64, -0. 45, -0. 13, 0. 16, 0. 42,
     &    0. 66, 0. 86, 1. 04, 1. 23, 1. 38, 1. 50, 1. 62, 1. 76, -0. 44,
     &    -0. 12, 0. 20, 0. 44, 0. 70, 0. 90, 1. 06, 1. 24, 1. 40, 1. 52,
     &    1. 70, 1. 84, -0. 40, -0. 12, 0. 16, 0. 42, 0. 62, 0. 84, 1. 03,
     &    1. 18, 1. 32, 1. 48, 1. 59, 1. 70, -0. 38, -0. 10, 0. 18, 0. 42,
     &    0. 63, 0. 86, 1. 06, 1. 22, 1. 38, 1. 52, 1. 66, 1. 80, -0. 37,
     &    -0. 08, 0. 19, 0. 43, 0. 64, 0. 87, 1. 08, 1. 22, 1. 40, 1. 56,
     &    1. 72, 1. 88/
      DATA BCSZ1/12*0/
      DATA BCSZ2/3*0/
      DATA BCSZ3/4*0/
C=====================================================================
      END
C=====================================================================
C================= 插值子程序 =========================================
C=====================================================================

C-------------------- 一元插值 ---------------------------------------
      SUBROUTINE YYCZ(M, X, XX, YY, XLAG)
      DIMENSION XX(M), YY(M)
      CALL LAG(M, X, XX, YY, XLAG)
      RETURN
      END

C-------------------- 二元插值 ---------------------------------------
      SUBROUTINE EYCZ(M, N, X1, X2, XX1, XX2, YY, XLAG, YY1, YY2)
      DIMENSION XX1(M), XX2(N), YY1(M), YY2(N), YY(M, N)
      DO 100 I=1, N
```

```
      DO 200 J=1, M
        YY1 (J) =YY (J, I)
200     CONTINUE
      CALL LAG (M, X1, XX1, YY1, Y)
      YY2 (I) =Y
100   CONTINUE
    CALL LAG (N, X2, XX2, YY2, XLAG)
    RETURN
    END
C-------------------- 三 元 插 值 --------------------
    SUBROUTINE SYCZ (L, M, N, X1, X2, X3, XX1, XX2, XX3, YY, XLAG,
   &                   YY1, YY2, YY3)
    DIMENSION XX1 (L) , XX2 (M) , XX3 (N) , YY1 (L) , YY2 (M) , YY3 (N) ,
   &               YY (L, M, N)
    DO 100 I=1, N
      DO 200 J=1, M
        DO 300 K=1, L
          YY1 (K) =YY (K, J, I)
300       CONTINUE
        CALL LAG (L, X1, XX1, YY1, Y)
        YY2 (J) =Y
200     CONTINUE
      CALL LAG (M, X2, XX2, YY2, Y)
      YY3 (I) =Y
100   CONTINUE
    CALL LAG (N, X3, XX3, YY3, XLAG)
    RETURN
    END
C------------------ 拉 格 朗 日 插 值 ------------------
    SUBROUTINE LAG (K, X, XX0, YY0, Y)
    DIMENSION XX0 (K) , YY0 (K)
     IF (X. LT. XX0 (1) )  THEN
    Y=YY0 (1) + (X-XX0 (1) ) * (YY0 (2) -YY0 (1) ) / (XX0 (2) -XX0 (1) )
    GOTO 100
     ELSE IF (X. GE. XX0 (K) )  THEN
    Y=YY0 (K) + (X-XX0 (K) ) * (YY0 (K) -YY0 (K-1) ) /
   &       (XX0 (K) -XX0 (K-1) )
```

```
      GOTO 100
       END IF
      DO 115  I=2, K
        IF(X. LT. XX0(I))  THEN
          Y=YY0(I-1)+(X-XX0(I-1))*(YY0(I)-YY0(I-1))/
     &              (XX0(I)-XX0(I-1))
          GOTO 100
        END IF
115     CONTINUE
100     RETURN
      END
C=====================================================================
C========= 电 枢 槽 比 漏 磁 导 计 算 子 程 序 ============
      SUBROUTINE CLCD(CX, b02, h02, d1, h2, h22, d2, LUMDAS)
      PARAMETER(PAI=3. 1415926)
      REAL KRS1, KRS2, KRS3, LUMDAS
      INTEGER CX
      QSX=h22/d2
      B12=d1/d2
      KRS1=1. /3. -(1. -B12)*(0. 25+1. /(3. *(1. -B12))+1. /(2. *
     & (1. -B12)**2)+1. /(1. -B12)**3+ALOG(B12)/(1. -B12)**4)/4.
      KRS2=(2. *PAI**2-9. )*PAI/(1536. *QSX**3)+PAI/(16. *QSX)
     & -PAI/(8. *(1. -B12)*QSX)-(PAI**2/(64. *(1. -B12)*QSX**2)
     &           +PAI/(8. *(1. -B12)**2*QSX))*ALOG(B12)
      KRS3=PAI/(4. *QSX)*(PAI*(1. -B12**2)/(8. *QSX)+
     &   (1. +B12)/2. )**2+(4. +3. *PAI**2)*B12**2/(32. *QSX**2)*
     &   (PAI*(1. -B12**2)/(8. *QSX)+(1. +B12)/2. )+(14. *PAI**2+
     &   39. )*PAI/1536. *B12**4/QSX**3
       IF(CX. EQ. 1)  THEN
        IF(ABS(B12-1. ). LE. 1. E-4)  THEN
         LUMDAS=(4. *QSX**3/3. +3. *PAI*QSX**2/2. +4. 816*QSX+
     &                1. 5377)/(2. *QSX+PAI/2. )**2+h02/b02
        ELSE
          LUMDAS=QSX*(KRS1+KRS2+KRS3)/(PAI*(1. +B12**2)/
     &                    (8. *QSX)+(1. +B12)/2. )**2+h02/b02
        END IF
       ELSE IF(CX. EQ. 2)  THEN
```

```
      LUMDAS=h2/d1+2.*h22/(3.*(d1+d2))+h02/b02
    ELSE IF(CX.EQ.3) THEN
      LUMDAS=0.623+h02/b02
    ELSE IF(CX.EQ.4) THEN
      IF(ABS(B12-1.).LE.1.E-4) THEN
       LUMDAS=(PAI**2*QSX/16.+PAI*QSX**2/2.+4.*QSX**3/
     &         3.)/(2.*QSX+PAI/4.)**2+h02/b02+2.*h2/(b02+d1)
       ELSE
        LUMDAS=QSX*(KRS1+KRS2)/(PAI/(8.*QSX)+(1.+B12)/
     &         2.)**2+h02/b02+2.*h2/(b02+d1)
      END IF
   END IF
   RETURN
   END
C=================================================================
C============== 自动选线规子程序 ==================
    SUBROUTINE XXG(DLX,S,d,N)
    PARAMETER(PAI=3.1415926)
    DIMENSION DLX(45)
    DO 5 J=0,50
      DO 10 I=45,1,-1
        d=DLX(I)
        DO 20 K=1,3
          N=K
          SS=K*PAI*d**2/4.
          IF((ABS(SS-S)/S).LE.(0.01+J*0.001)) GOTO 50
20        CONTINUE
10      CONTINUE
5     CONTINUE
50    RETURN
    END
C=================================================================
```

3.3 算例

3.3.1 输入数据

******************** 已 知 数 据 输 入 ********************

P_N(W)	U_N(V)	n_N(r/min)	I_N(A)	T^*_{stN}	TEMP(℃)
38	24	3000	2.55	4.5	60

A'(A/cm)	B'_{j1}(T)	J'_2(A/mm²)	λ
93	1.6	6.50	0.58

XSBGR (Bgl/Br)	XSHMG (hm/g)	XSLMA (Lm/La)	XSLJA (Lj/La)	XSDB	XSTH
0.681	8	1	2.5	0.75	2.5

D_o(cm)	δ(cm)	σ_o	θ_p(°)	p	K_{Fe}
0.7	0.05	1.213	129.60	1	0.95

YCCL	B_{r20}(T)	H_{c20}(kA/m)	μ_r	α_{br}(%/K)	I_L(%)
1	0.65	440	1.17	-0.07	0

CX	Q	b_{o2}(cm)	h_{o2}(cm)	r_{21}(cm)	r_{22}(cm)
2	13	0.16	0.08	0	0.13

r_{23}(cm)	h_2(cm)	d_1(cm)	h_{22}(cm)	d_2(cm)	d_3(cm)
0.1	0.1	0.57	0.64	0.26	0.37

RZXS	u	y_1	C_i(cm)	abx(mm)	bbx(mm)
1	2	13	0.025	0	0

L_b(cm)	b_b(cm)	N_b	L_k(cm)	D_k(cm)	NPB
0.8	0.55	1	1.4	2.4	1

b_β(cm)	b_s(cm)	μ	ΔU_b(V)	Pbp(N/cm^2)
0	0.025	0.25	2	3.5

DSCL	JZCL	RZCL	INSC
1	1	2	3

TSGK1	TSGK2	TSGK3	TSGK4
1	0	1	0

****

3.3.2 输出结果

```
****************************************************************
*                    永磁直流电动机电磁方案                        *
*                          38. W                                  *
****************************************************************
```

——————— 性 能 要 求 ———————

P_N= 38. (W)	U_N= 24. (V)	I_N= 3. (A)	n_N=3000. r/min
T^*_{stN}=4.5			

——————— 性 能 计 算 结 果 ———————

η=63.13%	P_1= 60. (W)	I_1= 3. (A)	n=3007. r/min
T_{st}= .89N.m	T^*_{st}= 7.4	I_{st}=15.9 (A)	I^*_{st}= 6.2
E= 17.7 (V)	TEMP=60. (℃)	T_N= .12 N.M	

——————— 定子尺寸及永磁体性能数据 ———————

D_j= 5.3 (cm)	h_j= .3 (cm)	L_j= 5.5 (cm)	YCCL= 1
p= 1.	h_M= .4 (cm)	L_M= 2.2 (cm)	α_p=.720
B_r= .63 (T)	H_c=427.7kA/m	α_{Br}= -.07%/K	μ_r=1.170

——————— 转子结构尺寸及槽形数据 ———————

D_a= 3.8 (cm)	D_O= .7 (cm)	L_a= 2.2 (cm)	δ= .050 (cm)
CX= 2	Q=13.	b_{o2}=.16 (cm)	h_{o2}=.080 (cm)
r_{21}=.000 (cm)	r_{22}=.130 (cm)	r_{23}=.100 (cm)	h_2= .100 (cm)
d_1= .570 (cm)	h_{22}=.640 (cm)	d_2= .260 (cm)	d_3= .370 (cm)

——————— 绕 组 数 据 ———————

u= 2.	W_s= 16	N_s= 64	a= 1.
N_t= 1	d= .520 (mm)	S_f=60.01%	L_{av}= 7.3 (cm)
R_{aw}= 1.68 Ω	R_{a20}=1.39 Ω	A= 88.3 (A/m)	J_2=6.45A/mm²

——————— 换向器数据及换向计算结果 ———————

D_k= 2.4 (cm)	L_k= 1.4 (cm)	K= 26	V_k= 4. (m/s)
N_b= 1	NPB= 1	L_b= .80 (cm)	b_b= .55 (cm)
ΔU_b=2.00 (V)	E_r= .134 (V)	E_a= .310 (V)	$\sum e$= .443 (V)
b_{Kr}= 1.33 cm	HXQKB= .796		

——————— 磁 路 计 算 结 果 ———————

b_{MN}= .764	b_{Mh}= .321	Φ= .43E-03Wb	σ_o=1.213
B_δ= .430 (T)	B_{t2}=1.663 (T)	B_{j2}=1.480 (T)	B_{j1}=1.563 (T)
F_δ=374.9 (A)	F_{t2}=109.6 (A)	F_{j2}= 36.9 (A)	F_{j1}=283.2 (A)
$\sum F$= 804.7A			

——————— 损 耗 计 算 结 果 ———————

p_{Cua}= 10.8 W	p_{Fe}= 1.9 W	p_{fw}= 4.4 W	p_b= 5.1W
$\sum p$= 22.2 W			

```
****************************************************************
```

************** 不同负载率的工作特性 **************

I/I_N	P_2(W)	E(V)	n(r/min)	$\sum P$(W)	η (%)	T_2(N·m)
.2	3.12	21.1	3584.7	9.12	25.49	.008
.3	8.35	20.7	3511.9	10.01	45.49	.023
.4	13.36	20.3	3439.0	11.12	54.59	.037
.5	18.16	19.9	3366.2	12.44	59.34	.052
.6	22.73	19.4	3293.3	13.99	61.90	.066
.7	27.09	19.0	3220.4	15.75	63.22	.080
.8	31.22	18.6	3147.6	17.74	63.77	.095
.9	35.13	18.1	3074.7	19.95	63.79	.109
1.0	38.83	17.7	3001.9	22.37	63.45	.124
1.1	42.31	17.3	2929.0	25.01	62.84	.138
1.2	45.56	16.8	2856.1	27.88	62.04	.152

****

4 异步起动永磁同步电动机电磁计算源程序及说明

4.1 源程序说明

异步起动永磁同步电动机电磁计算源程序是在“异步起动永磁同步电动机电磁计算程序”（见第 6 章第 8 节）的基础上用 FORTRAN 语言编制而成的。为便于阅读，程序中变量所用符号绝大部分与手算程序一致，但有些变量采用了变量名的英文缩写，或汉语拼音缩写，而其余不便于用英文和汉语拼音缩写表达的变量则采用了一些代用符号，读者可与手算程序对照，即可明了。

永磁同步电动机可采用的结构多种多样，转子槽形也非常多，为缩短篇幅，所附源程序中仅考虑了内置径向式和内置切向式转子磁路结构，只包括手算程序中第 1 种转子槽形，只有一种铁心材料（程序中以 DW315-50 硅钢片为例）。由于编制程序时采用了结构化、模块化，程序的可扩充性和可移植性很强，需要时可方便地添加其他不同情况的有关程序模块。

异步起动永磁同步电动机电磁计算程序的数据输入用具有一定格式的输入数据文件来实现。输入数据文件名为“INPUT. DAT”。数据文件中绝大部分设计变量与第 6 章中的手算程序一致，下面仅对个别设计输入变量进行说明：

sks——字符型变量，斜槽时输入‘Y’，不斜槽时输入‘N’；

wgco——字符型变量，绕组Y接输入‘Y’，△接输入‘J’；

Lev——整型变量，采用径向磁路结构输入 1，采用切向磁路结构输入 2；

mag——整型变量，采用钕铁硼永磁时输入 1，采用铁氧体永磁时输入 2；

t——实型变量，电动机的工作温度；

pfwl——实型变量，电动机机械损耗标么值；

psl——实型变量，电动机杂散损耗标么值；

Kq——实型变量，交轴磁密波形系数；

LE——整型变量，采用双层绕组时输入 1，采用单层同心式或单层交叉式绕组时输入 2，采用单层链式绕组时输入 3。

异步起动永磁同步电动机电磁计算程序把设计计算结果存入两个输出数据文件：一个名为“OUT1”，为计算结果有关数据的汇总；另一个名为“OUT2”，内含电动机工作特性曲线和起动过程 T-s 曲线（4. 3 节举例时从略）。

4. 2　源程序

```
*=====================================================*
*                                                     *
*          异步起动永磁同步电动机电磁计算程序          *
*                                                     *
*            沈阳工业大学 特种电机研究所               *
*                                                     *
*=====================================================*
      REAL nN,IN,m,Ist,La,Lj1,Lj2,LM,MUr,Kq,L1,KFe,J1,Kst
      REAL KFI,Kp1,Kd1,Ksk1,Kdp,Kad,Kaq,Kf,Kg,Lc,KU1,KL1
      REAL LUMDAn,LUMDAs,Lef,LFe,LB,Iqq,Ls,mm,mCu,mFe,mAl
      CHARACTER sks*9,wgco*3
      COMMON /IN0/OMGs,nN,IN,TN
      COMMON /IN1/PN,UN,m,f,p,cosfi,eff,Tpo,Ist,Tst
      COMMON /IN2/D1,Di1,La,g,g12,Q1,Q2,Di2
      COMMON /IN3/b01,h01,b1,ALFA1,R1,h12
      COMMON /IN3A/sks
      COMMON /IN3S/t1,tsk,bt1,hs1,hj1,ht1,Lj1
      COMMON /IN4/Lv,b02,h02,br1,br2,hr12,ALFA2,AR
      COMMON /IN4S/t2,hr1,hr2,hr,hj2,Lj2,bt2
      COMMON /IN5/LE,a,Ns,Nt1,d11,Nt2,d12,d,y
      COMMON /IN5A/wgco
      COMMON /IN6/Lev,magnet,Br0,Hc0,hM,bM,LM,ROUm,SIGMA0
      COMMON /IN6S/MUr,BHmax,Am,mm,FF,FAIM,Br,Hc
      COMMON /IN7/t,pfw1,ps1,Kq
      COMMON /IN8/L1,KFe,Lef,LFe,LB
      COMMON /IN9/KFI,Kp1,Kd1,Ksk1,Kdp,Kad,Kaq,Kf
      COMMON /IN10/AU2,AL2,As2,Xs2,Xd2,XE2,X2,R2,RB,RR
      COMMON /PERF01/
     &          XX1(80),XX2(80),XX3(80),XX4(80),XX5(80),
     &          XX6(80),XX7(80),XX8(80),XX9(80),XX10(80),
     &          XX11(80),XX12(80),XX13(80),XX14(80),XX15(80)
      COMMON/PERF02/ss(50),Tst1s(50),Tst2s(50),Tsts(50)
      COMMON /OUT1/Bg,Bts,Bj1,Btr,Bj2,Bg1
      CALL INPUT
      CALL LENGTH (La,g)
      CALL SFF (D1,Sf)
      CALL PREVST (Di1,p,Q1,D1,LFe,TAO,Vt1,Vj1)
      CALL PREVRO(Lev,g,hM,bM,Di1,Di2,Q2,p,DR,AB)
```

```
 CALL KGG (g, t1, t2, b01, b02, Kg)
 CALL PARA1(m, p, y, LE, g, TAO, Q1, Q2, tsk, Kq, RFA, RFAi, QPM,
&          BETA)
 CALL WINDING (L1, Q1, Lef, Di1, hs1, Kdp, Ksk1, bt1, BETA,
&             TAO, Lc, N, Cx, TAOy, fd, Ls)
 CALL WEIGHT(Lc, LFe, AB, AR, DR, mCu, mFe, mAl)
 CALL MAG (t, p)
 CALL EOO(RFAi, TAO, Kg, g, f, N, SUMF, bm0, LUMDAn, LUMDAs,
&        FI0, E0, Kst)
 CALL X1R(t, N, BETA, Kdp, Ksk1, Cx, QPM, TAO, TAOy, Kg, Lc, Kst,
&        fd, Ls, Rs, KU1, KL1, AU1, AL1, As1, Xs1, Xd1, XE1,
&        Xsk1, X1)
 CALL XADD (N, Lev, FF, FAIM, SIGMA0, LUMDAn, LUMDAs, E0, X1,
&          Xad, Xd)
 CALL X2R (N, t, Kg, Cx, TAO, Kst, DR, AB)
 CALL IIST (KU1, KL1, N, AU1, AL1, As1, Xs1, Xd1, XE1, Xsk1, Cx,
&          Rs, AB, X2st, X1st, R2st, Iqq, E0)
 CALL MAGC (RFAi, TAO, Kg, Lev, hM, FAIM, N, E0, FI0)
 CALL PERF (N, Kg, RFAi, TAO, E0, FI0, Xad, X1, Rs, Vt1, Vj1,
&          X1st, R2st, Cx, Xaq, pfw, Cmax, Tpo1, MMM, JJ)
 CALL TS (N, Cx, Rs, R2st, X1st, X2st, X1, Xad, Xaq, E0, Tst1)
 CALL DEMAG (E0, Xd, Rs, N, Lev, FF, SIGMA0, LUMDAn, bmh)
 CALL BNNN (XX8(MMM), XX7(MMM), m, p, N, Lev, Di1, FF, SIGMA0,
&          LUMDAn, J1, A1, bmN)
 CALL OUTPUT (Sf, N, TAOy, fd, RFAi, DR, AB, J1, A1, mCu, mFe,
&             mAl, Iqq, Tpo1, Cmax, Kst, bm0, E0, Tst1, Xad,
&             Rs, X1, MMM, JJ, Ls, bmh, bmN)
 STOP
 END

*==========================================================*
*                         输入模块                          *
*==========================================================*
 SUBROUTINE INPUT
 CHARACTER wgco*3, term*9, sks*9
 REAL m, LM, nN, IN, Ist, La, Kq
 COMMON /IN0/OMGs, nN, IN, TN
```

```
COMMON /IN1/PN, UN, m, f, p, cosfi, eff, Tpo, Ist, Tst
COMMON /IN2/D1, Di1, La, g, g12, Q1, Q2, Di2
COMMON /IN3/b01, h01, b1, ALFA1, R1, h12
COMMON /IN3A/sks
COMMON /IN4/Lv, b02, h02, br1, br2, hr12, ALFA2, AR
COMMON /IN5/LE, a, Ns, Nt1, d11, Nt2, d12, d, y
COMMON /IN5A/wgco
COMMON /IN6/Lev, magnet, Br0, Hc0, hM, bM, LM, ROUm, SIGMA0
COMMON /IN7/t, pfw1, ps1, Kq
PAI=4.*ATAN(1.)
OPEN (3, FILE='INPUT.DAT', STATUS='OLD')
   READ (3,5) term
   READ (3,5) term
   READ (3,5) term
   READ (3,5) term
   READ (3,5) term
   READ (3,5) term
   READ (3,*) PN, UN, m, f, p, cosfi, eff, Tpo, Ist, Tst
   READ (3,5) term
   READ (3,5) term
   READ (3,5) term
   READ (3,5) term
   READ (3,*) D1, Di1, La, g, g12, Q1, Q2, Di2, sks
   READ (3,5) term
   READ (3,5) term
   READ (3,5) term
   READ (3,5) term
   READ (3,*) b01, h01, b1, ALFA1, R1, h12
   READ (3,5) term
   READ (3,5) term
   READ (3,5) term
   READ (3,5) term
   READ (3,*) Lv, b02, h02, br1, br2, hr12, ALFA2, AR
   READ (3,5) term
   READ (3,5) term
   READ (3,5) term
   READ (3,5) term
   READ (3,*) wgco, LE, a, Ns, Nt1, d11, Nt2, d12, d, y
```

```
      READ (3,5) term
      READ (3,5) term
      READ (3,5) term
      READ (3,5) term
      READ (3,*) Lev,magnet,Br0,Hc0,hM,bM,LM,ROUm,SIGMA0
      READ (3,5) term
      READ (3,5) term
      READ (3,5) term
      READ (3,5) term
      READ (3,*) t,pfw1,ps1,Kq
      READ (3,5) term
   CLOSE (3)
   IF (LE.EQ.1.OR.LE.EQ.2.OR.LE.EQ.3) THEN
      y=Q1/2./p
   END IF
   IF (Nt1.EQ.0.OR.d11.EQ.0.) THEN
      Nt1=0
      d11=0.
   ELSE IF (Nt2.EQ.0.OR.d12.EQ.0.) THEN
      Nt2=0
      d12=0.
   END IF
   OMGs=f/p*2.*PAI
   nN=60.*f/p
   IF (wgco.EQ.'y'.OR.wgco.EQ.'Y') THEN
      UN=UN/SQRT(3.)
      wgco='Y'
   ELSE
      wgco='J'
   END IF
   IN=PN/(m*UN*eff*cosfi)*1000.
   TN=PN/(2.*PAI*nN/60.)*1000.
5  FORMAT  (1X,8A9)
   RETURN
   END

*==================================================*
```

```
*                          长度计算模块                          *
*===============================================================*
      SUBROUTINE LENGTH (La,g)
      REAL La,L1,KFe,Lef,LFe,LB
      COMMON /IN8/L1,KFe,Lef,LFe,LB
      L1=La
      KFe=0.93
      Lef=L1+2.*g
      LFe=KFe*L1
      LB=La
      RETURN
      END

*===============================================================*
*                       定子有关数据计算模块                       *
*===============================================================*
      SUBROUTINE PREVST (Di1,p,Q1,D1,LFe,TAO,Vt1,Vj1)
      REAL Lj1,LFe
      COMMON /IN3/b01,h01,b1,ALFA1,R1,h12
      COMMON /IN3S/t1,tsk,bt1,hs1,hj1,ht1,Lj1
      PAI=4.0*ATAN(1.)
      TAO=PAI*Di1/2./p
      t1=PAI*Di1/Q1
      tsk=Q1*t1/(Q1+P)
      hs1=(b1-b01)/2.*TAN(ALFA1*PAI/180.)
      bt1=(Di1+2.*(h01+h12))*PAI/Q1-2.*R1
      bt11=(Di1+2.*(h01+hs1))*PAI/Q1-b1
      IF (bt1.LT.bt11) THEN
         bt1=bt1+(bt11-bt1)/3.
      ELSE
         bt1=bt11+(bt1-bt11)/3.
      END IF
      hj1=(D1-Di1)/2.-(h01+h12+2.*R1/3.)
      ht1=h12+R1/3.
      Lj1=PAI*(D1-hj1)/(4.*p)
      Vt1=Q1*LFe*ht1*bt1
      Vj1=PAI*(D1-hj1)*LFe*hj1
      RETURN
```

```
      END

*=========================================================*
*                  转子有关数据计算模块                      *
*=========================================================*
      SUBROUTINE PREVRO(Lev,g,hM,bM,Di1,Di2,Q2,p,DR,AB)
      REAL Lj2
      COMMON /IN4/Lv,b02,h02,br1,br2,hr12,ALFA2,AR
      COMMON /IN4S/t2,hr1,hr2,hr,hj2,Lj2,bt2
      PAI=4.0*ATAN(1.)
      D2=Di1-2.*g
      t2=PAI*D2/Q2
      hr1=(br1-b02)*TAN(ALFA2*PAI/180.)/2.
      hr2=hr12-hr1
      hr=h02+hr12
      AB=(b02+br1)*hr1/2.+(br1+br2)*hr2/2.
      IF (Lev.EQ.1) THEN
         hj2=(D2-Di2)/2.-hr-hM
      ELSE IF (Lev.EQ.2) THEN
         hj2=bM
      ENDIF
      bt2=(D2-2.*(h02+hr12))*PAI/Q2-br2
      bt22=(D2-2.*(h02+hr1))*PAI/Q2-br1
      IF (bt22.LT.bt2) THEN
         bt2=bt22+(bt2-bt22)/3.
      ELSE
         bt2=bt2+(bt22-bt2)/3.
      END IF
      DR=D2-hr-2.
      IF(p.EQ.1.) THEN
         hj2=hj2+Di2/3.
      END IF
      Lj2=PAI*(Di2+hj2)/(4.*p)
      RETURN
      END

*=========================================================*
```

```
*                          定子槽满率计算模块                              *
*========================================================================*
      SUBROUTINE SFF (D1,Sf)
      COMMON /IN3/b01,h01,b1,ALFA1,R1,h12
      COMMON /IN5/LE,a,Ns,Nt1,d11,Nt2,d12,d,y
      PAI=4.0*ATAN(1.)
      IF (D1.LE.450.) THEN
         CQ=2.
      ELSE
         CQ=3.
      END IF
      IF (D1.LE.175.) THEN
         Ci=.3
      ELSE IF (D1.GT.175..AND.D1.LE.327.) THEN
         Ci=.35
      ELSE IF (D1.GT.327.) THEN
         Ci=.45
      END IF
      As=(2.*R1+b1)*(h12-CQ)/2.+PAI*R1*R1/2.
      IF (LE.EQ.0) THEN
         Ai=Ci*(2.*h12+2.*R1+PAI*R1+b1)
      ELSE
         Ai=Ci*(2.*h12+PAI*R1)
      END IF
      Aef=As-Ai
      CALL HDD (d11,hd1)
      CALL HDD (d12,hd2)
      Sf=Ns*(Nt1*(d11+hd1)**2+Nt2*(d12+hd2)**2)/Aef*100.
      RETURN
      END

*========================================================================*
*                          气隙系数计算模块                                *
*========================================================================*
      SUBROUTINE KGG (g,t1,t2,b01,b02,Kg)
      REAL Kg1,Kg2,Kg
      ttt=t1*(4.4*g+0.75*b01)
      Kg1=ttt/(ttt-b01*b01)
```

```
      fff=t2*(4.4*g+0.75*b02)
      Kg2=fff/(fff-b02*b02)
      Kg=Kg1*Kg2
      RETURN
      END
```

```
*=================================================================*
*                        有关系数计算模块                          *
*=================================================================*
      SUBROUTINE PARA1 (m,p,y,LE,g,TAO,Q1,Q2,tsk,Kq,RFA,
     &                     RFAi,QPM,BETA)
      REAL m,KFI,Kp1,Kd1,Ksk1,Kdp,Kad,Kaq,Kq,Kf
      CHARACTER sks*9
      COMMON /IN3A/sks
      COMMON /IN9/KFI,Kp1,Kd1,Ksk1,Kdp,Kad,Kaq,Kf
      PAI=4.*ATAN(1.)
      RFA=(Q2/(2.*p)-1.)/(Q2/(2.*p))
      RFAi=RFA+4./(TAO/g+6./(1-RFA))
      QPM=Q1/(2.*m*p)
      BETA=y/(m*QPM)
      IF (LE.EQ.1.OR.LE.EQ.2.OR.LE.EQ.3) BETA=1.
      Kp1=SIN(BETA*PAI/2.)
      Kd1=SIN(PAI/(2.*m))/(QPM*SIN(PAI/(2.*m*QPM)))
      ALFAs=tsk/TAO*PAI
      Ksk1=2.*SIN(ALFAs/2.)/ALFAs
      IF (sks.EQ.'N'.OR.sks.EQ.'N') Ksk1=1.
      Kdp=Kp1*Kd1*Ksk1
      KFI=8./(PAI*PAI)/RFAi*SIN(RFAi*PAI/2.)
      Kf=4./PAI*SIN(PAI*RFAi/2.)
      Kad=1./Kf
      Kaq=Kq/Kf
      RETURN
      END
```

```
*=================================================================*
*                      绕组有关数据计算模块                         *
*=================================================================*
```

```
      SUBROUTINE WINDING (L1,Q1,Lef,Di1,hs1,Kdp,Ksk1,bt1,
     &           BETA,TAO,Lc,N,Cx,TAOy,fd,Ls)
      REAL m,Ist,Lef,Kdp,L1,Lc,Ls,Lj1,LE1P,Ksk1
      COMMON /IN1/PN,UN,m,f,p,cosfi,eff,Tpo,Ist,Tst
      COMMON /IN3/b01,h01,b1,ALFA1,R1,h12
      COMMON /IN5/LE,a,Ns,Nt1,d11,Nt2,d12,d,y
      PAI=4.*ATAN(1.)
      N=Q1*Ns/(2.*m*a)
      Cx=(4.*PAI)**2*1.E-10*f*Lef*(N*Kdp)**2/p
      TAOy=PAI/2./p*BETA*(Di1+2.*(h01+hs1)+h12-hs1+R1)
      IF (LE.EQ.1.OR.LE.EQ.2) THEN
         TAOy=PAI/2./p*0.85*(Di1+2.*(h01+hs1)+h12-hs1+R1)
      ENDIF
      IF(LE.EQ.1.OR.LE.EQ.2.OR.LE.EQ.3) THEN
         IF(p.EQ.1.) THEN
            sss=0.58
         ELSE IF(p.EQ.2..OR.p.EQ.3.) THEN
            sss=0.6
         ELSE
            sss=0.625
         END IF
      ELSE IF (LE.EQ.0) THEN
        sss=1./SQRT(1-((b1+2.*R1)/(b1+2.*R1+2.*bt1))**2)/2.
      END IF
      LE1P=sss*TAOy
      Lc=2.*(L1+2.*(d+LE1P))
      fd=LE1P*(b1+2.*R1)/(b1+2.*R1+2.*bt1)
      Ls=2.*(d+LE1P)
      RETURN
      END

*=========================================================================*
*                       电动机主要制造材料质量计算模块                        *
*=========================================================================*
      SUBROUTINE WEIGHT (Lc,LFe,AB,AR,DR,mCu,mFe,mAl)
      REAL Lc,LFe,La,mCu,mFe,mAl
      COMMON /IN2/D1,Di1,La,g,g12,Q1,Q2,Di2
      COMMON /IN5/LE,a,Ns,Nt1,d11,Nt2,d12,d,y
```

```
      PAI=4.*ATAN(1.)
      mCu=1.05*8.9*Q1*Ns*Lc/2.*(Nt1*d11**2+Nt2*d12**2)*
     &     1.E-6*PAI/4.
      mFe=7.8*LFe*(D1+5.)**2*1.E-6
      mAl=2.7*(Q2*AB*La+2.*AR*PAI*DR)*1.E-6
      RETURN
      END

*==============================================================*
*                  永磁材料性能及磁极计算模块                      *
*==============================================================*
      SUBROUTINE MAG (t,p)
      REAL LM,MU0,MUr,mm
      COMMON /IN6/Lev,magnet,Br0,Hc0,hM,bM,LM,ROUm,SIGMA0
      COMMON /IN6S/MUr,BHmax,Am,mm,FF,FAIM,Br,Hc
      PAI=4.0*ATAN(1.0)
      MU0=4.0*PAI*1.E-7
      BHmax=0.25*Br0*Hc0
      MUr=Br0/(MU0*Hc0*1000.)
      IF (Lev.EQ.1) THEN
         Am=bM*LM
         Vm=2.*p*LM*bM*hM
      ELSE IF (Lev.EQ.2) THEN
         Am=2.*bM*LM
         Vm=2.*p*LM*bM*hM
      END IF
      mm=ROUm*Vm/1.E6
      IF (magnet.EQ.1) THEN
         TEMB=1.-(t-20.)*.12E-2
         TEMH=TEMB
         Hc=TEMH*Hc0*1000.
         Br=TEMB*Br0
      ELSE IF (magnet.EQ.2) THEN
         TEMB=1.-(t-20.)*.19E-2
         TEMH=1.+(t-20.)*.4E-2
         Hc=TEMH*Hc0*1000.
         Br=TEMB*Br0
```

```
      END IF
      FF=hM*Hc/1000.
      FAIM=Am*Br
      RETURN
      END

*=========================================================================*
*                   空载工作点和反电动势计算模块                          *
*=========================================================================*
      SUBROUTINE EOO(RFAi,TAO,Kg,g,f,N,SUMF,bm0,LUMDAn,
     &               LUMDAs,FI0,E0,Kst)
      REAL Kg,LM,MUr,MU0,NUMDAm,LUMDAm,LUMDAn,LUMDAs,mm,Kst
      REAL L1,KFe,Lef,LFe,KFI,Kp1,Kd1,Ksk1,Kdp,Kad,Kaq,Kf
      COMMON /IN6/Lev,magnet,Br0,Hc0,hM,bM,LM,ROUm,SIGMA0
      COMMON /IN6S/MUr,BHmax,Am,mm,FF,FAIM,Br,Hc
      COMMON /IN8/L1,KFe,Lef,LFe,LB
      COMMON /IN9/KFI,Kp1,Kd1,Ksk1,Kdp,Kad,Kaq,Kf
      COMMON /OUT1/Bg,Bts,Bj1,Btr,Bj2,Bg1
      PAI=4.*ATAN(1.)
      MU0=4.*PAI*1.E-7
      bm01=0.95*SIGMA0*hM/(SIGMA0*hM+g)
10    FI01=bm01*FAIM/SIGMA0*1.E-6
      CALL MAGCIR (RFAi,TAO,Kg,Lev,hM,FAIM,FI01,Bg,Bts,Bj1,
     &      Btr,Bj2,Fg,Fgg,Kst,SUMF,SUMFF)
      NUMDAm=FI01/SUMF
       IF (Lev.EQ.1) THEN
         LUMDAm=NUMDAm*2.*hM*1.E-3/(MUr*MU0*Am*1.E-6)
      ELSE IF (Lev.EQ.2) THEN
         LUMDAm=NUMDAm*hM*1.E-3/(MUr*MU0*Am*1.E-6)
      END IF
      LUMDAn=SIGMA0*LUMDAm
      bm0=LUMDAn/(LUMDAn+1.)
      IF (ABS((bm0-bm01)/bm0).GT..001) THEN
         bm01=(bm01+bm0)/2.
         GOTO 10
      END IF
      bm0=(bm01+bm0)/2.
      Bg1=Kf*FI01/(RFAi*TAO*Lef)*1.E+6
```

```
      LUMDAs=(SIGMA0-1.)*LUMDAm
      FI0=bm0*FAIM/SIGMA0*1.E-6
      E0=4.44*f*N*Kdp*FI0*KFI
      RETURN
      END

*==========================================================*
*                   定子电阻及漏抗计算模块                  *
*==========================================================*
      SUBROUTINE X1R (t,N,BETA,Kdp,Ksk1,Cx,QPM,TAO,TAOy,
     & Kg,Lc,Kst,fd,Ls,Rs,KU1,KL1,AU1,AL1,As1,Xs1,Xd1,XE1,
     & Xsk1,X1)
      CHARACTER sks*9
      REAL L1,KFe,Lef,LFe,LB,Lc,KU1,KL1,m,Kdp,Kg,Ksk1
      REAL Ls,Kst
      COMMON /IN1/PN,UN,m,f,p,cosfi,eff,Tpo,Ist,Tst
      COMMON /IN2/D1,Di1,La,g,g12,Q1,Q2,Di2
      COMMON /IN3/b01,h01,b1,ALFA1,R1,h12
      COMMON /IN3A/sks
      COMMON /IN3S/t1,tsk,bt1,hs1,hj1,ht1,Lj1
      COMMON /IN5/LE,a,Ns,Nt1,d11,Nt2,d12,d,y
      COMMON /IN8/L1,KFe,Lef,LFe,LB
      PAI=4.0*ATAN(1.0)
      s11=Nt1*PAI*d11**2/4.
      s12=Nt2*PAI*d12**2/4.
      ROUCu=.0175*(1.+.004*(t-15.))
      Rs=ROUCu*Lc*N/(a*(s11+s12)*1000.)
      CALL BATS (BETA,KU1,KL1)
      CALL ALL(0,hs1,h12-hs1,b01,b1,2.*R1,AL1)
      AU1=h01/b01+2.*hs1/(b01+b1)
      As1=KU1*AU1+KL1*AL1
      Xs1=L1*m*2.*p*As1/(Lef*Kdp**2*Q1)*Cx
      CALL CGMAS (QPM,BETA,SUMs)
      Xd1=m*TAO*SUMs/(PAI**2*Kg*g*Kdp**2*Kst)*Cx
      IF (LE.EQ.0) THEN
         XE1=1.2*(d+0.5*fd)/Lef*Cx
      ELSE IF (LE.EQ.1) THEN
```

```
      XE1=0.67*(Ls-0.64*TAOy)/(Lef*Kdp**2)*Cx
   ELSE IF (LE.EQ.2) THEN
      XE1=0.47*(Ls-0.64*TAOy)/(Lef*Kdp**2)*Cx
   ELSE IF (LE.EQ.3) THEN
      XE1=0.2*Ls/(Lef*Kdp**2)*Cx
   END IF
   Xsk1=0.5*(tsk/t1)**2*Xd1
   IF (sks.EQ.'N'.OR.sks.EQ.'N') Xsk1=0.0
   X1=Xs1+Xd1+XE1+Xsk1
   RETURN
   END

*==========================================================*
*                  转子电阻及漏抗计算模块                      *
*==========================================================*
   SUBROUTINE X2R (N,t,Kg,Cx,TAO,Kst,DR,AB)
   REAL m,Ist,La,Lj2,kc,Kg,L1,KFe,Lef,LFe,LB
   REAL KFI,Kp1,Kd1,Ksk1,Kdp,Kad,Kaq,Kf,Kst
   COMMON /IN1/PN,UN,m,f,p,cosfi,eff,Tpo,Ist,Tst
   COMMON /IN2/D1,Di1,La,g,g12,Q1,Q2,Di2
   COMMON /IN4/Lv,b02,h02,br1,br2,hr12,ALFA2,AR
   COMMON /IN4S/t2,hr1,hr2,hr,hj2,Lj2,bt2
   COMMON /IN8/L1,KFe,Lef,LFe,LB
   COMMON /IN9/KFI,Kp1,Kd1,Ksk1,Kdp,Kad,Kaq,Kf
   COMMON /IN10/AU2,AL2,As2,Xs2,Xd2,XE2,X2,R2,RB,RR
   PAI=4.*ATAN(1.)
   kc=m*(2.*N*Kdp)**2*1.E-4
   ROUA1=.035*(1.+.004*(t-15.))
   RB=kc*(1.04*La*ROUA1*10.)/(AB*Q2)
   RR=kc*(DR*ROUA1*10.)/(2.*PAI*p**2*AR)
   R2=RB+RR
   AU2=h02/b02
   CALL ALL(1,hr1,hr2,b02,br1,br2,AL2)
   As2=AU2+AL2
   Xs2=La*m*2.*p*As2*Cx/(Lef*Q2)
   SUMR=PAI*PAI*(2.*p/Q2)**2/12.
   Xd2=m*TAO*SUMR/(PAI*PAI*g*Kg*Kst)*Cx
   XE2=0.757/Lef*((LB-La)/1.13+DR/(2.*p))*Cx
```

```
      X2=Xs2+Xd2+XE2
      RETURN
      END

*=====================================================================*
*                          直轴电抗计算模块                              *
*=====================================================================*
      SUBROUTINE XADD(N, Lev, FF, FAIM, SIGMA0, LUMDAn, LUMDAs,
     &                 E0, X1, Xad, Xd)
      REAL KFI, Kp1, Kd1, Ksk1, Kdp, Kad, Kf, m, IN, LUMDAn, LUMDAs
      COMMON /IN0/OMGs, nN, IN, TN
      COMMON /IN1/PN, UN, m, f, p, cosfi, eff, Tpo, Ist, Tst
      COMMON /IN9/KFI, Kp1, Kd1, Ksk1, Kdp, Kad, Kaq, Kf
      Fa=0.45*m*N*Kdp*.5*IN*Kad/p
      IF (Lev.EQ.1) THEN
         fad=Fa/FF
      ELSE IF (Lev.EQ.2) THEN
         fad=2.*Fa/FF
      END IF
      f1=fad/SIGMA0
      bmN=LUMDAn*(1.-f1)/(LUMDAn+1.)
      hn=1.-bmN
      FIN=(bmN-hn*LUMDAs)*FAIM*1.E-6
      Ed=4.44*f*N*Kdp*FIN*KFI
      Xad=ABS((E0-Ed)/(.5*IN))
      Xd=Xad+X1
      RETURN
      END

*=====================================================================*
*                           磁路计算模块                                *
*=====================================================================*
      SUBROUTINE MAGCIR (RFAi, TA0, Kg, Lev, hM, FAIM, FI01, Bg,
     &         Bts, Bj1, Btr, Bj2, Fg, Fgg, Kst, SUMF, SUMFF)
      REAL m, Ist, La, Lj1, Lj2, L1, KFe, Lef, LFe, LB, MU0, Kg, Kst
      COMMON /IN1/PN, UN, m, f, p, cosfi, eff, Tpo, Ist, Tst
      COMMON /IN2/D1, Di1, La, g, g12, Q1, Q2, Di2
```

```
      COMMON /IN3S/t1, tsk, bt1, hs1, hj1, ht1, Lj1
      COMMON /IN4S/t2, hr1, hr2, hr, hj2, Lj2, bt2
      COMMON /IN8/L1, KFe, Lef, LFe, LB
      PAI=4.*ATAN(1.)
      MU0=4.*PAI*1.E-7
      Bg=FI01/(RFAi*TAO*Lef)*1.E+6
      Fg=Bg/MU0*(g12+g*Kg)*1.E-3
      Bts=Bg*t1*Lef/(L1*bt1*KFe)*1.E+4
      CALL ATB(Bts, Hts)
      Ft1=Hts*ht1/10.
      Bj1=FI01/(2.*LFe*hj1)*1.E+10
      CALL ATB(Bj1, Hjs)
      CALL CSR(p, 1, Bj1, hj1/TAO, C1)
      Fj1=C1*Hjs*Lj1/10.
      Btr=Bg*t2*Lef/(L1*bt2*KFe)*1.E+4
      CALL ATB(Btr, Htr)
      Ft2=Htr*hr/10.
      Bj2=FI01/(2.*LFe*hj2)*1.E+10
      CALL ATB(Bj2, Hjr)
      CALL CSR(p, 2, Bj2, hj2/TAO, C2)
      Fj2=C2*Hjr*Lj2/10.
      SUMF=2.*(Fg+Ft1+Fj1+Ft2+Fj2)
      Fgg=Bg/MU0*g*Kg*1.E-3
      Kst=(Fgg+Ft1+Ft2)/Fgg
      SUMFF=Fgg+Ft1+Fj1+Fj2+Ft2
      RETURN
      END

*==========================================================*
*          交轴电抗、定子电流及功率因数计算模块                *
*==========================================================*
      SUBROUTINE XAQQ (Iq0, E0, Xd, SITA, Rs, X1, Xaq, Xq, P1, FI,
     &                 Id, Iq, IN0, PF)
      REAL KFI, Kp1, Kd1, Ksk1, Kdp, Kad, Kaq, Kf, Iq0, m, Ist, La
      REAL L1, KFe, Lef, LFe, LB, MU0, Id, Iq, IN0, Iq01, Iq02
      REAL IIq(170), Xaqqq(170)
      COMMON /IN1/PN, UN, m, f, p, cosfi, eff, Tpo, Ist, Tst
      COMMON /IN2/D1, Di1, La, g, g12, Q1, Q2, Di2
```

```
      COMMON /IN8/L1, KFe, Lef, LFe, LB
      COMMON /IN9/KFI, Kp1, Kd1, Ksk1, Kdp, Kad, Kaq, Kf
      COMMON /NAME1/IIq, Xaqqq
      PAI=4.*ATAN(1.)
      MU0=4.*PAI*1.E-7
10    CALL LAG(170, IIq, Xaqqq, Iq0, Xaq)
      Xq=X1+Xaq
      P1=m*(E0*UN*(Xq*SIN(SITA)-Rs*COS(SITA))+Rs*UN*UN+
     &       0.5*UN*UN*(Xd-Xq)*SIN(2.*SITA))/(Xd*Xq+Rs*Rs)
      Id=(Rs*UN*SIN(SITA)+Xq*(E0-UN*COS(SITA)))/(Xd*Xq+
     &   Rs*Rs)
      Iq=(Xd*UN*SIN(SITA)-Rs*(E0-UN*COS(SITA)))/(Xd*Xq+
     &   Rs*Rs)
      IF (ABS((Iq0-Iq)/Iq).GT.0.002) THEN
        Iq0=(Iq0+Iq)/2.
        GOTO 10
      END IF
      PUSAI=ATAN(Id/Iq)
      FI=SITA-PUSAI
      IN0=SQRT(Id*Id+Iq*Iq)
      PF=COS(FI)
      RETURN
      END

*=====================================================*
*                    铁心损耗计算模块                    *
*=====================================================*
      SUBROUTINE PFEE(E0, Id, Xad, Iq, Xaq, f, N, RFAi, TAO, Kg, p,
     &                Vt1, Vj1, pFe)
      REAL Id, Iq, Kg, Lj1, L1, KFe, Lef, LFe, LB
      REAL KFI, Kp1, Kd1, Ksk1, Kdp, Kad, Kaq, Kf
      COMMON /IN3S/t1, tsk, bt1, hs1, hj1, ht1, Lj1
      COMMON /IN8/L1, KFe, Lef, LFe, LB
      COMMON /IN9/KFI, Kp1, Kd1, Ksk1, Kdp, Kad, Kaq, Kf
      PAI=4.*ATAN(1.)
      EDLT=SQRT((E0-Id*Xad)**2+(Iq*Xaq)**2)
      FIDLT=EDLT/(4.44*f*N*Kdp*KFI)
```

```
      Bgd=FIDLT/(RFAi*TAO*Lef)*1.E+6
      Bt1d=Bgd*t1*Lef/(bt1*KFe*L1)*1.E+4
      Bj1d=FIDLT/(2.*LFe*hj1)*1.E+10
      CALL PFB(Bt1d,pt1d)
      CALL PFB(Bj1d,pj1d)
      pFe=2.5*Vt1*pt1d/1.E+6+2.*Vj1*pj1d/1.E+6
      RETURN
      END

*==============================================================*
*                     交轴磁化曲线计算模块                       *
*==============================================================*
      SUBROUTINE MAGC (RFAi,TAO,Kg,Lev,hM,FAIM,N,E0,FI0)
      REAL m,Ist,La,Lj1,Lj2,L1,KFe,Lef,LFe,Kg,Iq,KFI,Kp1
      REAL Ksk1,Kdp,Kad,Kaq,Kf,IIq(170),Xaqqq(170),Kst,Kd1
      COMMON /IN1/PN,UN,m,f,p,cosfi,eff,Tpo,Ist,Tst
      COMMON /IN2/D1,Di1,La,g,g12,Q1,Q2,Di2
      COMMON /IN3S/t1,tsk,bt1,hs1,hj1,ht1,Lj1
      COMMON /IN4S/t2,hr1,hr2,hr,hj2,Lj2,bt2
      COMMON /IN8/L1,KFe,Lef,LFe,LB
      COMMON /IN9/KFI,Kp1,Kd1,Ksk1,Kdp,Kad,Kaq,Kf
      COMMON /NAMF1/IIq,Xaqqq
      PAI=4.*ATAN(1.)
      Bgg=500.
      DO 10 I=1,170
         Bgg=Bgg+50.
         FI01=Bgg*RFAi*TAO*Lef*1.E-6*1.E-4
         CALL MAGCIR (RFAi,TAO,Kg,Lev,hM,FAIM,FI01,Bg,Bts,
     &                Bj1,Btr,Bj2,Fg,Fgg,Kst,SUMF,SUMFF)
         BBg1=Bgg*1.E-4
         IIq(I)=SUMFF*p/(0.45*m*N*Kaq*Kdp)
         FIaq=BBg1*(RFAi*TAO*Lef)*1.E-6
         Eaq=E0/FI0*FIaq
         Xaqqq(I)=Eaq/IIq(I)
10    CONTINUE
      RETURN
      END
```

```
*============================================================*
*                定、转子槽下部比漏磁导计算模块                 *
*============================================================*
      SUBROUTINE ALL(LL, h1, h2, b0, b1, b2, AL)
      REAL Kr1, Kr2
      PAI=4.*ATAN(1.)
      IF (LL.EQ.0) THEN
         ALFA=b1/b2
         BETA=h2/b2
         CALL KRRR(ALFA, BETA, Kr1, Kr2)
         AL=BETA/(PAI/(8.*BETA)+(1.+ALFA)/2.)**2*(Kr1+Kr2)
      ELSE IF (LL.EQ.1) THEN
         ALFA=b1/b2
         BETA=h2/b2
         CALL KRRR(ALFA, BETA, Kr1, Kr2)
         AL=2.*h1/(b0+b1)+4.*BETA/(1.+ALFA)**2*Kr1
         ALP=4.*BETA/(1.+ALFA)**2*Kr1
      ENDIF
      RETURN
      END

*============================================================*
*                   系数Kr1,Kr2计算模块                        *
*============================================================*
      SUBROUTINE KRRR(A, B, Kr1, Kr2)
      REAL Kr1, Kr2
      PAI=4.*ATAN(1.)
      IF (A.EQ.1.) A=0.9999
      IF (B.EQ.0.) B=0.0001
      Kr1=1./3.-(1.-A)/4.*(1./4.+1./3./(1.-A)+1./2./(1.-A)
     &    **2+1./(1.-A)**3+LOG(A)/(1.-A)**4 )
      Kr2=(2.*PAI**3-9.*PAI)/1536./B**3+PAI/(16.*B)-PAI/(
     &    8.*(1.-A)*B)-(PAI**2/(64.*(1.-A)*B**2)+PAI/(8.*
     &    (1.-A)**2*B))*LOG(A)
      RETURN
      END
```

```
*=====================================================================*
*                    电动机工作特性计算模块                          *
*=====================================================================*
      SUBROUTINE PERF (N,Kg,RFAi,TAO,E0,FI0,Xad,X1,Rs,Vt1,
     &             Vj1,X1st,R2st,Cx,Xaq,pfw,Cmax,Tpol,MMM,JJ)
      REAL Kg,nN,IN,m,Ist,Lj1,LM,MUr,Kq,KFI,Kp1,Kd1,Kdp
     & Kad,Kaq,Kf,Iq,Iq0,Id,IN0,M2,IIq(170),Xaqqq(170),mm
      COMMON /IN0/OMGs,nN,IN,TN
      COMMON /IN1/PN,UN,m,f,p,cosfi,eff,Tpo,Ist,Tst
      COMMON /IN3S/t1,tsk,bt1,hs1,hj1,ht1,Lj1
      COMMON /IN6/Lev,magnet,Br0,Hc0,hM,bM,LM,ROUm,SIGMA0
      COMMON /IN6S/MUr,BHmax,Am,mm,FF,FAIM,Br,Hc
      COMMON /IN7/t,pfw1,ps1,Kq
      COMMON /IN9/KFI,Kp1,Kd1,Ksk1,Kdp,Kad,Kaq,Kf
      COMMON /IN10/AU2,AL2,As2,Xs2,Xd2,XE2,X2,R2,RB,RR
      COMMON /PERF01/
     &          XX1(80),XX2(80),XX3(80),XX4(80),XX5(80),
     &          XX6(80),XX7(80),XX8(80),XX9(80),XX10(80),
     &          XX11(80),XX12(80),XX13(80),XX14(80),XX15(80)
      COMMON /NAME1/IIq,Xaqqq
      CZ1(Y1,Y2,Y3)=Y1+(Y2-Y1)*Y3
      PAI=4.*ATAN(1.)
      Xd=Xad+X1
      Pout=-100000.0
      pfw=pfw1*PN*1000.
      Iq=0.015*IN
      Cmax=0.0
      SITA=0.0
      JM=1
      DO 100 I=1,180
         IF (SITA.GT.PAI/2.) THEN
           SITA=SITA+2.*PAI/180.
         ELSE
           SITA=SITA+5.*PAI/180.
         END IF
         Iq0=1.04*Iq
         IF(JM.GT.2.AND.XX9(JM-2).NE.0.AND.XX9(JM-1).NE.0.)
     &        Iq0=0.98*XX9(JM-1)/XX9(JM-2)*XX9(JM-1)
```

```
      CALL Xaqq(Iq0,E0,Xd,SITA,Rs,X1,Xaq,Xq,P1,FI,Id,Iq,
     &          INO,PF)
      CALL PFEE (E0,Id,Xad,Iq,Xaq,f,N,RFAi,TAO,Kg,p,Vt1,
     &   Vj1,pFe)
      pCu=m*INO**2*Rs
      ps=(INO/IN)**2*ps1*PN*1000.
      SUMP=ps+pCu+pFe+pfw
      P2=P1-SUMP
      M2=P2/OMGs
      effo=P2/P1
      IF (P2.GE.0.15*PN*1000..AND.P2.LE.2.0*PN*1000.AND.
     &     SITA.LT.(4.*PAI/7.).AND.P2.GT.XX2(JM-1)) THEN
        IF (JM.GT.2..AND.XX2(JM-1).LT.PN*1000.AND.
     &       P2.GE.PN*1000..AND.XX2(JM-1).NE.0.0) THEN
          AAA=(PN*1000.-XX2(JM-1))/(P2-XX2(JM-1))
          XX1(JM)=CZ1(XX1(JM-1),P1,AAA)
          XX2(JM)=PN*1000.
          XX3(JM)=CZ1(XX3(JM-1),SUMP,AAA)
          XX4(JM)=CZ1(XX4(JM-1),pCu,AAA)
          XX5(JM)=CZ1(XX5(JM-1),pFe,AAA)
          XX6(JM)=CZ1(XX6(JM-1),ps,AAA)
          XX7(JM)=CZ1(XX7(JM-1),INO,AAA)
          XX8(JM)=CZ1(XX8(JM-1),Id,AAA)
          XX9(JM)=CZ1(XX9(JM-1),Iq,AAA)
          XX10(JM)=CZ1(XX10(JM-1),effo,AAA)
          XX11(JM)=CZ1(XX11(JM-1),PF,AAA)
          XX12(JM)=CZ1(XX12(JM-1),SITA,AAA)
          XX13(JM)=CZ1(XX13(JM-1),FI,AAA)
          XX14(JM)=CZ1(XX14(JM-1),M2,AAA)
          XX15(JM)=CZ1(XX15(JM-1),Xaq,AAA)
          MMM=JM
          JJ=JM
          JM=JM+1
        ELSE IF(ABS((P2-PN*1000.)/(PN*1000.)).GT..001)
     &    THEN
          XX1(JM)=P1
          XX2(JM)=P2
```

```
               XX3(JM)=SUMP
               XX4(JM)=pCu
               XX5(JM)=pFe
               XX6(JM)=ps
               XX7(JM)=IN0
               XX8(JM)=Id
               XX9(JM)=Iq
               XX10(JM)=effo
               XX11(JM)=PF
               XX12(JM)=SITA
               XX13(JM)=FI
               XX14(JM)=M2
               XX15(JM)=Xaq
               JJ=JM
               JM=JM+1
            ENDIF
         ENDIF
         IF (P2.GT.Pout) THEN
            Pout=P2
            Tpo1=P2/(1000.*PN)
            IF (Tpo1.LT.1.) MMM=JM-1
         END IF
100   CONTINUE
      RETURN
      END

*=====================================================*
*                    起动电流计算模块                    *
*=====================================================*
      SUBROUTINE IIST (KU1,KL1,N,AU1,AL1,As1,Xs1,Xd1,XE1,
     &  Xsk1,Cx,Rs,AB,X2st,X1st,R2st,Iqq,E0)
      REAL KU1,KL1,Iqq,nN,IN,m,Ist,La,Lj1,Lj2,L1,Lef,LB
      REAL Kp1,Kd1,Ksk1,Kdp,Kad,Kaq,Kf,Iq1,Iqst,Kz,Ka,KR,KX
      COMMON /IN0/OMGs,nN,IN,TN
      COMMON /IN1/PN,UN,m,f,p,cosfi,eff,Tpo,Ist,Tst
      COMMON /IN2/D1,Di1,La,g,g12,Q1,Q2,Di2
      COMMON /IN3/b01,h01,b1,ALFA1,R1,h12
      COMMON /IN3S/t1,tsk,bt1,hs1,hj1,ht1,Lj1
```

```
      COMMON /IN4/Lv, b02, h02, br1, br2, hr12, ALFA2, AR
      COMMON /IN4S/t2, hr1, hr2, hr, hj2, Lj2, bt2
      COMMON /IN5/LE, a, Ns, Nt1, d11, Nt2, d12, d, y
      COMMON /IN8/L1, KFe, Lef, LFe, LB
      COMMON /IN9/KFI, Kp1, Kd1, Ksk1, Kdp, Kad, Kaq, Kf
      COMMON /IN10/AU2, AL2, As2, Xs2, Xd2, XE2, X2, R2, RB, RR
      PAI=4.*ATAN(1.)
      Iq1=8.*IN
11    Fst=0.707*Iq1*Ns*(KU1+Kd1**2*Kp1*Q1/Q2)/a*E0/UN
      Iqst=Iq1*2.*m*N*Kdp/Q2
      BETAc=0.64+2.5*SQRT(g/(t1+t2))
      BL=4.*PAI*1.E-7*Fst/(2.*g*BETAc*.001)
      CALL KZZ(BL, Kz)
      Cs1=(t1-b01)*(1.-Kz)
      Cs2=(t2-b02)*(1.-Kz)
      DTAU1=(h01+0.58*hs1)/b01*(Cs1/(Cs1+1.5*b01))
      Asq1=(AU1-DTAU1)*KU1+KL1*AL1
      Xsq1=Asq1/As1*Xs1
      Xdq1=Kz*Xd1
      Xskq1=Kz*Xsk1
      X1st=Xsq1+Xdq1+XE1+Xskq1
      QAZ=0.2*PAI*(hr-h02)*SQRT(f/0.0434*1.E-5)
      SQAZ=(EXP(2.*QAZ)-EXP(-2.*QAZ))/2.
      CQAZ=(EXP(2.*QAZ)+EXP(-2.*QAZ))/2.
      QAZ1=QAZ*((SQAZ+SIN(2.*QAZ))/(CQAZ-COS(2.*QAZ)))
      QAZ2=3./(2*QAZ)*((SQAZ-SIN(2*QAZ))/(CQAZ-COS(2*QAZ)))
      KR=(1.+br1/br2)*QAZ1**2/(1.+br1/br2*(2.*QAZ1-1.))
      bPX=br1+(br2-br1)*QAZ2
      AL=br1/br2
      AKr1=1./3.-(1.-AL)/4.*(1./4.+1./3./(1.-AL)+1./2./(1.-
     &       AL)**2+1./(1.-AL)**3+LOG(AL)/(1.-AL)**4 )
      ALP=br1/bPX
      AKr1p=1./3.-(1.-ALP)/4.*(1./4.+1./3./(1.-ALP)+1./2./
     & (1.-ALP)**2+1./(1.-ALP)**3+LOG(ALP)/(1.-ALP)**4 )
      KX=br2*(1.+AL)**2*QAZ2*AKr1p/(bPX*(1.+ALP)**2*AKr1)
      DTAU2=h02/b02*Cs2/(Cs2+b02)
      As2st=AU2-DTAU2+KX*AL2
```

```
      Xs2st=La*m*2.*p*As2st*Cx/(Lef*Q2)
      Xd2st=Kz*Xd2
      X2st=Xs2st+Xd2st+XE2
      Xst=X1st+X2st
      R2st=(KR*La/LB+(LB-La)/LB)*RB+RR
      Rst=Rs+R2st
      Zst=SQRT(Rst**2+Xst**2)
      Iqq=UN/Zst
      IF (ABS(Iqq/Iq1-1.).GE.0.001) THEN
         Iq1=(Iq1+Iqq)/2.
         GO TO 11
      END IF
      RETURN
      END

*==============================================================*
*                    起动T-s曲线计算模块                        *
*==============================================================*
      SUBROUTINE TS(N,Cx,Rs,XK1,XK2,XK3,X1,Xad,Xaq,E0,Tst1)
      REAL nN,IN,m,Ist
      COMMON/PERFO2/ss(50),Tst1s(50),Tst2s(50),Tsts(50)
      COMMON /IN0/OMGs,nN,IN,TN
      COMMON /IN1/PN,UN,m,f,p,cosfi,eff,Tpo,Ist,Tst
      COMMON /IN10/AU2,AL2,As2,Xs2,Xd2,XE2,X2,R2,RB,RR
      PAI=4.*ATAN(1.)
      Xd=Xad+X1
      Xq=Xaq+X1
      Xadq=2.*Xad*Xaq/(Xad+Xaq)
      DO 12 I=1,20
         s=1.-0.05*(I-1.)
         R2st=(XK1-R2)*SQRT(s)+R2
         X1st=(XK2-X1)*SQRT(s)+X1
         ro=1.+X1st/Xadq
         X2st=(XK3-X2)*SQRT(s)+X2
         Ts1=m*p*UN*UN*R2st/s/(2.*PAI*f*((Rs+ro*R2st/s)**2
     &        +(X1st+ro*X2st)**2))
         Ts2=m*p*E0**2*Rs*(1.-s)*(((1.-s)*Xq)**2+Rs**2)/
     &      (2.*PAI*f*((1.-s)**2*Xd*Xq+Rs**2)**2)
```

```
      IF (I.EQ.1) Tst1=Ts1/TN
      ss(I)=s
        Tst1s(I)=Ts1/TN
        Tst2s(I)=Ts2/TN
        Tsts(I)=Ts1/TN-Ts2/TN
12    CONTINUE
      RETURN
      END

*=========================================================================*
*                      永磁体额定负载工作点计算模块                          *
*=========================================================================*
      SUBROUTINE BNNN (Id,IN1,m,p,N,Lev,Di1,FF,SIGMA0,
     &                 LUMDAn,J1,A1,bmN)
      REAL KFI,Kp1,Kd1,Kdp,Kad,Kaq,Kf,Id,IN1,m,J1,LUMDAn
      COMMON /IN5/LE,a,Ns,Nt1,d11,Nt2,d12,d,y
      COMMON /IN9/KFI,Kp1,Kd1,Ksk1,Kdp,Kad,Kaq,Kf
      PAI=4.0*ATAN(1.)
      Fa=0.45*m*N*Kdp*Id*Kad/p
      IF (Lev.EQ.1) THEN
         fad=Fa/FF
      ELSE IF (Lev.EQ.2) THEN
         fad=2.*Fa/FF
      END IF
      f1=fad/SIGMA0
      bmN=LUMDAn*(1.-f1)/(LUMDAn+1.)
      A1=2.*m*N*IN1/(PAI*Di1)
      J1=IN1/(a*PAI*(Nt1*d11**2/4.+Nt2*d12**2/4.))
      RETURN
      END

*=========================================================================*
*                      永磁体最大去磁工作点计算模块                          *
*=========================================================================*
      SUBROUTINE DEMAG(E0,Xd,Rs,N,Lev,FF,SIGMA0,LUMDAn,bmh)
      REAL KFI,Kp1,Kd1,Ksk1,Kdp,Kad,Kaq,Kf,Iadh,m,LUMDAn
      COMMON /IN1/PN,UN,m,f,p,cosfi,eff,Tpo,Ist,Tst
```

```
      COMMON /IN9/KFI,Kp1,Kd1,Ksk1,Kdp,Kad,Kaq,Kf
      Iadh=(E0*Xd+SQRT(E0**2*Xd**2-(Rs**2+Xd**2)*(E0**2
     &    -UN**2)))/(Rs**2+Xd**2)
      Fadh=0.45*m*N*Kdp*Iadh*Kad/p
      IF (Lev.EQ.1) THEN
         fad=Fadh/FF
      ELSE IF (Lev.EQ.2) THEN
         fad=2.*Fadh/FF
      END IF
      f1=fad/SIGMA0
      bmh=LUMDAn*(1.-f1)/(LUMDAn+1.)
      RETURN
      END

*=========================================================*
*                         输出模块                         *
*=========================================================*
      SUBROUTINE OUTPUT (Sf,N,TAOy,fd,RFAi,DR,AB,J1,A1,mCu,
     & mFe,mAl,Ist1,Tpo1,Cmax,Kst,bm0,E0,Tst1,Xad,Rs,X1,
     & MMM,JJ,Ls,bmh,bmN)
      CHARACTER sks*9,wgco*3,mag*9
      REAL J1,Iqq,nN,IN,m,Ist,Lj1,Lj2,LM,La,Ls,MUr,Kq,L1
      REAL Lef,LFe,LB,KFI,Kp1,Kd1,Ksk1,Kdp,Kad,Kaq,Kf,Ist1
      REAL mCu,mFe,mm,mAl,Kst
      COMMON /IN0/OMGs,nN,IN,TN
      COMMON /IN1/PN,UN,m,f,p,cosfi,eff,Tpo,Ist,Tst
      COMMON /IN2/D1,Di1,La,g,g12,Q1,Q2,Di2
      COMMON /IN3/b01,h01,b1,ALFA1,R1,h12
      COMMON /IN3A/sks
      COMMON /IN3S/t1,tsk,bt1,hs1,hj1,ht1,Lj1
      COMMON /IN4/Lv,b02,h02,br1,br2,hr12,ALFA2,AR
      COMMON /IN4S/t2,hr1,hr2,hr,hj2,Lj2,bt2
      COMMON /IN5/LE,a,Ns,Nt1,d11,Nt2,d12,d,y
      COMMON /IN5A/wgco
      COMMON /IN6/Lev,magnet,Br0,Hc0,hM,bM,LM,ROUm,SIGMA0
      COMMON /IN6S/MUr,BHmax,Am,mm,FF,FAIM,Br,Hc
      COMMON /IN7/t,pfw1,ps1,Kq
      COMMON /IN8/L1,KFe,Lef,LFe,LB
```

```
      COMMON /IN9/KFI,Kp1,Kd1,Ksk1,Kdp,Kad,Kaq,Kf
      COMMON /PERFO1/XX1(80),XX2(80),XX3(80),XX4(80),
     &    XX5(80),XX6(80),XX7(80),XX8(80),XX9(80),XX10(80),
     &    XX11(80),XX12(80),XX13(80),XX14(80),XX15(80)
      COMMON/PERFO2/ss(50),Tst1s(50),Tst2s(50),Tsts(50)
      COMMON /OUT1/Bg,Bts,Bj1,Btr,Bj2,Bg1
      COMMON /IN10/AU2,AL2,As2,Xs2,Xd2,XE2,X2,R2,RB,RR
      OPEN (4,FILE='OUT1',STATUS='NEW')
      PAI=4.*ATAN(1.)
      WRITE(4,20)PN
20    FORMAT(/1X,F7.2,'kW',2X,26H内置式异步起动永磁同步电动
     &'机电磁计算方案清单'/)
      WRITE(4,27)
27    FORMAT (22('*'),' 技术性能指标 ',23('*')/)
      UN=UN*SQRT(3.)
      E0=E0*SQRT(3.)
      IF (wgco.EQ.'j'.OR.wgco.EQ.'J')THEN
         UN=UN/SQRT(3.)
         E0=E0/SQRT(3.)
      END IF
      WRITE(4,28) PN,UN,INT(m),INT(f),INT(p),cosfi,
     &eff*100.,Ist,TN,Tst,Tpo,INT(t)
28    FORMAT(1X,'PN=',F6.2,' kW',3X,'UN=',F4.0,' V',6X,
     &'m=',I2,11X,'f=',I3/1X,'p=',I2,11X,'cosφN≥',F5.3,
     &2X,'ηN≥',F5.2,'%',3X,'IstN≤',F4.1,'倍'/1X,'TN=',
     &F6.2,' N.m',2X,'TstN≥',F5.2,'倍',2X,'TpoN≥',F5.2,
     &'倍',2X,'t=',I3,'℃')
      WRITE(4,29)
29    FORMAT (18('*'),' 主要尺寸、绕组和定子 ',19('*')/)
      WRITE(4,30) D1,Di1,La,g,INT(Q1),LE,INT(a),wgco,Ns
30    FORMAT(1X,'D1=',F6.1,' mm',3X,'Di1=',F6.1,' mm',2X,
     &'La=',F6.1,' mm',3X,'δ=',F4.2,' mm'/1X,'Q1=',I3,9X,
     &'LE=',I1,11X,'wgco=',I2,'-',A3,4X,'Ns=',I3)
      WRITE (4,22) Nt1,d11,Nt2,d12,INT(y),d,TAOy,Ls,Sf,Kdp,
     &              N,RFAi,b01,h01,INT(ALFA1),b1,R1,h12,sks
22    FORMAT (1X,'Nt1=',I2,9X,'d11=',F5.2,' mm',3X,'Nt2=',
     &I2,9X,'d12=',F5.2,' mm'/1X,'y=',I2,11X,'d=',F4.1,
```

```
     &' mm',6X,'τy=',F5.1,' mm',3X,'Ls=',F5.1,' mm'/1X,
     &'Sf=',F4.1,'%',6X,'Kdp=',F5.3,6X,'N=',I4,9X,'αi=',
     &F5.3/1X,'b01=',F3.1,' mm',5X,'h01=',F3.1,' mm',5X,
     &'α1=',I3,'°',6X,'b1=',F4.1,' mm'/1X,'R1=',F4.1,
     &' mm',5X,'h12=',F4.1,' mm',4X,'sks=',A4)
      WRITE (4,31)
31    FORMAT (26('*'),'转子 ',27('*')/)
      WRITE (4,32)Lv,b02,h02,INT(ALFA2),br1,br2,hr12,Di2,
     &DR,AB,AR,INT(Q2)
32    FORMAT(1X,'Lv=',I3,9x,'b02=',F4.1,' mm',4X,'h02=',
     &F3.1,' mm',5X,'α2=',I3,'°'/1X,'br1=',F4.1,' mm',
     &4X,'br2=',F4.1,' mm',4X,'hr12=',F4.1,' mm',3X,'Di2=',
     &F5.1,' mm'/1X,'DR=',F5.1,' mm',4X,'AB=',F4.0,
     &' mm^2',3X,'AR=',F5.0,' mm^2',2x,'Q2=',I3,9X,)
      WRITE(4,33)
33    FORMAT (20('*'),' 空载磁路计算结果 ',21('*')/)
      WRITE(4,34) Bg1,Bts/1.E4,Bj1/1.E4,Bg,Btr/1.E4,
     &            Bj2/1.E4,Kst,KFI
34    FORMAT(1X,'Bδ1=',F5.3,' T',3X,'Bt1=',F5.3,' T',4X,
     &'Bj1=',F5.3,' T',4X,'Bδ=',F5.3,' T'/1X,'Bt2=',F5.3,
     &' T',4X,'Bj2=',F5.3,' T',4X,'Kst=',F4.2,7X,'KΦ=',
     &F5.3)
      WRITE(4,35)
35    FORMAT (20('*'),' 额定负载点损耗 ',23('*')/)
      WRITE (4,36) XX3(MMM),XX4(MMM),XX5(MMM),XX6(MMM),
     &            pfw1*PN*1000.
36    FORMAT (1X,'Σp=',F7.1,' W'/1X,'pCu=',F6.1,' W',3X,
     &'pFe=',F6.1,' W',3X,'ps=',F6.1,' W',4X,'pfw=',F6.1,
     &' W')
      WRITE(4,37)
37    FORMAT (19('*'),' 额定负载点热负荷 ',22('*')/)
      WRITE (4,38) J1,A1,J1*A1
38    FORMAT (1X,'J1=',F4.1,' A/mm^2',1X,'A1=',F5.1,
     &' A/mm',2X,'A1J1=',F6.1,' A^2/mm^3')
      WRITE(4,39)
39    FORMAT (24('*'),' 材料质量 ',25('*')/)
      WRITE (4,81) mCu,mFe,mAl,mm
81    FORMAT (1X,'mCu=',F5.2,' kg',3X,'mFe=',F6.2,' kg',2X,
```

```
&'mAl=',F5.2,' kg',3X,'mm=',F5.2,' kg')
 WRITE(4,41)
41   FORMAT(16('*'),' 计算性能(输出额定功率时) ',17('*')/)
 Ist1=Ist1/IN
 X7X=XX7(MMM)
 IF (wgco.EQ.'j'.OR.wgco.EQ.'J') THEN
    X7X=XX7(MMM)*SQRT(3.)
 ENDIF
 WRITE (4,42) XX10(MMM)*100.,XX11(MMM),X7X,Ist1,
&XX12(MMM)*57.3,XX13(MMM)*57.3,Tst1,Tpo1
42   FORMAT (1X,'η=',F5.2,'%',5X,'cosφ=',F5.3,4X,'I1=',
&F6.2,' A',4X,'Ist=',F5.2,'倍'/1X,'θ=',F4.1,'°',6X,
&'φ=',F5.1,'°',5X,'Tst=',F5.2,'倍',4X,'Tpo=',F5.2,
&'倍')
 WRITE(4,43)
43   FORMAT(24('*'),' 永磁磁极 ',25('*')/)
 IF (magnet.EQ.1) THEN
    mag='NdFeB'
 ELSE IF (magnet.EQ.2) THEN
    mag='Ferrite'
 END IF
 WRITE(4,62) Lev,mag,E0,g12
62   FORMAT(1X,'Lev=',I2,9X,'magnet=',A7,1X,'E0=',F5.1,
&' V',5X,'δ12=',F4.2,' mm')
 WRITE(4,44) Br0,Hc0,MUr,SIGMA0,hM,bM,LM
44   FORMAT(1X,'Br=',F5.2,' T',5X,'Hc=',F4.0,' kA/m',3X,
&'μr=',F4.2,7x,'σ0=',F5.2/1X,'hM=',F6.2,
&' mm',3X,'bM=',F5.1,' mm',4X,'LM=',F6.1,' mm')
 WRITE(4,46)
46   FORMAT (22('*'),' 永磁体工作点 ',23('*')/)
 WRITE(4,48) bm0,bmN,bmh
48   FORMAT(1X,'bm0=',F5.3,6X,'bmN=',F5.3,6X,'bmh=',F5.3)
 WRITE(4,50)
50   FORMAT (21('*'),' 电阻、电抗参数',22('*')/)
 WRITE (4,52) Kad,Kaq,Xad,XX15(MMM),Rs,R2,X1,X2
52   FORMAT(1X,'Kad=',F4.2,7X,'Kaq=',F4.2,7X,'Xad=',F5.2,
&' Ω',3X,'Xaq=',F5.2,' Ω'/1X,'Rs=',F5.3,' Ω',4X,
```

```
     &'Rr=',F5.3,'  Ω',4X,'X1=',F5.3,'  Ω',4X,'X2=',F5.3,
     &'  Ω')
      WRITE (4,54)
54    FORMAT (26('*'),' 结束 ',27('*'))
      CLOSE (4)
      OPEN (7,FILE='OUT2',STATUS='NEW')
      WRITE (7,65)
      DO 10 I=2,JJ
         IF (XX2(I).LE..4*PN*1000.) GOTO 10
         IF (wgco.EQ.'j'.OR.wgco.EQ.'J') THEN
            XX7(I)=XX7(I)*SQRT(3.)
            XX8(I)=XX8(I)*SQRT(3.)
            XX9(I)=XX9(I)*SQRT(3.)
         END IF
         IF (XX2(I).GT.2.4*PN*1000.) GOTO 146
         WRITE (7,67) XX12(I)*57.296,XX1(I),XX2(I),
     &   XX13(I)*57.296,XX10(I)*100.,XX11(I),XX7(I),XX14(I)
         WRITE (7,68) XX8(I),XX9(I),Xad,XX15(I)
         WRITE (7,66)
10    CONTINUE
146   WRITE (7,71)
      DO 12 I=1,20
         WRITE (7,72) ss(I),Tst1s(I),0.-Tst2s(I),Tsts(I)
12    CONTINUE
      CLOSE (7)
65    FORMAT (/21X,'工作特性曲线'/)
66    FORMAT (59('-'))
67    FORMAT (1X,'θ=',F6.2,'°',2X,'P1=',F8.1,' W',2X,
     &'P2=',F8.1,' W',2X,'φ=',F5.1,'°'/1X,'η=',F5.2,
     &'%',3X,'cosφ=',F5.3,4X,'I1=',F6.2,' A',4X,'T2=',
     &F5.1,'N.M')
68    FORMAT (1X,'Id=',F5.2,' A',2X,'Iq= ',F5.2,' A',4X,
     &'Xad=',F5.2,'  Ω',3X,'Xaq=',F5.2,'  Ω')
71    FORMAT (/20X,'转矩-转差率曲线'/)
72    FORMAT(1X,'s=',F4.2,9X,'Tst1=',F5.2,5X,'Tst2=',F5.2,
     &5X,'Tst=',F5.2)
      RETURN
      END
```

```
*==========================================================*
*                    二元线性插值模块                        *
*==========================================================*
      SUBROUTINE LAGD(X,Y,Z,N,M,U,V,W)
      DIMENSION X(N),Y(M),Z1(1000),Z2(1000)
      DIMENSION Z(N,M)
      DO 20 J=1,M
        DO 10 K=1,N
          Z1(K)=Z(K,J)
10      CONTINUE
        CALL LAG(N,X,Z1,U,C)
        Z2(J)=C
20    CONTINUE
      CALL LAG(M,Y,Z2,V,W)
      RETURN
      END

*==========================================================*
*                    一元线性插值模块                        *
*==========================================================*
      SUBROUTINE LAG(M,XX,YY,X,C)
      DIMENSION XX(M),YY(M)
      J=M-1
      DO 15 I=1,J
        IF (X.LE.XX(I+1)) GOTO 25
15    CONTINUE
25    C=YY(I)+(X-XX(I))*(YY(I+1)-YY(I))/(XX(I+1)-XX(I))
      RETURN
      END

*==========================================================*
*                    铁心磁位差计算模块                      *
*==========================================================*
      SUBROUTINE ATB(B,A)
      DIMENSION X1(150),Y1(150)
      X1(1)=4000.
```

```
      DO 10 I=2,150
         X1(I)=X1(I-1)+100.
10    CONTINUE
      DATA Y1/
     &   0.60, 0.62, 0.63, 0.65, 0.66, 0.68, 0.69, 0.71,
     &   0.72, 0.74, 0.75, 0.76, 0.77, 0.78, 0.79, 0.80,
     &   0.82, 0.84, 0.86, 0.88, 0.90, 0.92, 0.95, 0.97,
     &   1.00, 1.02, 1.05, 1.07, 1.10, 1.12, 1.15, 1.18,
     &   1.21, 1.24, 1.27, 1.30, 1.33, 1.36, 1.39, 1.42,
     &   1.45, 1.48, 1.51, 1.54, 1.57, 1.60, 1.64, 1.68,
     &   1.72, 1.75, 1.79, 1.80, 1.87, 1.92, 1.96, 2.00,
     &   2.05, 2.10, 2.16, 2.21, 2.26, 2.32, 2.38, 2.44,
     &   2.50, 2.56, 2.62, 2.68, 2.75, 2.81, 2.87, 2.95,
     &   3.03, 3.11, 3.19, 3.27, 3.37, 3.47, 3.56, 3.66,
     &   3.76, 3.88, 4.00, 4.15, 4.30, 4.45, 4.60, 4.85,
     &   5.10, 5.55, 6.00, 6.50, 7.00, 7.50, 8.00, 8.50,
     &   9.00, 9.50, 10.0, 10.7, 11.3, 12.2, 13.0, 14.1,
     &   15.2, 16.5, 17.8, 19.4, 21.0, 23.5, 26.0, 28.5,
     &   31.0, 34.0, 37.0, 40.0, 43.0, 46.5, 50.0, 54.0,
     &   58.0, 62.0, 66.0, 70.3, 74.5, 78.8, 83.0, 87.3,
     &   91.5, 95.8, 100., 106., 112., 118., 124., 131.,
     &   137., 144., 151., 158., 165., 172., 179., 186.,
     &   193., 200., 207., 214., 221., 228./
      CALL LAG(150,X1,Y1,B,A)
      IF (A.LT.0.) A=0.
      RETURN
      END

*=========================================================*
*                   定子铁心损耗计算模块                    *
*=========================================================*
      SUBROUTINE PFB(B,P)
      DIMENSION X1(150),Y1(150)
      X1(1)=4000.
      DO 10 I=2,150
         X1(I)=X1(I-1)+100.
10    CONTINUE
      DATA Y1/
```

```
&  1.80,  1.90,  2.00,  2.10,  2.20,  2.30,  2.40,  2.50,
&  2.60,  2.70,  2.80,  2.90,  3.00,  3.10,  3.20,  3.30,
&  3.40,  3.50,  3.60,  3.70,  3.80,  3.90,  4.00,  4.10,
&  4.30,  4.40,  4.50,  4.70,  4.80,  4.90,  5.00,  5.20,
&  5.30,  5.40,  5.60,  5.70,  5.80,  6.00,  6.15,  6.30,
&  6.47,  6.60,  6.75,  6.90,  7.05,  7.20,  7.35,  7.50,
&  7.65,  7.80,  7.91,  8.05,  8.20,  8.35,  8.50,  8.65,
&  8.80,  8.95,  9.10,  9.30,  9.56,  9.70,  9.90,  10.1,
&  10.3,  10.5,  10.7,  10.9,  11.1,  11.3,  11.5,  11.7,
&  11.9,  12.1,  12.3,  12.6,  12.8,  13.0,  13.2,  13.4,
&  13.7,  14.2,  14.5,  14.8,  15.1,  15.4,  15.7,  16.0,
&  16.2,  16.3,  16.5,  16.8,  17.1,  17.4,  17.7,  18.0,
&  18.3,  18.5,  18.8,  19.1,  19.4,  19.7,  20.0,  20.3,
&  20.6,  20.8,  21.1,  21.4,  21.7,  22.0,  22.3,  22.7,
&  23.1,  23.5,  23.9,  24.4,  24.8,  25.2,  25.7,  26.1,
&  26.6,  27.0,  27.5,  27.9,  28.3,  28.8,  29.2,  29.6,
&  30.1,  30.5,  30.9,  31.4,  31.8,  32.2,  32.6,  33.1,
&  33.5,  33.9,  34.4,  34.8,  35.2,  35.7,  36.1,  36.5,
&  37.0,  37.4,  37.8,  38.2,  38.7,  39.1/
   CALL LAG(150,X1,Y1,B,P)
   RETURN
   END

*=====================================================*
*          定子槽上、下部节距漏抗系数计算模块          *
*=====================================================*
   SUBROUTINE BATS(BETA,KU1,KL1)
   REAL KU1,KL1
   IF (BETA.GT.1.) THEN
      BETA1=2.-BETA
   ELSE
      BETA1=BETA
   END IF
   IF (BETA1.GE.2./3.) THEN
      KU1=(3.*BETA1+1.)/4.
      KL1=(9.*BETA1+7.)/16.
   ELSE IF (BETA1.LT.2./3..AND.BETA1.GT.1./3.) THEN
```

```
      KU1=(6.*BETA1-1.)/4.
      KL1=(18.*BETA1+1.)/16.
    ELSE
      KU1=0.75*BETA1
      KL1=(9.*BETA1+4.)/16.
    END IF
    RETURN
    END

*======================================================*
*              起动漏抗饱和系数计算模块                  *
*======================================================*
    SUBROUTINE KZZ(BL,Kz)
    REAL BL1(21),Kz1(21),Kz
    DATA BL1/
   &  .0, 1.0, 1.5, 1.7, 2.0, 3.0, 3.6, 4.0, 4.5, 5.0,
   & 6.0, 7.0, 7.5, 8.0, 9.0, 10., 11., 12., 13., 14.,
   & 15./
    DATA Kz1/
   & 1.0, .99, .96, .93, .86, .660, .560, .52, .47, .430,
   & .36, .32, .30, .28, .26, .235, .215, .20, .19, .175,
   & .17/
    CALL LAG(21,BL1,Kz1,BL,Kz)
    RETURN
    END

*======================================================*
*              定子导线绝缘厚度计算模块                  *
*======================================================*
    SUBROUTINE HDD(d,h)
    IF(d.GT.0.) THEN
       IF (d.LE.0.50) THEN
          h=.04
       ELSE IF (d.GT.0.50.AND.d.LE..71) THEN
          h=.05
       ELSE IF (d.GT..71.AND.d.LE..95) THEN
          h=.06
       ELSE IF (d.GT..95.AND.d.LE.1.00) THEN
```

```
      h=.07
    ELSE IF (d.GT.1.00.AND.d.LE.1.56) THEN
      h=.08
    ELSE
      h=.09
    END IF
  END IF
  RETURN
  END
*==================================================================*
*           定、转子轭磁路修正系数计算模块                              *
*==================================================================*
  SUBROUTINE CSR (p,A,BCR,X,C)
  INTEGER A
  DIMENSION Z4(4,10), CCS2(40), CCR2(40), CCS4(40),
 &      CCR4(40), CCS6(40), CCR6(40), CCB(4), CCH(10)
  DATA CCS2/
 & .495,.417,.316,.275,.533,.446,.330,.283,.565,.480,
 & .350,.295,.592,.506,.364,.309,.617,.530,.390,.324,
 & .640,.551,.415,.340,.665,.574,.442,.360,.685,.593,
 & .465,.380,.709,.611,.492,.403,.730,.630,.518,.425/
  DATA CCR2/
 & .420,.345,.270,.237,.395,.330,.240,.212,.377,.320,
 & .215,.195,.365,.312,.196,.180,.355,.305,.185,.170,
 & .350,.298,.180,.161,.348,.292,.177,.160,.350,.290,
 & .178,.160,.356,.295,.182,.165,.365,.306,.185,.169/
  DATA CCS4/
 & .475,.384,.312,.272,.496,.405,.320,.275,.517,.425,
 & .330,.282,.535,.442,.343,.291,.554,.460,.356,.310,
 & .570,.475,.370,.310,.585,.491,.384,.318,.602,.505,
 & .398,.330,.617,.519,.412,.340,.633,.535,.427,.352/
  DATA CCR4/
 & .436,.350,.289,.255,.427,.343,.275,.245,.420,.340,
 & .265,.239,.418,.339,.260,.236,.417,.340,.255,.235,
 & .420,.343,.253,.235,.426,.347,.251,.235,.439,.353,
 & .250,.236,.454,.358,.250,.237,.471,.366,.249,.240/
```

```
      DATA CCS6/
     &  .552,.364,.305,.270,.555,.368,.306,.280,.560,.374,
     &  .308,.272,.569,.380,.310,.272,.578,.383,.312,.273,
     &  .593,.395,.315,.275,.605,.405,.319,.281,.623,.415,
     &  .325,.295,.639,.424,.333,.303,.656,.436,.341,.326/
      DATA CCR6/
     &  .552,.364,.305,.270,.555,.368,.306,.270,.560,.374,
     &  .308,.272,.569,.380,.310,.272,.578,.383,.315,.279,
     &  .593,.395,.322,.285,.605,.405,.328,.294,.623,.415,
     &  .340,.307,.639,.424,.353,.324,.656,.436,.371,.346/
      DATA CCB/12400.,13950.,15500.,17100./
      DATA CCH/.025,.05,.075,.1,.125,.15,.175,.2,.225,.25/
      IF (p.EQ.1.) THEN
         IF (A.EQ.1) THEN
            DO 10  I=1,4
               DO 10 J=1,10
                  Z4(I,J)=CCS2(I+4*(J-1))
10          CONTINUE
         ELSE
            DO 20 I=1,4
               DO 20 J=1,10
                  Z4(I,J)=CCR2(I+4*(J-1))
20          CONTINUE
         END IF
      ELSE IF (p.EQ.2.) THEN
         IF (A.EQ.1) THEN
            DO 30 I=1,4
               DO 30 J=1,10
                  Z4(I,J)=CCS4(I+4*(J-1))
30          CONTINUE
         ELSE
            DO 40 I=1,4
               DO 40 J=1,10
                  Z4(I,J)=CCR4(I+4*(J-1))
40          CONTINUE
         END IF
      ELSE IF (p.GE.3.) THEN
         IF (A.EQ.1) THEN
```

```
            DO 50 I=1,4
                DO 50 J=1,10
                    Z4(I,J)=CCS6(I+4*(J-1))
50          CONTINUE
        ELSE
            DO 60 I=1,4
                DO 60 J=1,10
                    Z4(I,J)=CCR6(I+4*(J-1))
60          CONTINUE
        END IF
      END IF
      CALL LAGD (CCB,CCH,Z4,4,10,BCR,X,C)
      IF (C.GT.0.7) C=0.7
      IF (C.LT.0.1)  C=0.1
      RETURN
      END

*==============================================================*
*                    定子谐波漏磁导计算模块                      *
*==============================================================*
      SUBROUTINE CGMAS (QQQ,BAITA,C)
      DIMENSION Z4A(6,18),CCS1(108),CCB1(6),CCH1(18)
      DATA CCS1/
     & .00648,.00390,.00296,.00244,.00180,.00155,.00778,
     & .00478,.00360,.00298,.00235,.00198,.00846,.00522,
     & .00384,.00330,.00250,.00222,.00895,.00550,.00416,
     & .00345,.00268,.00228,.00935,.00580,.00430,.00360,
     & .00278,.00230,.00965,.00602,.00439,.00360,.00280,
     & .00225,.00975,.00605,.00435,.00350,.00265,.00202,
     & .00965,.00595,.00428,.00328,.00245,.00180,.00940,
     & .00570,.00393,.00300,.00205,.00165,.00915,.00545,
     & .00375,.00280,.00178,.00136,.00899,.00533,.00350,
     & .00265,.00165,.00112,.00908,.00535,.00348,.00253,
     & .00160,.00100,.00930,.00550,.00350,.00263,.00163,
     & .00105,.00958,.00575,.00375,.00278,.00175,.00125,
     & .00995,.00595,.00395,.00290,.00190,.00145,.01042,
     & .00630,.00430,.00318,.00220,.00168,.01149,.00712,
```

```
     &  .00528,.00389,.00282,.00225,.01279,.00808,.00591,
     &  .00476,.00350,.00300/
      DATA CCB1/3.,4.,5.,6.,8.,10./
      DATA CCH1/
     &  0.500,0.550,0.575,0.600,0.625,0.650,0.675,0.700,
     &  0.725,0.750,0.775,0.800,0.825,0.850,0.875,0.900,
     &  0.950,1.000/
      DO 10  I=1,6
         DO 10 J=1,18
            Z4A(I,J)=CCS1(I+6*(J-1))
10    CONTINUE
      CALL LAGD (CCB1,CCH1,Z4A,6,18,QQQ,BAITA,C)
      IF (C.GT.0.013) C=0.013
      IF (C.LT.0.001) C=0.001
      RETURN
      END
```

4.3 算例

4.3.1 输入数据

输入数据

********************* 技术性能指标数据 *********************

PN (kW)	UN (V)	m	f (Hz)	p	cosφN	ηN	TpoN (倍)	IstN (倍)	TstN (倍)
15.	380.	3.	50.	2.	0.95	.935	1.8	9.	2.

****************** 主要尺寸和定转子数据 ******************

D1 (mm)	Di1 (mm)	La (mm)	δ (mm)	δ12 (mm)	Q1	Q2	Di2 (mm)	sks
260.	170.	190.	0.65	0.15	36.	32.	60.	'Y'

*********************** 定子槽形数据 ***********************

b01 (mm)	h01 (mm)	b1 (mm)	α1 (°)	R1 (mm)	h12 (mm)
3.8	0.8	7.7	30.0	5.1	15.2

************************ 转子槽形数据 **************************

Lv	b02 (mm)	h02 (mm)	br1 (mm)	br2 (mm)	hr12 (mm)	α 2 (°)	AR (mm^2)
1	2.0	0.8	6.4	5.5	15.	30.0	180.

************************** 绕组数据 ***************************

wgco	LE	a	Ns	Nt1	d11 (mm)	Nt2	d22 (mm)	d (mm)	y
'Y'	2	1.	13	2	1.20	3	1.25	15.	9.

******************** 永磁磁极和有关数据 ********************

Lev	mag	Br (T)	Hc (kA/m)	hM (mm)	bM (mm)	LM (mm)	ρm g/cm^3	σ0
1	1	1.15	875.	5.3	110.	190.	7.4	1.28

*************************** 其他数据 **************************

t (℃)	pfw1	ps1	Kq
75.	0.0107	0.015	0.36

****************************** 结束 ******************************

4.3.2 计算结果

15.00kW 内置式异步起动永磁同步电动机电磁计算方案清单

************************ 技术性能指标 *************************

PN=15.00 kW UN=380. V m=3 f=50
p=2 cosφN≥.950 ηN≥93.50% IstN≤9.0倍
TN=95.49 N.m TstN≥2.00倍 TpoN≥1.80倍 t=75℃

******************** 主要尺寸、绕组和定子 ********************

D1=260.0mm Di1=170.0mm La=190.0mm δ=.65mm
Q1=36 LE=2 wgco=1-Y Ns=13

Nt1＝2　d11＝1.20mm　Nt2＝3　d12＝1.25mm
y＝9　d＝15.0mm　τy＝128.9mm　Ls＝184.6mm
Sf＝78.2%　Kdp＝.955　N＝78　αi＝.891
b01＝3.8mm　h01＝.8mm　α1＝30°　b1＝7.7mm
R1＝5.1mm　h12＝15.2mm　sks＝Y

**************************** 转子 ****************************

Lv＝1　b02＝2.0mm　h02＝.8mm　α2＝30°
br1＝6.4mm　br2＝5.5mm　hr12＝15.0mm　Di2＝60.0mm
DR＝150.9mm　AB＝87.mm^2　AR＝180.mm^2　Q2＝32

*********************** 空载磁路计算结果 ******************

Bδ1＝.802T　Bt1＝1.379T　Bj1＝1.607T　Bδ＝.639T
Bt2＝1.339T　Bj2＝1.238T　Kst＝1.07　KΦ＝.897

*********************** 额定负载点损耗 ********************

Σp＝969.7W
pCu＝393.5W　pFe＝205.7W　ps＝210.1W　pfw＝160.5W

******************* 额定负载点热负荷 *********************

J1＝4.2A/mm^2　A1＝21.7A/mm　A1J1＝90.5A^2/mm^3

************************* 材料质量 ************************

mCu＝9.74kg　mFe＝96.79kg　mAl＝1.89kg　mm＝3.28kg

**************** 计算性能(输出额定功率时) ****************

η＝93.93%　cosφ＝.979　I1＝24.78A　Ist＝8.66倍
θ＝45.4°　φ＝11.7°　Tst＝2.89倍　Tpo＝1.85倍

************************** 永磁磁极 ****************************

Lev＝1　magnet＝NdFeB　E0＝373.5V　δ12＝.15mm
Br＝1.15T　Hc＝875.kA/m　μr＝1.05　σ0＝1.28
hM＝5.30mm　bM＝110.0mm　LM＝190.0mm

************************ 永磁体工作点 **************************

bmo＝.829　bmN＝.746　bmh＝.286

************************** 电阻、电抗参数 ***********************

Kad＝.80　Kaq＝.29　Xad＝4.11Ω　Xaq＝6.76Ω
Rs＝.213Ω　Rr＝.302Ω　X1＝.683Ω　X2＝.530Ω

******************************** 结束 *****************************

第11章　永磁电机测试技术

各种永磁电机的技术性能指标大部分与传统电励磁电机相同，可以沿用有关电励磁电机国家标准规定的试验方法和试验要求。但是，永磁电机的试验内容和测试技术有其特殊性，表现在：

1）永磁电机制成后，其磁场难以调节，因此，需要调节磁场或在去磁状态下测试的试验方法就无法应用。例如：难以用常规试验方法求取空载特性曲线以分离铁耗和机械耗；在带磁情况下难以用转差法测量永磁同步电机的电抗参数。

2）永磁电机可以实现高的技术性能，例如超高转速，特宽调速范围，特高的动态响应速度等，传统的测试方法和测试仪器难以满足。

3）适用于电机制造厂的测试永磁材料性能，特别是测试其热稳定性的方法和装置尚需开发和完善。

4）永磁电机的设计计算程序尚待不断完善，其中某些系数及其变化规律需要通过实验进行验证和补充，需要开发专用的测试方法和仪器。

近年来，微型计算机和电子元器件的迅猛发展为实现永磁电机的一些特殊试验要求提供了新的测试手段。但目前还不成熟，尚在研究和开发中。下面仅就某些试验所涉及的测试技术加以介绍。限于篇幅，对永磁电机试验所涉及的常规试验方法和要求，本书不再赘述。

1　永磁同步电机电抗参数的测试

永磁同步电机的交、直轴电抗参数（主要是X_d、X_q、$X'_d{}'$、$X'_q{}'$）对其稳态和动态运行性能影响极大。由于永磁同步电机用永磁体励磁，其交、直轴电抗参数的测试方法与电励磁同步电机有很大差别。而且，永磁同步电机中永磁体的形状和布置多种多样，转子交、直轴磁路异常复杂，电抗参数值不仅与磁路饱和程度有关，还出现了交、直轴磁路间的交叉饱和现象，实测参数时必须考虑这种影响。因此，永磁同步电机电抗参数的测试比较复杂，本书推荐下列三种测试方法。

1.1 用直接负载法测量永磁同步电机稳态饱和参数

1.1.1 试验原理

永磁同步电机通常可采用双反应理论来分析其负载运行情况，发电机和电动机运行时的相量图如图 11-1a 和 b 所示。发电机的功率角 θ 以 $\dot{E}_0$ 超前于 $\dot{U}$ 为正，功率因数角 φ 以 $\dot{I}$ 超前于 $\dot{U}$ 为正，内功率因数角 ψ 以 $\dot{E}_0$ 超前于 $\dot{I}$ 为正；电动机的功率角 θ 以 $\dot{U}$ 超前于 $\dot{E}_0$ 为正，功率因数角 φ 以 $\dot{U}$ 超前于 $\dot{I}$ 为正，内功率因数角 ψ 以 $\dot{I}$ 超前于 $\dot{E}_0$ 为正。当永磁同步电机负载运行时，测取空载励磁电动势 E_0、电枢端电压 U、电流 I、功率因数角 φ 和功率角 θ 等值后，便可求得电枢电流的直轴和交轴分量 $I_d=I\sin(\theta-\varphi)$ 和 $I_q=I\cos(\theta-\varphi)$，则 X_d 和 X_q 可分别由下式求得：

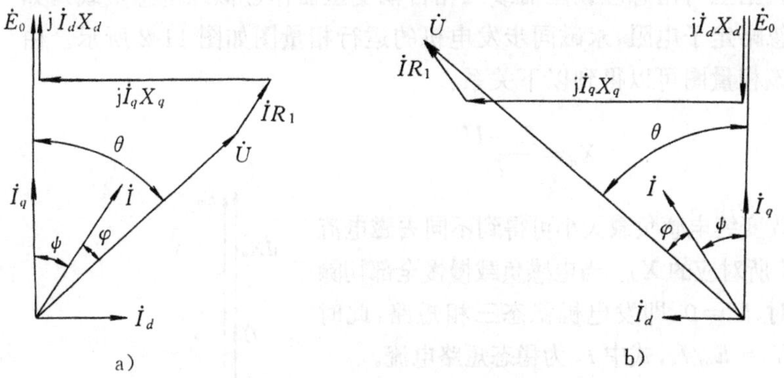

图 11-1 永磁同步电机相量图

a)发电机状态 b)电动机状态

发电机运行时
$$X_d=\frac{E_0-U\cos\theta-IR_1\cos(\theta-\varphi)}{I_d} \tag{11-1}$$
$$X_q=\frac{U\sin\theta+IR_1\sin(\theta-\varphi)}{I_q} \tag{11-2}$$

电动机运行时 $$X_d=\frac{E_0-U\cos\theta+IR_1\cos(\theta-\varphi)}{I_d} \tag{11-3}$$

$$X_q=\frac{U\sin\theta-IR_1\sin(\theta-\varphi)}{I_q} \tag{11-4}$$

当 ψ 小于零时，电机处于增磁工作状态（直轴电流为正的增磁电流），当 ψ 大于零时，电机处于去磁工作状态（直轴电流为负的去磁电流）。

永磁同步电机稳态参数随电机运行状况改变而变化，当电枢电流变化时，X_q、X_d 都有所变化。因此，在测定参数值时，一定要同时注明电机的工况（交、直轴电流大小或者定子电流和内功率因数角 ψ）。

用直接负载法测试永磁同步电机电抗参数时，主要困难在于测量功率角。

1.1.2　纯电感负载法

作为直接负载法的一个特殊运行方式，纯电感负载法可以避免测量功率角，但只能测 X_d，适用范围受到限制。

当永磁同步电机作发电机运行，且定子接三相纯电感负载（实验室里可用感应调压器或三相自耦变压器作近似纯电感负载），如忽略定子电阻，永磁同步发电机的运行相量图如图 11-2 所示。由该相量图可以得到以下关系：

$$X_d=\frac{E_0-U}{I}$$

改变纯电感负载大小可得到不同去磁电流 I 所对应的 X_d。当电感负载慢慢全部切除时，$U=0$，即发电机稳态三相短路，此时 $X_d=E_0/I_k$，式中 I_k 为稳态短路电流。

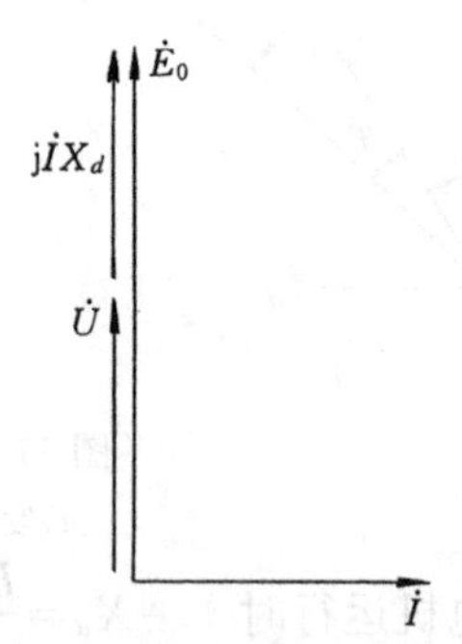

图 11-2　永磁同步发电机纯电感负载运行相量图

以上纯电感负载法虽然作了忽略定子相电阻的假设，但对功率大的电机或 X_d 比相电阻大得多的电机来说这种假设引起的误差还是很小的。

1.1.3　永磁同步电机功率角的测量

同步电机的功率角是电机的端电压$\dot{U}$和励磁电动势$\dot{E}_0$之间的相角差。我们知道，当电机稳定运行时，其端电压信号可以直接取得，但励磁电动势信号不能直接取得，只能通过间接的方法取得一个与$\dot{E}_0$频率相同、相差固定的周期信号来替代$\dot{E}_0$以与端电压进行相位比较。传统的间接方法是：在被试电机的电枢槽口埋置节距与电机原有线圈相同的几匝细导线作为测量线圈，或在被试电机的轴上装一台与被试电机极数相同的小型同步电机或旋转变压器，以取得比较信号。但埋置测量线圈很不方便，在转子轴上装小型同步电机或旋转变压器要求被试电机有两个轴伸端，这往往难以做到。

要提高功率角测试精度和方便使用，现在较多采取用位置传感器来检测转子位置信号以与端电压进行相位比较的办法。直接测转子位置法的基本原理是在被试永磁同步电机的轴上装一投射式或反射式的光电圆盘，盘上均匀分布的孔或黑白相间的标记块数与被试同步电机的极对数p相同。当圆盘随电机旋转一圈时，光电传感器接受到p次转子位置信号，产生p个低电压脉冲。当电机同步运行时，该转子位置信号的频率等于电枢端电压频率，其相位能反映励磁电动势的相位。该同步脉冲信号经整形放大、移相后与被试电机电枢端电压进行相位比较得到相位差。设当电机空载运行时，相差为θ_1（近似认为此时的功率角$\theta=0$），当负载运行时，该相差为θ_2，则$\theta_2-\theta_1$就是被试永磁同步电机负载时的功率角值。这种方法的原理框图如图 11-3 所示。

由于在光电盘上均匀涂黑白相间的标记较困难，而且当被试永磁同步电机极数不同时标记盘不能互相通用。为简便起见，也可以在被试电机传动轴上包一圈黑色胶布，其上涂一个白色标记，将反射式光电传感器的光源发出的光聚焦于这圈胶布的表面上。这样电机每转一转，光电传感器中光敏三极管因接收到一次反射光而导通一次，产生一个电脉冲信号，经放大整形后得到比较信号E_1。自被试电机电枢绕组端引出其任意两相端电压，由电压互感器 PT 降为低电压，送至电压比较器，形成代表电压相位的矩形脉冲信号U_1。U_1经p分频后，经相位比较器比较得到其与E_1信号的相位差。

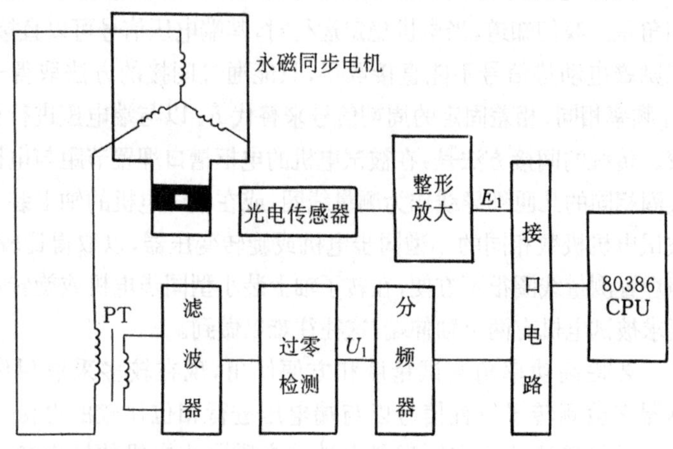

图 11-3　功率角测量的原理框图

以上测量功率角方法的不足之处在于：要对两次测量值求差以得到功率角。为避免两个量相减而降低精度，在测量负载的相位差 θ_2 时，把 $\dot{U}_2$ 信号反向，此时测得的相位差为 $\theta_2'=180°-\theta_2$，功率角 $\theta=180°-(\theta_1+\theta_2')$，这就把两个量由相减转化为相加。其相量示意图如图 11-4 所示。

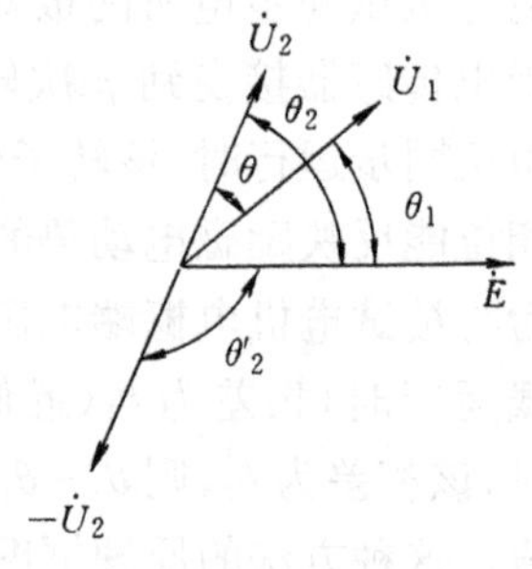

图 11-4　相加法计算相位差的原理图

另一种改进的方法不用对电压矩形波信号分频，而用微型计算机同时记录信号波形，分别通过输入接口，记录空载电压和转子位置信号波形 U_0、E_0 以及负载时电压和转子位置矩形波信号 U_1、E_1，然后把两次记录的波形相对移动，直到两个电压矩形波信号的波形完全重合，这时两个转子位置信号的相位差就是功率角；或移动波形到两个转子位置信号波形重合，这时两个电压信号相位差就是功率角。图 11-5 是后者情况的原理波形图。

需要指出的是，永磁同步电动机实际空载运行时，功率角不为零，尤其是对于小型电机，由于空载运行时的空载损耗(包括定子铜损耗、铁损耗、机械损耗、杂散损耗)相对比较大，如认为空载时功率角为零就会引起功率角测量的较大误差，这时可以使直流电机运行于电动机状态，转向与被试电机转向一致，用直流电动机提供被试电机的全部转轴损耗(包括铁耗、机械耗、杂散耗等)。判断的方法是，被试电机输入功率等于定子铜耗，即 $P_1=p_{Cu}$，且电压电流同相位。这时测得的 θ_1 才对应于功率角为零时的情况。

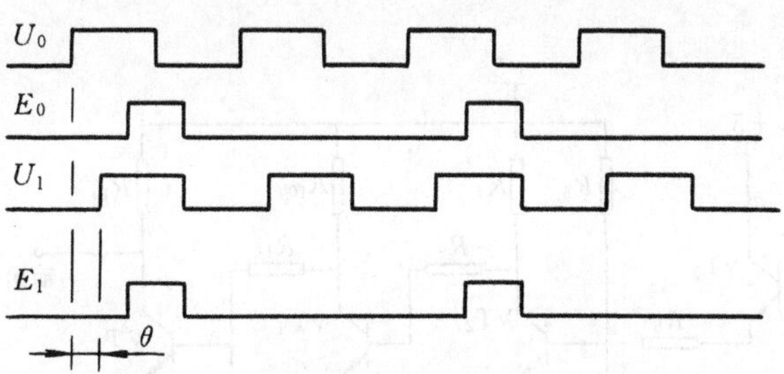

图 11-5 改进的功率角测量原理波形图

1.1.4 数字式功率角测量装置简介

本小节介绍一种采用光电位置传感器的数字式功率角测量装置。

1. 采用光电位置传感器检测转子位置　光电位置传感器是将转子位置非电量转换成相应电量的装置，具有非接触测量、放置方便、寿命长、响应速度快、灵敏度高、输出稳定、廉价和易配电路等优点。

光电位置传感器利用的是光敏三极管的开关导通作用。当光源发出的光线投射到被试电机转轴上的白色标记时，光敏三极管因接受到反射光照而导通；当光线投射到其他位置时，光敏三极管几乎接受不到反射光而截止。如电机轴上有 p 个均匀分布的白色标记，当电机同步运行时，光电传感器的发射极就输出同步脉冲信号，频率就是端电压同步频率 f_s。如轴上只有一个标记，输出频率为 f_s/p，后处理电路要对其作倍频处理或对电压信号作分频处理，或增加相应的软件处理。

2. 初步整形和放大电路　由于光敏三极管检测到的转子位置信号包含许多噪声信号，且信号源输出电阻很大，不具备带负载能力，因此，必须经过波形的整形与放大处理才能成为上下跳边沿形状理想的阶跃脉冲信号。放大电路原理如图 11-6 所示。其电路功能是：光电传感器将光电信号送到作为射随器的三极管，再送到射极耦合触发器，该触发器起着信号幅度检测器的作用，小的干扰不足以使它触发，这样可以防止杂乱信号的干扰，使仪器正常工作。

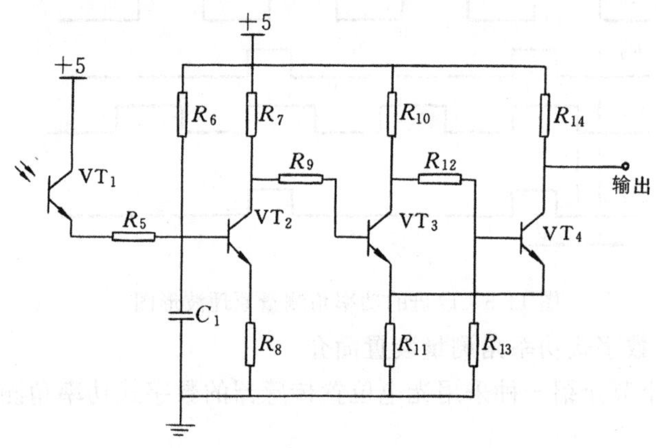

图 11-6　初步整形和放大电路

3. 单稳整形电路　经过初步整形放大的转子位置脉冲信号，因其脉宽小，电平可能与后续电路不匹配，还需要经过单稳整形电路，将窄脉冲电平信号转换为适合于计算机读取的宽脉冲电平信号。电路原理图如图 11-7 所示。CD4098 是集成单稳触发器，它将输入的负跳窄脉冲周期转子位置信号触发成正跳的宽脉冲周期信号。

4. 电压比较信号的取得　要实现电机端电压信号与转子位置信号的相位比较，首先将电机端电压信号转换为适合于相位比较电路处理的矩形波信号。然后对电压信号进行 p 分频处理或对转子脉冲信号进行 p 倍频处理。

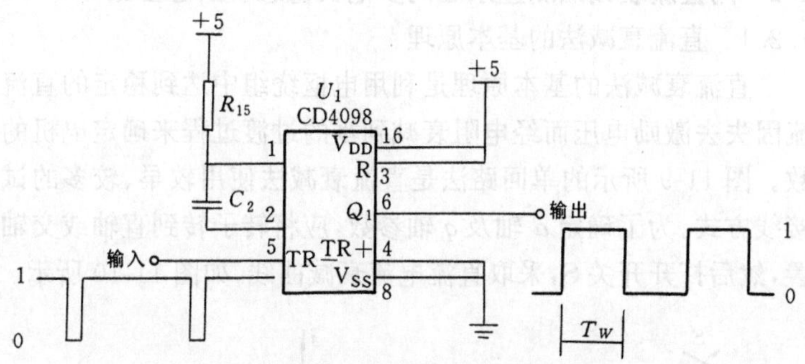

图 11-7 单稳整形电路

电压比较电路如图 11-8 所示，用以检测交流电压波形零点，产生同步脉冲信号。永磁同步电机端电压（如 U_{UV}）经过电压互感器 PT 降为小于 10V 的交流低电压，经过零比较器检测后，转换为高电平为 5V、低电平为 0V 的同步矩形波信号，为保证矩形波信号的高电平对应交流线电压 U_{UV} 大于零的瞬时值，低电平对应于小于零的瞬时值，要使电压互感器 PT 对应于 U 相的同名端接到比较器的正向输入端，异名端接到反向输入端。电压互感器 PT 除了起降压作用外，还起到与交流高电压隔离的作用。二极管 VD_1、VD_2 把输入到比较器的电压幅值限制在±0.6V 左右，这样，即使电源电压变化很大也能稳定工作，电阻也起到保护比较器的作用。

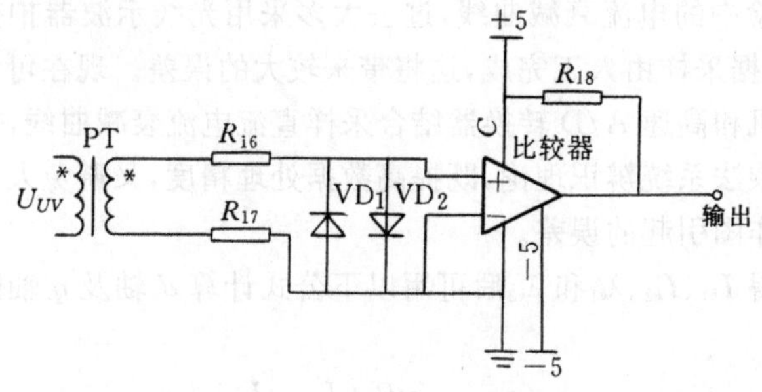

图 11-8 电压比较电路

1.2 用直流衰减法测量永磁同步电机稳态和瞬态参数

1.2.1 直流衰减法的基本原理

直流衰减法的基本原理是利用电枢绕组中达到稳定的直流电流因失去激励电压而经电阻衰减到零的过渡过程来确定电机的参数。图 11-9 所示的单回路法是直流衰减法使用较早、较多的试验接线方式。为了确定 d 轴及 q 轴参数，应将转子转到直轴或交轴位置，然后打开开关 S，采取直流电流衰减曲线，如图 11-10 所示。它

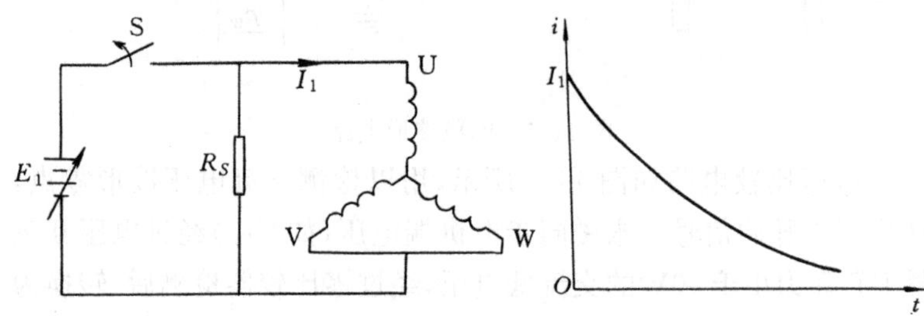

图 11-9 直流衰减单回路法　　　图 11-10 直流电流衰减曲线

可以用指数函数来表示，指数项的数目取决于耦合回路的多少。异步起动永磁同步电动机转子上没有励磁绕组，转子起动（阻尼）绕组可近似用直轴和交轴的等效阻尼绕组来代替，因此直流衰减电流可以表示成双指数曲线形式，即

$$i=I_{k1}e^{-\lambda_{k1}t}+I_{k2}e^{-\lambda_{k2}t} \tag{11-5}$$

其中

$$I_{k1}+I_{k2}=I_0$$

针对试验中的电流衰减曲线，过去大多采用光线示波器拍摄电流波形，数据采样由人工完成，这将带来较大的误差。现在可利用微型计算机和高速 A/D 转换器结合采样直流电流衰减曲线，并应用最小二乘法系统辨识理论，既提高数据处理精度，又避免人工采样和手工作图引起的误差。

求得 I_{k1}、I_{k2}、λ_{k1}和 λ_{k2}后可用以下公式计算 d 轴及 q 轴同步电抗参数。

直轴稳态同步电抗

$$X_d=\frac{\omega R_a}{I_0}\left(\frac{I_{k1}}{\lambda_{k1}}+\frac{I_{k2}}{\lambda_{k2}}\right) \tag{11-6}$$

直轴瞬态同步电抗 $X''_d=\dfrac{\omega R_a I_0}{\lambda_{k1}I_{k1}+\lambda_{k2}I_{k2}}$ (11-7)

交轴稳态同步电抗 $X_q=\dfrac{\omega R_a}{I_0}\left(\dfrac{I_{k1}}{\lambda_{k1}}+\dfrac{I_{k2}}{\lambda_{k2}}\right)$ (11-8)

交轴瞬态同步电抗 $X''_q=\dfrac{\omega R_a I_0}{\lambda_{k1}I_{k1}+\lambda_{k2}I_{k2}}$ (11-9)

式中 R_a——电机的等效相电阻。

1.2.2 小电流直流衰减法

我们知道，直流衰减法原理的推导是在假定直流电流衰减过程中电机的参数保持不变的基础上的。实际上，在直流电流衰减过程中，电机的饱和程度是不断变化的，其电抗参数也是不断变化的，这样通过处理直流衰减曲线得不到正确的饱和参数值。

为了考虑磁路饱和程度对电抗参数的影响，将直流衰减法进行改进，发展成小电流直流衰减法。该方法是使电枢绕组中决定磁路饱和程度的大直流电流保持不变，而在该电流的 d 或 q 轴分量中叠加一个幅值较小的直流衰减电流，通过对该小直流衰减电流的辨识来确定饱和参数。图 11-11 是小直流电流衰减曲线。

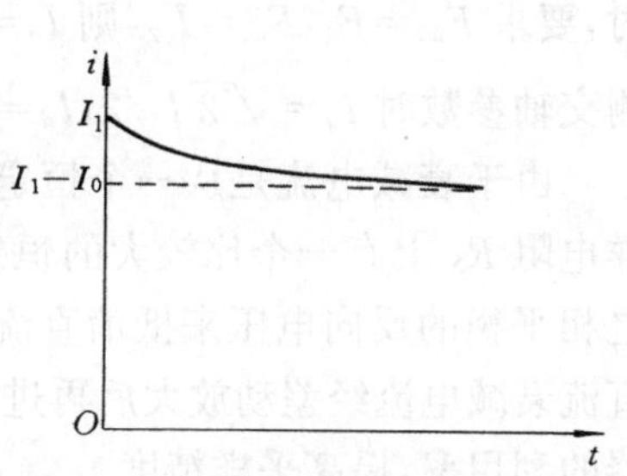

图 11-11 小直流电流衰减曲线

为了计及交、直轴交叉饱和的影响，进一步发展成双回路法，如图 11-12 所示，既有一决定直轴（测直轴参数时）或交轴（测交轴参数时）饱和的恒定直流 I_1（或 I_1-I_0，因 I_0 较小，认为电流在 I_1 和 I_1-I_0 的饱和程度是一样的），又有一考虑交叉饱和的交轴（测直轴参数时）或直轴（测交轴参

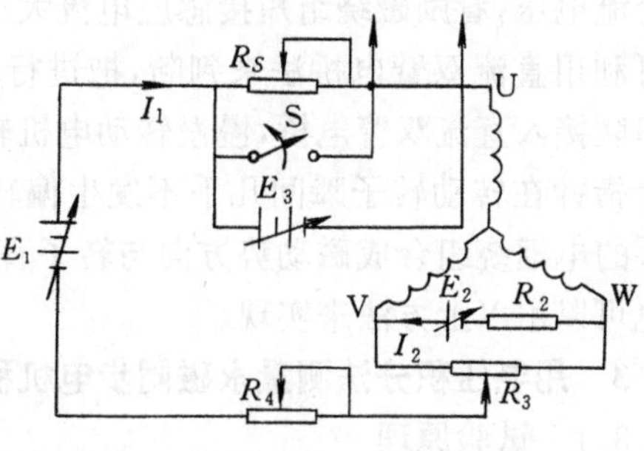

图 11-12 小电流直流衰减的双回路法

数时)恒定直流电流 I_2。因而,它既能很好地考虑饱和对参数的影响,又能很好地考虑交叉饱和对参数的影响。这些直流电流都可随意调节,因此,它能测得电机在任意工作状况(任意交、直轴电流)下参数变化的规律。

为使试验时的电机饱和情况与电机实际运行时一样,须将直流量折算成相应的交流量。设电机运行时直轴电流有效值为 I_d,交轴电流有效值为 I_q,则直轴电枢磁动势为 $F_{ad}=3\sqrt{2}KI_d/2$,交轴电枢磁动势为 $F_{aq}=3\sqrt{2}KI_q/2$($K=2NK_{dp1}/\pi p$,式中 N 为电枢绕组每相串联匝数,K_{dp1} 为基波绕组因数),直流 I_1、I_2 分别产生的等效电枢磁动势为 $F_1=3KI_1/2$,$F_2=\sqrt{3}KI_2$。当测直轴参数时,要求 $F_{ad}=F_1$,$F_{aq}=F_2$,则 $I_d=\sqrt{2}I_1/2$,$I_q=\sqrt{6}I_2/3$;同样当测交轴参数时 $I_q=\sqrt{2}I_1/2$,$I_d=\sqrt{6}I_2/3$。

由于衰减电流是从一个恒定直流值衰减到另一个直流值,取样电阻 R_S 上有一个比较大的恒定直流偏移电压。故接入一个与之相平衡的反向电压来抵消直流偏移电压,这样取样电阻上的小直流衰减电流经差动放大后再进行模数转换,可以提高 A/D 转换器的利用率,提高采样精度。

在进行永磁同步电机的直流衰减法试验时,还有一个怎样判断定子合成磁动势方向与转子直轴或交轴轴线重合的问题。由于永磁同步电机没有励磁绕组,不能用在定子某相绕组施加一低压交流电压,看励磁绕组短接感应电流大小变化的情况来判断。这时可利用直流双臂电桥法来判断,把进行参数测试的两相电枢绕组串联接入直流双臂电桥,慢慢转动电机转子,直到双臂电桥的检流计指针在转动转子瞬间几乎不发生偏转为止,这时可认为接入电桥的电枢绕组合成磁动势方向与转子直轴重合。判断与交轴重合也可以用以上方法来实现。

1.3 用电压积分法测量永磁同步电机稳态参数

1.3.1 试验原理

1. 电压积分法原理　对永磁同步电机电抗参数的测量,也就

是对电感的测量。众所周知，当电感中流过的电流为 I，电感中总磁链为 Ψ 时，则电感

$$L=\frac{\Psi}{I} \tag{11-10}$$

为了测出电感中的磁链，可将电感通过电阻 R 短路，并对电阻两端电压积分，则电感中的磁链

$$\Psi=\int_0^{\infty} u\mathrm{d}t=\int_0^{\infty} Ri\mathrm{d}t$$

所以，

$$L=\frac{\int_0^{\infty} u\mathrm{d}t}{I_0} \tag{11-11}$$

这里 I_0 为电流初始值，u 为回路中电阻上的电压值。这样电感的测量就转化为对电压的积分。电压积分法测试电感的电路原理如图 11-13 所示。

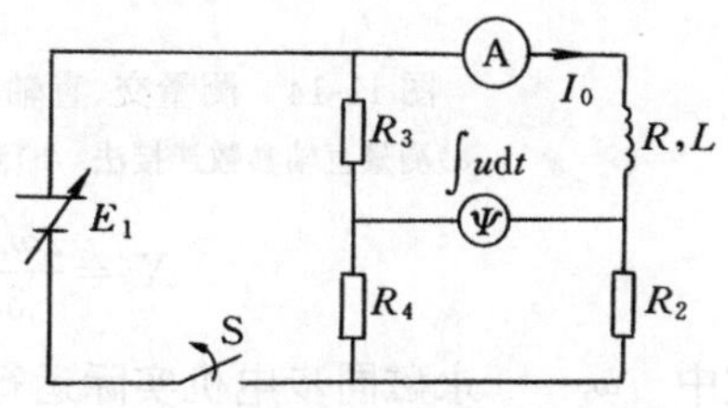

图 11-13　电压积分法测量电感原理电路

测量前，将开关 S 合上，调节 R_2、R_3 和 R_4 使电桥平衡，积分器读数置零，这时满足

$$\frac{R}{R_2}=\frac{R_3}{R_4} \tag{11-12}$$

R 为电感自身电阻。然后将开关打开，电桥构成一个直流衰减回路，用电压积分器积分两端的直流衰减电压，得到读数

$$\Psi=\int_0^{\infty} u\mathrm{d}t=\int_0^{\infty}(R_2+R_4)i\mathrm{d}t \tag{11-13}$$

而衰减回路中电阻上的电压为 $i(R+R_2+R_3+R_4)$，由前面推导的式子可知

$$\int_0^{\infty} i(R+R_2+R_3+R_4)\mathrm{d}t=LI_0$$

所以 $$L=\frac{(R+R_2+R_3+R_4)\Psi}{(R_2+R_4)I_0} \tag{11-14}$$

2. 交、直轴同步电抗 X_d、X_q 的测量原理　为测量永磁同步电机直轴电抗 X_d，U、V、W 三相如图 11-14 方式连接，并接入积分器中，转子直轴对准电枢绕组合成磁动势轴线方向且固定。在 $dq0$ 坐标下，经理论推导可得

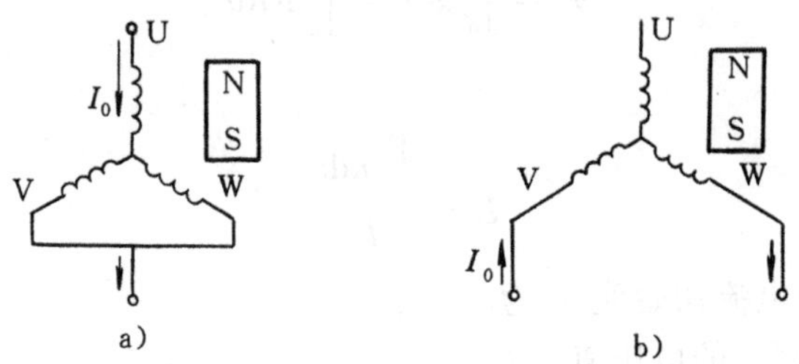

图 11-14　测量交、直轴参数电枢连接法
a)测量直轴参数连接法　b)测量交轴参数连接法

$$X_d=\frac{2\omega_s L}{3} \tag{11-15}$$

式中　ω_s——永磁同步电机实际运行时的电角频率。

为使试验中电机与实际运行电机饱和程度相同，经推算通入电机电枢绕组中的直流电流值应等于实际运行时直轴交流电流的峰值，即

$$I_0=\sqrt{2}\,I_d \tag{11-16}$$

测量交轴电抗 X_q 时不改变转子位置，如图 11-14b 连接，将 V、W 相绕组串联接入积分器，同样经 $dq0$ 坐标系下理论推导，可得出所测得的电感和交轴电抗的关系为

$$X_q=\frac{\omega_s L}{2} \tag{11-17}$$

实验时通入的直流电流与电机实际运行交轴交流电流间的关系为

$$I_0=\frac{\sqrt{6}\,I_q}{2} \tag{11-18}$$

以上在测量永磁同步电机交、直轴参数时，是假定交、直轴参

数只分别随交、直轴磁路饱和程度影响而改变。为了更好地模拟永磁同步电机实际运行时的交、直轴磁路饱和情况，使测得的参数更接近实际情况，必须考虑交叉饱和以及永磁体增、去磁效应对交、直轴同步电抗参数值的影响，其测量原理如图 11-15 所示。

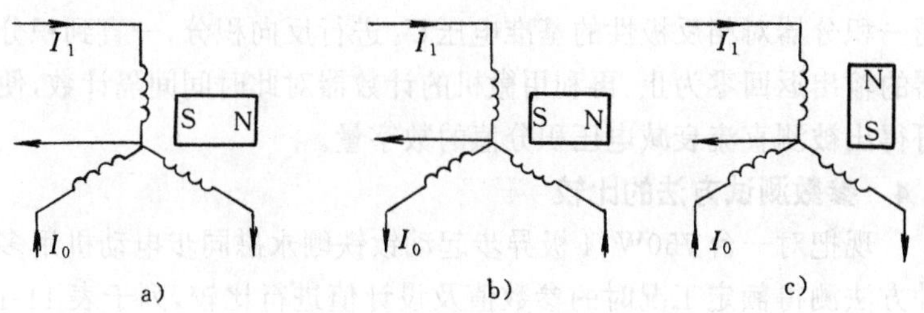

图 11-15　考虑交叉饱和时交、直轴同步电抗测试电路原理图
a)增磁情况交轴对直轴的影响　b)去磁情况交轴对直轴的影响
c)直轴对交轴的影响

1.3.2　测试过程要点

1. 转子直轴或交轴与电枢合成磁动势轴线方向重合的判断

转子直轴或交轴与电枢合成磁动势轴线方向的重合可用本章 1.2.2节中介绍的方法来判断。也可用下面方法来判断。

实际测量时，要先用毫伏表接入积分器位置以判断电桥是否平衡。当电桥平衡时，毫伏表指示为零。这时慢慢转动电机转子(每次转动的角度应尽量小些)，每次转动时毫伏表都会瞬时偏转，然后又回到零。直到最后毫伏表几乎不偏转，此时即可认为转子直轴与定子合成磁动势轴线方向重合。判断交轴的方法可用判断直轴的方法来进行。

2. 积分器的选择　可以选择磁通计或冲击检流计作为电压积分器，用磁通计时，磁通单位为 Wb。在读取积分值时，应在指针摆到最大值后，读指针的最初稳定值。

3. 电桥中电阻的选择　在电桥中，各电阻的容量要大一些，否则由于电阻的热效应，会影响测量的精度，又会使电桥平衡调节困难。实验中可使 $R_4=R_3$，从而当电桥平衡时满足 $R_2=R$，相应地，

电感计算公式变为

$$L=\frac{2\Psi}{I_0} \tag{11-19}$$

4. 为提高积分器的抗干扰能力和准确度,可采取二次积分,即先对被积分的直流衰减电压在整个衰减时间内进行积分,然后用同一积分器对相反极性的基准电压U_k进行反向积分,一直到积分器的输出返回零为止。再利用微机的计数器对此时间间隔计数,便可得出被测直流衰减电压积分值的数字量。

1.4 参数测试方法的比较

现把对一台750W、4极异步起动钕铁硼永磁同步电动机用多种方法测得额定工况时的参数值及设计值进行比较,列于表11-1中。

表11-1 多种方法测试结果 (Ω)

	d轴参数		q轴参数	
	X_d	X''_d	X_q	X''_q
设计值	4.02	—	7.88	—
直接负载法	3.981	—	7.481	—
直流衰减法	3.960	1.730	7.670	2.148
电压积分法	3.73	—	7.58	—

从表11-1可以看出,用直接负载法、直流衰减法和电压积分法测量X_d、X_q的结果都比较接近,说明其方法是合理的,用于永磁同步电机电抗参数的测试是可行的。直接负载法能测得电机在各种负载状态下的稳态参数值,但直接负载法需同时测得的量较多(三相电压、三相电流、功率角和功率因数角等),功率角的测量比较困难,且各个量的测试准确度对参数计算的准确度都有直接影响,参数测试中的各种误差容易积累。因此,在用直接负载法测参数时,应注意误差分析,并选择精度较高的测试仪器。小电流直流衰减法能充分考虑饱和及交叉饱和对参数值的影响,借助计算机采样技术和系统辨识的数学工具,一次辨识能同时测定多个参数,它不但能测试稳态参数值,而且能测试瞬态参数值。试验过程

简单、安全。电压积分法虽然只能测稳态参数，但其试验过程简单、方便，既没有直接负载法中要测很多量的麻烦，又没有直流衰减法中辨识的困难。当电机电枢电阻较直轴同步电抗小得多时，用纯电感负载法测直轴稳态参数也是比较准确而方便的，还可以用其测得的参数值比较、验证用其他方法测得的结果。

在带永磁体和不带永磁体时，X_d、X_q 值相差很大，上述三种方法都是在带永磁体情况下测得的参数，更接近电机实际运行时的参数值。

2　永磁同步电动机转矩、转速曲线的测试

永磁同步电动机试验时既需要测量其堵转转矩、最大转矩、最小转矩、失步转矩和牵入转矩等性能指标；又需要测出其转矩、转速在起动、制动、调速过程中和在某一平均转速下随时间的瞬态变化曲线 $T=f(t)$ 和 $n=f(t)$，以考核其快速响应性能和转矩、转速的平稳性；还要求测出其整条转矩-转速特性曲线 $T=f(n)$，以判断其总的起动和运行性能。而且永磁同步电动机在堵转时振动较剧烈，各个转矩分量都是变化很快的瞬态量，这些都使永磁同步电动机转矩、转速的测试较电励磁电动机困难。

2.1　转矩、转速测试系统简介

测取转矩和转速的方法很多，目前大多采用速度响应快的相位差式转矩传感器和数字式转矩转速仪，配合微型计算机组成转矩转速测试系统来进行检测。这种测试系统具有操作方便、测量速度快、准确度高、并可实现自动测试等优点。其原理框图如图 11-16 所示。相位差式转矩传感器是利用弹性轴在弹性限度内受外加转矩作用时，其偏转角 $\Delta\theta$ 与外加转矩 T 成正比的原理工作的。转矩仪则将转矩转速传感器的信号进行整形、放大处理后，输出转矩转速的数字量和模拟量，既可以在仪器的显示窗口直接用数字显示出转矩和转速值，又可以通过绘图仪绘制出转矩转速曲线，还可以通过微机储存瞬态信息后再用打印机或绘图仪输出结果。由于永磁同步电动机的动态响应过程很快，要求测试系统具有较高的

灵敏度及动态响应指标。图 11-16 中的"瞬态转矩仪"内部晶振频率可达 40.48MHz，最快响应时间可达 μs 级。

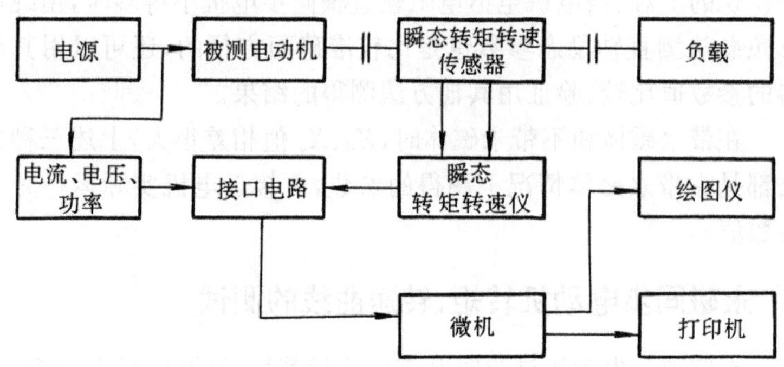

图 11-16　转矩、转速测试系统原理框图

为了提高测试系统的抗干扰能力，测试系统要可靠接地。被试电机与传感器通过联轴器连接。被试电机、传感器和负载应安装在同一个稳固的基础上，尽量采用挠性联轴器(如使用尼龙绳进行连接)，并保证良好的同心度。负载则根据测试需要分别选用直流发电机或磁粉制动器。直流发电机只有在转动起来以后才能加上载，而磁粉制动器则可以施加静态负载。

磁粉制动器是根据电磁原理利用磁粉传递力矩的制动器件，其结构原理如图 11-17 所示。磁粉制动器在使用过程中应注意冷却，较大的磁粉制动器一般采用水冷。当由于过热而使磁粉烧结时，会出现力矩不稳或在额定励磁电流下得不到额定制动力矩等现象。烧结严重时，会出现转子转

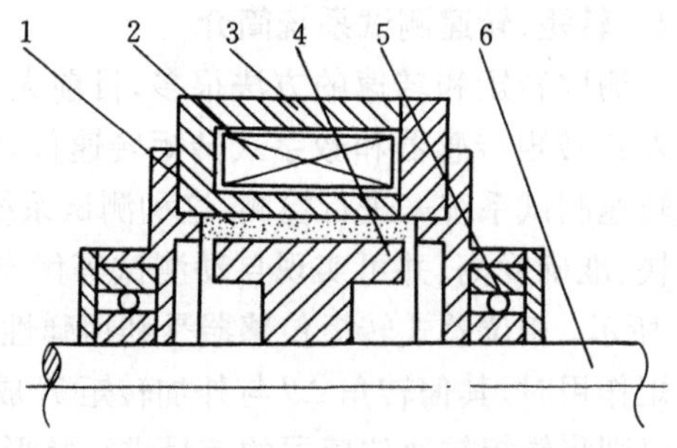

图 11-17　磁粉制动器结构示意图

1—磁粉　2—线圈　3—定子铁心

4—转子铁心　5—轴承　6—转轴

动不灵活甚至“卡死”，这时需要更换新磁粉。

2.2 转矩、转速变化曲线的测试

运用图 11-16 所示的转矩转速测试系统，可得出转矩、转速随时间的瞬态变化曲线。图 11-18 示出某台永磁同步电动机在起动过程中的转矩和转速随时间的变化曲线。从中可以判断该台电动机的动态响应性能。

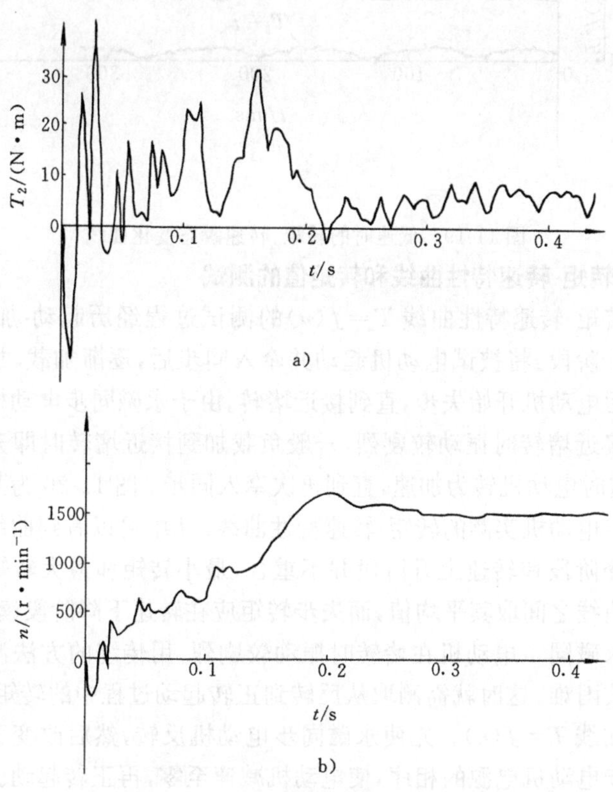

图 11-18 转矩、转速瞬态变化曲线

a) T_2-t 曲线 b) n-t 曲线

图 11-19 为某台永磁同步电动机在低速（30r/min）时转矩和转速随时间的瞬态变化曲线，从中可以判断该台电动机转矩和转

速的平稳性。

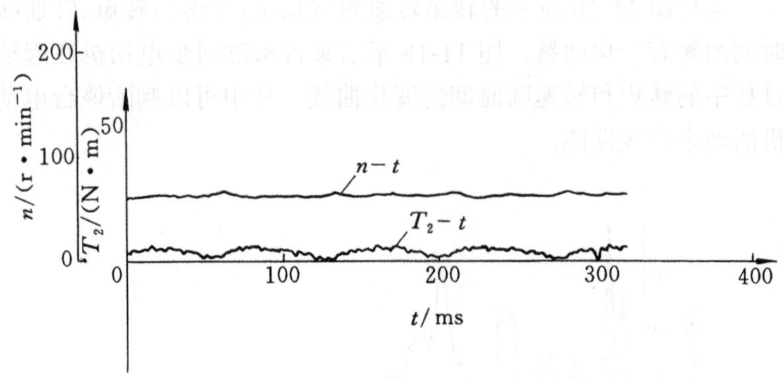

图 11-19　低速时的转矩、转速瞬态变化曲线

2.3　转矩-转速特性曲线和转矩值的测试

转矩-转速特性曲线 $T=f(n)$ 的测试过程经历起动-加载-减载三个阶段：将被试电动机起动并牵入同步后，逐渐加载，加到一定值后电动机开始失步，直到接近堵转。由于永磁同步电动机在堵转及接近堵转时振动较剧烈，一般负载加到接近堵转时即开始减载。这时电动机转为加速，直到再次牵入同步。图 11-20 为某台永磁同步电动机实测的转矩-转速特性曲线。从中可以看到曲线在转速下降阶段和转速上升阶段并不重合，最小转矩和最大转矩应在两条曲线之间取其平均值，而失步转矩应在转速下降阶段读取。

永磁同步电动机在堵转时振动较剧烈，用传统的方法测堵转转矩较困难。这时就需测取从反转到正转起动过程中的转矩-转速特性曲线 $T=f(n)$。先使永磁同步电动机反转，然后改变三相永磁同步电动机电源的相序，使电动机减速至零，再正转起动。所得转矩-转速特性曲线与纵轴的交点即为堵转转矩值。图 11-21 示出某台永磁同步电动机的转矩-转速曲线。在起动过程中，电动机的端电压如有变化，必须进行电压值修正，因此在图 11-21 中同时示出电压变化曲线。

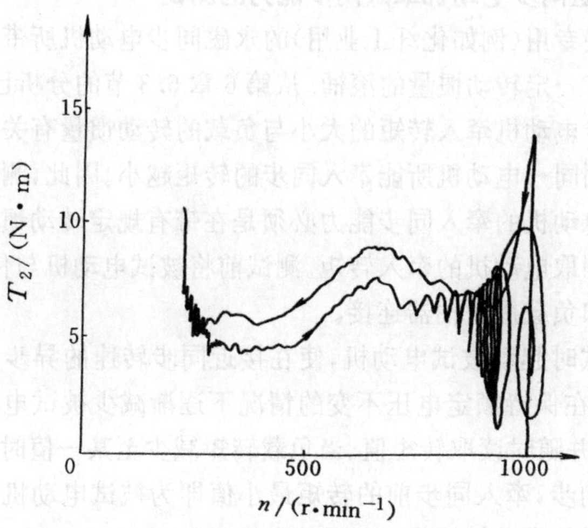

图 11-20 永磁同步电动机转矩-转速特性曲线

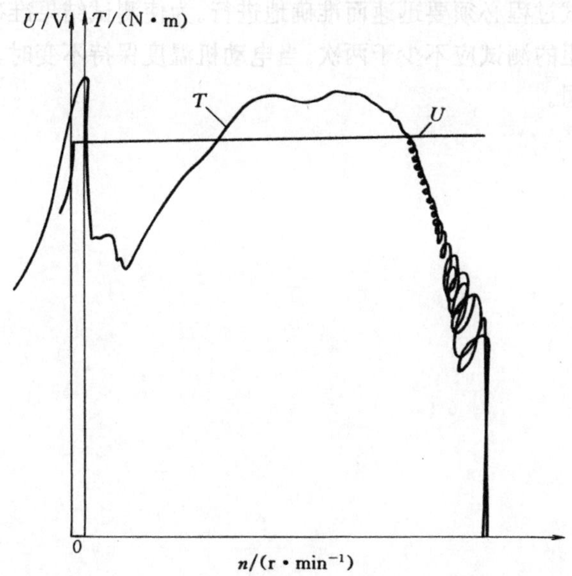

图 11-21 从反转到正转起动的转矩-转速特性曲线

2.4 永磁同步电动机牵入同步能力的测试

某些专用(例如化纤工业用)的永磁同步电动机所带的负载是一个具有一定转动惯量的滚桶。从第6章6.3节的分析已经知道，永磁同步电动机牵入转矩的大小与负载的转动惯量有关。转动惯量越大则同一电动机所能牵入同步的转矩越小。因此，测定该类永磁同步电动机的牵入同步能力必须是在带有规定转动惯量的负载情况下测取电动机的牵入转矩。测试前将被试电动机与传感器、惯量支架和负载用联轴器连接。

测试时起动被试电动机，使在接近同步转速的异步运行状态下运行，在保持额定电压不变的情况下逐渐减少被试电动机的负载转矩，并随时读取转矩值。当负载转矩减少至某一值时电动机开始牵入同步，牵入同步前的转矩最小值即为被试电动机在规定转动惯量时的牵入转矩。

由于永磁同步电动机在异步运行时的电流很大，发热很快，故整个测试过程必须要迅速而准确地进行。为使测试结果准确可靠，牵入转矩的测试应不少于两次。当电动机温度保持不变时，两次结果应相同。

附录1 导线规格表

附表 1-1 聚酯、彩色聚酯、缩醛、彩色缩醛聚氨酯漆包圆铜(铝)线规格尺寸 (mm)

铜、铝导体外径 d			薄绝缘		厚绝缘	
最小	标称	最大	漆层最小厚度 $(D-d)$	漆包线最大外径 D	漆层最小厚度 $(D-d)$	漆包线最大外径 D
0.013	0.015	0.017	0.002	0.025		
0.018	0.020	0.022	0.003	0.035		
0.023	0.025	0.027	0.004	0.040		
0.027	0.030	0.033	0.004	0.045		
0.037	0.040	0.043	0.004	0.055		
0.047	0.050	0.053	0.005	0.065		
0.057	0.060	0.063	0.008	0.080	0.009	0.090
0.067	0.070	0.073	0.008	0.090	0.009	0.100
0.077	0.080	0.083	0.008	0.100	0.010	0.110
0.087	0.090	0.093	0.008	0.110	0.010	0.120
0.095	0.100	0.105	0.010	0.125	0.013	0.130
0.105	0.110	0.115	0.010	0.135	0.013	0.140
0.115	0.120	0.125	0.010	0.145	0.013	0.150
0.125	0.130	0.135	0.010	0.155	0.013	0.160
0.135	0.140	0.145	0.012	0.165	0.016	0.170
0.145	0.150	0.155	0.012	0.180	0.016	0.190
0.155	0.160	0.165	0.012	0.190	0.016	0.200
0.165	0.170	0.175	0.012	0.200	0.016	0.210
0.175	0.180	0.185	0.015	0.210	0.020	0.220
0.185	0.190	0.195	0.015	0.220	0.020	0.230
0.195	0.200	0.205	0.015	0.230	0.020	0.240
0.205	0.210	0.215	0.015	0.240	0.020	0.250
0.225	0.230	0.235	0.020	0.265	0.025	0.280
0.245	0.250	0.255	0.020	0.290	0.025	0.300

（续）

铜、铝导体外径 d			薄　绝　缘		厚　绝　缘	
最　小	标　称	最　大	漆层最小厚度 $(D-d)$	漆包线最大外径 D	漆层最小厚度 $(D-d)$	漆包线最大外径 D
0.260	(0.270)	0.280	0.020	0.310	0.025	0.320
0.270	0.280	0.290	0.020	0.320	0.025	0.330
0.280	(0.290)	0.300	0.020	0.330	0.025	0.340
0.300	0.310	0.320	0.020	0.35	0.025	0.36
0.320	0.330	0.340	0.020	0.37	0.03	0.39
0.340	0.350	0.360	0.020	0.39	0.03	0.41
0.370	0.380	0.390	0.020	0.42	0.03	0.44
0.390	0.400	0.410	0.020	0.44	0.03	0.46
0.410	0.420	0.430	0.020	0.46	0.03	0.48
0.440	0.450	0.460	0.020	0.49	0.03	0.51
0.460	0.470	0.480	0.020	0.51	0.03	0.53
0.490	0.500	0.510	0.020	0.54	0.03	0.56
0.520	0.530	0.540	0.025	0.58	0.04	0.60
0.550	0.560	0.570	0.025	0.61	0.04	0.63
0.590	0.600	0.610	0.025	0.65	0.04	0.67
0.620	0.630	0.640	0.025	0.68	0.04	0.70
0.660	0.670	0.680	0.025	0.72	0.04	0.75
0.680	(0.690)	0.700	0.025	0.74	0.04	0.77
0.695	0.710	0.725	0.025	0.76	0.04	0.79
0.735	0.750	0.765	0.03	0.81	0.05	0.84
0.755	(0.770)	0.785	0.03	0.83	0.05	0.86
0.785	0.800	0.815	0.03	0.86	0.05	0.89
0.815	(0.830)	0.845	0.03	0.89	0.05	0.92
0.835	0.850	0.865	0.03	0.91	0.05	0.94
0.885	0.900	0.915	0.03	0.96	0.05	0.99
0.915	(0.930)	0.945	0.03	0.99	0.05	1.02
0.935	0.950	0.965	0.03	1.01	0.05	1.04
0.985	1.00	1.015	0.04	1.07	0.06	1.11
1.04	1.06	1.08	0.04	1.14	0.06	1.17
1.10	1.12	1.14	0.04	1.20	0.06	1.23
1.16	1.18	1.20	0.04	1.26	0.06	1.29

（续）

铜、铝导体外径 d			薄绝缘		厚绝缘	
最小	标称	最大	漆层最小厚度 $(D-d)$	漆包线最大外径 D	漆层最小厚度 $(D-d)$	漆包线最大外径 D
1.23	1.25	1.27	0.04	1.33	0.06	1.36
1.28	1.30	1.32	0.04	1.38	0.06	1.41
1.33	(1.35)	1.37	0.04	1.43	0.06	1.46
1.38	1.40	1.42	0.04	1.48	0.06	1.51
1.43	(1.45)	1.47	0.04	1.53	0.06	1.56
1.48	1.50	1.52	0.04	1.58	0.06	1.61
1.54	(1.56)	1.58	0.04	1.64	0.06	1.67
1.58	1.60	1.62	0.05	1.69	0.07	1.72
1.675	1.70	1.725	0.05	1.79	0.07	1.82
1.775	1.80	1.825	0.05	1.89	0.07	1.92
1.875	1.90	1.925	0.05	1.99	0.07	2.02
1.975	2.00	2.025	0.05	2.09	0.07	2.12
2.090	2.12	2.150	0.05	2.21	0.07	2.24
2.21	2.24	2.27	0.05	2.33	0.07	2.36
2.33	2.36	2.39	0.05	2.45	0.07	2.48
2.47	2.50	2.53	0.05	2.59	0.07	2.62

注：1. 括号内规格为不推荐的保留规格。

2. 聚酯漆包圆铜线、缩醛漆包圆铜线规格为 0.02～2.50mm。

聚氨酯漆包圆铜线规格为 0.015～1.00mm。

聚氨酯漆包圆铝线规格为 0.06～2.50mm。

附录 2　导磁材料磁化曲线表和损耗曲线表

附表 2-1　0.5mm 厚热轧硅钢片 50Hz 典型磁化曲线表

(1)B_{25}＝1.48T　磁化曲线表　(A/cm)

B/T	0	0.01	0.02	0.03	0.04	0.05	0.06	0.07	0.08	0.09
0.4	1.40	1.43	1.46	1.49	1.52	1.55	1.58	1.61	1.64	1.67
0.5	1.71	1.75	1.79	1.83	1.87	1.91	1.95	1.99	2.03	2.07
0.6	2.12	2.17	2.22	2.27	2.32	2.37	2.42	2.48	2.54	2.60
0.7	2.67	2.74	2.81	2.88	2.95	3.02	3.09	3.16	3.24	3.32
0.8	3.40	3.48	3.56	3.64	3.72	3.80	3.89	3.98	4.07	4.16
0.9	4.25	4.35	4.45	4.55	4.65	4.76	4.88	5.00	5.12	5.24
1.0	5.36	5.49	5.62	5.75	5.88	6.02	6.16	6.30	6.45	6.60
1.1	6.75	6.91	7.08	7.26	7.45	7.65	7.86	8.08	8.31	8.55
1.2	8.80	9.06	9.33	9.61	9.90	10.2	10.5	10.9	11.2	11.6
1.3	12.0	12.5	13.0	13.5	14.0	14.5	15.0	15.6	16.2	16.8
1.4	17.4	18.2	18.9	19.8	20.6	21.6	22.6	23.8	25.0	26.4
1.5	28.0	29.7	31.5	33.7	36.0	38.5	41.3	44.0	47.0	50
1.6	52.9	55.9	59.0	62.1	65.3	69.2	72.8	76.6	80.4	84.2
1.7	88.0	92.0	95.6	100	105	110	115	120	126	132
1.8	138	145	152	159	166	173	181	189	197	205

(2)B_{25}＝1.54T　磁化曲线表　(A/cm)

B/T	0	0.01	0.02	0.03	0.04	0.05	0.06	0.07	0.08	0.09
0.4	1.38	1.40	1.42	1.44	1.46	1.48	1.50	1.52	1.54	1.56
0.5	1.58	1.60	1.62	1.64	1.66	1.69	1.71	1.74	1.76	1.78
0.6	1.81	1.84	1.86	1.89	1.91	1.94	1.97	2.00	2.03	2.06
0.7	2.10	2.13	2.16	2.20	2.24	2.28	2.32	2.36	2.40	2.45
0.8	2.50	2.55	2.60	2.65	2.70	2.76	2.81	2.87	2.93	2.99

（续）

B/T	0	0.01	0.02	0.03	0.04	0.05	0.06	0.07	0.08	0.09
0.9	3.06	3.13	3.19	3.26	3.33	3.41	3.49	3.57	3.65	3.74
1.0	3.83	3.92	4.01	4.11	4.22	4.33	4.44	4.56	4.67	4.80
1.1	4.93	5.07	5.21	5.36	5.52	5.68	5.84	6.00	6.16	6.33
1.2	6.52	6.72	6.94	7.16	7.38	7.62	7.86	8.10	8.36	8.62
1.3	8.90	9.20	9.50	9.80	10.1	10.5	10.9	11.3	11.7	12.1
1.4	12.6	13.1	13.6	14.2	14.8	15.5	16.3	17.1	18.1	19.1
1.5	20.1	21.2	22.4	23.7	25.0	26.7	28.5	30.4	32.6	35.1
1.6	37.8	40.7	43.7	46.8	50.0	53.4	56.8	60.4	64.0	67.8
1.7	72.0	76.4	80.8	85.4	90.2	95.0	100	105	110	116
1.8	122	128	134	140	146	152	158	165	172	180

(3)B_{25}=1.57T　磁化曲线表　(A/cm)

B/T	0	0.01	0.02	0.03	0.04	0.05	0.06	0.07	0.08	0.09
0.4	1.37	1.38	1.40	1.42	1.44	1.46	1.48	1.50	1.52	1.54
0.5	1.56	1.58	1.60	1.62	1.64	1.66	1.68	1.70	1.72	1.75
0.6	1.77	1.79	1.81	1.84	1.87	1.89	1.92	1.94	1.97	2.00
0.7	2.03	2.06	2.09	2.12	2.16	2.20	2.23	2.27	2.31	2.35
0.8	2.39	2.43	2.48	2.52	2.57	2.62	2.67	2.73	2.79	2.85
0.9	2.91	2.97	3.03	3.10	3.17	3.24	3.31	3.39	3.47	3.55
1.0	3.63	3.71	3.79	3.88	3.97	4.06	4.16	4.26	4.37	4.48
1.1	4.60	4.72	4.86	5.00	5.14	5.29	5.44	5.60	5.76	5.92
1.2	6.10	6.28	6.46	6.65	6.85	7.05	7.25	7.46	7.68	7.90
1.3	8.14	8.40	8.68	8.96	9.26	9.58	9.86	10.2	10.6	11.0
1.4	11.4	11.8	12.3	12.8	13.3	13.8	14.4	15.0	15.7	16.4
1.5	17.2	18.0	18.9	19.9	20.9	22.1	23.5	25.0	26.8	28.6
1.6	30.7	33.0	35.6	38.2	41.1	44.0	47.0	50.0	53.5	57.5
1.7	61.5	66.0	70.5	75.0	79.7	84.5	89.5	94.7	100	105
1.8	110	116	122	128	134	141	148	155	162	170

附表 2-2 0.5mm 厚热轧硅钢片 50Hz 典型损耗曲线表

(1)$P_{10/50}$=2.5W/kg 损耗曲线表

B/T	0	0.01	0.02	0.03	0.04	0.05	0.06	0.07	0.08	0.09
0.5	6.28	6.50	6.74	7.00	7.22	7.47	7.70	7.94	8.18	8.42
0.6	8.66	8.90	9.14	9.40	9.64	9.90	10.1	10.4	10.6	10.9
0.7	11.1	11.4	11.6	11.9	12.1	12.4	12.7	12.9	13.2	13.4
0.8	13.6	14.0	14.2	14.4	14.7	15.0	15.2	15.5	15.8	16.0
0.9	16.3	16.6	16.9	17.2	17.5	17.8	18.1	18.5	18.8	19.1
1.0	19.5	19.9	20.2	20.6	21.0	21.4	21.8	22.3	22.7	23.2
1.1	23.7	24.2	24.7	25.2	25.7	26.3	26.8	27.3	27.9	28.5
1.2	29.0	29.6	30.1	30.7	31.3	31.9	32.5	33.1	33.7	34.3
1.3	34.9	35.5	36.0	36.7	37.3	37.9	38.5	39.1	39.7	40.3
1.4	40.9	41.5	42.1	42.7	43.3	44.0	44.6	45.2	45.8	46.4
1.5	47.1	47.7	48.3	48.9	49.6	50.2	50.8	51.4	51.9	52.6
1.6	53.1	53.7	54.3	54.9	55.5	56.1	56.7	57.3	57.9	58.5
1.7	59.1	59.7	60.3	60.9	61.6	62.3	62.9	63.6	64.4	65.0
1.8	65.8	66.6	67.4	68.2	69.0	69.9	70.8	71.7	72.6	73.5
1.9	74.4	75.4	76.3	77.1	78.0	78.9	79.8	80.8	81.8	82.8

(2)$P_{10/50}$=2.1W/kg 损耗曲线表

B/T	0	0.01	0.02	0.03	0.04	0.05	0.06	0.07	0.08	0.09
0.5	5.15	5.35	5.55	5.76	5.98	6.17	6.38	6.57	6.78	7.00
0.6	7.22	7.42	7.62	7.84	8.05	8.26	8.48	8.70	8.90	9.12
0.7	9.35	9.55	9.76	9.98	10.2	10.4	10.6	10.8	11.0	11.3
0.8	11.5	11.7	12.0	12.2	12.4	12.6	12.8	13.1	13.3	13.5
0.9	13.8	14.0	14.3	14.5	14.8	15.1	15.3	15.6	15.9	16.2
1.0	16.5	16.8	17.1	17.4	17.8	18.1	18.4	18.8	19.2	19.6
1.1	20.0	20.4	20.8	21.2	21.7	22.1	22.6	23.0	23.5	24.0
1.2	24.5	25.0	25.4	26.0	26.4	27.0	27.5	28.0	28.5	29.0
1.3	29.5	30.0	30.5	31.0	31.6	32.1	32.6	33.1	33.6	34.2
1.4	34.7	35.2	35.7	36.2	36.7	37.2	37.8	38.3	38.8	39.4
1.5	39.8	40.4	40.9	41.4	41.9	42.4	42.9	43.5	44.0	44.5
1.6	45.0	45.6	46.1	46.6	47.1	47.7	48.2	48.7	49.2	49.7
1.7	50.2	50.7	51.3	51.8	52.3	52.9	53.5	54.1	54.7	55.4
1.8	56.1	56.8	57.4	58.1	58.9	59.6	60.3	61.0	61.8	62.6
1.9	63.4	64.1	64.8	65.6	66.4	67.2	67.9	68.7	69.4	70.3

注：表中查得数应×10^{-3}W/cm³。

说明：1. B_{25}表示当磁场强度为 25A/cm 时产生的磁通密度 B 的数值。

2. $P_{10/50}$表示频率为 50Hz，磁通密度为 1T 时的铁耗，以 W/kg 表示。

附表 2-3　常用冷轧硅钢片磁化曲线和损耗曲线表(按 GB2512—88 标准)

(1)DW540-50 直流磁化特性表

B/T	0	0.01	0.02	0.03	0.04	0.05	0.06	0.07	0.08	0.09
0.1	35.03	36.15	37.74	39.01	40.61	42.20	42.99	44.27	45.38	46.18
0.2	46.97	47.77	49.36	50.16	50.96	52.55	52.95	54.14	54.94	55.73
0.3	57.32	58.12	58.92	59.71	60.51	62.10	62.90	63.69	64.49	65.29
0.4	66.08	66.88	67.68	68.47	69.27	70.06	70.86	71.66	72.45	73.25
0.5	74.04	74.84	75.64	96.13	77.23	78.03	78.82	79.62	80.41	81.21
0.6	82.01	82.80	84.39	85.99	86.78	87.58	88.38	89.17	89.97	90.76
0.7	91.56	92.37	93.15	93.95	95.54	97.13	98.73	100.32	101.91	102.71
0.8	103.50	104.30	105.89	108.28	109.87	110.67	111.46	113.06	116.24	117.04
0.9	117.83	118.63	121.02	122.61	124.20	125.80	126.59	128.98	132.17	135.35
1.0	156.15	136.94	139.33	141.72	144.90	148.09	151.27	152.87	156.05	159.24
1.1	160.83	162.42	167.20	171.18	173.57	179.14	185.51	187.90	191.08	199.04
1.2	203.03	207.01	214.97	222.93	230.89	238.85	248.41	257.96	267.52	277.07
1.3	286.62	294.95	302.55	318.47	334.39	350.32	366.24	398.09	414.01	429.94
1.4	461.78	477.71	517.52	549.36	589.17	636.94	700.64	748.41	796.18	875.80
1.5	955.41	1035.03	1114.65	1194.27	1433.12	1512.74	1671.97	1910.83	2070.06	2308.92
1.6	2547.77	2866.24	3025.48	3264.33	3503.18	3821.66	4140.13	4458.60	4617.83	5095.54
1.7	5254.78	5573.25	5891.72	6050.96	6369.43	6847.13	7165.61	7484.08	7802.55	

注:表中查得数应×10^{-2}A/cm。

（2）DW540-50 铁损耗特性表（50Hz）

（W/kg）

B/T	0	0.01	0.02	0.03	0.04	0.05	0.06	0.07	0.08	0.09
0.50	0.560	0.580	0.600	0.620	0.640	0.660	0.690	0.715	7.400	7.550
0.60	0.770	0.800	0.825	0.850	0.875	0.900	0.918	0.933	0.950	0.980
0.70	1.00	1.030	1.060	1.100	1.130	1.170	1.200	1.220	1.250	1.280
0.80	1.300	1.330	1.350	1.370	1.385	1.400	1.430	1.450	1.480	1.510
0.90	1.550	1.580	1.610	1.630	1.660	1.700	1.730	1.760	1.800	1.850
1.00	1.900	1.930	1.950	1.980	2.010	2.050	2.100	2.150	2.180	2.250
1.10	2.300	2.330	2.360	2.400	2.450	2.500	2.530	2.570	2.600	2.630
1.20	2.650	2.720	2.790	2.850	2.870	2.900	2.960	3.020	3.080	3.110
1.30	3.150	3.200	3.250	3.300	3.350	3.400	3.460	3.530	3.600	3.680
1.40	3.750	3.800	3.850	3.900	3.950	4.000	4.070	4.140	4.200	4.280
1.50	4.350	4.430	4.500	4.600	4.650	4.700	4.800	4.900	5.000	5.050
1.60	5.100	5.160	5.230	5.300	5.370	5.440	5.510	5.580	5.650	5.720
1.70	5.800									

注：密度为 7.75g/cm^3。

(3)DW465-50 直流磁化特性表

B/T	0	0.01	0.02	0.03	0.04	0.05	0.06	0.07	0.08	0.09
0.1	31.85	33.44	35.03	36.62	38.06	39.01	39.81	41.40	42.20	43.79
0.2	45.38	46.18	46.97	47.77	48.57	50.16	50.96	52.55	54.14	54.94
0.3	55.73	56.53	57.32	58.12	58.92	59.71	60.51	62.10	62.90	63.69
0.4	64.49	65.29	66.08	66.88	67.68	68.47	69.27	70.06	70.86	71.66
0.5	72.45	73.25	73.65	74.04	74.44	74.84	75.24	75.64	76.04	76.43
0.6	76.83	77.23	77.63	78.03	78.42	78.82	78.98	79.14	79.30	79.46
0.7	79.62	80.41	81.21	82.01	82.80	83.60	84.39	85.19	85.99	86.78
0.8	87.58	89.17	90.76	92.36	93.95	96.34	97.93	99.52	101.11	102.71
0.9	104.30	105.89	107.48	109.08	110.67	112.26	113.85	115.45	117.04	118.63
1.0	121.02	123.41	125.80	129.78	131.37	133.76	135.35	136.94	140.13	141.72
1.1	143.31	146.50	149.68	152.87	160.83	167.20	171.97	176.75	181.53	184.71
1.2	189.49	195.86	202.23	208.60	213.38	222.93	230.89	238.85	246.82	254.78
1.3	262.74	272.29	286.62	302.55	310.51	318.47	334.39	362.26	382.17	398.09
1.4	429.94	445.86	477.71	525.48	581.21	668.79	740.45	764.33	835.99	915.61
1.5	995.22	1114.65	1273.89	1353.50	1512.74	1592.30	1831.21	1990.45	2149.68	2308.92
1.6	2547.77	2866.24	3025.48	3184.71	3503.18	3742.04	3901.27	4219.75	4458.60	4777.07
1.7	5095.54	5414.01	5891.72	6210.19	6369.43	6687.90	7006.37	7165.61	7643.31	

注：表中查得数应×10^{-2}A/cm。

(4)DW465-50 铁损耗特性表(50Hz)

B/T	0	0.01	0.02	0.03	0.04	0.05	0.06	0.07	0.08	0.09
0.50	0.560	0.580	0.600	0.620	0.640	0.660	0.680	0.710	0.740	0.760
0.60	0.780	0.800	0.825	0.850	0.875	0.900	0.925	0.950	0.970	1.000
0.70	1.030	1.050	1.070	1.100	1.130	1.150	1.180	1.200	1.220	1.260
0.80	1.300	1.320	1.340	1.350	1.380	1.400	1.430	1.460	1.500	1.520
0.90	1.540	1.560	1.580	1.600	1.630	1.650	1.700	1.750	1.800	1.820
1.00	1.840	1.850	1.860	1.880	1.920	1.970	2.000	2.050	2.100	2.140
1.10	2.180	2.200	2.220	2.250	2.280	2.300	2.360	2.420	2.500	2.530
1.20	2.550	2.580	2.620	2.650	2.700	2.750	2.800	2.850	2.900	2.950
1.30	3.000	3.050	3.100	3.150	3.200	3.250	3.300	3.350	3.400	3.450
1.40	3.500	3.550	3.600	3.650	3.700	3.750	3.800	3.850	3.900	3.950
1.50	4.000	4.050	4.100	4.150	4.180	4.200	4.230	3.270	4.300	4.400
1.60	4.500	4.570	4.640	4.700	4.750	4.800	4.850	4.900	4.950	4.980
1.70	5.000	5.050	5.100	5.200	5.250	5.300	5.400	5.500	5.600	5.700

注：密度为 7.70g/cm^3。

(5)DW360-50直流磁化特性表

B/T	0	0.01	0.02	0.03	0.04	0.05	0.06	0.07	0.08	0.09
0.1	28.66	31.85	33.44	35.03	36.62	38.22	39.01	39.81	41.40	42.99
0.2	44.59	46.18	46.97	47.77	48.17	48.57	49.36	50.96	52.55	54.14
0.3	54.94	55.73	56.53	57.17	58.12	58.92	59.71	60.51	62.90	63.69
0.4	64.49	64.89	65.29	65.68	66.08	66.48	66.89	67.28	67.68	68.47
0.5	69.27	69.67	70.06	70.46	70.86	71.66	72.05	72.45	73.25	73.65
0.6	74.04	74.84	75.64	76.43	77.23	78.03	78.62	78.82	79.22	79.64
0.7	82.01	82.80	83.60	84.39	85.19	85.99	87.58	91.56	92.36	93.95
0.8	95.54	98.73	100.32	101.91	102.71	103.50	105.10	106.69	108.28	109.87
0.9	111.46	113.06	114.65	116.24	117.83	119.43	121.02	122.61	124.20	125.80
1.0	127.39	130.57	133.76	136.84	140.13	143.31	146.49	149.68	152.87	156.05
1.1	159.25	165.61	171.97	178.34	184.71	191.08	197.45	203.82	212.19	216.51
1.2	218.95	221.34	223.73	224.52	225.32	254.78	262.74	278.66	286.62	302.55
1.3	314.49	326.34	342.36	366.24	382.17	406.05	437.90	453.82	493.63	525.48
1.4	557.32	605.10	636.00	716.56	796.18	835.99	915.61	995.22	1114.65	1194.27
1.5	1353.50	1512.74	1671.97	1910.83	2070.06	2308.92	2547.78	2866.24	3025.48	3343.95
1.6	3642.42	3901.27	4140.13	4458.59	4777.07	5254.78	5652.87	6130.57	6369.43	6847.13
1.7	7165.61	7802.55								

注:表中查得数应×10^{-2}A/cm。

（6）DW360-50 铁损耗特性表（50Hz）

（W/kg）

B/T	0	0.01	0.02	0.03	0.04	0.05	0.06	0.07	0.08	0.09
0.50	0.420	0.433	0.448	0.460	0.470	0.480	0.495	0.505	0.520	0.540
0.60	0.560	0.570	0.580	0.590	0.610	0.630	0.645	0.660	0.680	0.690
0.70	0.700	0.715	0.735	0.750	0.780	0.800	0.815	0.830	0.840	0.860
0.80	0.880	0.900	0.920	0.940	0.955	0.970	0.990	1.020	1.040	1.060
0.90	1.090	1.120	1.150	1.170	1.200	1.240	1.260	1.280	1.300	1.320
1.00	1.340	1.360	1.380	1.400	1.425	1.450	1.470	1.500	1.540	1.560
1.10	1.580	1.600	1.620	1.640	1.680	1.700	1.730	1.750	1.780	1.820
1.20	1.850	1.880	1.910	1.930	1.950	1.980	2.000	2.350	2.135	2.180
1.30	2.150	2.200	2.240	2.270	2.310	2.350	2.400	2.450	2.500	2.550
1.40	2.600	2.630	2.650	2.680	2.740	2.800	2.830	2.860	2.900	2.950
1.50	3.000	3.020	3.045	3.070	3.100	3.200	3.260	3.320	3.400	3.450
1.60	3.500	3.550	3.600	3.650	3.700	3.750	3.820	3.880	3.950	3.980
1.70	4.000	4.030	4.060	4.100	4.200	4.300	4.350	4.400	4.450	4.500

注：密度为 7.65g/cm^3。

(7)DW315-50直流磁化特性表

B/T	0	0.01	0.02	0.03	0.04	0.05	0.06	0.07	0.08	0.09
0.1	23.89	24.68	26.12	27.07	27.87	28.66	30.10	31.69	31.85	32.48
0.2	33.44	34.08	35.03	35.83	36.62	38.21	38.62	39.41	39.81	41.80
0.3	42.20	42.83	42.99	44.59	45.38	46.02	46.42	47.29	47.61	47.77
0.4	49.20	49.36	49.76	50.16	50.96	51.75	52.55	52.79	53.11	53.34
0.5	55.33	55.57	55.73	56.13	56.37	57.33	57.72	58.12	58.52	58.92
0.6	60.51	61.31	62.10	62.90	63.54	64.49	65.29	66.08	66.88	67.68
0.7	68.47	69.27	70.06	70.86	71.66	73.25	74.05	74.84	75.64	78.03
0.8	78.82	79.62	81.21	82.80	83.60	84.40	85.99	87.58	90.76	92.37
0.9	94.75	95.54	98.73	99.52	100.32	102.71	103.50	106.69	108.28	111.47
1.0	114.73	114.81	115.05	119.43	121.02	124.20	127.39	131.37	134.55	139.33
1.1	141.72	144.90	149.68	150.48	155.26	163.22	165.61	171.98	179.14	185.56
1.2	192.68	199.05	207.01	214.97	222.93	234.87	243.63	246.82	270.70	285.03
1.3	298.57	310.51	326.43	342.36	366.24	390.13	398.09	429.14	460.19	485.67
1.4	517.52	557.33	597.13	636.94	740.45	796.18	859.87	955.41	1035.03	1114.65
1.5	1233.80	1354.50	1472.93	1592.36	1791.40	1990.45	2149.68	2388.54	2627.39	2866.24
1.6	3025.48	3184.71	3503.19	3821.66	4060.51	4299.36	4617.83	4936.35	5414.01	5625.87
1.7	6050.96	6369.43	6608.28	7006.37	7563.69	7961.78				

注:表中查得数应$\times 10^{-2}$A/cm。

(8)DW315-50 铁损耗特性表(50Hz) (W/kg)

B/T	0	0.01	0.02	0.03	0.04	0.05	0.06	0.07	0.08	0.09
0.50	0.410	0.420	0.430	0.440	0.450	0.460	0.470	0.480	0.490	0.500
0.60	0.515	0.530	0.545	0.560	0.570	0.580	0.590	0.610	0.620	0.635
0.70	0.650	0.665	0.680	0.700	0.715	0.730	0.748	0.761	0.780	0.795
0.80	0.820	0.840	0.860	0.880	0.900	0.920	0.940	0.960	0.980	0.990
0.90	1.000	1.030	1.060	1.080	1.100	1.120	1.130	1.150	1.180	1.200
1.00	1.220	1.250	1.285	1.300	1.330	1.350	1.375	1.395	1.420	1.440
1.10	1.450	1.470	1.500	1.520	1.550	1.580	1.600	1.630	1.650	1.680
1.20	1.700	1.750	1.800	1.830	1.850	1.870	1.900	1.920	1.950	1.970
1.30	1.980	2.000	2.040	2.080	2.120	2.150	2.170	2.190	2.200	2.250
1.40	2.300	2.350	2.400	2.440	2.470	2.500	2.550	2.600	2.650	2.720
1.50	2.800	2.830	2.860	2.880	2.910	2.950	2.980	3.040	3.100	3.150
1.60	3.200	3.250	3.300	3.350	3.400	3.450	3.500	3.550	3.600	3.700
1.70	3.770	3.810	3.850	3.900	3.950	4.000	4.100	4.200	4.300	4.400

注:密度为 7.60g/cm^3。

附表 2-4 厚度 1～1.75mm 的钢板磁化曲线表 （A/cm）

B/T	0	0.01	0.02	0.03	0.04	0.05	0.06	0.07	0.08	0.09
0.3	1.8									
0.4	2.1									
0.5	2.5	2.55	2.60	2.65	2.7	2.75	2.79	2.83	2.87	2.91
0.6	2.95	3.0	3.05	3.1	3.15	3.2	3.25	3.3	3.35	3.4
0.7	3.45	3.51	3.57	3.63	3.69	3.75	3.81	3.87	3.93	3.99
0.8	4.05	4.12	4.19	4.26	4.33	4.4	4.48	4.56	4.64	4.72
0.9	4.8	4.9	4.95	5.05	5.1	5.2	5.3	5.4	5.5	5.6
1.0	5.7	5.82	5.95	6.07	6.15	6.3	6.42	6.55	6.65	6.8
1.1	6.9	7.03	7.2	7.31	7.48	7.6	7.75	7.9	8.08	8.25
1.2	8.45	8.6	8.8	9.0	9.2	9.4	9.6	9.92	10.15	10.45
1.3	10.8	11.12	11.45	11.75	12.2	12.6	13.0	13.5	13.93	14.5
1.4	14.9	15.3	15.95	16.45	17.0	17.5	18.35	19.2	20.1	21.1
1.5	22.7	24.5	25.6	27.1	28.8	30.5	32.0	34.0	36.5	37.5
1.6	40.0	42.5	45.0	47.5	50.0	52.5	55.8	59.5	62.3	66.0
1.7	70.5	75.3	79.5	84.0	88.5	93.2	98.0	103	108	114
1.8	119	124	130	135	141	148	156	162	170	178
1.9	188	197	207	215	226	235	245	256	265	275
2.0	290	302	315	328	342	361	380			

附表 2-5 铸钢或厚钢板磁化曲线表 （A/cm）

B/T	0	0.01	0.02	0.03	0.04	0.05	0.06	0.07	0.08	0.09
0	0	0.08	0.16	0.24	0.32	0.4	0.48	0.56	0.64	0.72
0.1	0.8	0.88	0.96	1.04	1.12	1.2	1.28	1.36	1.44	1.52
0.2	1.6	1.68	1.76	1.84	1.92	2.00	2.08	2.16	2.24	2.32
0.3	2.4	2.48	2.5	2.64	2.72	2.8	2.88	2.96	3.04	3.12
0.4	3.2	3.28	3.36	3.44	3.52	3.6	3.68	3.76	3.84	3.92
0.5	4.0	4.04	4.17	4.26	4.34	4.43	4.52	4.61	4.7	4.79
0.6	4.88	4.97	5.06	5.16	5.25	5.35	5.44	5.54	5.64	5.74
0.7	5.84	5.93	6.03	6.13	6.23	6.32	6.42	6.52	6.62	6.72
0.8	6.82	6.93	7.03	7.24	7.34	7.45	7.55	7.66	7.76	7.87
0.9	7.98	8.10	8.23	8.35	8.48	8.5	8.73	8.85	8.98	9.11
1.0	9.24	9.38	6.53	9.69	9.86	10.04	10.22	10.39	10.56	10.73
1.1	10.9	11.08	11.27	11.47	11.67	11.87	12.07	12.27	12.48	12.69
1.2	12.9	13.15	13.4	13.7	14.0	14.3	14.6	14.9	15.2	15.55
1.3	15.9	16.3	16.7	17.2	17.6	18.1	18.6	19.2	19.7	20.3
1.4	20.9	21.6	22.3	23.0	23.6	24.4	25.3	26.2	27.1	28.0
1.5	28.9	29.9	31.0	32.1	33.2	34.3	35.6	37.0	38.3	39.6
1.6	41.0	42.5	44.0	45.5	47.0	48.7	50.0	51.5	53.0	55.0

附表 2-6 10号钢磁化曲线表 (A/cm)

B/T	0	0.01	0.02	0.03	0.04	0.05	0.06	0.07	0.08	0.09
0	0	0.3	0.5	0.7	0.85	1.0	1.05	1.15	1.2	1.25
0.1	1.3	1.35	1.4	1.45	1.5	1.55	1.6	1.62	1.65	1.68
0.2	1.7	1.75	1.77	1.8	1.82	1.85	1.88	1.9	1.92	1.95
0.3	1.97	1.99	2.0	2.02	2.04	2.06	2.08	2.1	2.13	2.15
0.4	2.18	2.2	2.22	2.28	2.3	2.35	2.37	2.4	2.45	2.48
0.5	2.5	2.55	2.58	2.6	2.65	2.7	2.74	2.77	2.82	2.85
0.6	2.9	2.95	3.0	3.05	3.08	3.12	3.18	3.22	3.25	3.35
0.7	3.38	3.45	3.48	3.55	3.6	3.65	3.73	3.8	3.85	3.9
0.8	4.0	4.05	4.13	4.2	4.27	4.35	4.42	4.5	4.58	4.65
0.9	4.72	4.8	4.9	5.0	5.1	5.2	5.3	5.4	5.5	5.6
1.0	5.7	5.8	5.9	6.0	6.1	6.2	6.3	6.45	6.6	6.7
1.1	6.82	6.95	7.05	7.2	7.35	7.5	7.65	7.75	7.85	8.0
1.2	8.1	8.25	8.42	8.55	8.7	8.85	9.0	9.2	9.35	9.55
1.3	9.75	9.9	10.0	10.8	11.4	12.0	12.7	13.6	14.4	15.2
1.4	16.0	16.6	17.6	18.4	19.2	20	21.2	22	23.2	24.2
1.5	25.2	26.2	27.4	28.4	29.2	30.2	31.0	32.7	33.2	34.0
1.6	35.2	36.0	37.2	38.4	39.4	40.4	41.4	42.8	44.2	46
1.7	47.6	58	60	62	64	66	69	72	76	80
1.8	83	85	90	93	97	100	103	108	110	114
1.9	120	124	130	133	137	140	145	152	158	165
2.0	170	177	183	188	194	200	205	212	220	225
2.1	230	240	250	257	264	273	282	290	300	308
2.2	320	328	338	350	362	370	382	392	405	415
2.3	425	435	445	458	470	482	500	522	—	—

附录 3　磁路和参数计算用图

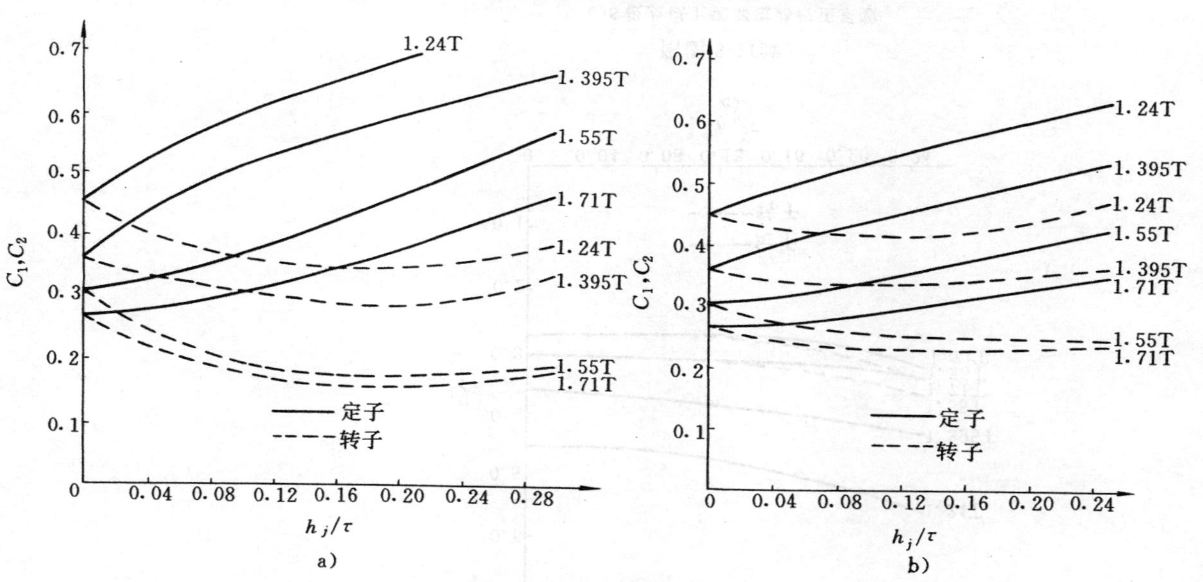

附图 3-1　轭部磁路校正系数

a)2 极轭部磁路校正系数　b)4 极轭部磁路校正系数

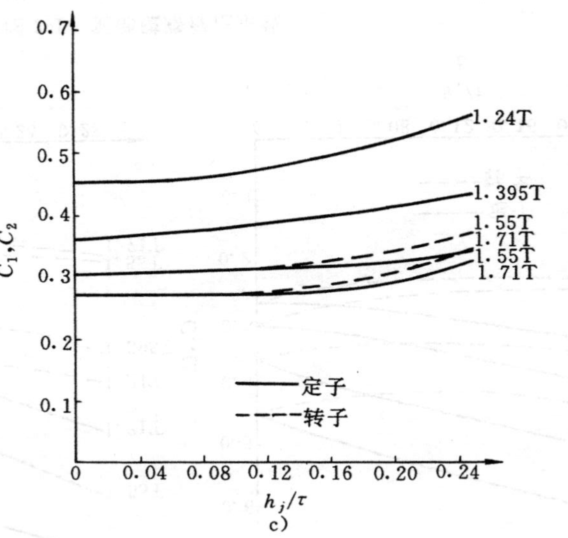

附图 3-1(续)

c)6 极及以上轭部磁路校正系数

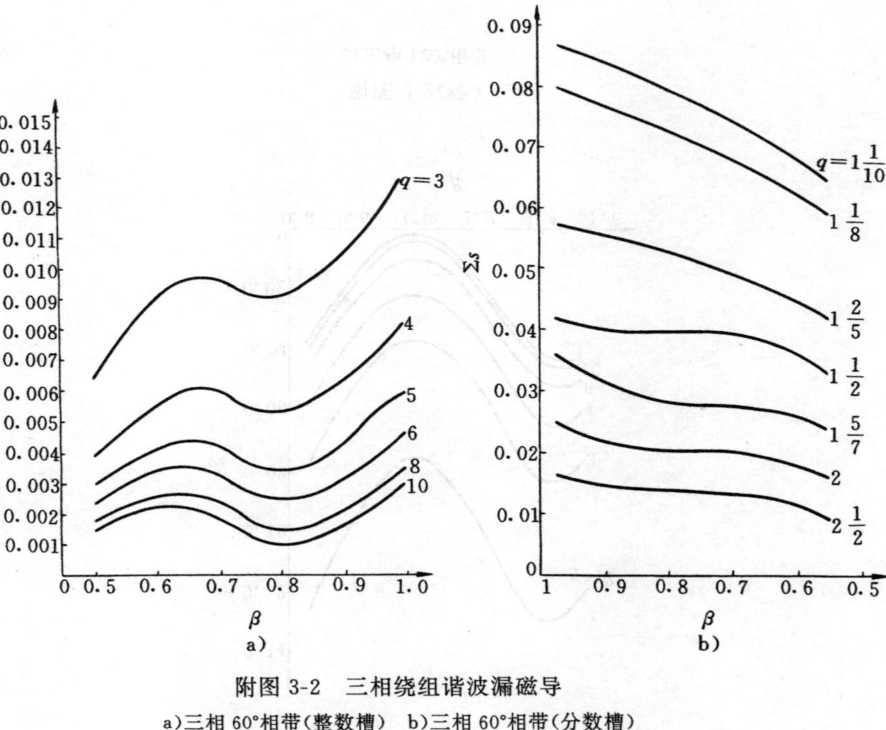

附图 3-2　三相绕组谐波漏磁导

a)三相 60°相带(整数槽)　b)三相 60°相带(分数槽)

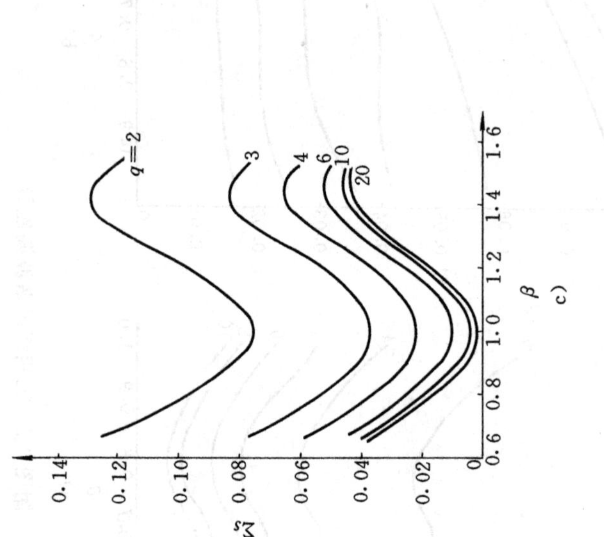

附图 3-2(续)

c)三相 120°相带

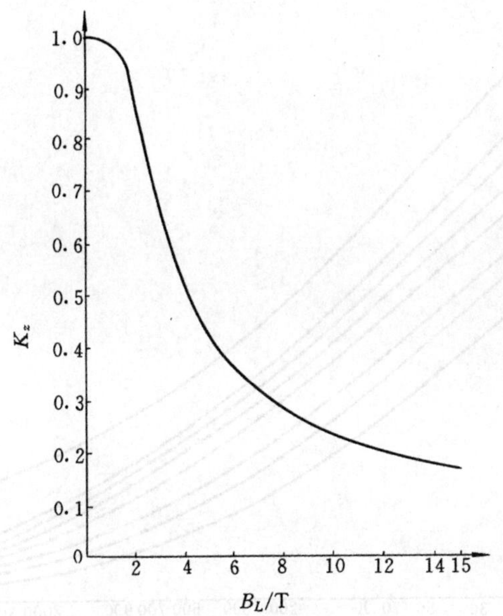

附图 3-3　起动漏抗饱和系数

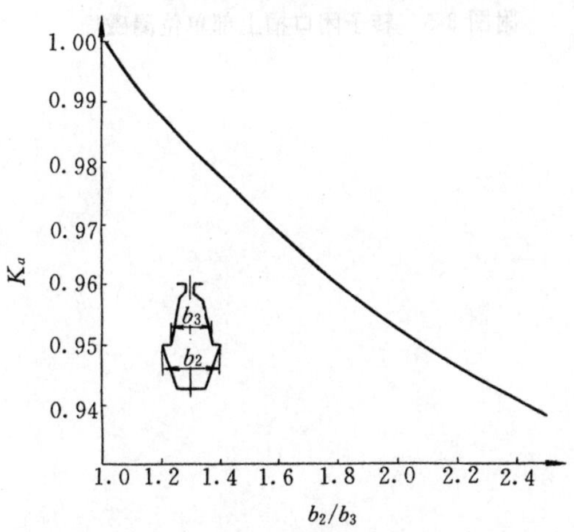

附图 3-4　截面宽度突变修正系数

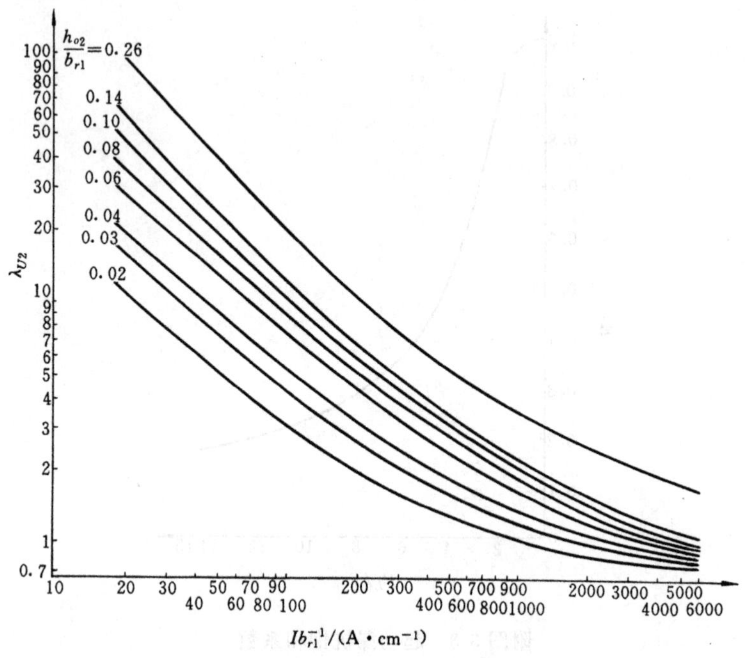

附图 3-5　转子闭口槽上部单位漏磁导

附录 4　常用定、转子槽比漏磁导计算

1　定子槽比漏磁导

1.1　定子梨形槽

$$\lambda_{L1}=\frac{\beta_2}{\left[\frac{\pi}{8\beta_2}+\frac{(1+\alpha)}{2}\right]^2}(K_{r1}+K_{r2})$$

2　转子槽比漏磁导

2.1　平底槽(代号 $L_V=1$)

$$\lambda_{L2}=\frac{2h_1}{b_0+b_1}+\frac{4\beta_2}{(1+\alpha)^2}K_{r1}$$

2.2　梨形槽(代号 $L_V=2$)

$$\lambda_{L2}=\frac{2h_1}{b_0+b_1}+\frac{\beta_2}{\left[\frac{\pi}{8\beta_2}+\frac{(1+\alpha)}{2}\right]^2}(K_{r1}+K_{r2})$$

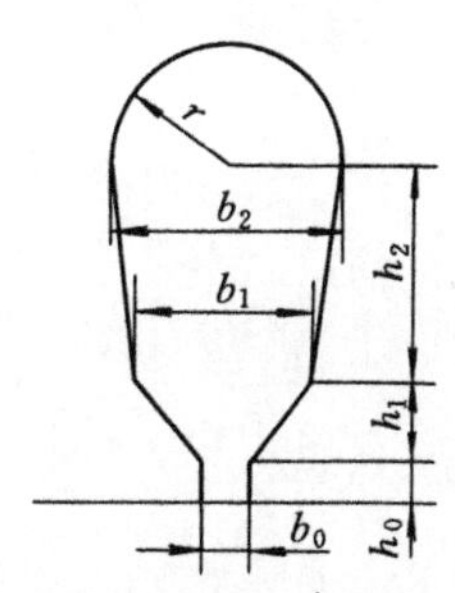

附图 4-1　定子梨形槽

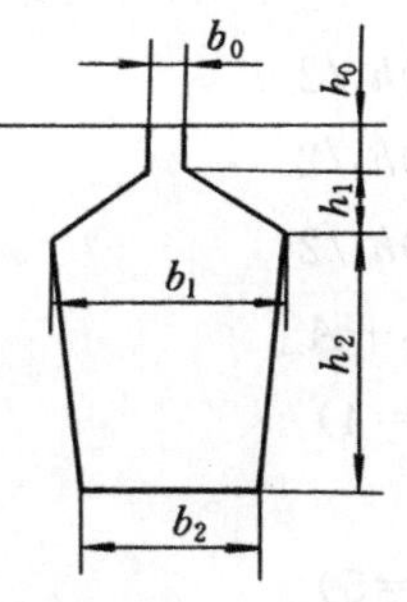

附图 4-2　平底槽

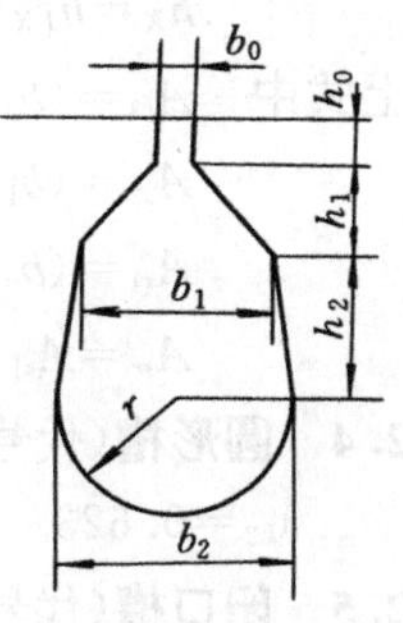

附图 4-3　梨形槽

2.3　凸形槽(代号 $L_V=3$)

2.3.1　槽下部漏磁导

$$\lambda_{L2}=\frac{2h_1}{b_0+b_1}+\frac{1}{A_S^2}\left(b_2h_2^3K_{r1}+A_{s3}h_2^2K_{r4}+A_{s3}^2\frac{h_2}{b_2}K_{r5}+b_4h_3^3K'_{r1}\right)$$

计算 K'_{r1}时，用 K_{r1}的计算公式，且 $\alpha=\dfrac{b_3}{b_4}$。

2.3.2 起动时槽下部漏磁导 λ_{L2st}

1)当$h_{PX}>h_1+h_2$

$$\lambda_{L2st}=\frac{2h_1}{b_0+b_1}+\frac{1}{A_s^2}(b_2h_3^2K_{r1}+A_{s3}h_2^2K_{r4}+A_{s3}^2\frac{h_2}{b_2}K_{r5}+b_4h_3^3K'_{r1})$$

且上式中的 b_4 用 b_{PX}代替，h_3 用 h_X 代替，b_{PX}和 h_X 的表达式如下：

$$b_{PX}=b_4+\frac{1}{h_3}(b_3-b_4)(h_B-h_{PX})$$

$$h_X=h_{PX}-(h_1+h_2)$$

2)当 $h_{PX}\leqslant h_1+h_2$

$$\lambda_{L2st}=\frac{2h_1}{b_0+b_1}+\frac{4\beta}{(1+\alpha)^2}K_{r1}$$

且上式中的 b_2 用 b_{PX}代替，h_2 用 h_X 代替，b_{PX}和 h_X 的表达式如下：

$$b_{PX}=b_1+\frac{1}{h_2}(b_2-b_1)(h_{PX}-h_1)$$

$$h_X=h_{PX}-h_1$$

上式中 $A_{s3}=(b_3+b_4)h_3/2$

$A_{s2}=(b_1+b_2)h_2/2$

$A_{s1}=(b_0+b_1)h_1/2$

$A_{sr}=A_{s1}+A_{s2}+A_{s3}$

2.4 圆形槽(代号 $L_V=4$)

$\lambda_{L2}=0.623$

2.5 闭口槽(代号 $L_V=5$)

$$\lambda_{L2}=\frac{\beta_2}{\left[\frac{\pi}{8\beta_2}(1+\alpha^2)+\frac{1}{2}(1+\alpha)\right]^2}(K_{r1}+K_{r2}+K_{r3})$$

上述各式中：

$$\alpha=b_1/b_2$$

$$\beta_2=h_2/b_2$$

$$K_{r1}=\frac{1}{3}-\frac{1-\alpha}{4}\times\left[\frac{1}{4}+\frac{1}{3(1-\alpha)}+\frac{1}{2(1-\alpha)^2}+\frac{1}{(1-\alpha)^3}+\frac{\ln\alpha}{(1-\alpha)^4}\right]$$

$$K_{r2}=\frac{2\pi^2-9\pi}{1536\beta_2^2}+\frac{\pi}{16\beta_2}-\frac{\pi}{8(1-\alpha)\beta_2}-\left[\frac{\pi^2}{64(1-\alpha)\beta_2^2}+\frac{\pi}{8(1-\alpha)^2\beta_2}\right]\ln\alpha$$

$$K_{r3}=\frac{\pi}{4\beta}\left[\frac{\pi}{8\beta_2}(1-\alpha^2)+\frac{1+\alpha}{2}\right]^2+\frac{(4+3\pi^2)\alpha^2}{32\beta_2^2}\times\left[\frac{\pi}{8\beta_2}(1-\alpha^2)+\frac{1+\alpha}{2}\right]+\left(\frac{14\pi^3+39\pi}{1536}\right)\frac{\alpha^4}{\beta_2^3}$$

$$K_{r4}=\frac{1}{2}-\frac{1}{1-\alpha}-\frac{\ln\alpha}{(1-\alpha)^2}$$

$$K_{r5}=\frac{-\ln\alpha}{1-\alpha}$$

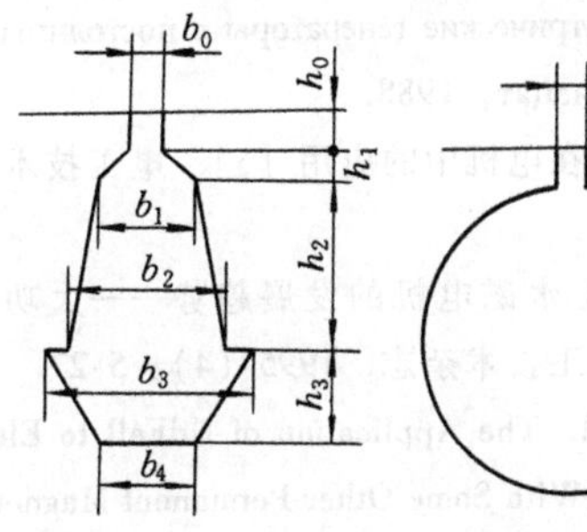

附图 4-4　凸形槽

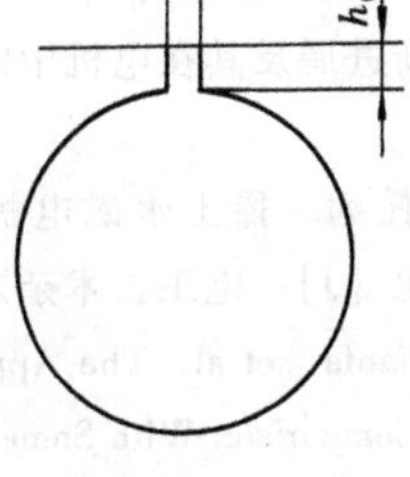

附图 4-5　圆形槽

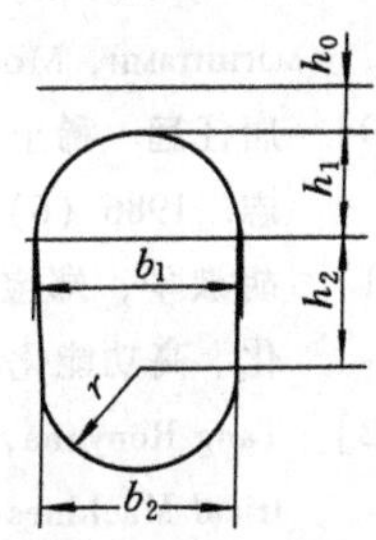

附图 4-6　闭口槽

参考文献

[1] 陈峻峰. 永磁电机 [M]. 北京: 机械工业出版社, 1982.

[2] 王宗培. 永磁直流微电机（原理、设计及稳速系统）[M]. 南京: 东南大学出版社, 1992.

[3] 程福秀, 林金铭. 现代电机设计 [M]. 北京: 机械工业出版社, 1993.

[4] 陈永校, 汤宗武. 小功率电动机 [M]. 北京: 机械工业出版社, 1992.

[5] 宋后定, 陈培林. 永磁材料及其应用 [M]. 北京: 机械工业出版社, 1984.

[6] 胡之光. 电机电磁场的分析与计算（修订本）[M]. 北京: 机械工业出版社, 1989.

[7] 盛剑霓. 工程电磁场数值分析 [M]. 西安: 西安交通大学出版社, 1991.

[8] Nasar S A, Boldea I, Unnewehr L E. Permanent Magnet, Reluctance, and Self-synchronous Motors [M]. Boca Raton: CRC Press, 1993.

[9] Балагуров В А, Галтеев ф ф, Электрические генераторы с постоянными магнитами, Москва: Энергоатомизцат, 1988.

[10] 唐任远. 稀土永磁的新进展及其在电机中的应用 [J]. 电工技术杂志. 1986 (6): 1-4.

[11] 胡淑华, 郑宝财, 唐任远. 稀土永磁电机的发展趋势——大功率化、高功能化、微型化 [J]. 电工技术杂志. 1995 (4): 5-27.

[12] Tang Renyuna, Geng Lianfa, et al. The Application of NdFeB to Electrical Machines and Its Comparison With Some Other Permanent Magnets. Proceedings of the Eighth International Workshop on Rare Earth Magnets and Their Applications, Dayton: University of Dayton, 1985: 43-53.

[13] 刘亚丕, 唐任远. 电机用钕铁硼永磁高温下退磁特性的研究 [J]. 磁性材料和器件. 1996.

[14] 李革, 唐任远, 等. 稀土永磁电机磁路设计与计算 [J]. 微特电机. 1980 (4): 1-7.

[15] Tang Renyuan, Li Ge, et al. The Application of Finite Element Method

to the Design of REPM Synchronous Generators [J]. IEEE Trans. Magn. 1985, 21 (6): 2472-2475.

[16] Tang Renyuan, Miao Lijie, et al. The Computations of 3D Magnetostatics of REPM Synchronous Generators Using GTEM and Two Scalar Potentials [J]. IEEE Trans. Magn. 1985, 21 (6): 2161-2164.

[17] 唐任远，顾宏，等. 永磁同步电机瞬变电磁场的数值分析 [J]. 电工技术学报. 1985 (4): 23-29.

[18] Tang Renyuan, Hu Yan, et al. Computation of Transient Electromagnetic Torque in a Turbogenerator under the Cases of Different Sudden Short Circuits. IEEE Trans. Magn. 1990, 26 (2): 1042-1045.

[19] 唐任远，耿连发，等. 钕铁硼永磁直流电动机研制和设计 [J]. 稀土. 1985 (4): 5-12.

[20] Tang Renyuan, Geng Lianfa, et al. The Development and Design of the NdFeB Permanent Magnet D. C. Motor. New Fronties in Rare Earth Science and Applications [M]. Beijing: Science Press, 1985: 1029-1034.

[21] Gu Q, Gao H. Air Gap Field for PM Electric Machines. Electric Machines and Power Systems. 1985, 10 (4).

[22] Guo Zhenhong, Tang Renyuan, et al. Comparison on Various PMSM Rotor Geometries. Proceedings of CICEM '95, Beijing: International Academic Publishers, 1995: 381-383.

[23] Guo Zhenhong, Tang Renyuan, et al. Application of Expert System to the Design of Permanent Magnetic Synchronous Motors. Proceeding of Sion America International Technology Transfer Symposium, 1993.

[24] 郭振宏，赵丹群，唐任远，等. 永磁同步电动机磁路设计计算研究. 1994全国永磁电机学术交流会论文集 [C]. 1994: 53-57.

[25] Tang Renyuan, Gu Hong, et al. The Calculation of Transient Field and Parameters of REPM Synchronous Generator [J]. IEEE Trans. Magn. 1985, 21 (6): 2336-2339.

[26] 胡怡研，田立坚，唐任远，等. 稀土永磁同步电机电抗参数的准确计算. 1994全国永磁电机学术交流会论文集 [C]. 1994: 48-52.

[27] Xu Guangren, Guo Zhenhong, et al. Study on Computation Method of Pull-in Characteristic of Permanent Magnet Synchronous Motor. Proceed-

ings of CICEM'95, Beijing: International Academic Publishers, 1995: 278-280.

[28] 曹成志，王成元，唐任远，等. 运用状态变量法和有限元法分析稀土永磁同步电机考虑饱和情况下的运态起动特性 [J]. 微特电机. 1985 (2).

[29] Miller TJE. Synchronization of Line-start Permanent-Magnet AC Motors. IEEE Trans. PAS. 1984, 103 (7): 1822-1828.

[30] Honsinger V B. Permanent Magnet Machines: Asynchronous Operation. IEEE Trans. PAS. 1980, 99 (4): 1503-1509.

[31] Zou Pingping, Geng Lianfa, Tang Renyuan, et al. Digital Simulation of Permanent Magnet Synchronous Motor Drive. Proceedings of China International Conference on Electrical Machines. Wuhan: Huazhong University of Science and Technology Press, 1991: 566-569.

[32] 赵健，唐任远，等. 电流控制型变频电源供电永磁同步电动机调速系统的数字模型与仿真 [J]. 电工电能新技术. 1990 (1).

[33] 耿连发，唐任远，等. 交流永磁宽调速电机设计特点 [J]. 沈阳工业大学学报. 1992 (12): 54-60.

[34] Jahns T M. Flux-weakening Regime Operation of an Interior Permanent-Magnet Synchronous Motor Drive [J]. IEEE Trans. IA. 1987, 23 (4): 681-689.

[35] Morimoto S, et al. Expansion of Operating Limits for PMSM by Current Vector Control Considering Inverter Capability [J]. IEEE Trans. IA. 1990, 26 (5): 866-871.

[36] Morimoto S, et al. Servo Drive System and Control Characteristics of Salient Pole Permanent Magnet Synchronous Motor [J]. IEEE Trans. IA. 1993, 29 (2): 338-343.

[37] Morimoto S, et al. Effect and Compensation of Magnetic Saturation in Flux-weakening Controlled Permanent Magnet Synchronous Motor Drives [J]. IEEE Trans. IA. 1994, 30 (6): 1632-1637.

[38] Jahns T M, et al. Interior Permanent-Magnet Synchronous Motors for Adjustable-speed Drives [J]. IEEE Trans. IA. 1986, 22: 738-747.

[39] Tang Renyuan, Guo Zhongbao, et al. High Performance REPM Medium Frequency Generator. Proceedings of Sixth International Workshop on

Rare Earth-Cobalt Permanent Magnets and Their Applications, Vienna: Technical University of Vienna. 1982: 133-142.

[40] Tang Renyuan, Geng Lianfa, et al. The Development of A 70kVA Rare Earth-cobalt Permanent Magnet Generator. Proceedings of the Seventh International Workshop on REPM and Their Applications. Beijing: China Academic Publishers, 1983: 37-44.

[41] Tang Renyuan, Li Ge, et al. The Development and Design of The REPM Pilot Exciter for a Huge Turbogenerator. New Fronties in Rare Earth Science and Applications. Beijing: Science Press, 1985: 994-999.

[42] 唐任远，郭忠保，等. 稀土永磁同步发电机的研制和设计 [J]. 中小型电机技术情报. 1980 (6).

[43] 唐任远，郭忠保，等. 研制和设计高速高效太阳能发电机的一些问题 [J]. 太阳能学报. 1981，2 (2): 131-137.

[44] 安跃军，耿连发，唐任远，等. 用系统辨识理论估计稀土永磁电机的交轴参数，1987 年全国永磁电机学术年会论文集 [C]. 1987: 67-73.

[45] 赵丹群，唐任远，等. 电机瞬态转矩转速测试技术及装置 [J]. 沈阳工业大学学报. 1990，12 (4): 1-9.

推荐阅读

序号	书　名	书号	定价
1	永磁同步电机——基础理论、共性问题与电磁设计	71165	148
2	电磁装置的多目标优化设计	58251	150
3	双馈感应电机在风力发电中的建模与控制	46964	118
4	风力发电机组的控制技术　第3版	50017	58
5	混合动力汽车驱动系统(原书第2版)	53019	150
6	常用低压电器原理及其控制技术　第3版	69093	198
7	现代电动汽车、混合动力电动汽车和燃料电池电动汽车(原书第3版)	62332	128
8	数字孪生技术与工程实践——模型+数据驱动的智能系统	69592	89

投稿、团购、合作等事宜请用以下方式和我们联系。

策划编辑：付承桂
电子邮箱：fuchenggui52@163.com
咨询电话：010-88379768
地址：北京市西城区百万庄大街22号
机械工业出版社　电工电子分社
邮编：100037